中央高校教育教学改革基金(本科教学工程)资助
普通高等教育“十三五”规划教材

大学物理学

(上册)

主　编　郭　龙　汤型正　罗中杰
副主编　张自强　吴　妍　万珍珠　郑安寿
编　委　肖华林　张光勇　陈琦丽　马　科
　　　　韩艳玲　陈洪云　魏有峰　杜秋娇
　　　　刘忠池　苑新喜

华中科技大学出版社
中国·武汉

内容简介

本书根据教育部高等学校物理学与天文学教学指导委员会审定的《理工科类大学物理课程教学基本要求》(2010版)和教育部《普通高等学校本科专业类教学质量国家标准》对各专业大学物理课程要求，结合编者多年的教学教改经验编写而成，同时兼顾大学、中学物理的衔接。全书共分上、下两册，上册包括力学、狭义相对论基础和电磁学，下册包括热学、振动和波、光学和近现代物理学。本书另配有学习指导与题解等辅导教材。

本书可作为高等学校大学物理课程的教材，也可作为中学物理教师教学或其他读者自学的参考书。

图书在版编目(CIP)数据

大学物理学. 上册/郭龙，汤型正，罗中杰主编. —武汉：华中科技大学出版社，2019.12(2025.1重印)
ISBN 978-7-5680-5911-4

Ⅰ.①大… Ⅱ.①郭… ②汤… ③罗… Ⅲ.①物理学-高等学校-教材 Ⅳ.①O4

中国版本图书馆CIP数据核字(2020)第005158号

大学物理学(上册)　　郭　龙　汤型正　罗中杰　主编
Daxue Wulixue(Shangce)

策划编辑：周芬娜
责任编辑：周芬娜
封面设计：刘　卉
责任校对：刘　竣
责任监印：徐　露
出版发行：华中科技大学出版社(中国·武汉)　　电话：(027)81321913
　　　　　武汉市东湖新技术开发区华工科技园　　邮编：430223
录　　排：武汉市洪山区佳年华文印部
印　　刷：武汉邮科印务有限公司
开　　本：710mm×1000mm　1/16
印　　张：16
字　　数：321千字
版　　次：2025年1月第1版第4次印刷
定　　价：46.00元

前　　言

本书依据《普通高等学校本科专业类教学质量国家标准》对各专业大学物理课程的要求和教育部高等学校物理学与天文学教学指导委员会审定的《理工科类大学物理课程教学基本要求》(以下简称"基本要求")，结合编者多年的教学经验和教学实践编写而成。在编写过程中充分吸收了多种优秀教材的长处，同时兼顾了当前大学物理教育教学实际。本书具有以下主要特色：

1. 贯彻基本要求，力求简洁、经典。本书在基本要求的框架下对内容进行遴选和编排，对基本要求中做不同要求的内容进行了差异化处理。抓主要问题，有详有略，突出对物理学中的重要物理概念、物理定理定律的理解、应用，以及所蕴含的物理思想和方法。本书旨在激发学生的学习兴趣，在例题和习题的精选中注重科学性和规范性。

2. 以史为鉴，追求"真、善、美"。物理学的发展体现了人类探索自然、认识世界过程中呈现出的伟大魅力。在每一篇的开篇，我们在充分研读讨论的基础上编写了相关知识模块的发展简史，介绍了相关知识发展中的物理事件及相关物理学家的成长经历，期望引导学生树立科学的世界观，激发学生的求知热情、探索精神、创新欲望以及敢于向旧观念挑战的精神。

3. 大中衔接，顺承自然。在每一篇的开篇，紧随发展简史，我们简要梳理了高中阶段对物理学习的内容及要求，引导学生对高中所学知识进行回顾，帮助他们在大学物理学习过程中有意识地进行知识体系的比较和再认识。"温故知新"，使学生在大学物理学习过程中能对物理知识进行有效的知识架构，培养其自主学习能力。

4. 兼顾知识传授与能力培养。在人类追求真理、探索未知世界的过程中，物理学呈现了一系列科学的世界观和方法论。本书在编写过程中以物理知识为载体培养学生独立获取知识的能力，发现问题、分析问题和解决问题的能力；也充分考虑培养学生的探索精神和创新意识。

本书编写的初衷期望帮助学生通过大学物理课程的学习能有效地理解和掌握物理学中的基本理论以及思想和方法，并为我所用。充分发挥大学物理课程学习的基础性、必要性和重要性地位，提高自身的自主学习能力和创新能力，提升自身的科学素养。

本书分上下册，共六篇，二十五章。上册由郭龙、汤型正、罗中杰负责统稿，下册由陈琦丽、张光勇负责统稿。参与编写的人员还有：张自强、吴妍、郑安寿、马科、万珍珠、韩艳玲、杜秋娇、陈洪云、刘忠池、苑新喜等。

在编写过程中，我们得到了来自同行们的许多很好的意见和建议，并得到了中国地质大学(武汉)教务处、数理学院、大学物理教学部以及华中科技大学出版社的大力支持和帮助，在此一并表示真诚的感谢。

由于编者水平有限，错误和不妥之处在所难免，还请广大师生和同行批评指正，以便今后逐步完善和提高，在此致以诚挚的谢意。

编　者

2019 年 12 月

目　　录

绪　论

0.1 物理学的发展

物理学是自然科学领域的一门基础学科，研究自然界物质的最基本结构、相互作用和运动规律。物理学基于观察与实验，构建物理模型，利用数学、计算机等工具，通过科学推理和论证，形成系统的研究方法和理论体系。

物理学源于古希腊理性唯物思想。早期的哲学家提出了诸如宇宙秩序、物质和形式、运动和变化之间关系等范围广泛的问题。我国春秋战国时期的《墨经》是世界上最早的有关物理学基本理论的著作。古希腊和古罗马时期的物理学代表是静力学，代表人物为阿基米德。他将欧几里得几何学和逻辑推理用于解决物理问题，为经典物理学的兴起提供了有效的方法。

文艺复兴激起人们去探究现实世界。人类手工业发展的积累为科学研究提供了新的实验手段。依靠实验方法，寻求对于特定问题的明确答案，并以符合特定理论框架的措辞，甚至以数学式定量地将答案表述出来。在前人的基础上，牛顿在其著作《自然哲学的数学原理》中提出了三大运动定律和万有引力定律，建立了以牛顿力学为代表的经典力学理论体系，实现了物理学的第一次理论大综合。

迈尔、焦耳和冯·亥姆霍兹等先后十余位科学家从不同学科和方向开展研究，提出热是一种能量、能量守恒以及各种形式的能量可相互转换的定律。开尔文对能量守恒概念给出最后定义，揭示了热、机械、电和化学等各种运动形式之间的统一性，从而实现了物理学的第二次理论大综合。随着热力学的建立和发展，分子运动论和热现象的统计方法也建立起来。麦克斯韦、玻耳兹曼和吉布斯等科学家发展了分子运动论并奠定了统计物理学的基础。

电磁学起步于莱顿瓶的发明、富兰克林风筝和伏打电盘。库仑和卡文迪许独立地发现了两电荷之间的作用力定律——库仑定律，奠定了静电学的基础。自奥斯特发现电流的磁效应开始，一大批物理学家立即涌入这一研究高地，在两年时间内就奠定了电动力学的基础。法拉第通过一系列实验建立法拉第电磁感应定律。麦克斯韦提出了“位移电流”概念，从数学上建立了意义深远的电磁场理论。法拉第、麦克斯韦等人的工作导致物理学的第三次理论大综合，揭示了光、电、磁三种现象的本质统一性。电磁波的发现预示了无线电通信和稍后兴起的电视技术的到来，为现代人类的物质文明奠定了强有力的基础。

相对论和量子论是20世纪初物理学取得的两个最伟大的成就。英国物理学家开尔文在其著作《19世纪热和光的动力学理论上空的乌云》的演说中提到“物理大厦已经落成，所剩的只是装饰工作。动力学理论肯定了热和光是运动的两种方式，现在，它美丽而晴朗的天空却被两朵乌云笼罩着。”这里的两朵乌云，一朵是黑体辐射的理论分析中的“紫外灾难”，另一朵是迈克尔逊-莫雷实验结果与“以太漂移说”的矛盾。令开尔文始料未及的是，这两朵乌云引发了物理学一场空前的革命。

关于“以太”乌云，爱因斯坦在研究传播电磁场的介质——以太存在与否问题时提出了狭义相对论，建立了新的时空观，揭示了质量和能量的内在关系。随后，爱因斯坦将相对论理论推广到了广袤的宇宙空间，建立了广义相对论。相对论既是天体物理和宇宙学的理论基础，也是亚原子世界微观物理学的理论基础。

关于“紫外灾难”乌云，其阐述了在微观世界研究过程中，经典物理理论的某种局限性。为了打破这种局限的束缚，普朗克提出了能量子假说。爱因斯坦提出了光量子论，即光既有连续的波动性质，又有不连续的粒子性质。德布罗意波又把波和粒子联系起来。量子力学的建立，中子和正电子的发现，人工核蜕变、重原子核裂变现象以及原子核链式反应的研究，直到第一座原子反应堆的建立和第一颗原子弹制成，拉开了原子能时代的序幕。新粒子的性质、结构、相互作用和转化的粒子物理学迎来了发展的春天。自然界中四种相互作用力的统一问题，虽取得了相当的进展，但距真正的大统一还尚待时日。

随着科学的发展和现代技术的革新，物理学仍呈现出勃勃生机。物理学仍然是自然科学基础研究中最重要的前沿学科之一，而且已经发展成为一门应用性、渗透性极强的学科，其成熟的思想和方法论对其它学科的研究具有重要的意义，物理的交叉学科生命力旺盛。物理学对化学、生命科学、地球科学，甚至人文学科都产生着重要的影响，推动了材料、能源、环境、信息等科学技术的进步，促进了人类生产生活方式的变革，对人类的思维方式、价值观念等都产生着深远的影响，为人类文明和社会进步做出了巨大贡献。

0.2　物理学思想、方法及其特点

物理学的发展过程是人类对客观世界认识过程的一个重要体现。物理学的不少规律和理论都是从生产实践中总结出来的，善于观察、总结和质疑是科学发展的不二法宝。物理学的研究方法一般是在观察和实验的基础上，对物理现象进行分析、抽象和概括，建立起物理定理和定律形成物理理论，然后再由实践检验。在物理学发展史上，人类很早就表现出敏锐的观察力和思辨才能。

物理学是以实验基础的一门学科。实验在物理学的发展中表现得淋漓尽致，例如阿基米德的浮力实验和托勒密的折射实验。到了伽利略和牛顿时代，实验发挥的作用越来越大，物理学史上出现许多做出重要贡献的实验物理学家和经典的物理实验，例如托马斯·杨的双缝干涉实验、伽利略的比萨斜塔实验、罗伯特·密立根的油滴实验、牛顿的棱镜实验、卢瑟福的散射实验和米歇尔·傅科的钟摆实验等。随着科学的发展，大的科学实验装置和实验国际合作组成为一种必然。荷兰物理学家开默林-昂内斯建立的莱顿低温实验室是大规模科学实验室的开端。大规模实验组织是一个复杂的系统工程，不仅需要科学家，还需要技术人员和财政支持，以及科学工作者的领导和组织才能，例如北京的正负电子对撞机、欧洲核子中心(CERN)和斯坦福直线加速器中心(SLAC)等。

物理学从“理想模型”的构建、分析来揭示自然规律。物理学家面临的是错综复杂的客观世界。这就需要其善于依据研究需求，分析其最本质的内容，研究其主要因素并以此建立“理论模型”。模型构建需要从经验事实出发，充分利用分析综合、推理论证等方法，基于事实证据和科学推理对不同观点和结论提出质疑和批判，进行检验和修正，解释自然现象和解决实际问题。例如，力学中的质点模型和刚体模型，卢瑟福原子的行星模型和爱因斯坦的光子模型等。

然而，物理学中许多重大理论的发现，不是简单的实验结果的总结，它需要直觉和想象力，大胆的假设和质疑，合理的模型构建，以及深刻的洞察力、严谨的科学推理和缜密的逻辑思维。例如在20世纪初，大量的实验和理论研究为狭义相对论的创建奠定了厚实的基础。但狭义相对论创立却由爱因斯坦来完成，这是因为经典物理理论深入人心，以至于无法摆脱绝对时空观的束缚。爱因斯坦没有受传统思想包袱的禁锢和具有独立批判精神，因此狭义相对论创建的重任由爱因斯坦肩任。具有独立思考、批判精神，敢于质疑和摆脱权威束缚在科学研究过程中是至关重要的，正如古希腊哲学家亚里士多德曾言“吾爱吾师，吾更爱真理”。

物理学也是一门定量的科学，它的概念、定理和定律等需要利用准确的语言和严谨的数学符号呈现出来，从而形成完整的科学理论体系。可以说，数学是物理学的语言，它可使人们更加容易、准确地描述和处理相关物理量之间的关系。牛顿的《自然哲学的数学原理》就是一个良好的典范。

物理学具有高度概括性和简洁性。迄今为止，物理学普遍认为物质存在的形式有粒子和场；自然界中存在四种基本力，即强相互作用、弱相互作用、电磁相互作用和引力相互作用。动量守恒和能量守恒等诸多定律在物理学中起着重要的作用，守恒律和对称性呈现了自然界中科学与艺术的浑然一体。牛顿的动力学方程是简洁的，却适用于小至石块大至天体。麦克斯韦方程组简洁明了地将变化的电磁场描写成四个方程。量子力学的薛定谔方程和爱因斯坦的引力场方程都具有简洁的数学形式。

物理学是“求真”“至善”和“求美”的。物理学追求的是“格物致知”，即“所谓致知在格物者，言欲致吾之知，在即物而穷其理也。”一个“穷”字形象地反映了物理学在探究真理的科学态度和精神毅力。规律即真理，而这种“真理”又是相对的。物理学家通过对相对真理的认识不断地逼近绝对真理,这是“求真”。物理学源于自然哲学,致力于把人从自然界中解放出来,帮助人类认识自己,促使人的生活趋于高尚,这是“至善”的。物理学也是“求美”的,追求的是自然界中的和谐美、结构美、逻辑美和对称美。

0.3 物理学与科学技术和社会科学

物理学在科学技术中起着关键作用。经典物理学体系推动了第一次工业革命,世界进入了工业化时代。建立在麦克斯韦电磁理论基础上的发电机、电动机和电讯设备的出现和应用,推动人类进入了电气化时代。X射线、放射线和电子的发现揭开了物理学新的一页,近代物理学的诞生推动了第二次工业革命和第三次工业革命,人类进入了高度文明的现代社会,其代表事件有核能的利用、半导体技术、激光技术、大规模集成电路和电子计算机等。

物理学的概念、思想和方法源于大自然,而人类活动又受限于大自然。物理学具有广泛的适用性,是自然科学的基础,在社会科学等人文学科中的渗透力也越来越强。社会科学领域研究的问题也常常借鉴物理学的概念、思想和方法。例如,克劳修斯提出的熵的概念引入到信息科学领域和社会科学领域中。物理模型的思想在社会科学中也常常看到,例如,诺贝尔经济学奖得主斯科尔斯(M. S. Scholes)及其合作者建立了关于股市期权定价模型,开启了“量化经济学”的先河。

0.4 矢量运算概述

在物理学中,物理量依据其是否具有方向性分为标量和矢量。标量,即只有大小没有方向的物理量,例如,时间、质量、功、能量和温度等;矢量,既有大小又有方向的物理量,例如,位移、速度、加速度、力、动量和冲量等。标量的计算一般较为简单,也为大家所熟知。这里,我们重点介绍矢量的概念及其运算。

为了形象地描述矢量,通常选取一带箭头的线段(称为有向线段)来表示,如图0-1(a)所示,箭头代表矢量的方向,而线段的长度代表矢量的大小。

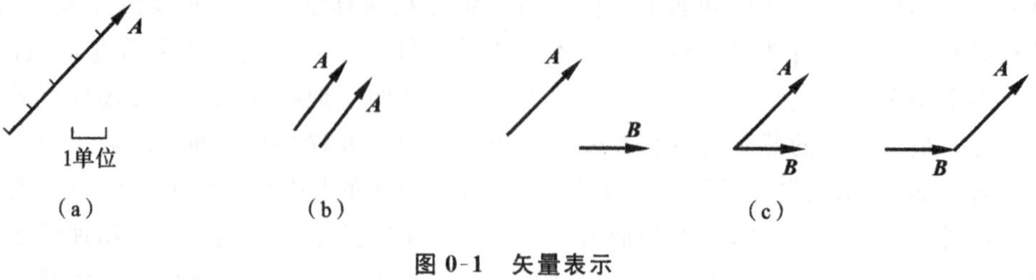

图0-1 矢量表示

两个矢量必须同时满足大小相等和方向相同两个条件时才相等，如图 0-1(b)所示。

矢量具有平移不变性，即将一矢量平移后，其大小和方向保持不变，如图 0-1(c)所示。这为考察矢量之间的关系以及运算时提供了便利性。

矢量 $\boldsymbol{A}$ 的大小称为矢量的模，用符号 $|\boldsymbol{A}|$ 表示。

矢量 $\boldsymbol{A}$ 的单位矢量定义为模为 1 且方向与矢量 $\boldsymbol{A}$ 方向同向的矢量 $\boldsymbol{e}_A$。因此，矢量 $\boldsymbol{A}$ 可表示为

$$\boldsymbol{A}-|\boldsymbol{A}|\boldsymbol{e}_A \tag{0-1}$$

接下来，介绍矢量的运算。因为矢量的运算与标量的运算不尽相同。我们在高中学过，一个物体同时受到几个来自不同方向的力的作用，计算该物体所受的合力时采用的是力合成的平行四边形法则，而不能简单地运用代数加减。

矢量的加法运算：设有两个矢量 $\boldsymbol{A}$ 和 $\boldsymbol{B}$，如图 0-2(a)所示，在计算这两个矢量相加时，首先将这两个矢量的起点通过矢量平移移到同一点，再以这两个矢量作为平行四边形的两个相邻的边做一平行四边形，最后从两矢量起点的交点出发做平行四边形的对角线，该对角线即为矢量 $\boldsymbol{A}$ 和 $\boldsymbol{B}$ 之和，记为

$$\boldsymbol{C}=\boldsymbol{A}+\boldsymbol{B} \tag{0-2}$$

其中 $\boldsymbol{C}$ 称为合矢量，而 $\boldsymbol{A}$ 和 $\boldsymbol{B}$ 分别称为分矢量。

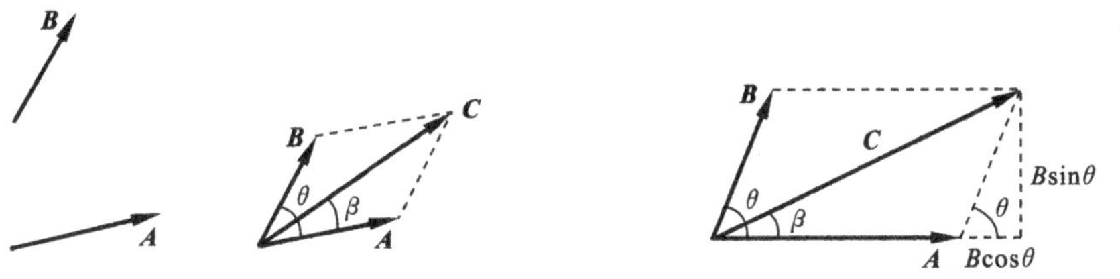

(a) 矢量的加法　　(b) 两矢量合成的计算

图 0-2　矢量的加法

因为平行四边形对边相等且平行，所以两矢量相加的平行四边形法则可简化为三角形法则，即以矢量 $\boldsymbol{A}$ 的末端为起点做矢量 $\boldsymbol{B}$，从 $\boldsymbol{A}$ 的起点指向 $\boldsymbol{B}$ 的末端的矢量就是合矢量 $\boldsymbol{C}$。

据此，我们可以求多个矢量的合成，将这些矢量的首末相连，从第一个矢量的起点出发做一矢量 $\boldsymbol{D}$ 指向最后一个矢量的末端。矢量 $\boldsymbol{D}$ 就是这些矢量的合矢量，他们围成一个多边形，也称为多边形法则。

合矢量的大小和方向也可计算得出。如图 0-2(b)所示，矢量 $\boldsymbol{A}$ 和 $\boldsymbol{B}$ 之间的夹角为 θ，合矢量 $\boldsymbol{C}$ 的大小和方向分别为

$$|\boldsymbol{C}|=\sqrt{|\boldsymbol{A}|^2+|\boldsymbol{B}|^2+2|\boldsymbol{A}||\boldsymbol{B}|\cos\theta} \tag{0-3}$$

$$\tan\beta=\frac{B\sin\theta}{A+B\cos\theta} \tag{0-4}$$

矢量减法运算是矢量加法的逆运算。将两矢量 $\boldsymbol{A}$ 和 $\boldsymbol{B}$ 的末端平移重合，做从被减矢量 $\boldsymbol{A}$ 的首端指向减矢量 $\boldsymbol{B}$ 的首端的有向线段记得它们的差矢量 $\boldsymbol{C}$。如图 0-3 所示。

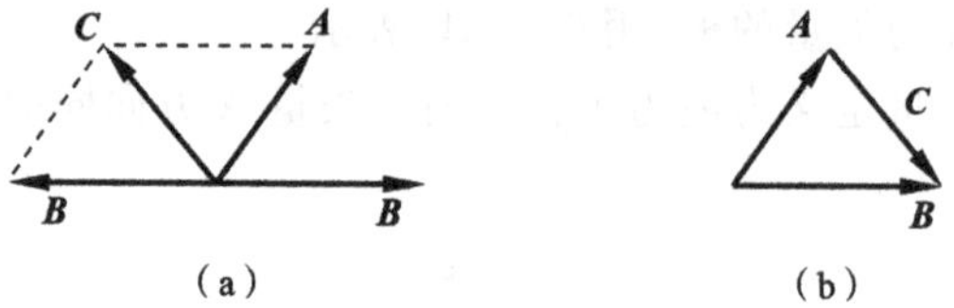

图 0-3　矢量的减法

矢量加法满足交换律，即

$$\boldsymbol{A}+\boldsymbol{B}=\boldsymbol{B}+\boldsymbol{A} \tag{0-5}$$

也满足结合律，即

$$(\boldsymbol{A}+\boldsymbol{B})+\boldsymbol{C}=\boldsymbol{A}+(\boldsymbol{B}+\boldsymbol{C}) \tag{0-6}$$

矢量的乘法运算：包括矢量的数乘和两个矢量相乘。

矢量的数乘即一个数 m 与矢量 $\boldsymbol{A}$ 的乘积，便得到一个新的矢量 $m\boldsymbol{A}$，其大小为 $m|\boldsymbol{A}|$。若 $m>0$，其方向与矢量 $\boldsymbol{A}$ 的方向相同；若 $m<0$，其方向与矢量 $\boldsymbol{A}$ 的方向相反。

矢量的数乘满足分配律（λ 和 μ 为任意实数），即

$$(\lambda+\mu)\boldsymbol{A}=\lambda\boldsymbol{A}+\mu\boldsymbol{A} \tag{0-7}$$

$$\lambda(\boldsymbol{A}+\boldsymbol{B})=\lambda\boldsymbol{A}+\lambda\boldsymbol{B} \tag{0-8}$$

也满足交换律，即

$$\lambda(\mu\boldsymbol{A})=\mu(\lambda\boldsymbol{A})=(\lambda\mu)\boldsymbol{A} \tag{0-9}$$

有了数乘的概念，可以用与矢量 $\boldsymbol{A}$ 同方向的单位矢量 $\boldsymbol{e}_A$ 表述 $\boldsymbol{A}$，即

$$\boldsymbol{A}=|\boldsymbol{A}|\boldsymbol{e}_A \tag{0-10}$$

两个矢量相乘包括矢量的标积和矢积。矢量的标积就是两个矢量相乘后得到一标量的运算，也称为点积。例如，物理学中的功就是如此，功是标量，而力和位移是矢量。矢量的矢积就是两个矢量相乘后仍得到一矢量的运算，也称为叉积。例如，物理学中的力矩就是如此。

设存在两个矢量 $\boldsymbol{A}$ 和 $\boldsymbol{B}$，它们的夹角为 θ，如图 0-4 所示。它们的标积定义为

$$\boldsymbol{A}\cdot\boldsymbol{B}=|\boldsymbol{A}||\boldsymbol{B}|\cos\theta \tag{0-11}$$

物理意义是矢量 $\boldsymbol{A}$ 的模与矢量 $\boldsymbol{B}$ 在 $\boldsymbol{A}$ 方向上投影的乘积，或矢量 $\boldsymbol{B}$ 的模与矢量 $\boldsymbol{A}$ 在 $\boldsymbol{B}$ 方向上投影的乘积。因此，投影的结果是标量，可正、可负，依赖于两个矢量之间的夹角。当 $\theta<\pi/2$ 时，它们的标积为正；当 $\theta>\pi/2$ 时，它们的标积为负；当 $\theta=\pi/2$ 时，它们的标积为零。依据定义式(0-11)，可知

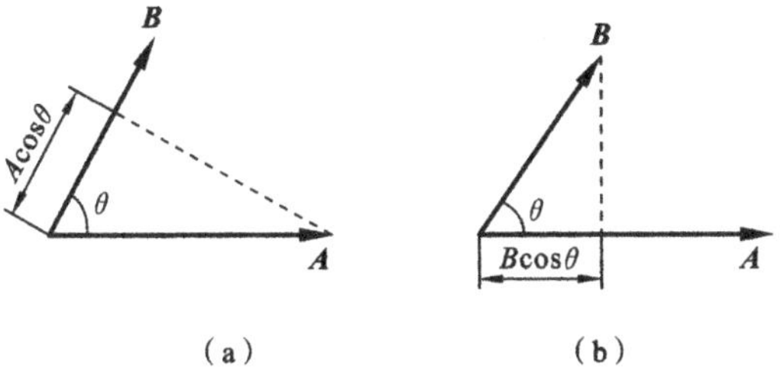

图 0-4　矢量的标积

$$\boldsymbol{A}\cdot\boldsymbol{B}=\boldsymbol{B}\cdot\boldsymbol{A} \tag{0-12}$$

即满足交换律。

矢量点积也满足分配律

$$(\boldsymbol{A}+\boldsymbol{B})\cdot\boldsymbol{C}=\boldsymbol{A}\cdot\boldsymbol{C}+\boldsymbol{B}\cdot\boldsymbol{C} \tag{0-13}$$

和结合律

$$(\boldsymbol{A}\cdot\boldsymbol{B})\lambda=\boldsymbol{A}\cdot(\boldsymbol{B}\lambda) \tag{0-14}$$

它们的矢积定义为

$$\boldsymbol{C}=\boldsymbol{A}\times\boldsymbol{B} \tag{0-15}$$

其大小为

$$|\boldsymbol{C}|=|\boldsymbol{A}||\boldsymbol{B}|\sin\theta \tag{0-16}$$

方向:垂直于矢量 $\boldsymbol{A}$ 和 $\boldsymbol{B}$ 组成的平面,且满足右手螺旋法则,即伸出右手,四指并拢,大拇指和四指垂直,四指指向 $\boldsymbol{A}$ 的方向,并沿小于 180°的角弯向 $\boldsymbol{B}$ 的方向,则大拇指所指的方向即为 $\boldsymbol{C}$ 的方向。如图 0-5 所示。

依据其定义式(0-16)可知

$$\boldsymbol{A}\times\boldsymbol{B}=-\boldsymbol{B}\times\boldsymbol{A} \tag{0-17}$$

$$\boldsymbol{A}\times\boldsymbol{A}=\boldsymbol{0},\quad \boldsymbol{A}\times(-\boldsymbol{A})=\boldsymbol{0},\quad \boldsymbol{B}\times\boldsymbol{B}=\boldsymbol{0},\quad \boldsymbol{B}\times(-\boldsymbol{B})=\boldsymbol{0} \tag{0-18}$$

矢量的坐标表示及运算:矢量的引入使得物理公式表示更加简洁,也更加明了。

矢量的坐标表示:如图 0-6 所示,在直角坐标系中,任一矢量都可以沿坐标轴方向分解为三个分矢量,即

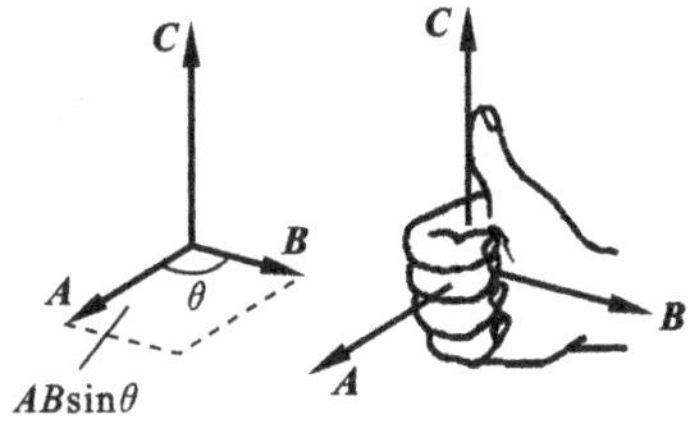

图 0-5　矢量的矢积

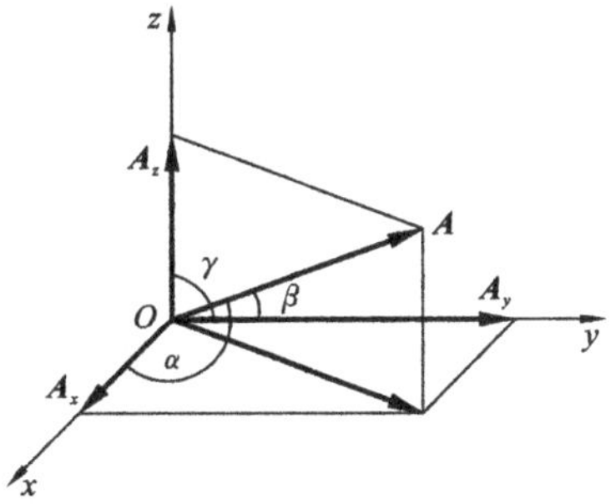

图 0-6　矢量的坐标表示

$$\boldsymbol{A}=A_x\boldsymbol{i}+A_y\boldsymbol{j}+A_z\boldsymbol{k} \tag{0-19}$$

其中，A_x，A_y，A_z 为矢量 $\boldsymbol{A}$ 在坐标轴上的分量。式(0-19)为矢量的坐标表示，矢量 $\boldsymbol{A}$ 的模为

$$|\boldsymbol{A}|=\sqrt{A_x^2+A_y^2+A_z^2} \tag{0-20}$$

矢量 $\boldsymbol{A}$ 的方向则由该矢量与坐标轴的夹角 α，β，γ 来确定：

$$\cos\alpha=\frac{A_x}{|\boldsymbol{A}|},\quad \cos\beta=\frac{A_y}{|\boldsymbol{A}|},\quad \cos\gamma=\frac{A_z}{|\boldsymbol{A}|} \tag{0-21}$$

各方向余弦之间满足以下关系，

$$\cos^2\alpha+\cos^2\beta+\cos^2\gamma=1 \tag{0-22}$$

因此，矢量的运算可用坐标表示来描述。设 $\boldsymbol{A}$ 和 $\boldsymbol{B}$ 矢量的坐标表达式分别为

$$\boldsymbol{A}=A_x\boldsymbol{i}+A_y\boldsymbol{j}+A_z\boldsymbol{k},\quad \boldsymbol{B}=B_x\boldsymbol{i}+B_y\boldsymbol{j}+B_z\boldsymbol{k} \tag{0-23}$$

于是，矢量加减运算表示为

$$\boldsymbol{A}\pm\boldsymbol{B}=(A_x\pm B_x)\boldsymbol{i}+(A_y\pm B_y)\boldsymbol{j}+(A_z\pm B_z)\boldsymbol{k} \tag{0-24}$$

矢量的数乘表示为

$$m\boldsymbol{A}=mA_x\boldsymbol{i}+mA_y\boldsymbol{j}+mA_z\boldsymbol{k} \tag{0-25}$$

矢量的标积表示为

$$\begin{aligned}\boldsymbol{A}\cdot\boldsymbol{B}&=(A_x\boldsymbol{i}+A_y\boldsymbol{j}+A_z\boldsymbol{k})\cdot(B_x\boldsymbol{i}+B_y\boldsymbol{j}+B_z\boldsymbol{k})\\&=A_xB_x+A_yB_y+A_zB_z\end{aligned} \tag{0-26}$$

矢量的叉积表示为

$$\begin{aligned}\boldsymbol{C}=\boldsymbol{A}\times\boldsymbol{B}&=(A_x\boldsymbol{i}+A_y\boldsymbol{j}+A_z\boldsymbol{k})\times(B_x\boldsymbol{i}+B_y\boldsymbol{j}+B_z\boldsymbol{k})\\&=(A_yB_z-A_zB_y)\boldsymbol{i}+(A_zB_x-A_xB_z)\boldsymbol{j}+(A_xB_y-A_yB_x)\boldsymbol{k}\end{aligned} \tag{0-27}$$

也可用行列式表示为

$$\boldsymbol{C}=\boldsymbol{A}\times\boldsymbol{B}=\begin{vmatrix}\boldsymbol{i} & \boldsymbol{j} & \boldsymbol{k}\\ A_x & A_y & A_z\\ B_x & B_y & B_z\end{vmatrix} \tag{0-28}$$

矢量函数的导数和积分：物理学中经常会遇到矢量是参量 t(时间)的函数，因此矢量可以写为 $\boldsymbol{A}(t)$ 和 $\boldsymbol{B}(t)$，称之为一元函数；有时矢量会是坐标的函数，例如位矢 $\boldsymbol{r}$ 是变量 x，y，z 的函数，写为 $\boldsymbol{r}(x,y,z)$，称之为多元函数。下面，我们以一元函数为例介绍矢量函数的导数和积分。

矢量可表示为

$$\boldsymbol{A}(t)=A_x(t)\boldsymbol{i}+A_y(t)\boldsymbol{j}+A_z(t)\boldsymbol{k} \tag{0-29}$$

其中，$\boldsymbol{i}$，$\boldsymbol{j}$，$\boldsymbol{k}$ 是单位矢量(常矢量)，$A_x(t)$，$A_y(t)$，$A_z(t)$是时间 t 的函数。假设它们都是可导的，则一阶导数为

$$\frac{\mathrm{d}\boldsymbol{A}(t)}{\mathrm{d}t}=\frac{\mathrm{d}A_x(t)}{\mathrm{d}t}\boldsymbol{i}+\frac{\mathrm{d}A_y(t)}{\mathrm{d}t}\boldsymbol{j}+\frac{\mathrm{d}A_z(t)}{\mathrm{d}t}\boldsymbol{k} \tag{0-30}$$

二阶导数为

$$\frac{\mathrm{d}^2\boldsymbol{A}(t)}{\mathrm{d}t^2}=\frac{\mathrm{d}^2A_x(t)}{\mathrm{d}t^2}\boldsymbol{i}+\frac{\mathrm{d}^2A_y(t)}{\mathrm{d}t^2}\boldsymbol{j}+\frac{\mathrm{d}^2A_z(t)}{\mathrm{d}t^2}\boldsymbol{k} \tag{0-31}$$

常见的矢量函数的导数公式有(其证明过程很简单,不再一一证明):

$$\frac{\mathrm{d}(\boldsymbol{A}\pm\boldsymbol{B})}{\mathrm{d}t}=\frac{\mathrm{d}\boldsymbol{A}}{\mathrm{d}t}\pm\frac{\mathrm{d}\boldsymbol{B}}{\mathrm{d}t}$$

$$\frac{\mathrm{d}(C\boldsymbol{A})}{\mathrm{d}t}=C\frac{\mathrm{d}\boldsymbol{A}}{\mathrm{d}t},\quad \text{其中 } C \text{ 为常数}$$

$$\frac{\mathrm{d}(\boldsymbol{A}\cdot\boldsymbol{B})}{\mathrm{d}t}=\frac{\mathrm{d}\boldsymbol{A}}{\mathrm{d}t}\cdot\boldsymbol{B}+\boldsymbol{A}\cdot\frac{\mathrm{d}\boldsymbol{B}}{\mathrm{d}t}$$

$$\frac{\mathrm{d}(\boldsymbol{A}\times\boldsymbol{B})}{\mathrm{d}t}=\frac{\mathrm{d}\boldsymbol{A}}{\mathrm{d}t}\times\boldsymbol{B}+\boldsymbol{A}\times\frac{\mathrm{d}\boldsymbol{B}}{\mathrm{d}t}$$

矢量的积分是矢量导数的逆运算。当某矢量函数 $\boldsymbol{A}(t)$ 的导数 $\boldsymbol{B}(t)=\frac{\mathrm{d}\boldsymbol{A}}{\mathrm{d}t}$ 已知时,可求其原函数,即

$$\boldsymbol{A}(t)=\int\boldsymbol{B}(t)\mathrm{d}t=A_x(t)\boldsymbol{i}+A_y(t)\boldsymbol{j}+A_z(t)\boldsymbol{k} \tag{0-32}$$

其中, $A_x(t)=\int B_x(t)\mathrm{d}x$, $A_y(t)=\int B_y(t)\mathrm{d}y$, $A_z(t)=\int B_z(t)\mathrm{d}z$

0.5 微积分初步

变量:在某物理现象或物理过程中某一物理量的取值会发生变化的量。例如时间的流逝、一天中温度的变化等。

常量:在某物理现象或物理过程中某一物理量取值保持不变的量,也称为恒量。

函数:现有相互联系的两个变量 x 和 y,当 x 在其变域 D 内任意取定一数值时,在 y 的变域 R 内都有确定的值与之对应,则称 y 是 x 的函数,记为

$$y=f(x) \tag{0-33}$$

其中,x 叫做自变量,函数 y 称为因变量。定域 D 为自变量的变化范围,称为函数 $f(x)$ 的定义域;定域 R 为因变量的取值范围,称为函数 $f(x)$ 的值域。若 y 是 z 的函数,$y=f(z)$;而 z 又是变量 x 的函数,$z=g(x)$;则称 y 为 x 的复合函数,记作

$$y=\varphi(x)=f[g(x)] \tag{0-34}$$

其中 $z=g(x)$ 称为中间变量。

1. 导数

设函数 $y=f(x)$ 在 $x=x_0$ 处有增量 Δx,与此相应,函数 y 也发生一增量 $\Delta y=f(x_0+\Delta x)-f(x_0)$,则 Δy 与 Δx 之比

$$\frac{\Delta y}{\Delta x}=\frac{f(x_0+\Delta x)-f(x_0)}{\Delta x}$$

称作函数 $y=f(x)$ 在 x_0 到 $x_0+\Delta x$ 之间的平均变化率。

若当 $\Delta x\to 0$ 时，$\frac{\Delta y}{\Delta x}$ 有极限，则称 $f(x)$ 在 x_0 处可导，并把该极限称作 $f(x)$ 在 x_0 处的导数，记作 $f'(x_0)$，也可写作 $y'|_{x=x_0}$ 或 $\left.\frac{\mathrm{d}y}{\mathrm{d}x}\right|_{x=x_0}$，即

$$f'(x_0)=\lim_{\Delta x\to 0}\frac{\Delta y}{\Delta x}=\lim_{\Delta x\to 0}\frac{f(x_0+\Delta x)-f(x_0)}{\Delta x} \tag{0-35}$$

实际上，函数 $y=f(x)$ 在 x_0 处的导数，就是函数在 x_0 附近的平均变化率当自变量增量趋于零时的极限，它反映着在 x_0 处函数 $f(x)$ 随自变量而变的增减趋势和变化快慢。

若函数在某一区间内各点均可导，则在该区间内每一点都有函数的导数与之对应，于是导数也成为自变量的函数，称作导函数，可记作 $f'(x)$、y' 或 $\frac{\mathrm{d}y}{\mathrm{d}x}$，

$$f'(x)=\lim_{\Delta x\to 0}\frac{\Delta y}{\Delta x}=\lim_{\Delta x\to 0}\frac{f(x+\Delta x)-f(x)}{\Delta x} \tag{0-36}$$

今后在不致引起混淆的场合下，导函数也简称导数。

图 0-7 中曲线表示 $y=f(x)$ 的函数图像。在区间 $[x_0,x_0+\Delta x]$ 上取函数增量 Δy，$\frac{\Delta y}{\Delta x}$ 为函数在 Δx 上的平均变化率，在数值上等于与 Δx 相对应的函数曲线割线 $\overline{PQ}$ 的斜率。进一步，函数 $f(x)$ 在点 x_0 处的导数等于 $[x_0,f(x_0)]$ 处 $f(x)$ 曲线切线的斜率，这就是导数的几何意义。

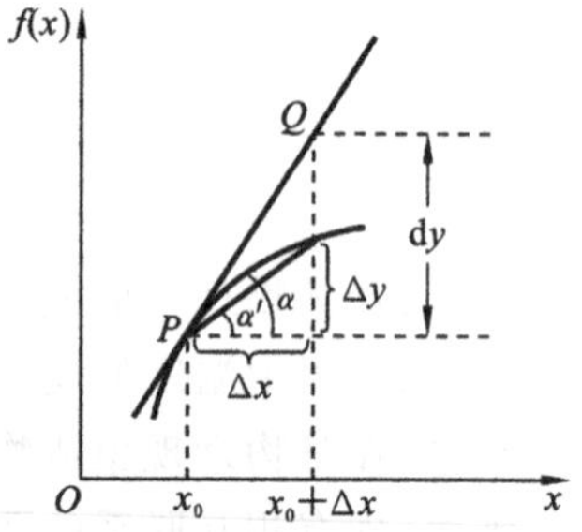

图 0-7　导数的几何意义

导数的基本运算法则如下所示，其中 u、v 均为 x 的函数：

(1) $(u\pm v)'=u'\pm v'$。

(2) $(uv)'=u'v+v'u$；$(cu)'=cu'$　（c 为常量）。

(3) $\left(\frac{u}{v}\right)'=\frac{u'v-v'u}{v^2}$　$(v\neq 0)$。

(4) $x=\varphi(y)$ 为 $y=f(x)$ 的反函数时，$f'(x)=\frac{1}{\varphi'(y)}$，$\varphi'(y)\neq 0$。

(5) $y=f(u)$，$u=\varphi(x)$，即 y 为 x 的复合函数，$y=f[\varphi(x)]$，$\frac{\mathrm{d}y}{\mathrm{d}x}=\frac{\mathrm{d}y}{\mathrm{d}u}\cdot\frac{\mathrm{d}u}{\mathrm{d}x}$。

如 $y=f(x)$ 的导数 $f'(x)$ 对 x 可导，则 $[f'(x)]'$ 称作 $f(x)$ 的二阶导数，记作 $f''(x)$、y'' 或 $\frac{\mathrm{d}^2y}{\mathrm{d}x^2}$。例如速度是坐标的一阶导数，加速度是坐标的二阶导数。

2. 函数的极值点和极值

若函数 $y=f(x)$ 在点 x_0 的附近，即在 x_0 某一邻域内有定义，且 $f(x_0)$ 比在 x_0

某邻域内所有各点 $f(x)$ 的值都大（或都小），则称 $f(x_0)$ 是函数 $f(x)$ 的一个极大值（或极小值）。点 x_0 称为函数 $f(x)$ 的一个极大点（或极小点）。极大值与极小值统称作极值，极大点与极小点统称为极值点。

若函数 $f(x)$ 在点 x_0 附近有连续的导函数 $f'(x)$、$f''(x)$，且 $f'(x_0)=0$ 而 $f''(x_0)\neq 0$，则 $f''(x_0)<0$ 时 $f(x)$ 在 x_0 处取极大值；$f''(x_0)>0$ 时函数 $f(x)$ 在点 x_0 处取极小值。

3. 微分

若函数 $y=f(x)$ 在点 x 处可导，则 $y=f(x)$ 在点 x 处的导数 $f'(x)$ 与自变量增量 Δx 的乘积称作函数 $y=f(x)$ 在点 x 处的微分，记作 $\mathrm{d}y$，

$$\mathrm{d}y=f'(x)\Delta x$$

将 Δx 记作 $\mathrm{d}x$，称作自变量的微分，于是

$$\mathrm{d}y=f'(x)\mathrm{d}x \tag{0-37}$$

即函数的微分是自变量增量或微分 $\mathrm{d}x$ 的线性函数；另一方面，当 $\mathrm{d}x$ 足够小时，微分近似等于函数的增量，故函数的微分为函数增量的线性主要部分。图 0-7 表示当自变量改变 Δx 时，函数增量 Δy 等于函数曲线纵坐标的增量；而 $\mathrm{d}y$ 则为函数曲线切线纵坐标的增量。

4. 不定积分

设 $f(x)$ 是定义在某一区间上的函数，若存在函数 $F(x)$，使得在这个区间上的每一点有

$$F'(x)=f(x)$$

则称 $F(x)$ 为 $f(x)$ 在该区间上的一个原函数。

若 $F(x)$ 是 $f(x)$ 的一个原函数，又若 C 为一任意常数。由于 C 的导数为零，故 $F(x)+C$ 也是 $f(x)$ 的原函数。由此可见，只要函数 $f(x)$ 有一个原函数 $F(x)$，它就有无穷多个原函数，彼此间只差一常数，并可统一用 $F(x)+C$ 来表示。

现在引入不定积分的概念。函数 $f(x)$ 的所有原函数叫作 $f(x)$ 的不定积分，记作 $\int f(x)\mathrm{d}x$。用 $F(x)$ 表示 $f(x)$ 的一个原函数，则 $f(x)$ 的不定积分可写作

$$\int f(x)\mathrm{d}x = F(x)+C \tag{0-38}$$

这里，$f(x)$ 称作被积函数，$f(x)\mathrm{d}x$ 称为被积式，x 叫作积分变量，$\int$ 称为积分符号，而 C 则叫作积分常数。

我们应当这样去理解不定积分 $\int f(x)\mathrm{d}x$，它代表无穷多个 x 的函数，所有这些函数之间都只差一个常数，它们的导数都等于被积函数 $f(x)$。

我们把函数 $f(x)$ 的一个原函数 $F(x)$ 的函数图线叫作 $f(x)$ 的一条积分曲线。于

是，不定积分$\int f(x)\mathrm{d}x = F(x) + C$的几何意义应为无穷多条积分曲线，称作函数$f(x)$的积分曲线族。因为一切$F(x)+C$的导数均等于$f(x)$，所以在一定的$x$处，所有积分曲线的切线有相同的斜率。

根据不定积分的定义，我们可以直接写出不定积分的两条性质：

(1) $\left(\int f(x)\mathrm{d}x\right)' = f(x)$；

(2) $\int F'(x)\mathrm{d}x = F(x) + C$。

前面一式表示先对函数$f(x)$作不定积分再求导数，结果仍为$f(x)$；后面一式则指出先对$F(x)$求导数再作不定积分，所得结果将只与原$F(x)$差一常数。这两条性质说明求不定积分实际上是求导数的逆运算。

5. 定积分

设函数$y=f(x)$在区间$[a,b]$上连续，用一系列分点

$$a=x_1<x_2<\cdots<x_{i-1}<x_i<x_{i+1}<\cdots<x_{n+1}=b \tag{1}$$

将区间$[a,b]$等分为n个子区间，在每一小区间$[x_i, x_{i+1}]$上任取一点$\xi_i(i=1,2,\cdots,n)$，和式

$$I_n = \sum_{i=1}^{n} f(\xi_i)\Delta x$$

当$n\to\infty$即$\Delta x\to 0$时，和式I_n的极限称作函数$f(x)$在区间$[a,b]$的定积分，记作$\int_a^b f(x)\mathrm{d}x$，即

$$\int_a^b f(x)\mathrm{d}x = \lim_{n\to\infty}\sum_{i=1}^{n} f(\xi_i)\Delta x \tag{0-39}$$

这里，$f(x)$、$f(x)\mathrm{d}x$和x分别称作被积函数、被积式和积分变量，$\int$叫作积分符号，a和b分别叫作积分下限和积分上限，区间$[a,b]$称为积分区间。

定积分的主要性质如下：

(1) 对调积分上下限则定积分改变符号：

$$\int_a^b f(x)\mathrm{d}x = -\int_b^a f(x)\mathrm{d}x$$

(2) 被积函数的常数因子可以提到积分符号前面，即

$$\int_a^b kf(x)\mathrm{d}x = k\int_a^b f(x)\mathrm{d}x \quad (常数\ k\neq 0)$$

(3) 两个函数的和(或差)在$[a,b]$上的定积分，等于这两个函数在$[a,b]$上的定积分的和(或差)，即

$$\int_a^b [f(x)\pm g(x)]\mathrm{d}x = \int_a^b f(x)\mathrm{d}x \pm \int_a^b g(x)\mathrm{d}x$$

(4) 如果将区间$[a,b]$分成两个区间$[a,c]$及$[c,b]$，则

$$\int_a^b f(x)\mathrm{d}x = \int_a^c f(x)\mathrm{d}x + \int_c^b f(x)\mathrm{d}x$$

6. 牛顿-莱布尼茨公式

根据定积分的定义，即和式的极限，以及定积分的主要性质，直接去计算定积分往往比较麻烦。这里介绍一个把定积分和不定积分联系起来的公式，使我们能够通过计算不定积分求得定积分。

一般来说，设 $F(x)$为函数 $f(x)$在区间$[a,b]$的一个原函数，即 $F'(x)=f(x)$，则

$$\int_a^b f(x)\mathrm{d}x = F(b) - F(a) \tag{0-40}$$

这个公式就称作牛顿-莱布尼茨公式。它把某函数在一定区间上的定积分和该函数的原函数在该区间的改变量联系起来了。式(0-40)给我们提供了计算定积分的基本方法。

我们常把原函数 $F(x)$ 在区间$[a,b]$的改变量写作 $F(x)\Big|_a^b$，故上式又可写为

$$\int_a^b f(x)\mathrm{d}x = F(x)\Big|_a^b = F(b) - F(a)$$

第一篇

牛顿力学与狭义相对论基础

力学是物理学发展最早的一支，它和人类的生产生活密切相关。早在遥远的古代，人类在生产活动中就使用了杠杆、螺旋、滑轮和斜面等简单机械，促进了静力学的发展。例如，我国古代春秋战国时期的《墨经》总结了大量力学知识，提出了时间和空间、运动相对性、力的概念等。

16—17 世纪，以伽利略为代表的物理学家对力学开展了广泛的研究。天文学家第谷·布拉赫以毕生精力采集了大量天文观测数据，为开普勒的研究做了充分的准备。开普勒于 1609 年和 1619 年分别在《新天文学》和《宇宙和谐论》中发表了著名的开普勒三定律，即椭圆定律、面积定律和周期定律。开普勒三定律系统地总结了行星运行规律，这是第谷和开普勒合作的成果，是精确科学观测和严密数学推算相结合的典范，在推动天文学和力学的发展中起到关键作用。伽利略于 1632 年和 1638 年发表的著作《关于托勒密和哥白尼两大世界体系的对话》和《关于力学和运动两门科学的谈话》为力学的发展奠定了思想基础。随后，牛顿综合了天体运动规律和地面实验研究成果，于 1687 年发表了《自然哲学的数学原理》，进一步得到了力学的基本规律，建立了牛顿运动三定律和万有引力定律。随后，牛顿力学体系在伯努利、拉格朗日和达朗贝尔等科学家的推广和完善下形成了系统的理论，由此发展出了流体力学、弹性力学和分析力学等分支。到了 18 世纪，经典力学已经相当成熟，成为自然科学中的主导和领先学科。

力学是研究物体运动规律的学科，涉及到以牛顿运动定律为基础的经典理论。周培源先生曾言“力学不独在物理学中占极其重要的地位，并且对于天文学及各种工程学皆有极大贡献。”力学在现代科学技术中占有重要地位，它也发展成为一门独立的学科，并包含不同的子学科，例如材料力学、海洋力学和地质力学等。近代科学发展的重要特点体现在不同学科之间的交叉，例如我国著名科学家李四光做出重要贡献的“地质力学”已是一门新的学科。

【温故知新】

在高中阶段，我们对“机械运动与物理模型”“相互作用与运动定律”“机械能及其守恒定律”“曲线运动与万有引力定律”和“牛顿力学的局限性与相对论初步”等力学范畴已经有了详细的学习和理解。这里，首先简要概述其知识要点。

运动的描述是相对的，在定性和定量研究物体运动过程中，必须选定参考系并在参考系上建立坐标系。这样，才能对物体的运动进行定量描述。物体形状和尺寸各异，为了研究物体运动的基本规律，必须考虑物体形状和尺寸对其运动的影响。若该影响微乎其微，在研究物体机械运动时就可以忽略物体的形状和大小，将物体抽象为质点。将物体运动抽象为质点运动。这是将实际物理现象抽象为物理模型的过程，相信同学们在学习中已经体会到构建物理模型的思维方式以及物理模型在探索自然规律中的作用。那么，同学们会问“若物体的形状和大小对物体的运动有影响时应该如何处理呢?”这时,就会提出“刚体”的概念,刚体具有一定的形状和大小,但是刚体的形状和大小在物体运动中不会发生形变,具有刚性。这样,研究物体机械运动对物体的模型化从其形状和尺寸的影响角度来分析就全面了。刚体的运动,尤其是刚体的定轴转动,我们将在大学物理课程中详细学习。

然后,将问题转化为质点运动问题,我们已经学习了几类典型运动的描述,例如匀变速直线运动、自由落体运动、抛体运动和匀速圆周运动等,理解了质点运动的位移、速度和加速度等物理量,学会了利用图表法、解析法对质点运动进行描述。在物理学的学习过程中,对概念的理解和把握是至关重要的,例如平均速度和平均速率、位移和路程,以及平均速度和瞬时速度的区别和联系等。同时,要注重对物理过程的分析,科学思维中的抽象方法以及物理过程的极值条件。

物理是一门实验科学,任何理论都要经得起实践的检验。我们通过打点计数器实验和观察更深入地认识了自由落体运动,感受到物理实验与物理推理在物理学学习和研究中的作用。

从描述运动的速度和加速度物理量的分析来说,牛顿提出了“惯性”和“力”的概念,即物体有保持其静止状态或匀速直线运动状态的属性,直到有外力迫使它改变这种状态为止。力是物体之间的相互作用,力有三要素,即大小、方向和作用点。我们已经学习了力的合成与分解,即满足平行四边形法则(有时也称为三角形法则)。通过实验,我们认识了重力、弹力和摩擦力(包括静摩擦力和滑动摩擦力),学习了胡克定律中弹力与形变的关系。我们探究定量描述物体运动的加速度与物体受力和物体质量之间的关系,即牛顿第二定律。在学习中,开始有意识地控制变量,制定实验方案来实验物理过程,进而通过数据分析得到实验结论,并能科学地表达科学探究的过程和结果。

那么,力在空间的积累效果是什么呢?我们定义了功和功率,了解了生产生活中常见机械的功率大小及其意义,尤其是汽车发动机功率一定时牵引力和速度的关系。从牛顿第二定律出发,推导出了动能定理并给出了动能的定义。依据力作用与路径的关系,将力分为保守力和非保守力,提出了势能的概念并重点学习了重力势能和弹性势能。然后通过实验,验证了机械能守恒定律,体会到守恒观念对认识物理规律的重要性,学会从机械能转化和守恒的视角分析物理问题,形成了初步的能量观。关于力在时间上的累积效应主要体现在高中选修模块的“动量与动量守恒定律”专题中,同学们通过实验学习了弹性碰撞和非弹性碰撞,并能定量分析一维碰撞问题,了解了中子的发现过程及动量守恒定律在其中的作用。

随着科学的发展和人类对自然界认识的深入,牛顿力学的局限性逐步浮现出来,尤其是“以太说”像乌云遮拦在物理学大厦上一样。爱因斯坦提出了狭义相对论和广义相对论,颠覆了人们对时空的认识,体现了人类对自然界探索的不断深入。我们初步了解了相对论时空观,涉及长度收缩效应、时间延缓效应以及时空弯曲。在大学物理学习中，我们将重点学习狭义相对论基础。

“数学是物理学的自然语言。”牛顿和莱布尼茨发明了微积分。牛顿是因为力学的需要而研究微积分的。矢量这一数学工具的引入使得力学规律的描述既简明而又不依赖于坐标系的选取。将矢量和微积分结合起来刻画物体运动，既简明、准确又具有普遍性。在大学物理学习中经利用这一方式来描述物体运动。

【过关斩将】

1. 2016 年 8 月 5 日夏季奥运会在巴西里约热内卢举办，在以下几个奥运会比赛项目中，研究对象可视为质点的是(　　)。

A. 在撑杆跳高比赛中研究运动员手中的支撑杆在支撑地面过程中的转动情况时

B. 确定马拉松运动员在比赛中的位置时

C. 跆拳道比赛中研究运动员动作时

D. 乒乓球比赛中研究乒乓球的旋转时

2. 一个质点做方向不变的直线运动，加速度的方向始终与速度方向相同，但加速度大小逐渐减小直至为零，则在此过程中(　　)。

A. 速度逐渐减小，当加速度减小到零时，速度达到最小值

B. 速度逐渐增大，当加速度减小到零时，速度达到最大值

C. 位移逐渐增大，当加速度减小到零时，位移将不再增大

D. 位移逐渐减小，当加速度减小到零时，位移达到最小值

3. 对于曲线运动的理解，下列说法正确的是(　　)。

A. 速度发生变化的运动，一定是曲线运动

B. 做曲线运动的物体加速度一定是变化的

C. 做曲线运动的物体速度大小一定发生变化

D. 曲线运动可能是匀变速运动

4. 如图所示，假设某龙舟队在比赛前划向比赛点的途中要渡过 288 m 宽、两岸平直的河，河中水流的速度恒为 $v_水=5.0$ m/s。龙舟从 M 处开出后实际沿直线 MN 到达对岸，若直线 MN 与河岸成 53°角，龙舟在静水中的速度大小也为 5.0 m/s，已知 $\sin 53°=0.8$，$\cos 53°=0.6$，龙舟可看做质点。则龙舟在水中的合速度大小 v 和龙舟从 M 点沿直线 MN 到达对岸所经历的时间 t 分别为(　　)。

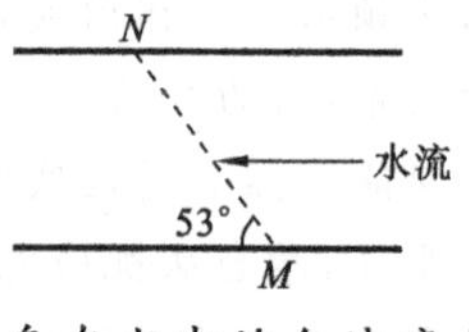

A. $v=6.0$ m/s，$t=60$ s　　B. $v=6.0$ m/s，$t=72$ s

C. $v=5.0$ m/s，$t=72$ s　　D. $v=5.0$ m/s，$t=60$ s

5. 如图所示，质量为 M 的小车放在光滑的水平面上，小车上用细线悬吊一质量为 m 的小球，$M>m$，用一力 F 水平向右拉小球，使小球和车一起以加速度 a 向右运动时，细线与竖直方向成 θ 角，细线的拉力为 F_1。若用一力 F' 水平向左拉小车，使小

球和其一起以加速度 a' 向左运动时，细线与竖直方向也成 θ 角，细线的拉力为 F'_1，则（　　）。

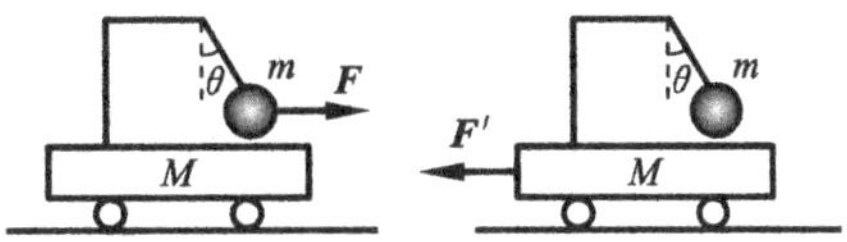

A. $a'=a, F'_1=F_1$　　B. $a'>a, F'_1=F_1$

C. $a'<a, F'_1=F_1$　　D. $a'>a, F'_1>F_1$

6. 将静置在地面上，质量为 M（含燃料）的火箭模型点火升空，在极短时间内以相对地面的速度 v_0 竖直向下喷出质量为 m 的炽热气体。忽略喷气过程重力和空气阻力的影响，则喷气结束时火箭模型获得的速度大小是（　　）。

A. $\frac{m}{M}v_0$　　B. $\frac{M}{m}v_0$　　C. $\frac{M}{M-m}v_0$　　D. $\frac{m}{M-m}v_0$

7. 韩晓鹏是我国首位在冬奥会雪上项目夺冠的运动员。他在一次自由式滑雪空中技巧比赛中沿“助滑区”保持同一姿态下滑了一段距离，重力对他做功 1900 J，他克服阻力做功 100 J。韩晓鹏在此过程中（　　）。

A. 动能增加了 1900 J　　B. 动能增加了 2000 J

C. 重力势能减小了 1900 J　　D. 重力势能减小了 2000 J

8. 用竖直向上大小为 30 N 的力 F，将 2 kg 的物体从沙坑表面由静止提升 1 m 时撤去力 F，经一段时间后，物体落入沙坑，测得落入沙坑的深度为 20 cm。若忽略空气阻力，g 取 $10\ \mathrm{m/s^2}$，则物体克服沙坑的阻力所做的功为（　　）。

A. 20 J　　B. 24 J　　C. 34 J　　D. 54 J

9. 高空作业须系安全带，如果质量为 m 的高空作业人员不慎跌落，从开始跌落到安全带对人产生作用力前人下落的距离为 h（可视为自由落体运动），此后经历时间 t 安全带达到最大伸长，若在此过程中该作用力始终竖直向上，则该段时间安全带对人的平均作用力大小为（　　）。

A. $\frac{m\sqrt{2gh}}{t}+mg$　　B. $\frac{m\sqrt{2gh}}{t}-mg$

C. $\frac{m\sqrt{gh}}{t}+mg$　　D. $\frac{m\sqrt{gh}}{t}-mg$

10. 一艘太空飞船静止时的长度为 30 m，他以 $0.6c$（c 为光速）的速度沿长度方向飞行经过地球，下列说法正确的是（　　）。

A. 飞船上的观测者测得该飞船的长度小于 30 m

B. 地球上的观测者测得该飞船的长度小于 30 m

C. 飞船上的观测者测得地球上发来的光信号速度小于 c

D. 地球上的观测者测得飞船上发来的光信号速度小于 c

答案：1.B；2.B；3.D；4.A；5.B；6.D；7.C；8.D；9.A；10.B

第1章 质点运动学

自然界中，万事万物都处于永恒的运动中，例如机械运动、热运动、电磁运动和粒子运动等，这些都是最基本的运动形式。其中机械运动是自然界中最简单、最基本的运动。力学中对机械运动的描述称为运动学。运动学的基本任务是描述物体空间位置及相关物理量（例如速度和加速度）随时间的变化规律。这里，不涉及物体间相互作用与运动的关系。

1.1 质点——理想化模型

物体的运动是复杂多变的。物体都具有一定的形状和大小且不断变化，从而导致物体上各点的运动也不完全一样。例如，在太阳系中，行星除了绕太阳公转外，还有自转；从枪口射出的子弹，除了在空间向前飞行外，还在绕自身轴高速旋转；由多个原子组成的分子，除了分子的平动外，还有转动和振动。因此，详细描写物体的运动是不容易的，甚至是无法办到的。

这就需要对研究对象（物体）进行认真分析，抓反映研究对象的本质特征的主要因素，忽略次要因素的影响，构建恰当的物理模型。构建物理模型是科学研究中常用的一种思维方法。

在对物体机械运动分析中，发现物体的形状和大小对研究物体机械运动过程的影响有时可以忽略，有时不可忽略。例如，在研究地球运动时，地球的形状和大小对其相对于太阳的运动是可以忽略的；但是地球的形状和大小对其自转运动却是不可忽略的。依据物体形状和大小对其机械运动的影响情况，可将物体抽象为质点和刚体。这是经典力学中常用的两个物质实体模型。

质点，顾名思义，是一个有质量的点。当物体的形状和大小对研究物体的运动影响很小时，可以不考虑物体上各部分之间的运动差异性，用物体上任意一点的运动来代替整个物体的运动。忽略物体的形状和大小，把物体看作是一个有一定质量的点。在质点模型中，质点的质量与物体质量相等。例如，研究地球绕太阳公转的运动规律时，虽然地球的尺寸很大，但比起地球到太阳的距离来说就小很多，地球上各点相对于太阳的运动可以近似看作是相同的。因此，我们就可以把地球看作有一个质量的点来分析，质点的质量与地球的质量相同。

刚体，顾名思义，是一个刚性的物体。当物体的形状和大小对研究物体运动有影响而不可忽略但形变可忽略时，将物体抽象为刚体，刚体上各部分质量的相对位置在物体运动过程中不会改变。在研究地球自转运动时，视地球为一个刚体球。刚体模型将在稍后第 5 章中应用，这里先埋下伏笔。

由此可知，一个物体能否抽象为一个质点，应根据研究问题的实际情况而定。它体现了物理学中化繁为简，抓研究问题的主要矛盾忽略次要矛盾的研究方法，在实践上和理论上都具有极其重要的意义。当我们所研究的物体不能看作质点时，可把整个物体看成由许多质点组成的质点系。弄清楚这些质点的运动情况，就可以弄清整个物体的运动。质点运动的描述是研究物体运动的基础。

1.2 参考系和坐标系

自然界中，大到星系，小到电子等微小粒子，时刻运动着。绝对静止的物体是不存在的，运动是相对的。正如东汉《尚书纬・考灵曜》中记载“地恒动不止而人不知，譬如人在大舟中，闭牖而坐，舟行而不觉也。”在行进的列车中，坐在车厢中的乘客看到桌面上的水杯是静止的，但是站在站台上的人却看到这只水杯随火车一起运动。

由此可见，对物体运动的描述因观察者不同而不同，这就是运动描述的相对性。因此，对物体运动进行描述之前，就必须选定一物体作为参照物。例如，坐在车厢中的乘客选择列车作为参照物描述桌面上的水杯是静止的，但是站台上的人却以地面作为参照物描述该水杯却是随火车一起运动的。通常情况下，将选定的参照物称为**参考系**。从上面的实例中，可以看到选择不同的参考系，对同一物体运动的描述是不同的。在描述物体运动时，必须指明是相对于什么参考系的运动。需要注意的是，参考系的选取是任意的，但是具体选择什么参考系还是由研究问题的性质和研究便利而定。例如，在研究行星运动时，常选取太阳作为参考系；在研究人造卫星运动时，常选取地球作为参考系。我们时常选择地球（地面）为参考系，实验室固定在地球上，故又称为**实验室参考系**。

为了定量地描述物体相对于参考系的运动，需要在选定的参考系上建立一个恰当的坐标系。常用的坐标系有直角坐标系、极坐标系、柱坐标系、球坐标系和自然坐标系。应如何选取坐标系呢？坐标系的坐标原点建在何处以及坐标轴的取向如何？应以研究问题的处理方便为准。

例如，在直角坐标系中，坐标原点选定在参考系中某一固定点，并从此点沿三个相互垂直的方向引三条直线作为坐标轴，其单位矢量分别为 $\boldsymbol{i},\boldsymbol{j},\boldsymbol{k}$。这时，质点在任一时刻的空间位置（$P$ 点）都可以用三个坐标分量 (x,y,z) 描述，如图 1-1 所示。

空间长度定义为给定坐标系中两点的距离。假设质点在 t 时刻处于 P 点 (x_1, y_1, z_1)，在 $(t+\Delta t)$ 时刻运动到了 Q 点 (x_2, y_2, z_2)，如图 1-2 所示，则定义该坐标系中

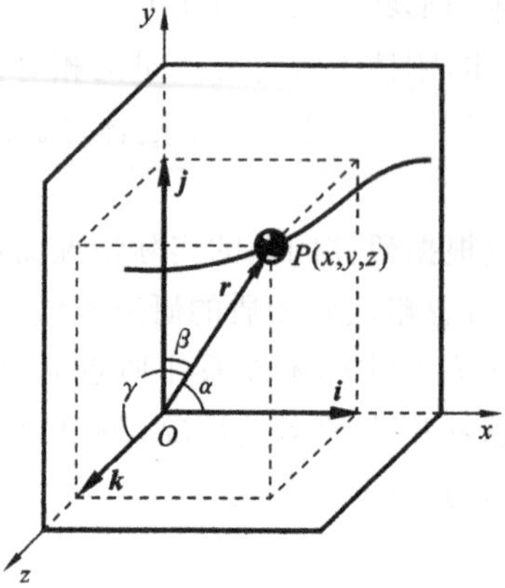

图 1-1　直角坐标系

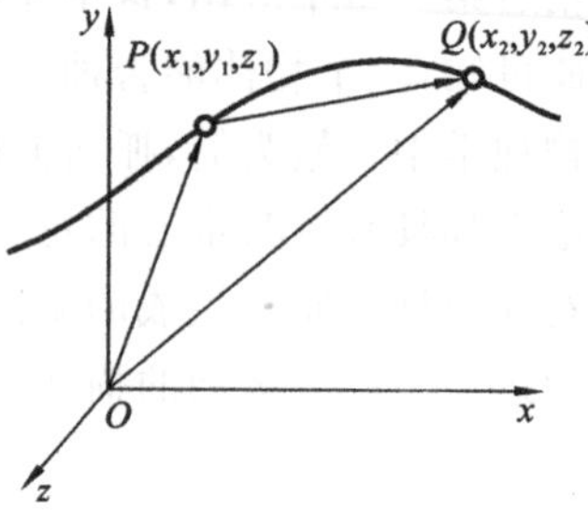

图 1-2　空间长度的定义

$\overline{PQ}$的空间长度L为

$$L=\sqrt{(x_2-x_1)^2+(y_2-y_1)^2+(z_2-z_1)^2} \tag{1-1}$$

在国际单位制中，长度的单位是米，用符号 m 表示。1 米是光在真空中在 1/299792458 s 时间内行进的距离。

质点运动就是质点位置随时间的变化。在坐标系中，需要指明质点到达各个空间位置(x,y,z)的时刻t。时刻t是由置放在坐标系中不同位置处的同步时钟给出的。质点到达某处的时刻是由该处的时钟给定的。时间间隔则定义为某一起始时刻至终止时刻所经历的时间，例如质点从P点运动到Q点所经历的时间为$(t+\Delta t)-t=\Delta t$。在国际单位制中，时间的单位是秒，用符号 s 表示。1 秒定义为铯的同位素原子^{133}Cs发出的一个特征频率的光波周期的 9192631770 倍。

1.3　描述质点运动的物理量

前文提及，描述质点机械运动就是描述质点空间位置随时间的变化规律。这就需要建立一个恰当的坐标系，坐标系的原点O作为参考点。一般情况下，我们选择直角坐标系和极坐标系来描述质点的机械运动。下面，以直角坐标系Oxy为例讨论描述质点运动的几个物理量。

1.3.1　位置矢量

如图 1-1 所示，在直角坐标系Oxy中，x,y,z三个坐标轴正方向的单位矢量分别为$\boldsymbol{i},\boldsymbol{j},\boldsymbol{k}$。质点在$t$时刻运动到$P$点，其坐标为$(x,y,z)$。

引入**位置矢量**(简称位矢)的概念，即从坐标原点出发，指向质点当前所在位置P的有向线段(矢量)，常用符号$\boldsymbol{r}$表示，即

$$\boldsymbol{r}=\overrightarrow{OP} \tag{1-2}$$

利用质点位置 P 在直角坐标系中的坐标，则位置矢量可以写为

$$\boldsymbol{r}=\overrightarrow{OP}=x\boldsymbol{i}+y\boldsymbol{j}+z\boldsymbol{k} \tag{1-3}$$

大小为

$$|\boldsymbol{r}|=\sqrt{x^2+y^2+z^2} \tag{1-4}$$

方向可以用一组方向角来描述，即用位矢 $\boldsymbol{r}$ 与 x 轴、y 轴和 z 轴之间的夹角 α,β,γ 来表示，相应的余弦值分别为

$$\cos\alpha=\frac{x}{|\boldsymbol{r}|},\quad \cos\beta=\frac{y}{|\boldsymbol{r}|},\quad \cos\gamma=\frac{z}{|\boldsymbol{r}|} \tag{1-5}$$

它们之间满足

$$\cos^2\alpha+\cos^2\beta+\cos^2\gamma=1$$

质点在做运动时，表现为其相对于坐标原点 O 的位矢随时间的变化。因此，位矢是时间的函数，写为

$$\boldsymbol{r}=\boldsymbol{r}(t)=x(t)\boldsymbol{i}+y(t)\boldsymbol{j}+z(t)\boldsymbol{k} \tag{1-6}$$

这就是描述质点运动的**运动学方程**。一旦得到运动学方程，则质点运动的全部情况也就跃然纸上。

很显然，质点 P 的坐标分量也是时间的函数，即

$$\begin{cases} x=x(t) \\ y=y(t) \\ z=z(t) \end{cases} \tag{1-7}$$

式(1-7)称为质点运动方程的分量形式，也称为标量形式。

在式(1-7)中，消去时间因子 t，便可得质点坐标分量之间的函数关系，即

$$f(x,y,z)=0 \tag{1-8}$$

这就是质点运动的**轨迹方程**。若轨迹是直线，则质点做直线运动；若轨迹是曲线，则质点做曲线运动。

例 1-1 如图 1-3 所示，一质点以初速度 v_0 水平抛出，求其运动学方程和轨迹方程。

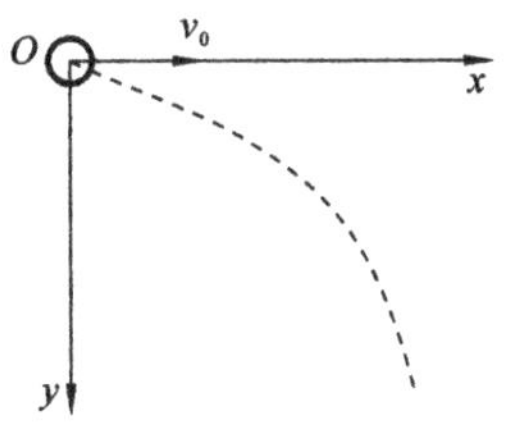

图 1-3 例 1-1 图

解 如图 1-3 所示建立坐标系，以抛出点为坐标原点，水平抛出方向为 x 轴正方向，竖直向下为 y 轴正方向。

由运动分解可知，该质点所做的平抛运动可分解为在 x 轴上匀速运动，在 y 轴上自由落体运动。

设质点平抛后任一时刻 t，其坐标分量可写为

$$x(t)=v_0t,\quad y(t)=\frac{1}{2}gt^2$$

这便是该质点运动的运动学方程的分量式，写成矢量式为

$$\boldsymbol{r}=\boldsymbol{r}(t)=(v_0t)\boldsymbol{i}+\left(\frac{1}{2}gt^2\right)\boldsymbol{j}$$

消除运动学方程分量式中的时间因子 t，得该质点运动的轨迹方程

$$y-\frac{g}{2v_0^2}x^2=0$$

这里，$f(x,y,z)=y-\frac{g}{2v_0^2}x^2$。很显然，该质点做平抛运动的轨迹为一条抛物线。

注意：求解质点运动学方程是描述质点运动的重要任务之一。知道了质点的运动学方程，也就确定了质点的运动学规律。接下来，可以在定义描述质点运动的重要物理量中窥见运动学方程的重要地位。

1.3.2 位移与路程

如何描述质点空间位置随时间的变化呢？我们定义位移的概念。如图 1-4 所示，设在时刻 t，质点位于 A 点，其位矢为 $\boldsymbol{r}_A$；在时刻 $t+\Delta t$，质点运动到 B 点，其位矢为 $\boldsymbol{r}_B$。在时间 Δt 内，质点相对坐标原点的位矢发生了变化。很显然，位矢的大小和方向均发生了改变。将从 A 点指向 B 点的有向线段 $\overrightarrow{AB}$ 称为质点从 A 点经时间 Δt 运动到 B 点的位移，用 $\Delta\boldsymbol{r}$ 表示。由图 1-4 可知，有向线段 $\overrightarrow{AB}$ 不仅能描述 B 点距 A 点的距离，也描述 B 点相对于 A 点的方位。因此，位移 $\boldsymbol{r}$ 是矢量，其与相应位矢 $\boldsymbol{r}_A$、$\boldsymbol{r}_B$ 之间的关系满足

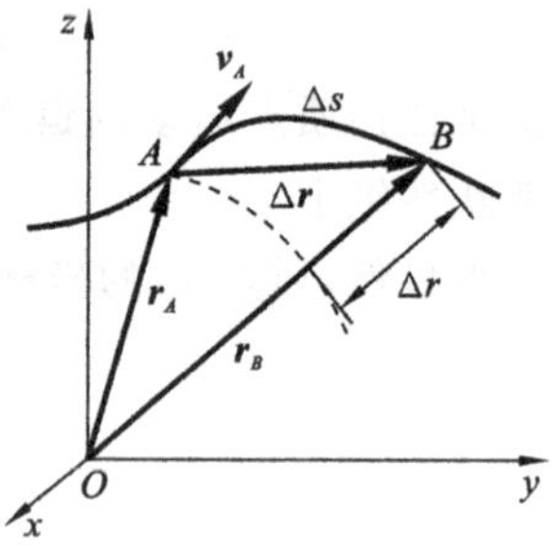

图 1-4　位移与路程

$$\Delta\boldsymbol{r}=\boldsymbol{r}_B-\boldsymbol{r}_A \tag{1-9}$$

式(1-9)描述了质点在 Δt 时间内的位移等于在这段时间内位矢的增量(或改变量)。

在直角坐标系 $Oxyz$ 中，位移可写成分量形式

$$\Delta\boldsymbol{r}=(x_B-x_A)\boldsymbol{i}+(y_B-y_A)\boldsymbol{j}+(z_B-z_A)\boldsymbol{k}=\Delta x\boldsymbol{i}+\Delta y\boldsymbol{j}+\Delta z\boldsymbol{k} \tag{1-10}$$

位移的大小为

$$|\Delta\boldsymbol{r}|=\sqrt{\Delta x^2+\Delta y^2+\Delta z^2} \tag{1-11}$$

位移的方向可用它的方向余弦表示为

$$\cos\alpha=\frac{\Delta x}{|\Delta\boldsymbol{r}|},\quad \cos\beta=\frac{\Delta y}{|\Delta\boldsymbol{r}|},\quad \cos\gamma=\frac{\Delta z}{|\Delta\boldsymbol{r}|} \tag{1-12}$$

从图 1-4 中可以看出：$\Delta r=|\boldsymbol{r}_B|-|\boldsymbol{r}_A|$ 表示的是位矢大小的改变量，与位移 $\Delta\boldsymbol{r}$ 的大小 $|\Delta\boldsymbol{r}|$ 是不同的。

注意：位移描述的是质点空间位置变化的物理量，它只表示位置变化的实际效果，不能唯一地反映物体运动的实际路径。即从位移来看，并不能判断物体是如何从

空间一点实际运动到另一点的。

在图 1-4 中，质点从 A 点运动到 B 点所经过的线路是质点实际运动的轨迹，其长度是这段曲线的实际长度 Δs，称其为质点在 Δt 时间内所经历的路程。显然，路程是标量，只有大小，没有方向。

这里，要正确理解位移和路程概念的区别与联系。首先，位移是矢量，既有大小又有方向；而路程是标量，只有大小没有方向。其次，位移的大小 $|\Delta \boldsymbol{r}|$ 为 AB 两点间的线段长度，而路程的大小 Δs 为 AB 两点间质点运动轨迹的长度。一般情况下，$|\Delta \boldsymbol{r}| \neq \Delta s$。只有在 Δt 趋于零时，B 点无限靠近 A 点，无限小的路程（称之为元路程）$\mathrm{d}s$ 与无限小的位移（称之为元位移）大小 $|\mathrm{d}\boldsymbol{r}|$ 才相等，即 $|\mathrm{d}\boldsymbol{r}| = \mathrm{d}s$。最后，即使是在直线运动中，位移和路程也是截然不同的两个概念，位移的大小和路程也不一定相同。例如，一质点从 A 点运动到 B 点，然后折回到 A 点。很显然，质点行走的路程是 AB 两点间距离的两倍，而位移却为零。

1.3.3 速度与速率

上节讨论了描述质点空间位置移动的物理量，即位移和路程。那么，如何描述质点运动空间位置改变的快慢以及运动方向的变化呢？这就需要引入平均速度和瞬时速度的概念。

设在 t 到 $t+\Delta t$ 时间内，质点从 A 点运动到了 B 点产生的位移为 $\Delta \boldsymbol{r}$，如图 1-4 所示。**平均速度描述了质点在这段时间内的运动的快慢和运动方向的改变**，即质点在 Δt 时间内的平均速度等于质点在这段时间内产生的位移与这段时间之比，

$$\bar{\boldsymbol{v}} = \frac{\Delta \boldsymbol{r}}{\Delta t} \tag{1-13}$$

上式表明，平均速度等于位矢对时间的平均变化率，平均速度的方向与位移的方向相同。

若仅仅描述质点运动快慢，需引入平均速率这一物理量。**平均速率等于质点在 t 到 $t+\Delta t$ 时间内所经过的路程 Δs 与时间 Δt 的比值**，即

$$\bar{v} = \frac{\Delta s}{\Delta t} \tag{1-14}$$

比较平均速度和平均速率的定义可知，平均速度是矢量，而平均速率是标量。平均速率仅考虑的是质点在这段时间内的路程，而不考虑其方向的改变。因此，在学习过程中不能将平均速度和平均速率的概念混淆，平均速度的大小一般不等于平均速率。

平均速度和平均速率仅提供一段时间内的质点位置方向变化和快慢的平均效果，却不能精确地描述这段时间内质点运动位矢方向改变和变化快慢的详细情况。若期望研究质点运动的详细情况，就需要使得观察的时间越短越好。无论取多么短

的时间，总有比它更短的时间，这就需要引入极限的概念，极限法研究问题在物理学中普遍存在。

如果将时间无限地减小而趋近于零，式(1-13)的极限值存在。则我们将这一极限值称为质点在 t 时刻的瞬时速度(简称速度，用 $\boldsymbol{v}(t)$ 表示)，即

$$\boldsymbol{v}(t)=\lim_{\Delta t\to 0}\frac{\Delta \boldsymbol{r}}{\Delta t}=\frac{\mathrm{d}\boldsymbol{r}}{\mathrm{d}t} \tag{1-15}$$

上式表明，瞬时速度 $\boldsymbol{v}(t)$ 等于位置矢量 $\boldsymbol{r}=\boldsymbol{r}(t)$ 对时间 t 的一阶导数，它描述了质点的位置矢量对时间的瞬时变化率。速度是矢量，速度的方向就是当 Δt 趋于零时，位移 $\Delta\boldsymbol{r}$ 的极限方向，也就是质点运动轨迹的切线方向，并指向质点前进的一方。在国际单位制中，速度的单位是 m/s，其量纲为 LT^{-1}。

同理，从式(1-14)，我们可以定义瞬时速率(简称速率，用 $v(t)$ 表示)的概念，即

$$v(t)=\lim_{\Delta t\to 0}\frac{\Delta s}{\Delta t}=\frac{\mathrm{d}s}{\mathrm{d}t} \tag{1-16}$$

从式(1-15)和式(1-16)可知(结合图 1-4)，当 Δt 无限趋于零时，B 点无限靠近 A 点，位移 $\Delta\boldsymbol{r}$ 的大小 $|\Delta r|$ 就趋近于 Δs，即 $|\mathrm{d}\boldsymbol{r}|=\mathrm{d}s$。因此，此时瞬时速度的大小等于瞬时速率，即

$$|\boldsymbol{v}(t)|=\left|\frac{\mathrm{d}\boldsymbol{r}}{\mathrm{d}t}\right|=\frac{\mathrm{d}s}{\mathrm{d}t}=v(t) \tag{1-17}$$

例 1-2 写出在直角坐标系中的速度和速率表达式。

解 在直角坐标系中，将位置矢量表达式(1-6)代入式(1-15)，同时考虑直角坐标系中三个独立分量的单位矢量 $\boldsymbol{i},\boldsymbol{j},\boldsymbol{k}$ 与时间 t 无关，可得速度的表达式

$$\boldsymbol{v}(t)=\frac{\mathrm{d}\boldsymbol{r}(t)}{\mathrm{d}t}=\frac{\mathrm{d}x(t)}{\mathrm{d}t}\boldsymbol{i}+\frac{\mathrm{d}y(t)}{\mathrm{d}t}\boldsymbol{j}+\frac{\mathrm{d}z(t)}{\mathrm{d}t}\boldsymbol{k}=v_x(t)\boldsymbol{i}+v_y(t)\boldsymbol{j}+v_z(t)\boldsymbol{k}$$

其中，$v_x(t),v_y(t),v_z(t)$ 分别是速度在 x,y,z 方向上分量的大小，因此，速度的大小，即速率为

$$v=\sqrt{v_x^2+v_y^2+v_z^2}$$

其方向可用一组方向余弦表示，即

$$\cos\alpha=\frac{v_x}{v},\quad \cos\beta=\frac{v_y}{v},\quad \cos\gamma=\frac{v_z}{v}$$

这里，需要强调的是：瞬时速度和瞬时速率都是与时刻一一对应的，很难直接测量。在技术上，通常采用很短时间内的平均速度和平均速率来近似表示瞬时值。随着测量技术的进步，测量的精度也就越来越高。

1.3.4 加速度

和位置矢量一样，速度往往也是时间的函数，即质点在不同时刻或轨迹上的不同位置处具有不同的速度。如图 1-5 所示，质点从 A 点运动到 B 点，质点的速度发生

了变化，如何衡量质点速度变化快慢以及方向改变呢？

设质点在时刻 t，位于 A 点的速度为 $\boldsymbol{v}_A$，在时刻 $t+\Delta t$，质点运动到 B 点的速度为 $\boldsymbol{v}_B$，则在 Δt 时间内速度增量为

$$\Delta \boldsymbol{v}=\boldsymbol{v}_B-\boldsymbol{v}_A \tag{1-18}$$

注意：$\Delta \boldsymbol{v}$，$\boldsymbol{v}_A$，$\boldsymbol{v}_B$ 之间满足矢量运算的三角形法则或平行四边形法则，见图 1-5 中矢量三角形。

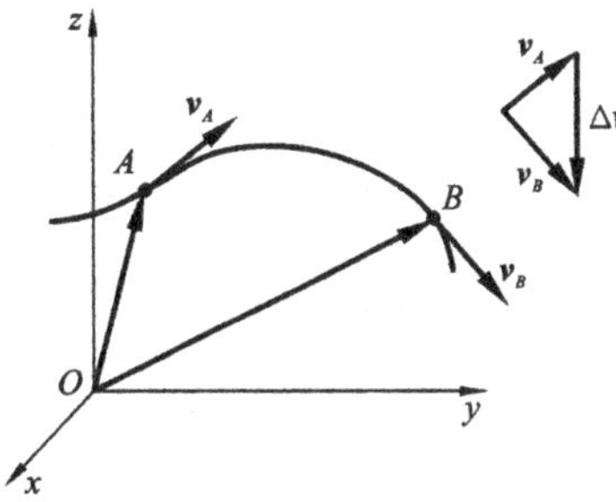

图 1-5　速度的增量

因此，$\Delta \boldsymbol{v}$ 的变化，不仅包含了速度大小的变化也包含了速度方向的变化。为了定量地描述速度矢量随时间的变化关系，引入加速度的概念，用 $\boldsymbol{a}$ 表示。

与速度的引入类似，先定义平均加速度，即在 Δt 时间内速度增量 $\Delta \boldsymbol{v}$ 与这段时间的比值，

$$\bar{\boldsymbol{a}}=\frac{\Delta \boldsymbol{v}}{\Delta t} \tag{1-19}$$

它描述了在 Δt 时间内速度的平均变化率。为了更加精确地描述质点运动在某一时刻 t 的速度的变化率，就需要在平均加速度概念的基础上引入瞬时加速度（简称加速度）的概念，即

$$\boldsymbol{a}(t)=\lim_{\Delta t\to 0}\frac{\Delta \boldsymbol{v}}{\Delta t}=\frac{\mathrm{d}\boldsymbol{v}}{\mathrm{d}t}=\frac{\mathrm{d}^2\boldsymbol{r}}{\mathrm{d}t^2} \tag{1-20}$$

上式表明，质点在时刻 t 的加速度等于当时间间隔 Δt 趋于零时平均加速度的极限值。加速度等于速度矢量对时间的一阶导数，也等于位置矢量对时间的二阶导数。在国际单位制中，加速度的单位是 $\mathrm{m/s^2}$。量纲为 $\mathrm{LT^{-2}}$。

注意：从式（1-20）可以看出，加速度是矢量。从物理图像看，加速度的方向就是当时间间隔 Δt 趋于零时速度增量的极限方向。一般情况下，速度增量 $\Delta \boldsymbol{v}$ 的方向与速度 $\boldsymbol{v}$ 的方向不同。因此，加速度的方向也就与该时刻速度方向不一致。

例 1-3　写出在直角坐标系中的加速度表达式。

解　在直角坐标系中，将位置矢量表达式（1-6）代入式（1-20），同时考虑直角坐标系中三个独立分量的单位矢量 $\boldsymbol{i}$，$\boldsymbol{j}$，$\boldsymbol{k}$ 与时间 t 无关，可得加速度的表达式

$$\begin{aligned}\boldsymbol{a}(t)&=\frac{\mathrm{d}\boldsymbol{v}(t)}{\mathrm{d}t}=\frac{\mathrm{d}v_x(t)}{\mathrm{d}t}\boldsymbol{i}+\frac{\mathrm{d}v_y(t)}{\mathrm{d}t}\boldsymbol{j}+\frac{\mathrm{d}v_z(t)}{\mathrm{d}t}\boldsymbol{k}\\&=\frac{\mathrm{d}^2\boldsymbol{r}(t)}{\mathrm{d}t^2}=\frac{\mathrm{d}^2x(t)}{\mathrm{d}t^2}\boldsymbol{i}+\frac{\mathrm{d}^2y(t)}{\mathrm{d}t^2}\boldsymbol{j}+\frac{\mathrm{d}^2z(t)}{\mathrm{d}t^2}\boldsymbol{k}\\&=a_x(t)\boldsymbol{i}+a_y(t)\boldsymbol{j}+a_z(t)\boldsymbol{k}\end{aligned}$$

其中，$a_x(t)$，$a_y(t)$，$a_z(t)$ 分别是加速度在 x，y，z 方向上分量的大小，因此，加速度的大小为

$$a=\sqrt{a_x^2+a_y^2+a_z^2}$$

其方向可用一组方向余弦表示，即

$$\cos\alpha=\frac{a_x}{a},\quad \cos\beta=\frac{a_y}{a},\quad \cos\gamma=\frac{a_z}{a}$$

例 1-4 高为 h 的平台上，有一质量为 m 的小车，用绳子跨过滑轮，在地面上以匀速率 v_0 向右拉动，如图 1-6 所示。求当绳端 A 距平台距离为 x 时，小车的速度和加速度。

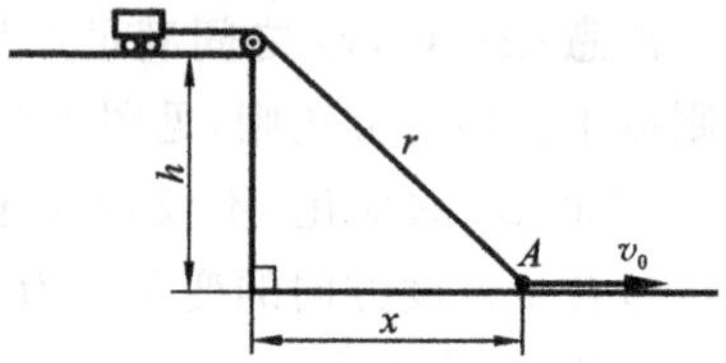

图 1-6 例 1-4 图

解 由图 1-6 可知

$$r^2=h^2+x^2$$

两边对时间 t 求导，得

$$2r\frac{\mathrm{d}r}{\mathrm{d}t}=2x\frac{\mathrm{d}x}{\mathrm{d}t}$$

$\frac{\mathrm{d}r}{\mathrm{d}t}=v$，即为小车的速度，$\frac{\mathrm{d}x}{\mathrm{d}t}=v_0$，所以小车的速度大小

$$v=\frac{x}{r}v_0=\frac{x}{\sqrt{h^2+x^2}}v_0$$

小车的加速度大小

$$a=\frac{\mathrm{d}v}{\mathrm{d}t}=\frac{\mathrm{d}v}{\mathrm{d}x}\cdot\frac{\mathrm{d}x}{\mathrm{d}t}=\frac{v_0^2h^2}{(h^2+x^2)^{\frac{3}{2}}}$$

1.4 圆周运动

圆周运动是一种最常见的、简单而基本的曲线运动，它是研究一般曲线运动和刚体定轴转动的基础。本节，将从圆周运动出发分析自然坐标系中曲线运动的切向加速度和法向加速度，学习圆周运动的角量描述以及角量和线量的关系，并推广到一般的平面曲线运动。

1.4.1 自然坐标系

如图 1-7 所示，设质点在以 O 为圆心，以 R 为半径的圆周上做圆周运动。在某时刻 t，质点位于圆周上的 P 点，过 P 点分别做圆周曲线的切线和法线。我们建立这样一个坐标系，其坐标原点建在质点运动轨迹上一点 O'，坐标轴沿着质点的运动轨迹。对于曲线运动，其坐标轴也是弯曲的。由坐标原点 O' 至质点位置的弧长 s 作为质点的位置坐标，坐标增加的方向是人为规定的。在自然坐标系中，质点运动到 P 点的单位矢量可定义为该点所在轨迹的切向单位矢量和法向单位

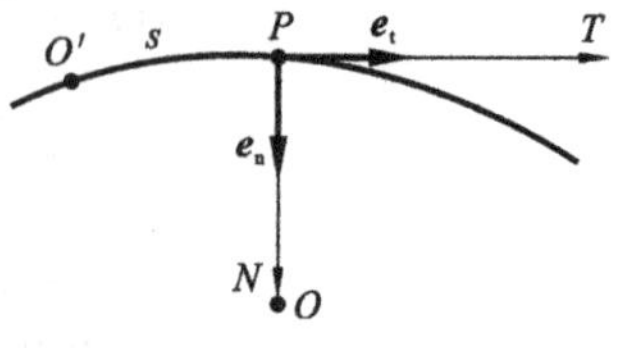

图 1-7 自然坐标系

矢量。其中，切向单位矢量沿着轨迹在该点切线方向，其正方向指向质点运动的方向；法向单位矢量垂直于该点的切向单位矢量，其正方向指向曲线凹陷的一侧，分别记为 $\boldsymbol{e}_t$ 和 $\boldsymbol{e}_n$。这样的坐标系称为自然坐标系。很显然，质点运动轨迹上不同地方其切向单位矢量和法向单位矢量是不同的，自然坐标系的两个单位矢量是不断变化的。

1.4.2 圆周运动的加速度

在自然坐标系下，质点在做半径为 R 的圆周运动时，其速度始终沿着切线方向，常用线速度描述，即

$$v=\frac{\mathrm{d}s}{\mathrm{d}t} \tag{1-21}$$

其中，$\mathrm{d}s$ 表示质点从圆周上一点 B 经时间 $\mathrm{d}t$ 运动到 C 点的弧长，如图 1-8(a)所示。

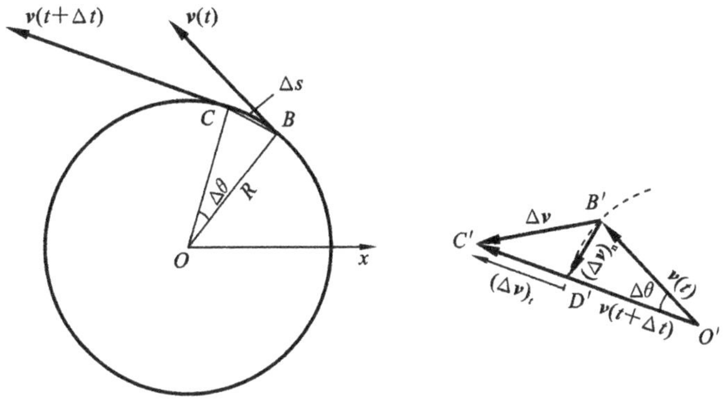

(a) 圆周运动　　(b) 速度矢量三角形

图 1-8　变速圆周运动的加速度

质点在时刻 t 从 B 点经时间 Δt 运动到了 C 点，速度分别为 $\boldsymbol{v}(t)$ 和 $\boldsymbol{v}(t+\Delta t)$。由加速度的定义式(1-20)可知，

$$\boldsymbol{a}(t)=\lim_{\Delta t\to 0}\frac{\boldsymbol{v}(t+\Delta t)-\boldsymbol{v}(t)}{\Delta t}=\lim_{\Delta t\to 0}\frac{\Delta \boldsymbol{v}}{\Delta t} \tag{1-22}$$

依据矢量加法法则，可以得到速度的矢量三角形 $O'B'C'$，如图 1-8(b)所示。以 O' 为圆心，以 $\boldsymbol{v}(t)$ 的大小 $|O'B'|$ 为半径画圆弧与 $O'C'$ 交于 D' 点。过 D' 点做有向线段 $\overrightarrow{D'C'}$，因此，$\triangle B'C'D'$ 组成矢量三角形，其表示的速度增量分别为 $\Delta\boldsymbol{v}$、$(\Delta\boldsymbol{v})_n$ 和 $(\Delta\boldsymbol{v})_t$。因此，

$$\Delta\boldsymbol{v}=(\Delta\boldsymbol{v})_n+(\Delta\boldsymbol{v})_t \tag{1-23}$$

将式(1-23)代入式(1-22)可得

$$\boldsymbol{a}(t)=\lim_{\Delta t\to 0}\frac{\Delta\boldsymbol{v}}{\Delta t}=\lim_{\Delta t\to 0}\frac{(\Delta\boldsymbol{v})_n}{\Delta t}+\lim_{\Delta t\to 0}\frac{(\Delta\boldsymbol{v})_t}{\Delta t}=\boldsymbol{a}_n+\boldsymbol{a}_t \tag{1-24}$$

其中，$$\boldsymbol{a}_{\mathrm{n}}=\lim_{\Delta t\to 0}\frac{(\Delta \boldsymbol{v})_{\mathrm{n}}}{\Delta t},\quad \boldsymbol{a}_{\mathrm{t}}=\lim_{\Delta t\to 0}\frac{(\Delta \boldsymbol{v})_{\mathrm{t}}}{\Delta t}$$

上式表明，加速度 $a(t)$ 可以分解为两个分量 $\boldsymbol{a}_{\mathrm{n}}$ 和 $\boldsymbol{a}_{\mathrm{t}}$。

先来求分加速度 $\boldsymbol{a}_{\mathrm{t}}=\lim\limits_{\Delta t\to 0}\dfrac{(\Delta \boldsymbol{v})_{\mathrm{t}}}{\Delta t}$。由图 1-8(b)可知，$(\Delta \boldsymbol{v})_{\mathrm{t}}$ 的大小为

$$(\Delta v)_{\mathrm{t}}=v(t+\Delta t)-v(t)=\Delta v$$

等于速率的变化，于是 $\boldsymbol{a}_{\mathrm{t}}$ 的大小为

$$a_{\mathrm{t}}=\lim_{\Delta t\to 0}\frac{(\Delta v)_{\mathrm{t}}}{\Delta t}=\lim_{\Delta t\to 0}\frac{\Delta v}{\Delta t}=\frac{\mathrm{d}v}{\mathrm{d}t} \tag{1-25}$$

当 $\Delta t\to 0$ 时，$(\Delta \boldsymbol{v})_{\mathrm{t}}$ 的方向趋于与 $\boldsymbol{v}$ 的方向在同一条直线上，因此，$\boldsymbol{a}_{\mathrm{t}}$ 的方向也沿着轨道的切线方向，这一分加速度称为切向加速度。切向加速度描述了质点圆周运动时速率变化快慢。

接下来，求解分加速度 $\boldsymbol{a}_{\mathrm{n}}=\lim\limits_{\Delta t\to 0}\dfrac{(\Delta \boldsymbol{v})_{\mathrm{n}}}{\Delta t}$。比较图 1-8(a)和 1-8(b)中两个相似三角形$\triangle OBC$ 和$\triangle O'B'D'$可知

$$\frac{|(\Delta \boldsymbol{v})_{\mathrm{n}}|}{v}=\frac{\overline{BC}}{R}$$

整理得
$$|(\Delta \boldsymbol{v})_{\mathrm{n}}|=\frac{\overline{BC}}{R}v$$

式中，$\overline{BC}$为弦长，当 $\Delta t\to 0$ 时，这一弦长近似等于其所对应的弧长 Δs。

$\boldsymbol{a}_{\mathrm{n}}$ 的大小为

$$a_{\mathrm{n}}=\lim_{\Delta t\to 0}\frac{|(\Delta \boldsymbol{v})_{\mathrm{n}}|}{\Delta t}=\lim_{\Delta t\to 0}\frac{v\Delta s}{R\Delta t}=\frac{v}{R}\lim_{\Delta t\to 0}\frac{\Delta s}{\Delta t}$$

式中，
$$v=\lim_{\Delta t\to 0}\frac{\Delta s}{\Delta t}$$

因此，
$$a_n=\frac{v^2}{R} \tag{1-26}$$

$\boldsymbol{a}_{\mathrm{n}}$ 的方向：当 $\Delta t\to 0$ 时，$\Delta\theta\to 0$，依据等腰三角形可知 $\boldsymbol{a}_{\mathrm{n}}$ 的方向趋向于垂直于 $\boldsymbol{v}$ 的方向而指向圆心。因此，$\boldsymbol{a}_{\mathrm{n}}$ 的方向总是垂直于圆的切线方向而指向圆心，称之为向心加速度或法向加速度。法向加速度始终与速度的方向垂直，不改变速度的大小而改变速度的方向，是速度方向改变的量度。

以上分析发现，$\boldsymbol{a}_{\mathrm{n}}$ 与 $\boldsymbol{a}_{\mathrm{t}}$ 的方向总是垂直的。其中 $\boldsymbol{a}_{\mathrm{t}}$ 的方向沿着质点所在轨迹处的切线方向，$\boldsymbol{a}_{\mathrm{n}}$ 的方向沿着质点所在轨迹处的法线方向。因此，质点做圆周运动的加速度大小为

$$a=\sqrt{a_{\mathrm{n}}^2+a_{\mathrm{t}}^2} \tag{1-27}$$

方向 β 为加速度 $\boldsymbol{a}$ 与速度 $\boldsymbol{v}$ 方向（切线方向）的夹角，即

$$\beta = \arctan \frac{a_n}{a_t} \tag{1-28}$$

注意:以上分析可推广到二维(平面)的一般曲线运动。这时,式(1-26)中的半径 R 替换为曲线上质点所在处的曲率半径。

例 1-5 一质点的曲线运动方程为 $x=R\cos\omega t$,$y=R\sin\omega t$,式中,R,ω 为常数。求质点对坐标系的矢径、轨道方程、速度、加速度、切向加速度和法向加速度。

解 如图 1-9 所示,取直角坐标系 Oxy。

(1) 位置矢量

$$\boldsymbol{r}=x(t)\boldsymbol{i}+y(t)\boldsymbol{j}=(R\cos\omega t)\boldsymbol{i}+(R\sin\omega t)\boldsymbol{j}$$

$$|\boldsymbol{r}|=\sqrt{x^2+y^2}=R$$

$$\tan\varphi=\frac{y}{x}=\frac{R\sin\omega t}{R\cos\omega t}=\tan\omega t$$

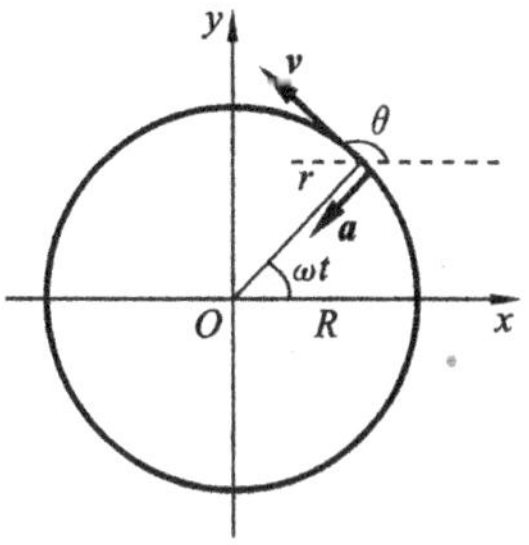

图 1-9 例 1-5 **图**

(2) 轨道方程

$$x^2+y^2=R^2(\cos^2\omega t+\sin^2\omega t)=R^2$$

此轨道是一圆周线。

(3) 速度

$$\boldsymbol{v}=\frac{\mathrm{d}\boldsymbol{r}}{\mathrm{d}t}=(-R\omega\sin\omega t)\boldsymbol{i}+(R\omega\cos\omega t)\boldsymbol{j}$$

$$|\boldsymbol{v}|=\sqrt{R^2\omega^2\sin^2\omega t+R^2\omega^2\cos^2\omega t}=R\omega$$

$$\tan\theta=\frac{v_y}{v_x}=\frac{R\omega\cos\omega t}{-R\omega\sin\omega t}=-\cot\omega t$$

解得 $\theta=\omega t+\frac{\pi}{2}$,说明 $\boldsymbol{v}\perp\boldsymbol{r}$。

(4) 加速度 $\boldsymbol{a}=\frac{\mathrm{d}\boldsymbol{v}}{\mathrm{d}t}=(-R\omega^2\cos\omega t)\boldsymbol{i}+(-R\omega^2\sin\omega t)\boldsymbol{j}=-\omega^2\boldsymbol{r}$,$\boldsymbol{a}$ 与 $\boldsymbol{r}$ 反向。

(5) 切向加速度和法向加速度

$$a_t=\frac{\mathrm{d}v}{\mathrm{d}t}=0,\quad a_n=\frac{v^2}{R}=R\omega^2$$

上式说明:加速度不改变大小,仅改变方向。

1.4.3 圆周运动的角量表示

质点做圆周运动时,也常用角位置、角位移、角速度和角加速度来描述。这些物理量称为圆周运动的角量。设一质点在平面内从 A 点开始做圆周运动,如图 1-10 所示。以圆心为坐标原点 O 建立极坐标系,OA 所在的射线作为极轴。在时刻 t,质点位于 B 点,定义从极轴逆时针到矢径 OB 的角称为质点位于 B 点的**角位置**,记为 θ。经过时间 Δt,质点于 $t+\Delta t$ 时刻运动到 C 点,其角位置为 $\theta+\Delta\theta$。即在时间 Δt

内，质点转过了 $\Delta\theta$ 角度，称之为质点对 O 点的**角位移**。角位移不仅有大小，还有转向。在国际单位制中，角位置和角位移的单位是弧度(rad)。

这里，需要注意的是：有限大小的角位移虽然既有大小又有转向，但其不是矢量，因为它不满足矢量的基本运算规则。无限小的角位移是矢量，其方向满足右手螺旋法则，即伸出右手，四指并拢与大拇指垂直，四指沿着角度的转向弯曲，大拇指指向便是无限小角位移的方向。

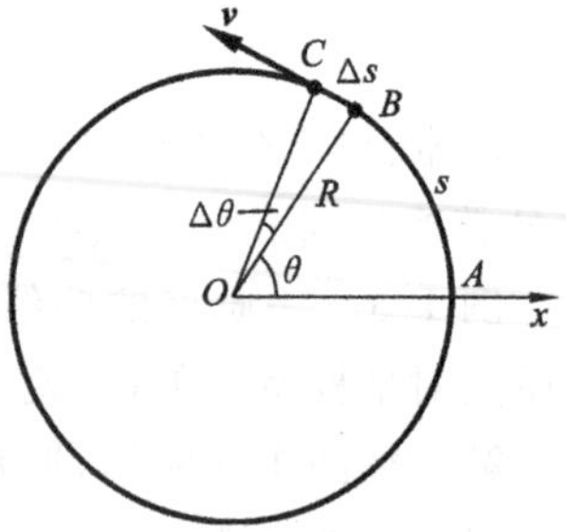

图 1-10　线速度与角速度

与速度的定义类似，角位移 $\Delta\theta$ 与时间间隔 Δt 之比称为这段时间内质点做圆周运动的**平均角速度**，用 $\bar{\omega}$ 表示，即

$$\bar{\omega}=\frac{\Delta\theta}{\Delta t} \tag{1-29}$$

Δt 趋于零时，$\Delta\theta$ 也趋于零，但是 $\frac{\Delta\theta}{\Delta t}$ 趋于某一极限值，将这个极限值称为质点对 O 点的**瞬时角速度**(简称角速度)，即

$$\omega=\lim_{\Delta t\to 0}\frac{\Delta\theta}{\Delta t}=\frac{\mathrm{d}\theta}{\mathrm{d}t} \tag{1-30}$$

由于无限小的角位移是矢量，角速度也是矢量，其方向与角位移的方向相同，可以用右手螺旋法则来判断。很显然，角速度 ω 的方向一定垂直于质点的运动平面，与圆周运动的轴平行，如图 1-11 所示。

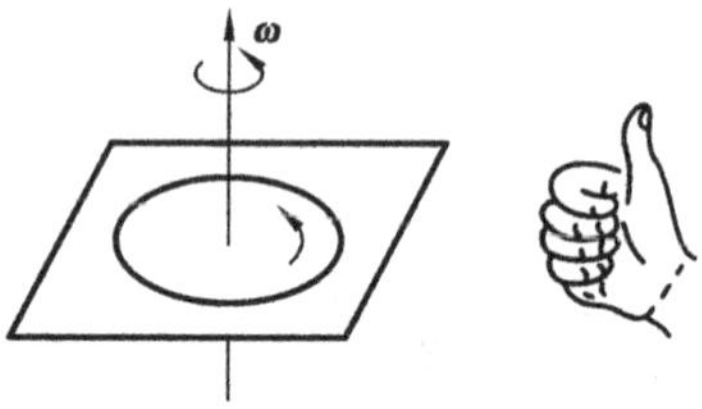

图 1-11　角速度矢量的方向

一般情况下，角速度是时间的函数，随着时间的变化而变化。如果质点在 t 时刻的角速度为 ω，在 $t+\Delta t$ 时刻角速度为 $\omega+\Delta\omega$。为了衡量角速度变化情况，定义在 Δt 时间内质点做圆周运动的平均角加速度 $\bar{\alpha}$ 等于角速度的增量 $\Delta\omega$ 与这段时间 Δt 之比，即

$$\bar{\alpha}=\frac{\Delta\omega}{\Delta t} \tag{1-31}$$

当 $\Delta t\to 0$ 时，$\frac{\Delta\omega}{\Delta t}$ 的极限值存在，定义质点在 t 时刻的**瞬时角加速度(简称角加速度)**为

$$\alpha=\lim_{\Delta t\to 0}\frac{\Delta\omega}{\Delta t}=\frac{\mathrm{d}\omega}{\mathrm{d}t} \tag{1-32}$$

角加速度也是矢量，其方向是角速度增量的方向。在国际单位制中，角速度和角加速度的单位分别是 rad/s 和 rad/s^2。

角位移、角速度和角加速度都是矢量，当质点在一个给定的平面上做圆周运动时，它们的方向都平行于圆平面的轴线。所以，在处理实际问题时，可以选定轴线的正方向，将这些矢量方向用正负号来表示。当矢量的实际方向与轴线的正方向相同时取正，反之取负。

质点做匀速圆周运动时，其角速度 ω 是常量，角加速度 α 为零。质点做变速圆周运动时，角速度不再是常量，角加速度也不再为零。如果角加速度 α 是不为零的一恒定值，称质点做匀变速圆周运动。

质点在做匀速和匀变速圆周运动时，用角量表示的运动规律与匀速和匀变速直线运动的运动规律在数学形式上完全相似，且其推导方法类似，其结果类比如表 1-1 所示。

表 1-1　直线运动与圆周运动的比较

位置比较	匀速直线运动的位置 $x(t)=x_0+vt$	匀速圆周运动的角位置 $\theta(t)=\theta_0+\omega t$
运动规律比较	匀变速直线运动的规律 $v(t)=v_0+at$ $x(t)=x_0+v_0t+\frac{1}{2}at^2$ $v^2-v_0^2=2a(x-x_0)$	匀变速圆周运动的规律 $\omega(t)=\omega_0+\alpha t$ $\theta(t)=\theta_0+\omega_0t+\frac{1}{2}\alpha t^2$ $\omega^2-\omega_0^2=2\alpha(\theta-\theta_0)$

表 1-1：θ_0，ω_0 分别是 $t=0$ 时的质点做圆周运动的角位置和角速度，x_0，v_0 分别是 $t=0$ 时的质点做直线运动的位置和速度，也称其为质点运动的初始条件。

例 1-6　某汽车发动机以初角速度 300 r/min 开始匀加速转动，在 5 s 内加速度增加到 3000 r/min。求：(1) 角加速度；(2) 在 5 s 加速过程中，发动机转了多少转。

解　(1) 初角速度为

$$\omega_0=\frac{300\times2\pi}{60}=10\ \pi\ (\mathrm{rad/s})$$

末角速度为

$$\omega_1=\frac{3000\times2\pi}{60}=100\ \pi\ (\mathrm{rad/s})$$

因匀速加速，所以角加速度为

$$\alpha=\frac{\omega_1-\omega_0}{t}=\frac{100\pi-10\pi}{5}=18\ \pi\ (\mathrm{rad/s^2})$$

(2) 由匀加速圆周运动位移公式可得在 5 s 加速过程中，发动机转的转数

$$\frac{(\theta-\theta_0)}{2\pi}=\frac{\omega^2-\omega_0^2}{2\alpha}\Big/2\pi=137.5\ (\mathrm{r})$$

对做圆周运动的质点进行描述时，既可以用角量（角位移、角速度和角加速度）来描述，也可以用线量（路程、速度、加速度）来描述。那么，角量和线量之间存在什么样

的关系呢？

如图 1-12 所示，设圆的半径为 R，在 Δt 时间内，质点从 A 点沿圆周运动到 B 点，通过的路程 Δs 就是弧长 $\widehat{AB}$，所对应的角位移为 $\Delta\theta$。由几何关系可知，

$$\Delta s = R\Delta\theta$$

将上式两边除以 Δt，当 $\Delta t \to 0$ 时，可得线速度（速率）和角速度之间的关系

$$v = R\omega \tag{1-33}$$

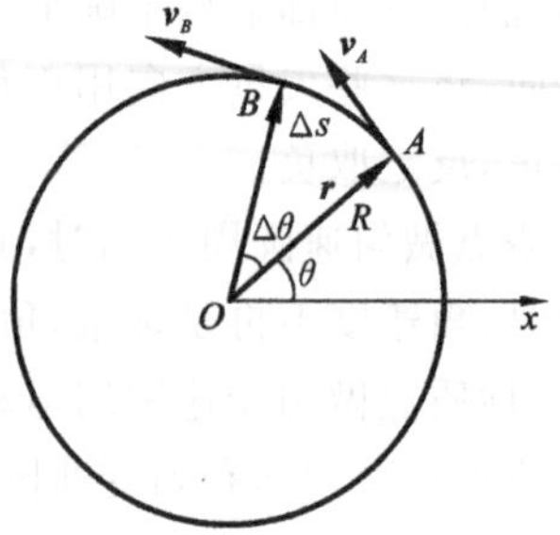

图 1-12　圆周运动角量与线量关系

将式(1-33)两边同时对时间 t 求导，可得切向加速度和角加速度之间的关系

$$a_t = R\alpha \tag{1-34}$$

将式(1-33)代入法向加速度公式，可得法向加速度和角速度之间的关系

$$a_n = \frac{v^2}{R} = R\omega^2 \tag{1-35}$$

式(1-33)、(1-34)和(1-35)称为**圆周运动的角量-线量关系**。在分析圆周运动，尤其是学习到刚体定轴转动内容时，经常用到角量-线量关系。

例 1-7　一质点从静止出发沿半径 $R=3$ m 的圆周运动，已知切向加速度 $a_t = 3\ \text{m/s}^2$。求：(1) 经多长时间总加速度恰好与半径成 45°角？(2) 上述时间内质点经过的路程和角位移。

解　由题意知 $t=0, v_0=0, a_t=\frac{dv}{dt}=3$，故有

$$\int_0^v dv = \int_0^t 3dt$$

得

$$v = 3t$$

则质点的法向加速度

$$a_n = \frac{v^2}{R} = \frac{9t^2}{3} = 3t^2$$

所以质点总加速度

$$\boldsymbol{a} = \boldsymbol{a}_n + \boldsymbol{a}_t = 3t^2\boldsymbol{e}_n + 3\boldsymbol{e}_t$$

(1) 总加速度与半径成 45°角时，$a_n = a_t$，即 $3t^2=3$，故 $t=1$ s 时总加速度恰好与半径成 45°角。

(2) 由速率定义 $v=\frac{ds}{dt}$，且 $t=0, s=0$，有

$$\int_0^s ds = \int_0^t 3t\,dt \quad 得 \quad s = \frac{3}{2}t^2$$

当 $t=1$ s 时，质点经过的路程 $s=\frac{3}{2}\times1^2=1.5$ (m)，角位移 $\Delta\theta=\frac{s}{R}=\frac{1.5}{3}=0.5$ (rad)。

1.5 相对运动

在不同参考系中对同一物体运动的描述是不同的，但其结果满足什么样的关系呢？例如，在一个相对于地面以速率 u 做匀速直线运动的车厢里，一乘客在车厢里用一小球做自由落体运动实验。车厢里的观察者（乘客）发现小球沿竖直向下的方向做直线运动，而站在地面上的观察者发现小球运动是平抛运动，轨迹是一条抛物线。

设地面坐标系为 S 系，车厢坐标系为 S' 系，坐标系 S' 相对于坐标系 S 以恒定速率 u 沿 x 轴正方向运动，如图 1-13 所示。计时开始时，两坐标系的坐标原点重合。在某一时刻 t，小球运动到 P 点，该点在 S 系和 S' 系的位矢分别为 $\boldsymbol{r}$ 和 $\boldsymbol{r}'$。由矢量运算法则可知

$$\boldsymbol{r}=\boldsymbol{r}'+\boldsymbol{r}_0 \tag{1-36}$$

其中，$\boldsymbol{r}_0$ 为 S' 系的坐标原点 O' 在 S 系中的位矢。

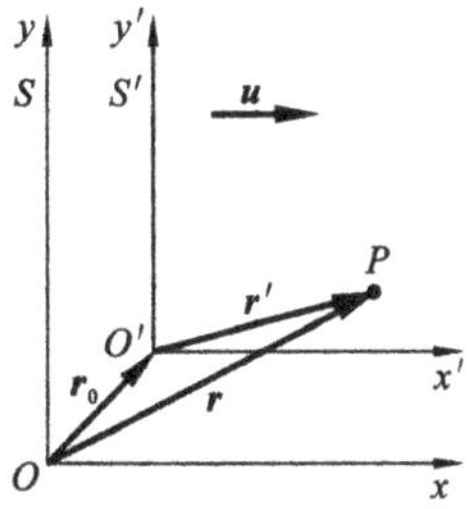

图 1-13 质点在两个不同的参考系中运动

当物体从 P 点运动 Q 点时，可以得到

$$\Delta\boldsymbol{r}=\Delta\boldsymbol{r}'+\Delta\boldsymbol{r}_0$$

其中，$\Delta\boldsymbol{r}$ 为小球在 S 系中的位移，$\Delta\boldsymbol{r}'$ 为小球在 S' 系中的位移，$\Delta\boldsymbol{r}_0$ 为 S' 系相对于 S 系的位移。

将式(1-36)两边同时对时间 t 求导，可得

$$\frac{\mathrm{d}\boldsymbol{r}}{\mathrm{d}t}=\frac{\mathrm{d}\boldsymbol{r}'}{\mathrm{d}t}+\frac{\mathrm{d}\boldsymbol{r}_0}{\mathrm{d}t}$$

即

$$\boldsymbol{v}=\boldsymbol{v}'+\boldsymbol{u} \tag{1-37}$$

其中，$\boldsymbol{v}$ 为小球在 S 系中的速度，$\boldsymbol{v}'$ 为小球在 S' 系中的速度，$\boldsymbol{u}$ 为 S' 系相对于 S 系的速度。

式(1-36)和(1-37)分别描述了在不同参考系中对同一物体运动描述的**位矢和速度变换关系，这就是伽利略变换。**

同理，将式(1-37)对时间 t 求导，便得到加速度之间的关系式，即

$$\boldsymbol{a}=\boldsymbol{a}'+\boldsymbol{a}_0$$

因 S' 系相对于 S 系做匀速直线运动时，$\boldsymbol{a}_0=\frac{\mathrm{d}\boldsymbol{u}}{\mathrm{d}t}=\boldsymbol{0}$，则有

$$\boldsymbol{a}=\boldsymbol{a}' \tag{1-38}$$

式(1-38)表明，在相互做匀速直线运动的参考系中，观察同一质点的运动时，所测得的加速度是相同的，加速度对伽利略变换保持不变，与参考系的选择无关。物理学家

对经某种操作物理量或规律不变的现象颇为好奇，称为物理量或规律对某种操作具有不变性或对称性，加速度对伽利略变换的不变性或对称性是我们遇到的第一个例子。稍后，我们在学习对称性和守恒律之间的关系时再谈这一问题。

例 1-8 在湖面上以 3 m/s 的速度向东行驶的 A 船上，看到 B 船以 4 m/s 的速度从北面驶近 A 船。求：(1) 在湖岸上看，B 船速度如何？(2) 如果 A 船的速度为 6 m/s(方向不变)，在 A 船上看 B 船的速度又为多少？

解 (1) A 船相对于岸的速度 $\boldsymbol{v}_A=3\boldsymbol{i}$ m/s，B 船相对于 A 船的速度 $\boldsymbol{v}=(-4)\boldsymbol{j}$ m/s，用 $\boldsymbol{v}_B$ 表示 B 船相对于岸的速度，依据速度合成规律，有

$$\boldsymbol{v}_B=\boldsymbol{v}+\boldsymbol{v}_A=3\boldsymbol{i}+(-4)\boldsymbol{j}$$

故

$$|\boldsymbol{v}_B|=\sqrt{3^2+(-4)^2}=5\ (\text{m/s})$$

$\tan\theta=\dfrac{-4}{3}$，$\theta=-53.1°$，即方向为东偏南 53.1°。

(2) 依题意 $\boldsymbol{v}'_A=6\boldsymbol{i}$ m/s，此时 A 船上看 B 船的速度

$$\boldsymbol{v}=\boldsymbol{v}_B-\boldsymbol{v}'_A=[3\boldsymbol{i}+(-4)\boldsymbol{j}]-6\boldsymbol{i}=(-3)\boldsymbol{i}+(-4)\boldsymbol{j}$$

故

$$|\boldsymbol{v}|=\sqrt{(-3)^2+(-4)^2}=5\ (\text{m/s})$$

$\tan\theta=\dfrac{-4}{-3}$，$\theta=233.1°$，即方向为西偏南 53.1°。

思 考 题

1-1 质点做直线运动时，其位置矢量的方向是否一定不变？质点的位置矢量的方向不变，质点一定做直线运动吗？

1-2 速度方向不变而大小改变运动的质点做何种运动？速度大小不变而方向改变的质点做何种运动？

1-3 是否存在这样的直线运动，质点速度逐渐增加而其加速度却在减小？

1-4 是否存在这样的运动，质点具有恒定的速度但其仍有变化的速率？

1-5 位移和路程的区别是什么？在什么情况下它们的量值相等？

1-6 速度和速率的区别和联系？平均速度和速度的区别和联系？

1-7 运动物体的加速度越大，则该物体的速度也就越大，对吗？

1-8 在圆周运动中，加速度的方向一定指向圆心，对吗？

1-9 物体做曲线运动时，一定有加速度，且加速度的法向分量一定不等于零，对吗？

1-10 质点做圆周运动时，其加速度一定和速度方向垂直吗？

1-11 以恒定速度运动的火车上，一乘客竖直向上抛出一硬币，该乘客能否接到该硬币？若抛出后，火车以恒定的加速度运动，结果又将如何呢？

习 题

1-1 一物体在某瞬时，以初速度 v_0 从某点开始运动，在 Δt 时间内，经一长度为 s 的曲线路径

后，又回到出发点，此时速度为$-v_0$，求在这段时间内物体的平均速度和平均加速度各为多少？

1-2 质点沿半径为R的圆周运动，运动方程为$\theta=3+2t^2$，求t时刻质点的法向加速度大小和角加速度。

1-3 已知质点运动方程为$\boldsymbol{r}=\left(5+2t-\frac{1}{2}t^2\right)\boldsymbol{i}+\left(4t+\frac{1}{3}t^3\right)\boldsymbol{j}$，求该质点在$t$时刻的速度和加速度。

1-4 一质点从静止出发沿半径$R=1$ m的圆周运动，其角加速度随时间t的变化规律是$\beta=12t^2-6t$，求该质点的角速度和切向加速度。

1-5 有一水平飞行的飞机，速度为v_0，在飞机上以水平速度v向前发射一颗炮弹，略去空气阻力并设发炮过程不影响飞机的速度。求分别以地球和飞机为参考系，炮弹的轨迹方程。

1-6 一质点沿x轴运动，坐标与时间的变化关系为$x=4t-2t^3$。式中t和x分别以秒和米为单位，求：(1) 在最初2 s内的平均速度，2 s末的瞬时速度；(2) 1 s末到3 s末的位移和平均速度；(3) 1 s末到3 s末的平均加速度，3 s末的瞬时加速度。

1-7 路灯距离地面的高度为h，一个身高为l的人在路上背离路灯匀速运动，速度为v_0，如图1-14所示，求：(1) 人影中头顶的移动速度；(2) 影子增长的速率。

1-8 已知某人从原点出发，20 s内向东30 m，又10 s内向南10 m，再10 s向西北18 m，如图1-15所示。试求：(1) 合位移的大小和方向。(2) 求每一分位移中的平均速度，合位移的平均速度及全路程的平均速率。

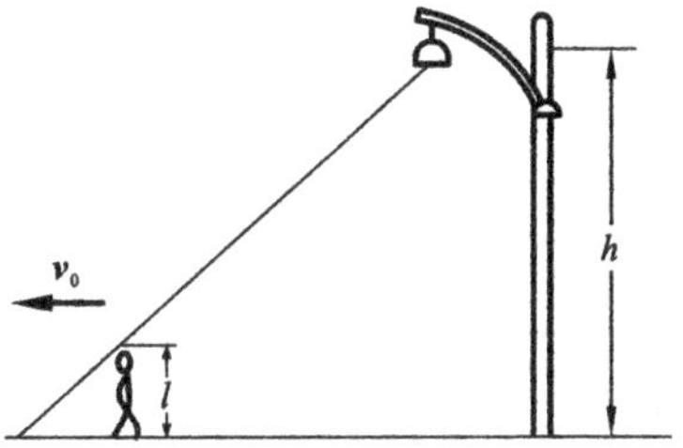

图1-14 习题1-7图

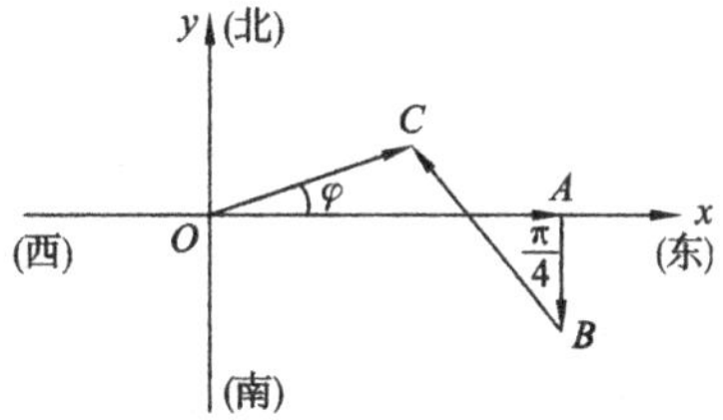

图1-15 习题1-8图

1-9 已知一质点在Oxy平面内运动，运动方程为$x=2t$，$y=19-2t^2$。求：

(1) 质点的运动轨道，并绘图；

(2) 第1秒到第2秒质点的平均速度；

(3) 质点的速度和加速度；

(4) 在什么时刻位置矢量恰好和速度矢量垂直？这时它们的x，y分量各是多少？

(5) 什么时刻质点离原点最近？并算出这一距离。

1-10 一质点沿半径为R的圆周运动，质点所经过的弧长与时间的关系为$s=bt+\frac{1}{2}ct^2$，式中，b，c是大于零的常量。求从$t=0$开始到达切向加速度与法向加速度大小相等时所经历的时间。

1-11 一质点从静止开始做直线运动，开始加速度为a，此后加速度随时间均匀增加，经过时间τ后，加速度为$2a$，经过时间2τ后，加速度为$3a$，…。求经过时间$n\tau$后，该质点的速度和走过的距离。

1-12 一物体悬挂在弹簧上做竖直振动，其加速度$a=-ky$，式中，k为常量，y是以平衡位置为原点所测得的坐标。假定振动的物体在坐标 y_0 处的速度为 v_0，试求速度 v 与坐标 y 的函数关系式。

1-13 一飞机驾驶员想往正北方向航行，而风以 60 km/h 的速度由东向西刮来，如果飞机的航速(在静止空气中的速率)为 180 km/h，试问驾驶员应取什么航向？飞机相对于地面的速率为多少？试用矢量图说明。

1-14 某人自某点出发，25 s 内向东走 30 m，又 10 s 内向南走 10 m，再 15 s 内向正西北走 18 m。求在这 50 s 内：(1) 平均速度的大小和方向。(2) 平均速率的大小。

1-15 当火车静止时，乘客发现雨滴下落方向偏向车头，偏角为 30°，当火车以 35 m/s 的速率沿水平直路行驶时，发现雨滴下落方向偏向车尾，偏角为 45°，假设雨滴相对于地的速度保持不变，试计算雨滴相对地的速度大小。

第2章 牛顿运动定律

第1章学习了质点运动的描述，质点运动状态的改变可用位移、速度和加速度等物理量来量度。那么，质点运动状态变化的原因是什么呢？本章就这一问题进行讨论，其遵循的基本理论是牛顿运动定律。以牛顿运动定律为基础建立的力学理论称为牛顿力学(或经典力学)。

2.1 牛顿三定律

牛顿运动定律是牛顿在分析、总结伽利略等前人对物体运动研究成果的基础上，于1687年出版的《自然哲学的数学原理》一书中提出的三条定律。它不仅是质点运动的基本定律，也是整个经典力学的基础。

2.1.1 牛顿第一定律和惯性参考系

牛顿第一定律表述为：**任何物体都要保持匀速直线运动或静止状态，直到其所受其他物体对其的作用力迫使它改变运动状态为止。**

牛顿第一定律的重要意义在于其提出了惯性和力的概念，并定义了惯性参考系。

惯性：该定律指出任何物体都具有保持其运动状态不变的性质，即保持匀速直线运动或静止状态。物体的这种性质称为惯性。牛顿第一定理也称为惯性定律。

力：**物体之间的相互作用。力是使物体运动状态改变的原因**。远在约2400年前，我国思想家墨翟曾对“力”定义为“力，刑之所以奋也”。清代学者李善兰(1811—1882)在将一本外国力学译为中文时，命名为《重学》。他在序中强调“凡物不能自动，力加之而动，若动者不复加力，则以平速动；若动后恒加力，则以渐加速动”。

惯性参考系：运动是相对的。根据牛顿第一定律，我们总能找到一个特殊的参考系，使得该参考系中的物体在不受任何作用力的情况下保持静止状态或匀速直线运动状态。我们把这样的参考系称为惯性参考系。常用的惯性系有地球系、太阳系等。

2.1.2 牛顿第二定律

牛顿第二定律表述为：**物体运动量的变化率与其所受的合外力成正比，并发生在其所受的合外力的方向上**。这里的运动量，是质量与速度的乘积，后来被称为动量。

其数学表达式为

$$\boldsymbol{F}=\frac{\mathrm{d}(m\boldsymbol{v})}{\mathrm{d}t} \tag{2-1}$$

在牛顿力学范围内，质点质量保持不变，与运动状态无关，因此式(2-1)可写为

$$\boldsymbol{F}=m\boldsymbol{a} \tag{2-2}$$

这就是通常用到的牛顿第二定律，即物体的加速度的大小与其所受的合外力的大小成正比，与其质量成反比，加速度的方向与合外力的方向相同。式(2-1)和(2-2)称为**质点的动力学方程**，是整个经典力学的核心。在国际单位制中，质量的单位是千克(kg)，力的单位是[牛顿](N)。

在直角坐标系中，牛顿第二定律可写成分量形式：

$$F_x=ma_x,\quad F_y=ma_y,\quad F_z=ma_z \tag{2-3}$$

在自然坐标系中，相应的分量式为

$$F_{\mathrm{t}}=ma_{\mathrm{t}},\quad F_{\mathrm{n}}=ma_{\mathrm{n}} \tag{2-4}$$

理解和应用牛顿第二定律时应注意：

(1) 该定律中的力 $\boldsymbol{F}$ 是物体(或系统)所受的合力，当多个力作用在物体上时，由矢量合成法则(平行四边形法则或三角形法则)得到

$$\boldsymbol{F}=\sum_{i=1}^{n}\boldsymbol{F}_i \tag{2-5}$$

式(2-5)中，$\boldsymbol{F}_i$ 是物体所受的第 i 个分力，上式称为力的叠加原理。一般情况下，物体在多个力的作用下，式(2-2)中的 $\boldsymbol{a}$ 表示在合力作用下的物体产生的总加速度。

(2) 牛顿第二定律定量地描述了力和加速度之间的瞬时对应关系。加速度只有在外力作用下才产生，外力改变时，加速度也随之改变。

(3) 牛顿第二定律定量地描述了物体运动状态改变的难易程度与物体质量的关系，说明了物体运动状态变化的难易程度是物体本身属性。即当不同物体在受到相同力的作用下，质量越大的物体产生的加速度越小，其运动状态改变也就越困难，进而物体的惯性也就越大。因此，质量是物体惯性大小的量度。牛顿第一定律给出了惯性的概念，而牛顿第二定律则给出了物体惯性的定量描述。

(4) 质量和力的量度都与物体的惯性有关，因而牛顿第二定律只适用于惯性系。

2.1.3 牛顿第三定律

由牛顿第一定律可知，力是物体之间的相互作用，力总是成对出现。若把物体 B(施力物体)对物体 A(受力物体)的力称为作用力，那么，物体 A(施力物体)对物体 B(受力物体)的力称为反作用力。

牛顿第三定律阐述了作用力和反作用力之间的关系，即：**两个物体之间的作用力和反作用力大小相等，方向相反，沿着同一条直线分别作用在两个物体上**，其表达

式为

$$\boldsymbol{F}=-\boldsymbol{F}' \tag{2-6}$$

理解时需注意：

(1) 作用力和反作用力同时存在，同时消失；

(2) 作用力和反作用力分别作用在不同的物体上，在受力分析时二者不可相加减；

(3) 作用力和反作用力属于同一性质的力，若作用力是万有引力，那么反作用力也一定是万有引力。

牛顿的运动三定律是一个有机的整体，是紧密联系的，在受力分析时，要充分考虑牛顿的这三条定律，才能正确地分析力与物体运动的关系。

2.2 常见的力

2.2.1 万有引力

任何两个物体之间都存在相互吸引力，引力的大小和两个物体质量的乘积成正比，与它们之间距离的平方成反比，力的方向沿着两物体的连线方向，从受力物体指向施力物体。这就是牛顿总结出的**万有引力定律**，表达式为

$$\boldsymbol{F}=G\frac{m_1m_2}{r^2}\boldsymbol{e}_r \tag{2-7}$$

其中，$G=6.67\times10^{-11}\ \mathrm{N\cdot m^2\cdot kg^{-2}}$称为万有引力常量，$\boldsymbol{e}_r$ 为从受力物体指向施力物体的单位矢量。

式(2-7)中的质量反映了物体的引力性质，是物体与其他物体相互吸引性质的量度，称之为引力质量。它和反映物体抵抗运动变化性质的惯性质量在意义上是不同的。但实验证明，同一物体的这两个质量相等，是同一质量的两种表现，也就不必加以区分了。

在地面附近的物体受到地球的引力称为**重力**，也就是通常所说的物体的重量。在重力作用下任何物体产生的加速度都是重力加速度 g，联立万有引力公式，可知质量为 m 的物体所受的重力的大小为

$$F=mG\frac{M_e}{R^2}=mg \tag{2-8}$$

方向竖直向下。式(2-8)中，M_e 是地球的质量，R 是地球的半径，$g=G\frac{M_e}{R^2}$是重力加速度，其值通常取 $9.8\ \mathrm{m\cdot s^{-2}}$。实际上，$g$ 的大小与物体所在纬度、离地面的高度以及地质构造等因素有关，测量不同地区重力加速度的变化可以用于探测有价值的矿床。

2.2.2 弹性力

在外力作用下，任何物体都会发生形变，但物体都有恢复到原状的趋势。发生形变的物体，由于恢复原状而对与其接触的物体产生的力的作用，称为**弹性力**。弹性力的表现形式有很多种，常见的有以下几种：

(1) 压力(或支持力)。相互压紧的两个物体在其接触面上产生的压力和支持力也是弹性力。由于压力的方向与两物体的接触面垂直，也称为正压力。正压力的大小取决于两物体相互压紧的程度，方向总是垂直于接触面而指向物体恢复原状的方向。

(2) 拉力。如图 2-1 所示的绳的拉力和绳中张力，绳子被拉伸时，在绳子内部产生的弹性力称为拉力，也称为绳子的张力。拉力的大小与绳被拉紧的程度有关，方向总是沿着绳而指向绳恢复到原状的方向。

(3) 弹力。如图 2-2 所示的弹簧的弹力，当弹簧被压缩或拉伸时施加在物体上的力称为弹簧的弹性力。在弹簧弹性限度内，弹簧弹力的大小与弹簧的伸长量成正比，方向总是指向其恢复原长的方向，即

$$f=-kx \tag{2-9}$$

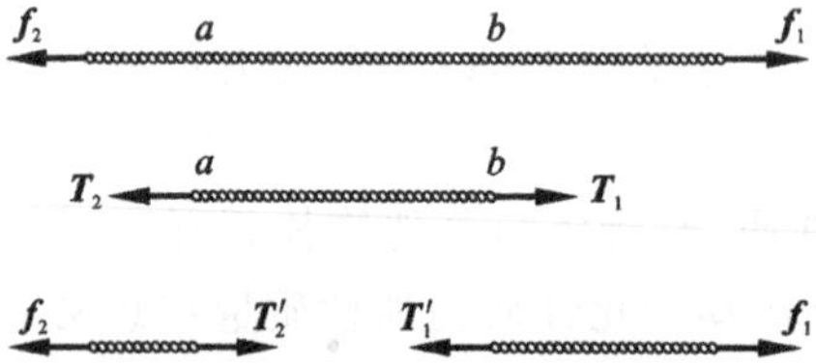

图 2-1　绳的拉力和绳中张力

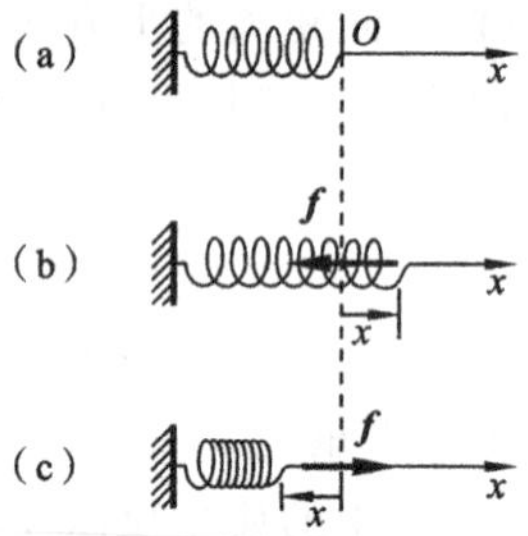

(a) 弹簧的自然伸长；(b) 弹簧被拉伸；(c) 弹簧被压缩

图 2-2　弹簧的弹力

这就是著名的**胡克定律**，其中，x 表示弹簧的形变量，k 称为弹簧的劲度系数，由弹簧本身的属性所决定。负号表示弹力的方向总是与弹簧形变的方向相反，即当 $x>0$ 时，弹簧被拉长，$f<0$；当 $x<0$ 时，弹簧被压缩，$f>0$。

2.2.3 摩擦力

发生在相互接触，且有挤压的两个相对运动或相对运动趋势的物体之间的力，分为滑动摩擦力和静摩擦力。

滑动摩擦力：两个相互接触且有挤压的物体之间存在相对滑动时，在各自的接触面上都受到对方阻止其相对滑动的力。滑动摩擦力与接触面上正压力成正比，即

$$f_k = \mu_k N \tag{2-10}$$

其中，μ_k 称为滑动摩擦系数，它与接触面的材料和表面的粗糙程度有关。**滑动摩擦力的方向总是与相对滑动（相对运动）的方向相反。**

静摩擦力，两个相互接触且有挤压的物体之间存在相对滑动趋势时，**在各自的接触面上产生的阻碍相对滑动趋势的摩擦力**。静摩擦力的大小是可以改变的。当两物体未发生相对运动之前，静摩擦力的大小随物体所受合外力的变化而变化。例如，人推木箱，推力不大时，木箱立于地面不动，但其有相对于地面滑动的趋势，木箱所受的静摩擦力的大小与推力的大小相同，方向相反，如图 2-3 所示。当推力增加时，地面对木箱的静摩擦力也随之增加，直到推力达到一定值时，木箱开始相对于地面滑动，此时的静摩擦力等于推力，达到最大值，称为最大静摩擦力 f_{max}。实验表明，f_{max}也与接触面的正压力 N 成正比，即

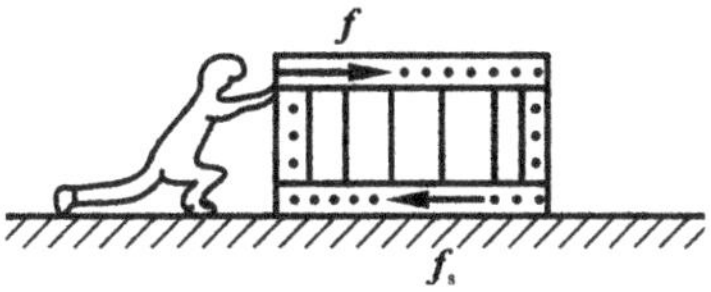

图 2-3　静摩擦力

$$f_{max} = \mu_s N \tag{2-11}$$

其中，μ_s 称为静摩擦系数，它也与接触面的材料和表面的状态有关。对同样的两个接触面，μ_s 静摩擦系数总是大于滑动摩擦系数 μ_k。当物体从相对滑动趋势状态到相对滑动状态时，静摩擦系数也立即被滑动摩擦系数所取代。

2.2.4　流体曳力（黏滞阻力）

一个物体在流体（液体或气体）中相对于流体运动时，会受到流体的阻碍作用，这种阻碍作用称为流体曳力，也称为黏滞阻力。流体曳力的方向总是与物体相对于流体运动的速度方向相反，其大小和相对速度有关，如图 2-4 所示。

在相对速率较小时，流体可以从物体周围平顺地流过，曳力 f_d 的大小与相对速率 v 成正比，即

$$f_d = kv \tag{2-12}$$

其中，比例系数 k 取决于物体的大小和形状以及流体的性质（如黏度、密度等）。

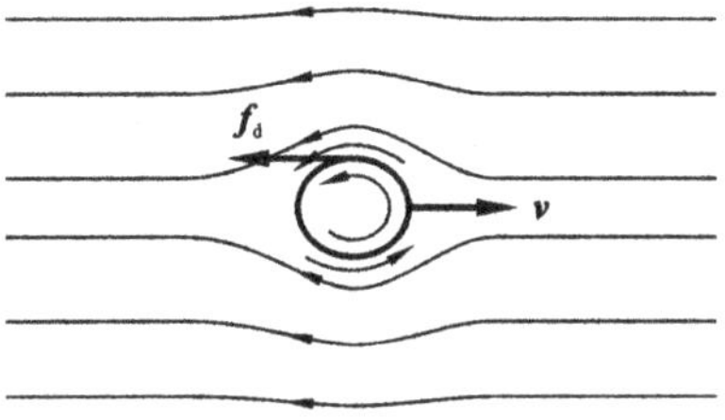

图 2-4　流体曳力

在相对速率较大时，在物体的后方一般会出现流体旋涡，曳力的大小与相对速率的平方成正比，即

$$f_d = kv^2 \tag{2-13}$$

对于空气中运动的物体，其比例系数 k 可表示为

$$k = \frac{1}{2} C\rho A \tag{2-14}$$

其中，ρ 是空气的密度，A 是物体的有效横截面积，$C(0.4<C<1.0)$为曳力系数。

由于曳力与速率有关，物体在流体中下落时加速度将随着速率的增加而减小，以致当物体速率达到一定值时，曳力和重力达到平衡而使得物体最终匀速下落。物体在流体下落运动中达到的最大速率称为终极速率。对于在空气中下落的质量为 m 的物体而言，由式(2-13)和(2-14)可得其终极速度：

$$v_t=\sqrt{\frac{2mg}{C\rho A}} \tag{2-15}$$

例如，半径为 1.5 mm 的雨滴在空气中的终极速率为 7.4 m/s，而跳伞运动员跳伞时，由于伞的面积 A 较大，其终极速率也较小，一般为 5.0 m/s 左右。

近代物理学证明，形形色色的力就其本质而言，都来自四种基本相互作用，即引力作用，电磁相互作用，强相互作用和弱相互作用。

2.3　牛顿运动定律的应用

牛顿第二定律定量地描述了物体所受合外力与物体运动状态变化的定量关系，是牛顿运动定律的核心，也是牛顿运动定律应用过程中的关键。在牛顿运动定律的应用过程中，要正确利用数学工具来描述物理现象，学会利用矢量方程、标量方程以及初步的微积分运算分析物理现象，描述物理过程。

牛顿运动定律只适用于宏观物体的低速运动情况。其应用步骤可分为确定研究对象、运动分析、受力分析、列方程求解和结果讨论五个步骤进行。

(1) 确定研究对象。根据题设的物理情景和条件，确定一个或几个物体作为研究对象，同时选定参考系和建立恰当的坐标系。

(2) 运动学分析。对每一个研究对象的运动状态进行分析，包括其运动轨迹、速度和加速度。若存在不止一个研究对象，要考虑不同研究对象之间的运动联系。

(3) 受力分析。对每一个研究对象进行受力分析，并画出其所受力的示意图。一般情况下，先重力，后弹力和摩擦力。受力分析时一定要注意：每一个力都要存在施力物体，且施力物体不能重复。

(4) 列方程求解。依据题设、运动分析和受力分析利用牛顿第二定律列方程，构建恰当的方程组进行求解。利用分量式进行列方程时，应标明坐标轴的方向。

(5) 结果讨论。对结果依据题设进行讨论，分析其物理意义。

牛顿运动定律的应用，也是质点机械运动的动力学问题。其一般有两类，一类是已知受力情况求运动；另一类是已知运动情况求力。无论是哪一类问题，其分析方法都是一样的，按照以上五个步骤进行即可。

例 2-1　英国物理学家阿特伍德善于设计精巧的演示实验。他为验证牛顿第二定律设计了一套滑轮装置，称为“阿特伍德机”，这是验证牛顿运动定律的最好装置，于 1784 年发表在“关于物体的直线运动和转动”一文中。在该模型中，重物 m_1 和 m_2

($m_1>m_2$)视为质点，滑轮是轻滑轮，不考虑其质量以及轴承摩擦，细绳不可伸长，求重物释放后物体加速度以及物体对绳的拉力。

解 如图 2-5 所示的阿特伍德机示意图，按图示建立坐标系，设两物体的加速度分别为 $\boldsymbol{a}_1$ 和 $\boldsymbol{a}_2$，两物体的重力分别为 $\boldsymbol{G}_1$ 和 $\boldsymbol{G}_2$，绳对两物体的拉力分别为 $\boldsymbol{T}_1$ 和 $\boldsymbol{T}_2$。

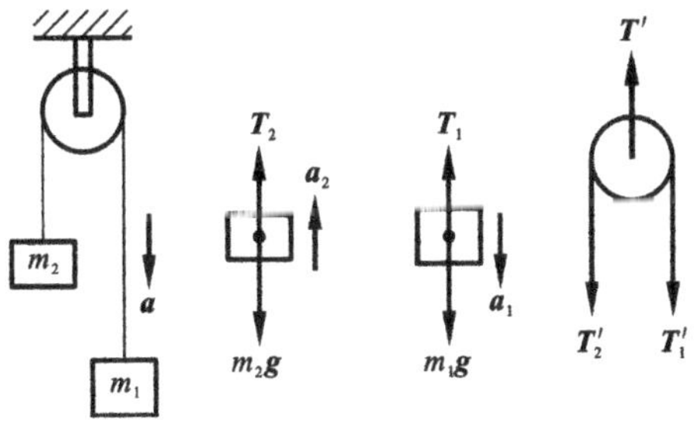

图 2-5 阿特伍德机示意图

由于物体 1 的质量大于物体 2 的质量，因此，物体 1 下落而物体 2 在绳拉力作用下向上运动。

利用牛顿第二定律可知物体 1 和物体 2 满足：

物体 1：　　$G_1-T_1=m_1a_1$

物体 2：　　$T_2-G_2=m_2a_2$

不考虑绳和滑轮的质量，因此

$$T_1=T_2$$

不考虑绳伸长，则两物体的加速度大小相等，方向相反，即

$$a_1=a_2$$

联立求解，可得

$$a_1=a_2=\frac{m_1-m_2}{m_1+m_2}g$$

$$T_1=T_2=\frac{2m_1m_2}{m_1+m_2}g$$

利用阿特伍德机验证牛顿第二定律时，可先测出两物体的质量，然后通过实验测出物体上升或下降的距离以及通过这段距离所需要的时间，理论计算出其加速度。若计算结果与实验结果一致，则验证了牛顿第二定律。其优点是加速度小，易于测算。

例 2-2 一条长为 l 质量分布均匀的细链条 AB，挂在半径可忽略不计的光滑钉子上，开始处于静止状态。已知 BC 段长为 $L_0\left(\frac{1}{2}l<L_0<\frac{2}{3}l\right)$，释放后链条做加速运动，如图 2-6 所示，试求当 BC 段长为 $L=\frac{2}{3}l$ 时，链条的加速度和速度。

解　如图 2-6 建立坐标系，设任一时刻 t 时 BC 长度为 x，则由牛顿第二定律可知

$$\frac{m}{l}xg-\frac{m}{l}(l-x)g=ma$$

得加速度为

$$a=\frac{2x}{l}g-g$$

因
$$a=\frac{\mathrm{d}v}{\mathrm{d}t}=\frac{\mathrm{d}v}{\mathrm{d}t}\frac{\mathrm{d}x}{\mathrm{d}x}=\frac{\mathrm{d}x}{\mathrm{d}t}\frac{\mathrm{d}v}{\mathrm{d}x}=v\,\frac{\mathrm{d}v}{\mathrm{d}x}$$

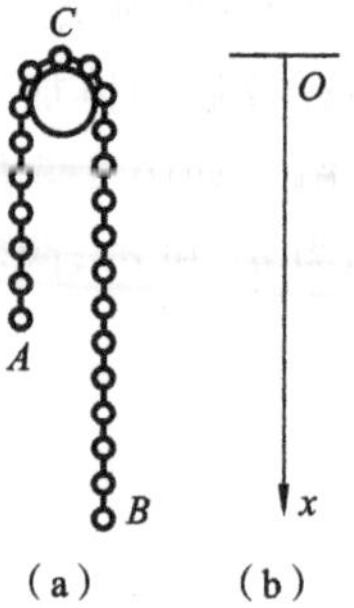

图 2-6　例 2-2 图

联立以上两式可得

$$\int_0^v v\mathrm{d}v=\int_{L_0}^{L}\left(\frac{2x}{l}g-g\right)\mathrm{d}x$$

积分得

$$v=\sqrt{2(L-L_0)\left(\frac{L+L_0}{g}-g\right)}$$

所以，当 $x=\frac{2}{3}l$ 时，

$$a=\frac{1}{3}g,\quad v=\sqrt{2(L-L_0)\left(\frac{L+L_0}{g}-g\right)}$$

例 2-3　由地面沿竖直方向发射质量为 m 的宇宙飞船，如图 2-7 所示。试求宇宙飞船脱离地球引力所需的最小初速度，不计空气阻力及其他作用力。

解　如图 2-7 建立坐标系，飞船只受到地球的万有引力作用，即

$$F=G\frac{M_e m}{x^2}$$

将 $G=\frac{gR^2}{M_e}$ 代入上式，可得

$$F=\frac{mgR^2}{x^2}$$

由牛顿第二定律可知，

$$-\frac{mgR^2}{x^2}=ma=m\,\frac{\mathrm{d}v}{\mathrm{d}t}$$

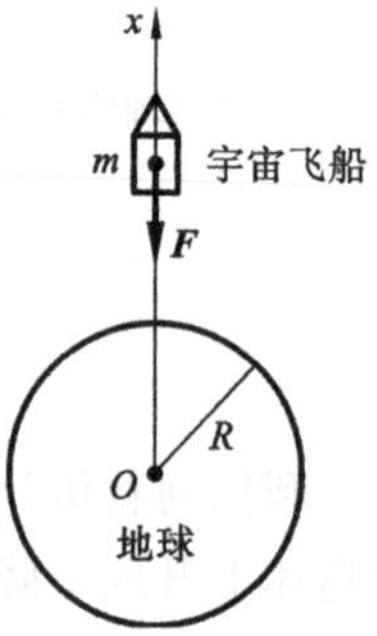

图 2-7　例 2-3 图

将 $\frac{\mathrm{d}v}{\mathrm{d}t}=v\,\frac{\mathrm{d}v}{\mathrm{d}x}$ 代入上式得

$$v\mathrm{d}v=-gR^2\,\frac{\mathrm{d}x}{x^2}$$

设飞船在地面附近（$x\approx R$）发射时初速度为 v_0，在 x 处速度为 v，对上式积分

$$\int_{v_0}^{v}v\mathrm{d}v=\int_R^x(-gR^2)\,\frac{\mathrm{d}x}{x^2}$$

解得

$$v^2=v_0^2-2gR^2\left(\frac{1}{R}-\frac{1}{x}\right)$$

飞船脱离地球的引力，也即飞船的末位置 x 处于无穷大，同时飞船的末速度刚好为零，代入上式可得

$$v_0=\sqrt{2gR}=1.12\times10^4\ \mathrm{m/s}$$

这就是第二宇宙速度。第一宇宙速度是使物体可以环绕地球表面运行所需的最小速度，为 7.9×10^3 m/s；第三宇宙速度是使物体脱离太阳系，物体从地面上的最小发射速度，为 1.67×10^4 m/s。

例 2-4 质量为 m 的小球，在水中受的浮力为常力 F，当它从静止开始沉降时，受到水的黏滞阻力 $f=kv$（k 为常数且大于零），如图 2-8 所示，求小球在水中竖直沉降的速度 v 与时间 t 的关系式及小球的终极速率。

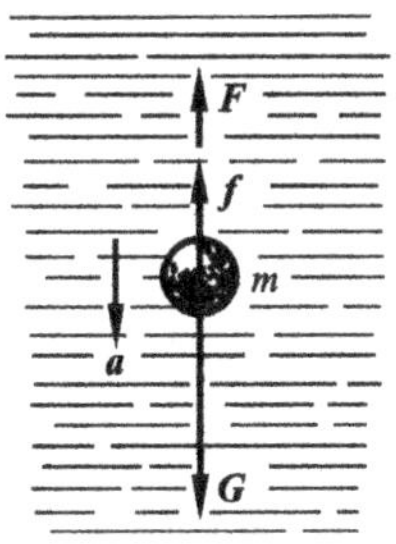

图 2-8 小球在水中的沉降

解 取竖直向下的方向为正方向，则有

$$mg-kv-F=m\frac{\mathrm{d}v}{\mathrm{d}t}$$

$$\int_0^t \mathrm{d}t=\int_0^v\frac{m}{mg-F-kv}\mathrm{d}v$$

故

$$v=\frac{mg-F}{k}\left(1-\mathrm{e}^{-\frac{kt}{m}}\right)$$

当 $t\to\infty$ 时，得到小球的终极速率为 $v\to\dfrac{mg-F}{k}$，小球做匀速直线运动。

2.4 惯性力和非惯性力

牛顿运动定律只适用于惯性参考系。惯性参考系的一个重要的性质就是，一旦确定了某一参考系为惯性系 S，那么相对于该参考系做匀速直线运动的任何其他参考系 S' 也一定是惯性参考系。这是因为如果一个物体不受力作用时相对于惯性参考系 S 静止或做匀速直线运动，那么在相对于惯性参考系 S 做匀速直线运动的其他参考系 S' 中观测时，该物体仍处于匀速直线运动状态（虽然他们的速度不同）或静止状态。

反之，相对于惯性参考系做加速运动的参考系，也一定不是惯性参考系，称为非惯性参考系。下面我们举例说明。

例如，在水平轨道上有一节车厢以加速度 a 做直线运动，一质量为 m 的小球悬挂在车厢天花板上，如图 2-9 所示。在地面上观察，小球悬线与竖直方向成 θ 角，小球受到竖直向下的重力和沿悬线向上的拉力共同作用下沿轨道做向右的加速运动。

这是符合牛顿运动定律的。而以车厢为参考系观察小球是静止的。小球的受力情况并没有改变，但其却保持静止状态，这便不符合牛顿运动定律。

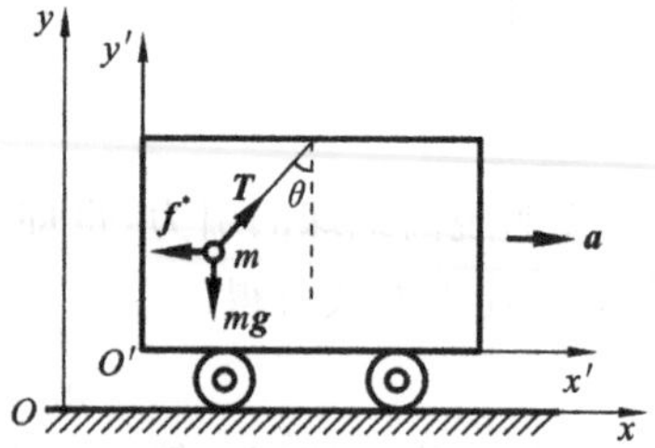

图 2-9 惯性力与非惯性力

但在车厢参考系中却真真切切地观察到小球是静止的。如果在车厢参考系中设想存在一个力 f^* 作用于小球上，要使得小球相对于车厢静止，该力的方向与车厢参考系加速度的方向相反，大小等于物体质量 m 与车厢加速度 a 的乘积，即

$$f^* = -ma$$

称之为**惯性力**。这样，在车厢参考系(非惯性参考系)中，仍可沿用牛顿运动定理分析问题。

这里，惯性力和相互作用力不同。惯性力是“假想”的，不存在施力物体，相互作用力在惯性参考系和非惯性参考系中都可以观测到，但惯性力只有在非惯性参考系中才能被观测到。

再例如，和圆盘一起绕竖直轴以匀角速度 ω 转动的小球。从地面参考系观察，小球做匀速圆周运动，有法向加速度。这是由于小球受到圆盘的静摩擦力 f_s 作用的结果，符合牛顿运动定律。而在转盘参考系中，小球总是保持静止状态，因而其加速度为零，但其确实受静摩擦力的作用，合外力不为零，可是却没有加速度，这又违背了牛顿第二定律。

为了破解这一矛盾，在圆盘参考系中，为了使得小球的加速度 $a=0$，则认为小球除了受到圆盘给小球的静摩擦力这个真实的力之外，还受到一个虚拟的惯性力 f^* 存在，如图 2-10 所示，与其所受静摩擦力平衡，即

$$f^* = mr\omega^2$$

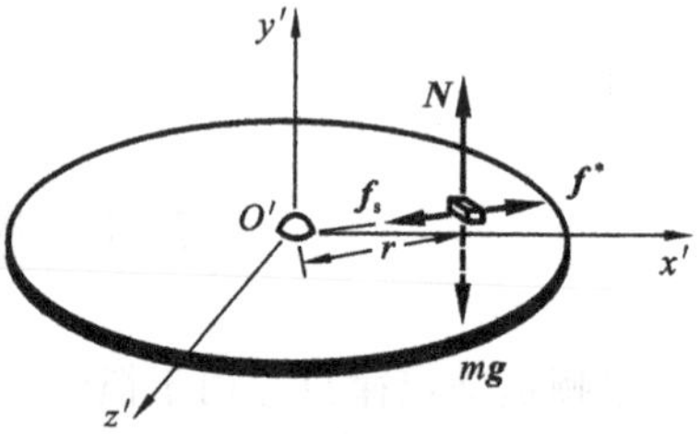

图 2-10　在圆盘参考系中观察

这个惯性力与 r 的方向相同，沿着圆的半径向外，称之为**惯性离心力**。这是在转动参考系中观察到的一种惯性力。在乘坐汽车拐弯时，身体感觉到被甩出去的力，就是这种惯性离心力。

这里，要正确区分惯性离心力和在惯性系中观察到的向心力之间的区别和联系。惯性离心力虽然和向心力大小相等，方向相反，但他们确实不是一对作用力和反作用力。无论是从牛顿第三定律，还是从惯性离心力和向心力的定义，都可以很明确地区分这一点。

注意：**在非惯性系中，先进行正常的受力分析，再引入虚拟的惯性力，那么牛顿运动定律仍然成立！**

2.5 科里奥利力

1835 年，法国物理学家科里奥利在《物体系统相对运动方程》一文中指出“如果物体在匀速转动的参考系中作相对运动，就有一种不同于通常离心力的惯性力作用于物体，并称这种力为复合离心力。”后人便以它的名字命名这种惯性力，即科里奥利力。在自然界中常见的是地球自转与河流流动造成的河的两岸冲刷情况不同的现象，称之为柏而定律：沿运动方向看，北半球的物体受到向右的科里奥利力，而南半球的物体受到向左的科里奥利力。在北半球，顺着水流方向看，河右岸比河左岸冲刷严重而呈现出明显陡峭。洋流沿经度方向的移动也会受到科里奥利力的影响而发生向东或向西的偏转，在北半球洋流向右偏转，南半球洋流向左偏转，如图 2-11 所示。

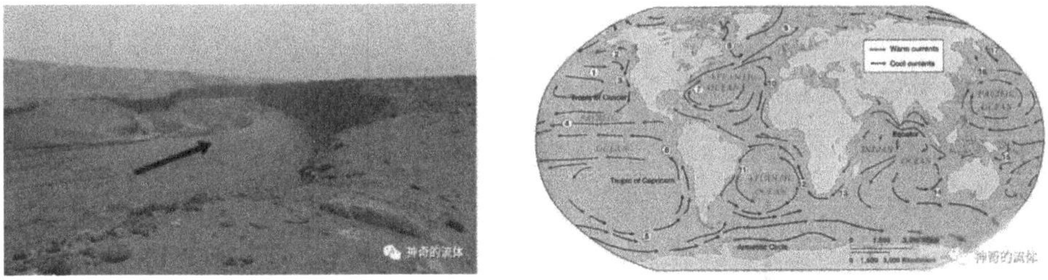

（a）河岸冲刷　　　　（b）洋流

图 2-11　河岸冲刷及洋流

我们将其进行抽象模型化。设在水平桌面上一圆盘绕竖直固定转轴以角速度 ω 匀速转动。圆盘上有一个沿半径方向的光滑细槽，一质量为 m 的小球(可视为质点)沿着细槽做匀速运动，速度为 v_r 远离圆心运动，如图 2-12所示，图(a)为在惯性系看到 f 力使小球走出附加位移 $\widehat{DD'}$；图(b)表示在非惯性系中看到向心力，小球只沿半径方向运动，切线方向上科氏力 f_k^* 与槽壁力 f 平衡。

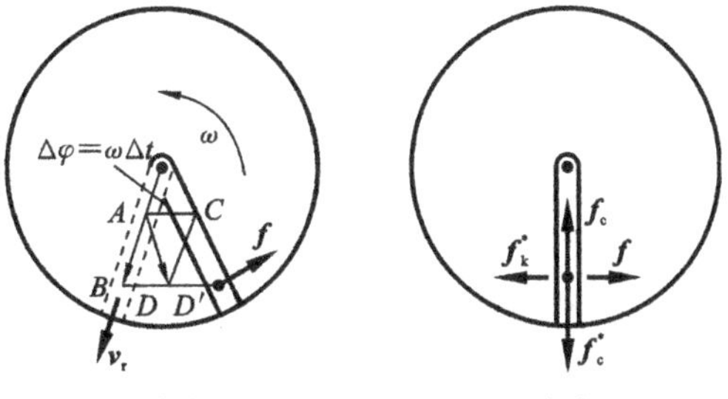

（a）　　　　（b）

图 2-12　转动参考系中的惯性力

经过非常小的一段时间 Δt，圆盘转过的角度为 $\Delta\varphi=\omega\Delta t$，而小球从 A 点运动到 D 点。在地面参考系中我们观察小球的运动，在 A 点小球具有沿着径向的速度 v_r，又有随着圆盘一起转动的切向速度 ωr_0，r_0 为 A 点到圆心的距离。此二速度的合成，可知小球运动到 D 点，但小球实际达到 D' 点。这说明小球在沿着切线方向受到细槽对其的作用力，使得小球获得切向方向的加速度，并使小球运动到 D'

点。则

$$\widehat{DD'}=(r_0+v_r\Delta t)\omega\Delta t-\omega r_0\Delta t$$

由于 Δt 很小，假设小球以恒定加速度多走了弧长$\widehat{DD'}$，因此

$$\widehat{DD'}=\frac{1}{2}a_k(\Delta t)^2$$

联立上述两式，可知

$$a_k=2v_r\omega$$

它是由细槽壁对小球的推力产生的。

已熟知可用角量描述圆盘的转动，即角速度 ω，它满足右手螺旋法则，即右手四指并拢握向圆盘转动的方向，大拇指和四指垂直，大拇指所指的方向记为角速度 $\boldsymbol{\omega}$ 的方向，如图 2-13(a)所示，角速度 ω、小球沿细槽的速度 $\boldsymbol{v}_r$ 和细槽对小球推力产生的加速度 $\boldsymbol{a}_k$ 满足右手螺旋，即

$$\boldsymbol{a}_k=2\boldsymbol{\omega}\times\boldsymbol{v}_r$$

其中，$\boldsymbol{a}_k$ 称为科里奥利加速度，是在惯性系中观察到的。细槽对小球推力的大小和方向可用 $2m\boldsymbol{\omega}\times\boldsymbol{v}_r$ 表示。

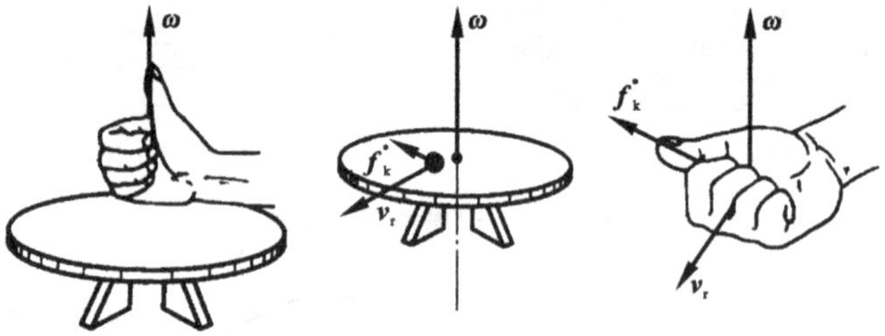

(a)　(b)　(c)

图 2-13　角速度和科氏力的方向

在圆盘参考系中，小球受到了细槽的侧向推力，但其并未发生垂直于细槽的运动，这就必然存在一个与细槽的侧向推力相平衡的力

$$\boldsymbol{f}_k^*=-2m\boldsymbol{\omega}\times\boldsymbol{v}_r$$

称之为**科里奥利力**，也称为**科氏力**。它不属于相互作用的范畴，是在非惯性系(转动惯性系)中观测到的，如图 2-13(b)、(c)所示。这里需要注意的是，不能认为科里奥利加速度是由科里奥利力产生的，科里奥利加速度是在惯性系中观测到的，而科里奥利力是在转动惯性系中观测到的，它产生的加速度是相对于转动惯性系而言的。虽然科里奥利力是在质点相对于转动惯性系匀速运动中引入的，但其对于变速转动的惯性系和质点的非匀速运动仍然适用。

摆动可以看作一种往复的直线运动，在地球上的摆动会受到地球自转的影响。只要摆面方向与地球自转的角速度方向存在一定的夹角，摆面就会受到科里奥利力

的影响，而产生一个与地球自转方向相反的扭力矩，从而使得摆面发生转动。法国物理学家傅科于 1851 年以实验证明了这种现象，他用一根长 67 m 的钢丝绳和一枚 27 kg 的金属球组成一个单摆，在摆垂下镶嵌了一个指针，将这个巨大的单摆悬挂在教堂穹顶之上，实验证实了在北半球摆面会缓缓顺时针旋转（傅科摆随地球自转），如图 2-14 所示。由于傅科首先提出并完成了这一实验，因而实验被命名为傅科摆实验。

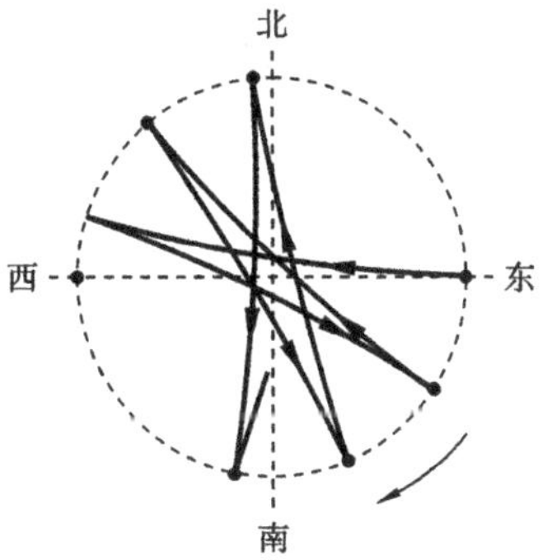

图 2-14　北半球佛科摆摆面的旋转

高空自由下落的物体，其轨道总是向东偏移，称为**落体偏东现象**。这个效应在北半球和南半球是一样的，在极地偏离为零；在赤道偏离最大（如果物体在赤道处从 100 m 的高度下落到地面，东偏约为2.2 cm）。

以地面参考系来计算洲际弹道导弹和人造地球卫星的轨道时，需要考虑科里奥利效应。例如，远程火箭发射升空，向上飞行时其轨道偏向西；向东水平飞行时其轨道偏向上；向西水平飞行时其轨道偏向下。

思　考　题

2-1　有人认为“人推动车前进是因为人推车的力大于车反推人的力。”这句话对吗？为什么？

2-2　摩擦力一定起到阻碍物体运动的作用？

2-3　坐在匀速行驶的汽车中，当车向左转弯时，乘客身体向左倾斜还是向右倾斜，为什么？

2-4　质点做圆周运动时受到的作用力中，指向圆心的力便是向心力，不指向圆心的力不是向心力，这种说法对吗？为什么？

2-5　如图 2-15 所示，一个绳子悬挂着的物体在水平面内做匀速圆周运动（称为圆锥摆），有人在重力的方向上求合力，写出 $T\cos\theta - G = 0$；另有人沿绳子拉力 $\boldsymbol{T}$ 的方向求合力，写出 $T - G\cos\theta = 0$。显然二者不能同时成立，指出哪一个式子是错误的，为什么？

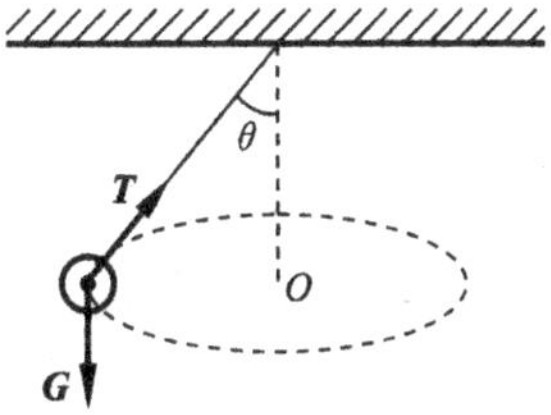

图 2-15　思考题 2-5 **图**

2-6　对于变质量系统，能否应用牛顿运动定律的 $\boldsymbol{F} = m\boldsymbol{a}$ 形式？能否应用 $\boldsymbol{F} = \dfrac{\mathrm{d}(m\boldsymbol{v})}{\mathrm{d}t}$ 形式？为什么？

2-7　没有动力的小车通过弧形桥面（图 2-16）时受几个力的作用？它们的反作用力作用在哪里？若 m 为车的质量，车对桥面的压力是否等于 $mg\cos\theta$？小车能否做匀速率运动？

2-8　有一单摆如图 2-17 所示。试在图中画出摆球到达最低点 P_1 和最高点 P_2 时所受的力。在这两个位置上，摆线中张力是否等于摆球重力或重力在摆线方向的分力？如果用一水平绳拉住摆球，使之静止在 P_2 位置上，线中张力多大？

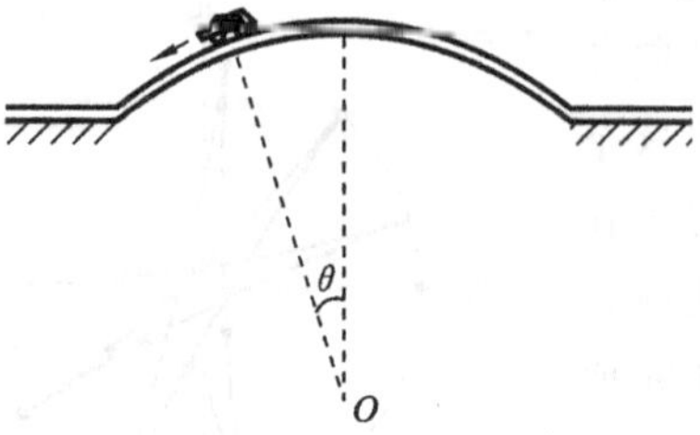

图 2-16　思考题 2-7 图

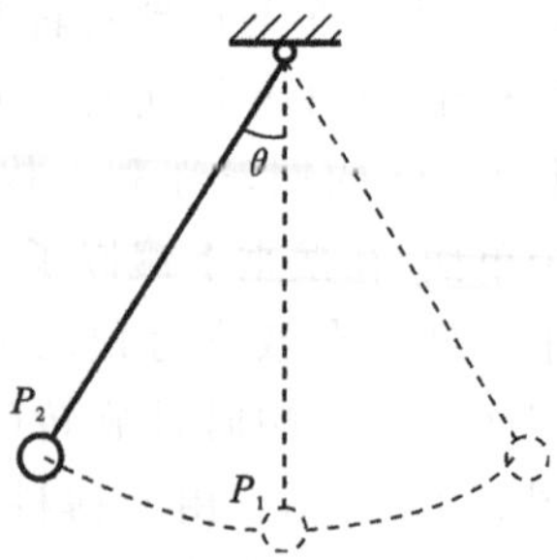

图 2-17　思考题 2-8 图

习　题

2-1　质量为 10 kg 的质点在 Oxy 平面内运动，其运动规律为

$$x=5\cos 4t+3\ (\mathrm{m}),\quad y=5\sin 4t-5\ (\mathrm{m})$$

求 t 时刻质点所受的合外力。

2-2　用力 F 推动水平桌面上一质量为 M 的木箱，如图 2-18 所示，设力 F 与水平面的夹角为 θ，木箱与桌面的滑动摩擦系数和静摩擦系数分别为 μ_k 和 μ_s，求：(1) 要推动木箱至少需要多大的力 F？此后维持木箱匀速前进，力 F 的大小应为多少？(2) 当 θ 至少为多大时，无论施加多大的力 F 都不能推动该木箱？

2-3　如图 2-19 所示，滑轮系统、滑轮和线的质量及轴处摩擦可忽略。试计算 m_1 的加速度和两绳的张力 T_1 和 T_2。

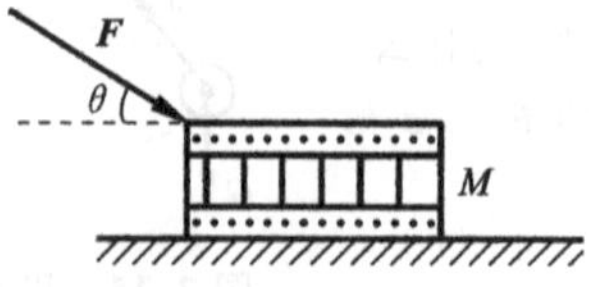

图 2-18　习题 2-2 图

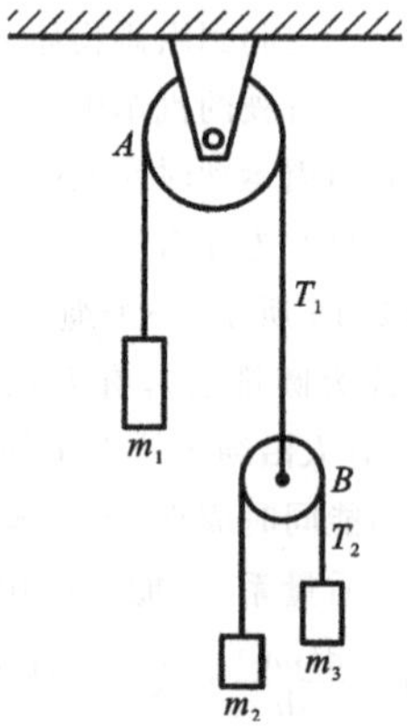

图 2-19　习题 2-3 图

2-4　一人在平地上拉一个质量为 M 的木箱匀速前进，如图 2-20 所示。木箱与地面间的摩擦系数 $\mu=0.6$。设此人前进时，肩上绳的支撑点距地面高度为 $h=1.5$ m，不计箱高，问绳长 l 为多长时最省力？

2-5　质量为 m 的质点在 $t=0$ 时刻静止于坐标原点，在力 $F=-\dfrac{k}{x^2}$（k 是常量）的作用下沿 x

轴运动，求质点在 x 处的速度。

2-6 质量为 m 的质点在某一流体中做直线运动，受到与速度成正比的阻力 kv（k 为常数）作用，已知 $t=0$ 时刻质点的速度为 v_0，求：(1) t 时刻的速度；(2) 在 0 到 t 的时间内经过的距离；(3) 停止运动前质点行进的距离；(4) 质点在哪一时刻速度减小至原来的一半。

2-7 一质量为 m 的木块，放在木板上，在木板与水平面间的夹角 θ 由 $0°$ 变化到 $90°$ 的过程中，画出木块与木板之间摩擦力随 θ 变化而变化的曲线。在图上标出木块开始滑动时，木板与水平面间的夹角 θ_0，并指出 θ_0 与摩擦因数 μ 的关系。（设 θ 角在变化过程中，摩擦因数 μ 不变。）

2-8 质量 m 为 10 kg 的木箱放在地面上，在水平拉力 F 的作用下由静止开始沿直线运动，其拉力随时间的变化关系如图 2-21 所示。已知木箱与地面间的摩擦系数 μ 为 0.2，求 t 为 4 s 和 7 s 时，木箱的速度大小。（$g=10\ \mathrm{m/s^2}$。）

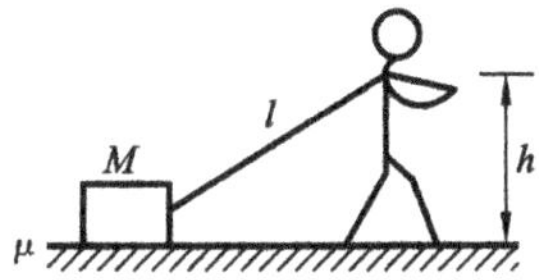

图 2-20　习题 2-4 图

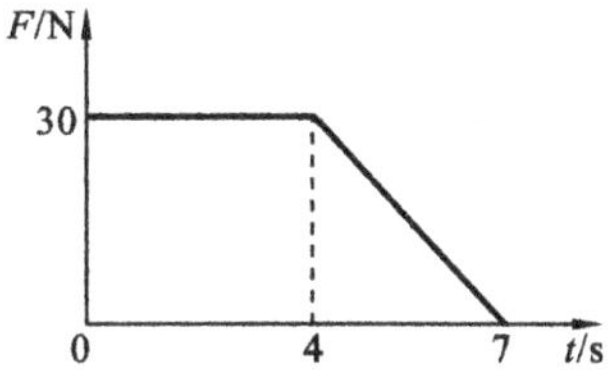

图 2-21　习题 2-8 图

2-9 质量为 m 的子弹以速度 v_0 水平射入沙土中。设子弹所受阻力与速度反向，大小与速度成正比，比例系数为 k，忽略子弹的重力，求：(1) 子弹射入沙土后，速度随时间变化的函数式。(2) 子弹进入沙土的最大深度。

2-10 以初速率 v_0 从地面竖直向上抛出一质量为 m 的小球，小球除受重力外，还受一个大小为 $\alpha m v^2$ 的粘滞阻力（α 为常数，v 为小球运动的速率），求当小球回到地面时的速率。

2-11 如图 2-22 所示，一个小物体 A 靠在一辆小车的竖直前壁上，A 和车壁间静摩擦因数是 μ_s，若要使物体 A 不致掉下来，小车的加速度的最小值应为多少？

2-12 质量为 m 的小球，在水中受的浮力为常力 F，当它从静止开始沉降时，受到水的黏滞阻力 $f=kv$（k 为常数）。试证明：小球在水中竖直沉降的速度 v 与时间 t 的关系为 $v=\dfrac{mg-F}{k}\left(1-e^{-\frac{kt}{m}}\right)$，式中，$t$ 为从沉降开始计算的时间。

2-13 光滑的水平桌面上放置一固定的圆环带，半径为 R，一物体贴着环带的内侧运动，如图 2-23 所示，物体与环带间的滑动摩擦系数为 μ_k，设物体在某一时刻经 A 点时的速率为 v_0，求此后 t 时间物体的速率以及从 A 点开始所经过的路程。

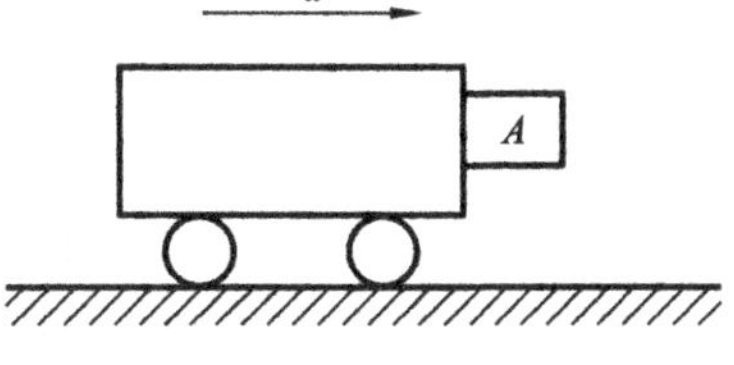

图 2-22　习题 2-11 图

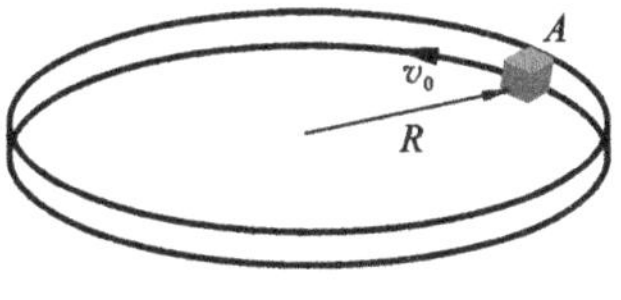

图 2-23　习题 2-13 图

2-14 证明开普勒第三定律：各行星的公转周期的平方和他们的轨道半径的立方成正比。

第 3 章　动量和动量守恒定律

第 2 章讨论了质点运动状态变化的原因及其规律，即牛顿运动定律，尤其是牛顿第二定律，定量地描述了力和受力物体加速度的瞬时对应关系。实际上，力对物体的作用总是持续一段时间或一定距离的。无论持续时间或空间的长短，力的变化也总是复杂的，进而引起受力物体运动状态的变化也是复杂的。

那么，一个显而易见的问题是：受力物体在力的作用下持续一段时间或距离的效果是什么？即力的时间累积效果和空间累积效果如何？这里，将从牛顿第二定律出发，在本章和第 4 章分别讨论力在时间和空间上的累积效果。

本章从冲量定理的引入，学习质点和质点系的动量定理，讨论动量定理和动量守恒定律及其应用；然后，引入质心的概念，推导质心的动力学方程；最后，引入角动量概念，并分析角动量的变化率与合外力矩的关系——角动量定理，推导出角动量守恒定律。

3.1　冲量和动量

牛顿在《自然哲学的数学原理》一书中，对牛顿第二定律的阐述为"物体运动量的变化率与其所受的合外力成正比，并发生在其所受合外力的方向上。"这里物体的运动量，简称**动量，定义为物体质量和它速度的乘积**，用字母 $\boldsymbol{p}$ 表示，即

$$\boldsymbol{p}=m\boldsymbol{v} \tag{3-1}$$

动量是矢量，其方向与速度的方向相同。在国际单位制中，动量的单位是 $\mathrm{kg\cdot m\cdot s^{-1}}$。

为了反映力对受力物体的时间累积效应，引入**冲量**的概念，**定义为力和力的作用时间的乘积**，通常用 $\boldsymbol{I}$ 表示，单位是 $\mathrm{N\cdot s}$，量纲为 $\mathrm{LMT^{-1}}$。

设从 t_1 到 t_2 时间内，恒力 $\boldsymbol{F}$ 持续作用于质点上，则该力在这段时间内的冲量为

$$\boldsymbol{I}=\boldsymbol{F}(t_2-t_1)=\boldsymbol{F}\Delta t \tag{3-2}$$

那么，对于变力的冲量，就不能直接用上式计算冲量。但是，依据微积分思想，可以把变力持续的这段时间分成许多微小的时间间隔 $\mathrm{d}t$，在 t 到 $t+\mathrm{d}t$ 时间间隔内，都可以将力 $\boldsymbol{F}(t)$ 视为恒力。于是，力 $\boldsymbol{F}(t)$ 在这一时间间隔内的冲量 $\mathrm{d}\boldsymbol{I}$ 为

$$\mathrm{d}\boldsymbol{I}=\boldsymbol{F}(t)\mathrm{d}t \tag{3-3}$$

称之为力 $\boldsymbol{F}$ 在这段时间间隔内的**元冲量**。

在从 t_1 到 t_2 时间内，变力的冲量等于所有时间间隔内元冲量的矢量和，即

$$\boldsymbol{I}=\int_{t_1}^{t_2}\boldsymbol{F}(t)\mathrm{d}t \tag{3-4}$$

上式表明，力的冲量等于力 $\boldsymbol{F}$ 在这段时间间隔内对时间的定积分。

若一个质点受到多个力时，则合外力的冲量可写为

$$I=\int_{t_1}^{t_2}\boldsymbol{F}\mathrm{d}t=\int_{t_1}^{t_2}\sum_{i=1}^{n}\boldsymbol{F}_i\mathrm{d}t=\sum_{i=1}^{n}\int_{t_1}^{t_2}\boldsymbol{F}_i\mathrm{d}t=\sum_{i=1}^{n}\boldsymbol{I}_i \tag{3-5}$$

即质点所受合外力的冲量等于各个分力在给定时间内冲量的矢量和。

在碰撞、打击等物理过程中，相互作用时间极短，而力的变化从峰值到零值变化也很快，通常把这种力称为冲力。冲力的变化很难测定，一般用平均冲力 $\bar{\boldsymbol{F}}$ 的概念来研究。因此，我们可以将式(3-4)写为

$$\boldsymbol{I}=\int_{t_1}^{t_2}\boldsymbol{F}\mathrm{d}t=\bar{\boldsymbol{F}}(t_2-t_1)=\bar{\boldsymbol{F}}\Delta t \tag{3-6}$$

冲量是矢量，元冲量的方向总是与力的方向相同。但在一段时间内，力的冲量的方向取决于这段时间内诸多元冲量的矢量和，不一定和某时刻力的方向相同，但总是和平均冲力的方向一致。

例 3-1 力 F 作用在质量 $m=1.0$ kg 的质点上，使之沿 x 轴做直线运动，质点运动学方程为 $x=t^3+3t^2+1$，求该力在 0～4 s 时间内的力的冲量，以及这段时间内的平均冲力的大小。

解 由冲量定义和牛顿第二定律，有

$$I=\int_0^4 F\mathrm{d}t=\int_0^4 ma\,\mathrm{d}t \tag{①}$$

其中，

$$a=\frac{\mathrm{d}^2x}{\mathrm{d}t^2}=6t+6 \tag{②}$$

将式②代入式①，可得

$$I=\int_0^4 ma\,\mathrm{d}t=\int_0^4(6t+6)\mathrm{d}t=72\ (\mathrm{N\cdot s})$$

由平均冲力定义可知，

$$\bar{F}=\frac{I}{\Delta t}=18\ (\mathrm{N})$$

3.2 动量定理和动量守恒定律

依据牛顿第二定律，可知

$$\boldsymbol{F}\mathrm{d}t=\mathrm{d}\boldsymbol{p} \tag{3-7}$$

这是用冲量概念表示的质点动量定理的微分形式，反映了微小时间间隔内质点动量

变化的规律。

对式(3-7)积分可得

$$\boldsymbol{I}=\int_{t_1}^{t_2}\boldsymbol{F}\mathrm{d}t=\int_{\boldsymbol{p}_1}^{\boldsymbol{p}_2}\mathrm{d}\boldsymbol{p}=\boldsymbol{p}_2-\boldsymbol{p}_1 \tag{3-8}$$

这就是质点动量定理的积分形式，它表明质点在从 t_1 时刻到 t_2 时刻的时间内物体所受合外力的冲量等于质点在这一时间内动量的增量。

在直角坐标系中，式(3-8)的分量式可写为

$$\begin{aligned} I_x &= \int_{t_1}^{t_2} F_x \mathrm{d}t = mv_{x_2} - mv_{x_1} \\ I_y &= \int_{t_1}^{t_2} F_y \mathrm{d}t = mv_{y_2} - mv_{y_1} \\ I_z &= \int_{t_1}^{t_2} F_z \mathrm{d}t = mv_{z_2} - mv_{z_1} \end{aligned} \tag{3-9}$$

对质点动量定理的理解，需要注意以下几点：

(1) 动量定理定量描述了力对物体作用在时间上的累积效果，即引起物体动量的变化。因此，冲量的方向与物体动量增量的方向相同。

(2) 质点在某一方向上的动量增量，仅与该方向上所受合外力的冲量有关。

(3) 质点动量改变的原因是力在时间上的累积作用。使得质点动量发生同样变化的可以用较大力作用较短时间，也可以用较小力作用较长时间。例如，玻璃杯掉在水泥地上比掉在毛毯上更易破碎，工业生产中用冲床冲压钢板，就是利用极短时间产生巨大的冲力。

(4) 与牛顿运动定律相比，应用动量定理的便捷之处在于它只注重力作用在物体上的始末状态，与其细节无关。动量定理常应用于碰撞过程，即物体间相互作用时间极短的过程，例如球拍反击乒乓球的力等。

例 3-2 在汽车碰撞试验中，一质量为 1200 kg 的汽车垂直冲向一固定墙，碰撞前的速率为 15.0 m/s，碰撞后以 1.5 m/s 的速率退回，碰撞时间为 0.120 s，求：(1) 汽车受到的冲量；(2) 汽车受固定墙壁的平均冲力。

解 以汽车碰撞前的速度方向为正方向，则碰撞前的速度为 $v_0=15.0$ m/s，碰撞后的速度为 $v_1=-1.50$ m/s，由动量定理可知：

(1) 汽车受到墙壁的冲量为

$$I=p_1-p_0=mv_1-mv_0=1200\times(-1.50)-1200\times 15.0=-1.98\times 10^4(\mathrm{N\cdot s})$$

(2) 由于碰撞时间 $\Delta t=0.120$ s，所以汽车受到的平均冲力为

$$\overline{F}=\frac{I}{\Delta t}=\frac{-1.98\times 10^4}{0.120}=-1.65\times 10^5(\mathrm{N})$$

其中，负号表示汽车所受的冲量和平均冲力与规定的正方向相反。

平均冲力的大小为 165 kN，约为汽车本身重量的 14 倍，瞬时最大冲力还要大很

多。这种巨大的冲力是车祸致命的根源，冲力随时间的急速变化也是造成人身伤害的原因之一。

通常情况下，研究对象往往包含多个物体，将它们整体考虑称之为物体系统（简称为系统）。系统外的其他物体统称为外界。系统内物体间的相互作用称为内力，系统外物体对系统内任一物体的作用力称为外力。例如，把地球和月球看做一个系统，地球和月球之间的相互作用称为内力，而系统外太阳对地球和月球的作用力称为外力。接下来，讨论多个质点组成的质点系的动量定理。

设两个质点的质量分别为 m_1，m_2，他们除了受到相互作用力（内力）$\boldsymbol{f}_{12}$ 和 $\boldsymbol{f}_{21}$ 外，还受到外界对其作用力（外力）$\boldsymbol{F}_1$ 和 $\boldsymbol{F}_2$ 的作用，如图 3-1 所示。分别对两质点应用动量定理，得

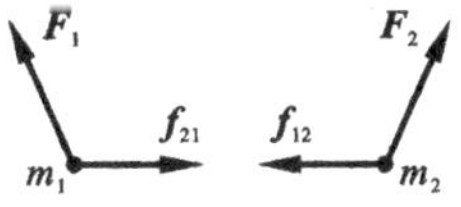

图 3-1　两个质点的系统

$$\begin{cases}(\boldsymbol{F}_1+\boldsymbol{f}_{21})\mathrm{d}t=\mathrm{d}\boldsymbol{p}_1\\(\boldsymbol{F}_2+\boldsymbol{f}_{12})\mathrm{d}t=\mathrm{d}\boldsymbol{p}_2\end{cases}\tag{3-10}$$

将式(3-10)中两式相加，可得

$$(\boldsymbol{F}_1+\boldsymbol{F}_2+\boldsymbol{f}_{21}+\boldsymbol{f}_{12})\mathrm{d}t=\mathrm{d}(\boldsymbol{p}_1+\boldsymbol{p}_2)\tag{3-11}$$

由于系统内力是一对作用力和反作用力，根据牛顿第三定律，可知

$$\boldsymbol{f}_{21}+\boldsymbol{f}_{12}=\boldsymbol{0}\tag{3-12}$$

因此，联立式(3-11)和(3-12)可得

$$(\boldsymbol{F}_1+\boldsymbol{F}_2)\mathrm{d}t=\mathrm{d}(\boldsymbol{p}_1+\boldsymbol{p}_2)\tag{3-13}$$

推广：若系统是由 n 个质点组成的质点系，可仿照上式写出其动量定理微分式

$$\left(\sum_{i=1}^{n}\boldsymbol{F}_i\right)\mathrm{d}t=\mathrm{d}\left(\sum_{i=1}^{n}\boldsymbol{p}_i\right)\tag{3-14}$$

其中，$\boldsymbol{F}_i$，$\boldsymbol{p}_i$ 分别为第 i 个质点所受的外力及其动量，$\sum\limits_{i=1}^{n}\boldsymbol{F}_i$，$\sum\limits_{i=1}^{n}\boldsymbol{p}_i$ 分别为系统所受的合外力及其总动量。注意，这里的合外力和总动量是矢量和。上式表明：系统总动量的增量等于系统所受合外力在这段时间内的冲量，这就是**质点系的动量定理。**

例 3-3　一辆装煤车以 $v=3$ m/s 的速率从煤斗下面通过（见图 3-2），每秒钟落入车厢的煤为 $\Delta m=500$ kg。如果使车厢的速率保持不变，应用多大的牵引力拉车厢？（车厢与钢轨间的摩擦力忽略不计。）

解　以 m 表示在时刻 t 煤车和已经落进煤车的煤的总质量，此后 $\mathrm{d}t$ 时间内又有质量为 $\mathrm{d}m$ 的煤落入车厢。取 m 和 $\mathrm{d}m$ 为研究的系统（质点系），则这一系统在时刻 t 的水平总动量为

$$mv+\mathrm{d}m\cdot 0=mv$$

在时刻 $t+\mathrm{d}t$ 的水平总动量为

$$mv+v\mathrm{d}m=(m+\mathrm{d}m)v$$

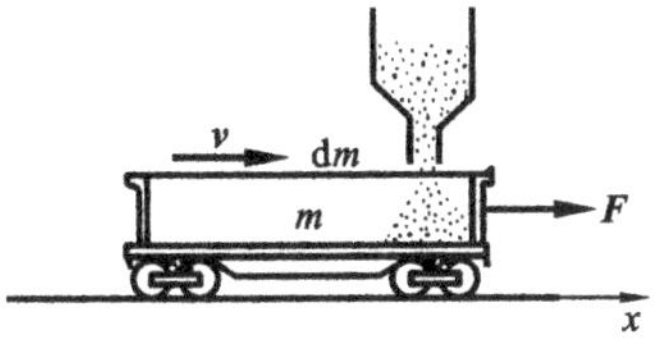

图 3-2　例 3-3 图

在 $\mathrm{d}t$ 时间内水平总动量的增量为

$$\mathrm{d}p=(m+\mathrm{d}m)v-mv=v\mathrm{d}m$$

此系统所受的水平外力为牵引力 F,由动量定理,有

$$F\mathrm{d}t=\mathrm{d}p=v\mathrm{d}m$$

由此得

$$F=\frac{\mathrm{d}m}{\mathrm{d}t}v$$

将 $\mathrm{d}m/\mathrm{d}t=500\ \mathrm{kg/s}$ 和 $v=3\ \mathrm{m/s}$ 值代入,得

$$F=500\times3=1.5\times10^{3}(\mathrm{N})$$

由质点系的动量定理可得动量守恒的条件。

式(3-14)可改写为

$$\sum_{i=1}^{n}\boldsymbol{F}_i=\frac{\mathrm{d}\left(\sum_{i=1}^{n}\boldsymbol{p}_i\right)}{\mathrm{d}t} \tag{3-15}$$

若 $\sum_{i=1}^{n}\boldsymbol{F}_i=\mathbf{0}$,则

$$\frac{\mathrm{d}\left(\sum_{i=1}^{n}\boldsymbol{p}_i\right)}{\mathrm{d}t}=\mathbf{0} \tag{3-16}$$

即系统总动量是一个常矢量,

$$\sum_{i=1}^{n}\boldsymbol{p}_i=\text{常矢量} \tag{3-17}$$

这就是**质点系的动量守恒定律**,即在某一时间间隔内,当质点系所受合外力为零时,该质点系在这段时间内的总动量保持不变。

系统所受合外力为零,也就是说该系统不受外界影响。这样的系统称为孤立系统。**一个孤立系统在运动过程中,其总动量一定保持不变。**这是动量守恒定律的另一种表述方式。

应用动量守恒定律分析解决问题时,应该注意以下几点:

(1) 动量守恒定律的前提条件是系统所受合外力为零。但真实系统与外界多多少少存在着某种相互作用。当质点系内部的作用力远远大于外力且作用时间较短时,外力对质点系总动量的相对影响就比较小,此时可以忽略外力的作用效果,近似地应用动量守恒定理。常用的情形有物体的碰撞过程、炮弹(或炸弹)在空中爆炸的瞬间等。

(2) 动量守恒定律是矢量表达式。在实际分析问题过程中,常常用其分量形式。依据质点系动量定理,可知如果质点系沿某一方向上的合外力为零,则该质点系沿该方向上的总动量是守恒的。例如,一个物体在空中爆炸后碎裂成许多块,在忽略空气

阻力的情况下，这些碎块在水平方向上是不受力的。因此，系统的总动量在水平方向上的分量是守恒的。

(3) 动量守恒定律是在牛顿运动定律的基础上推导出来的，因此动量守恒定律只在惯性系中成立。动量守恒定理是自然界的基本规律之一。大量实验和理论分析表明，在自然界中，大到天体间的相互作用，小到质子、中子和电子等微观粒子的相互作用，都遵循动量守恒定律。甚至对那些内部相互作用无法用力描述的系统所发生的过程，例如光子和电子的碰撞过程(康普顿散射)，只要系统不受外界影响，也是符合动量守恒定律的。当研究某一物理现象看似与动量守恒定律相违背时，这并不意味着动量守恒定理的失败，往往意味着新的发现或新的物理，例如泡利的中微子假说以及查德威克发现中子等。

例 3-4 一长为 L，质量为 M 的小车静止在光滑的地面上，如图 3-3 所示。有一质量为 m 的人从小车的一端走到另一端，试求人和车相对于地面各移动的距离。

解 把人和小车看作一个系统，其沿水平方向上所受的合外力为零。因此，在水平方向上应用动量守恒定律得

$$mv+MV=0$$

其中，v 和 V 分别为人和小车相对于地面的速度。由上式可得

$$V=-\frac{mv}{M}$$

其中，负号表示小车的速度与人的速度方向相反。

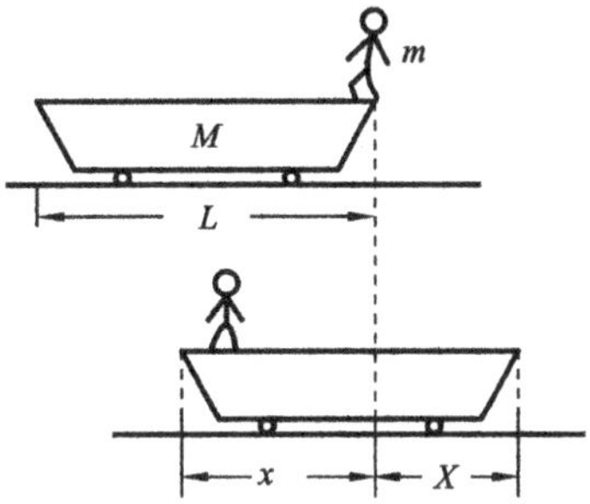

图 3-3 **例** 3-4 **图**

依据相对运动，设人相对于小车的速度为 v'，则

$$v'=v-V=\frac{(m+M)v}{M}$$

设人在 t 时间内从小车的一端走到另一端，则

$$L=\int_0^t v'\,\mathrm{d}t=\frac{(m+M)}{M}\int_0^t v\,\mathrm{d}t$$

在这段时间内，人相对于地面走过的距离为

$$x=\int_0^t v\,\mathrm{d}t$$

所以

$$x=\frac{M}{m+M}L$$

小车相对于地面走过的距离为

$$X=\frac{m}{m+M}L$$

例 3-5 火箭是一种利用燃料燃烧后喷出的气体产生的反推力的飞行器。它自带燃料和助燃剂，因此可以在空间任何地方飞行。空气在自由空间飞行，不受引力和空气阻力的影响。设火箭在外层空气飞行，火箭在 t_0 时刻速度为 v_0，火箭（包括燃料）的总质量为 m_0，热气体相对火箭的喷射速度为 u，燃料用尽后火箭质量为 m，求火箭在全部燃料用完后获得的速度 v。

图 3-4 火箭飞行原理

解 如图 3-4 所示，设某时刻 t 火箭（包括火箭体和尚存的燃料）质量为 M，速率为 v，此后经过 $\mathrm{d}t$ 时间，火箭喷射出质量为 $\mathrm{d}M$ 的气体，其喷射的速率相对于火箭为 u。在 $t+\mathrm{d}t$ 时刻，火箭的速率增为 $v+\mathrm{d}v$。

在不考虑外力作用下，其满足动量守恒定律，即

$$Mv=-\mathrm{d}M(v-u)+(M+\mathrm{d}M)(v+\mathrm{d}v)$$

将上式展开，忽略二阶无穷小量，得

$$u\mathrm{d}M+M\mathrm{d}v=0$$

分离变量得

$$\mathrm{d}v=-u\frac{\mathrm{d}M}{M}$$

上式两边积分

$$\int_{v_0}^{v}\mathrm{d}v=-u\int_{m_0}^{m}\frac{\mathrm{d}M}{M}$$

得

$$v-v_0=u\ln\left(\frac{m_0}{m}\right)$$

上式表明，火箭在喷射气体后速率的增量和喷气速率的比值，与火箭始末质量比的自然对数成正比。这也是著名的齐奥科夫斯基公式，或理想速度公式，是在不考虑空气阻力和重力条件下得出的。即基于动量守恒定律，任何一个装置，通过一个消耗自身质量的反方向推进系统，可以在原有运行速度上，产生并获得加速度。

火箭最早是中国发明的。我国南宋时出现了作烟火玩物的“起火”。其后就出现了利用起火推动的翎箭。明代茅元仪著的《武备志》(1628 年)中记有利用火药发动的“多箭头”(10 到 100 支)的火箭，以及用于水战的叫作“火龙出水”的二级火箭(见图 3-5，第二级藏在龙体内)。

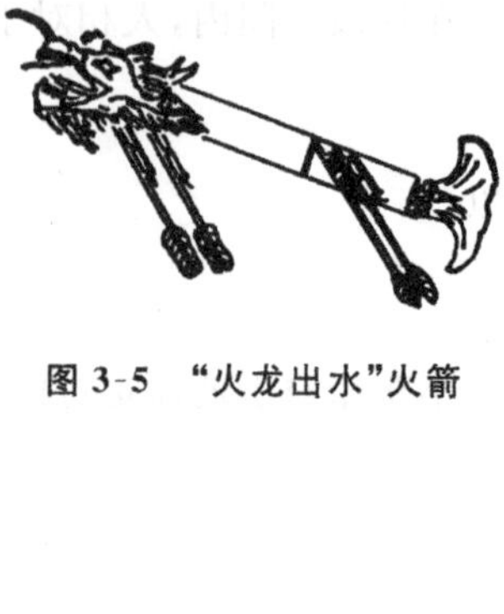

图 3-5 “火龙出水”火箭

3.3 质心和质心运动定律

在讨论质点系运动时，常常引入质心（质量中心）的概念。如图 3-6 所示，由 N 个质点组成的质点系的质心的位矢定义为

$$\boldsymbol{r}_c=\frac{\sum_{i=1}^{N}m_i\boldsymbol{r}_i}{\sum_{i=1}^{N}m_i}=\frac{\sum_{i=1}^{N}m_i\boldsymbol{r}_i}{m}\tag{3-18}$$

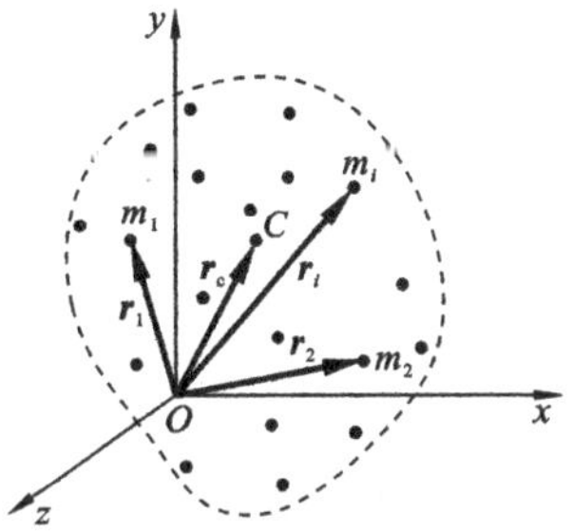

图 3-6　质心的位置矢量

其中，m_i，$\boldsymbol{r}_i$ 分别为第 i 个质点的质量和位矢，$m=\sum_{i=1}^{N}m_i$ 为质点系的总质量。作为位置矢量，质心位矢与坐标系的选取有关。

在直角坐标系中，可以得到质心的分量坐标表达式，

$$\begin{cases}x_c=\dfrac{\sum_{i=1}^{N}m_ix_i}{\sum_{i=1}^{N}m_i}=\dfrac{\sum_{i=1}^{N}m_ix_i}{m}\\[2ex] y_c=\dfrac{\sum_{i=1}^{N}m_iy_i}{\sum_{i=1}^{N}m_i}=\dfrac{\sum_{i=1}^{N}m_iy_i}{m}\\[2ex] z_c=\dfrac{\sum_{i=1}^{N}m_iz_i}{\sum_{i=1}^{N}m_i}=\dfrac{\sum_{i=1}^{N}m_iz_i}{m}\end{cases}\tag{3-19}$$

对于连续物体，可以将其看作许多质点（质元）组成的，其质心位置可用积分法求得，即

$$\boldsymbol{r}_c=\frac{\int\boldsymbol{r}\mathrm{d}m}{\int\mathrm{d}m}=\frac{\int\boldsymbol{r}\mathrm{d}m}{m}\tag{3-20}$$

其中，$\boldsymbol{r}$ 是质元 $\mathrm{d}m$ 的位矢，$\int\cdot$ 对整个物体积分。

在直角坐标系中，其分量式为

$$
\begin{cases}
x_c = \dfrac{\int x\mathrm{d}m}{\int \mathrm{d}m} = \dfrac{\int x\mathrm{d}m}{m} \\[2ex]
y_c = \dfrac{\int y\mathrm{d}m}{\int \mathrm{d}m} = \dfrac{\int y\mathrm{d}m}{m} \\[2ex]
z_c = \dfrac{\int z\mathrm{d}m}{\int \mathrm{d}m} = \dfrac{\int z\mathrm{d}m}{m}
\end{cases}
\tag{3-21}
$$

例 3-6 地球质量为 $M_e=5.98\times10^{24}$ kg，月球质量为 $M_m=7.35\times10^{22}$ kg，它们的中心距离为 $l=3.84\times10^5$ km，试求地月系统的质心位置。

解 如图 3-7 所示，建立直角坐标系，其中地球的球心位于坐标原点处，月球的球心位于 x 轴上。

把地球和月球视为均匀球体，它们的质心位于其球心处，这样我们可以把地球和月球看作是质量集中在质心处的质点。因此，地月系统的质心位置为

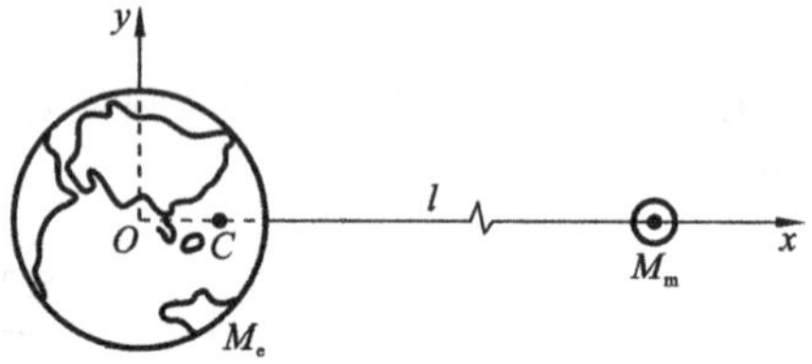

图 3-7 地月系统

$$x_c=\frac{M_e\times0+M_m\times l}{M_e+M_m}=4.72\times10^3\,(\mathrm{km})$$

这就是地月系统的质心到地球球心的距离，约为地球半径的 70%，约为地球到月球距离的 1.2%。

在银河系中，双星的数目众多。双星是由两颗绕着共同的中心(质心)运动。

例 3-7 求一段均匀铁丝弯成半径为 R 的半圆形的质心。

解 设铁丝的线密度(即单位长度铁丝的质量)为

$$\lambda=\frac{m}{\pi R}$$

如图 3-8 所示，建立直角坐标系，坐标原点位于圆心处。由于半圆铁丝相对于 y 轴对称，所以质心在 y 轴上，即

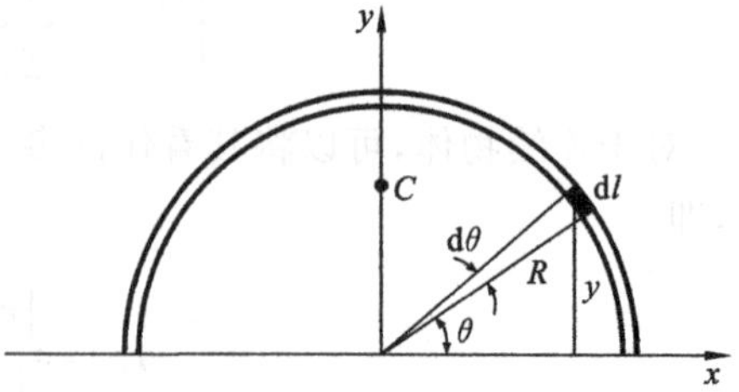

图 3-8 半圆均匀铁丝

$$x_c=0$$

在 θ 处取一个小的角度 $\mathrm{d}\theta$，其所对应的弧长 $\mathrm{d}l$ 为质量元 $\mathrm{d}m$。则，

$$\mathrm{d}m=\lambda\mathrm{d}l=\lambda R\mathrm{d}\theta$$

依据质心定义，可得

$$y_c=\frac{\int y\mathrm{d}m}{m}=\frac{\int_0^{\pi}R\sin\theta\lambda R\,\mathrm{d}\theta}{m}=\frac{2R}{\pi}$$

即质心在 y 轴上离圆心$\frac{2R}{\pi}$处。

这里，我们可以看到质心并不在铁丝上，但它相对于铁丝的位置是确定的。

将式(3-18)两边对时间 t 求导，可得质心运动的速度

$$\boldsymbol{v}_c=\frac{\mathrm{d}\boldsymbol{r}_c}{\mathrm{d}t}=\frac{\sum\limits_{i=1}^{N}m_i\frac{\mathrm{d}\boldsymbol{r}_i}{\mathrm{d}t}}{\sum\limits_{i=1}^{N}m_i}=\frac{\sum\limits_{i=1}^{N}m_i\boldsymbol{v}_i}{m} \tag{3-22}$$

化简得

$$m\boldsymbol{v}_c=\sum_{i=1}^{N}m_i\boldsymbol{v}_i \tag{3-23}$$

上式等号右边是质点系的总动量 $\boldsymbol{p}$，所以有

$$\boldsymbol{p}=m\boldsymbol{v}_c \tag{3-24}$$

即质点系的总动量等于把质点系所有质点的质量集中在质心与质心速度的乘积，也称为质心的动量 $\boldsymbol{p}_c$。

对式(3-24)两边同时对时间 t 求导，可得

$$\frac{\mathrm{d}\boldsymbol{p}}{\mathrm{d}t}=m\frac{\mathrm{d}\boldsymbol{v}_c}{\mathrm{d}t}=m\boldsymbol{a}_c \tag{3-25}$$

其中，$\boldsymbol{a}_c$ 是质心运动的加速度。

利用质点系的动量定理，可知

$$\boldsymbol{F}=\frac{\mathrm{d}\boldsymbol{p}}{\mathrm{d}t}=m\boldsymbol{a}_c \tag{3-26}$$

这就是**质心运动定理**。它阐述了质点系质心的运动可视为一个将质点系的质量集中在质心处的质点的运动。该质点所受的力也就是质点系所有外力的矢量和。这是一种等效分析法，实际上质心处并无质量，也未受任何力的作用。

图 3-9　跳水运动员的运动

利用好这种等效分析法，可以很好地处理复杂的运动情况。我们知道，质心是相对于对应质点系的特殊位置。它的运动可能非常简单，由质点系所受的合外力决定。例如跳水运动员离开跳台后身体在空中所做的优美的翻转动作，但是他的质心却是做抛物线运动，如图 3-9 所示。

另外，当质点系所受的合外力为零时，质点系的总动量保持不变。由质心运动定理可知，该质点系的质心的速度也将保持不变。

例 3-8 一枚炮弹发射的初速度为 v_0，发射角为 α，当它飞行到最高点时炸裂成两块质量均为 m 的两部分，其中一部分垂直下落，另一部分则继续向前飞行，求这两部分的着落点及质心的着落点。（不考虑空气阻力。）

解 如图 3-10 所示，建立直角坐标系。

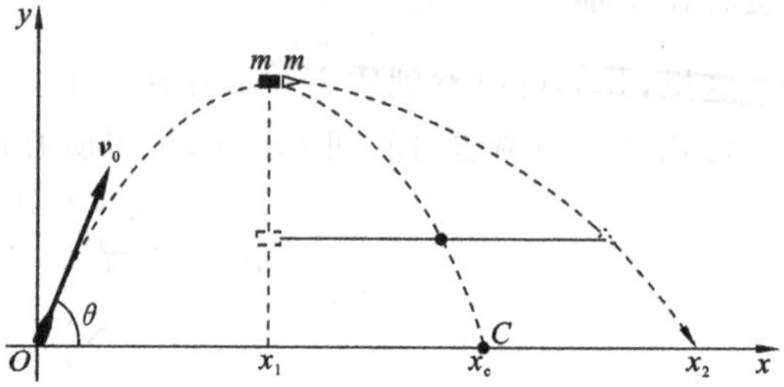

图 3-10 炮弹飞行示意图

在炮弹没有炸裂飞行到最高点所需的时间是

$$t=\frac{v_0\sin\alpha}{g}$$

则水平行进的距离是

$$x_1=v_0\cos\alpha t=\frac{v_0^2\sin2\alpha}{2g}$$

炮弹在最高点炸裂，其中，一部分垂直下落，因此垂直下落部分的着落点为 x_1。

在爆炸的瞬间，内力远远大于外力，质点系的总动量保持不变，因此，质心的运动在爆炸前后不变，所以质心的着落点为

$$x_c=2x_1=\frac{v_0^2\sin2\alpha}{g}$$

第二部分的着落点为 x_2，根据质心定义可知

$$x_c=\frac{mx_1+mx_2}{2m}$$

得

$$x_2=2x_c-x_1=\frac{3}{2}\frac{v_0^2\sin2\theta}{g}$$

3.4 角动量和角动量守恒定律

本节介绍描述质点运动的另一个重要的物理量——角动量。一个动量为 $\boldsymbol{p}$ 的质点，对于惯性系中某一固定点 O 的角动量 $\boldsymbol{L}$ 定义为

$$\boldsymbol{L}=\boldsymbol{r}\times\boldsymbol{p} \tag{3-27}$$

其中，$\boldsymbol{r}$ 为质点相对于固定点 O 的位矢，如图 3-11 所示。根据矢量叉积的定义，可知角动量的大小为

$$L=mrv\sin\theta \tag{3-28}$$

其中，θ 是矢量 $\boldsymbol{r}$ 和 $\boldsymbol{p}$ 的夹角。在国际单位制中，角动量的量纲为 ML^2T^{-1}，单位是 $kg\cdot m^2s^{-1}$。

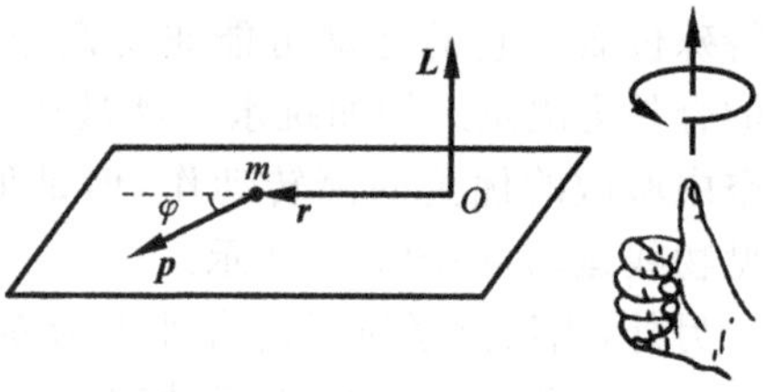

图 3-11 质点的角动量

$\boldsymbol{L}$ 的方向是由 $\boldsymbol{r}$ 和 $\boldsymbol{p}$ 方向决定的，满足右手螺旋法则，即伸出右手，四指并拢，与大

拇指垂直，四指指向 $\boldsymbol{r}$ 的方向并弯向 $\boldsymbol{p}$ 的方向，大拇指所指的方向即是 $\boldsymbol{L}$ 的方向。

由定义式(3-27)可知，质点的角动量是由其动量及其相对于固定点的位矢共同决定的。同一运动质点，相对于不同的固定点，其角动量是不同的。因此，在分析质点运动的角动量时，必须指明其相对于哪一个固定点而言的。

例 3-9 地球绕太阳的运动可近似地看做匀速圆周运动，求地球对太阳中心的角动量。

解 已知地球到太阳中心的距离为 $r=1.5\times10^{11}$ m，地球公转的速度为 $v=3.0\times10^{4}$ m/s，地球质量为 $m=6.0\times10^{24}$ kg，代入式(3-28)可得

$$L=mrv=6.0\times10^{24}\times1.5\times10^{11}\times3.0\times10^{4}(\mathrm{kg\cdot m^2/s})$$
$$=2.7\times10^{40}(\mathrm{kg\cdot m^2/s})$$

类比于质点动量定理，式(3-27)对时间的变化率为

$$\frac{\mathrm{d}\boldsymbol{L}}{\mathrm{d}t}=\frac{\mathrm{d}}{\mathrm{d}t}(\boldsymbol{r}\times\boldsymbol{p})=\frac{\mathrm{d}\boldsymbol{r}}{\mathrm{d}t}\times\boldsymbol{p}+\boldsymbol{r}\times\frac{\mathrm{d}\boldsymbol{p}}{\mathrm{d}t} \tag{3-29}$$

因为 $\boldsymbol{v}=\frac{\mathrm{d}\boldsymbol{r}}{\mathrm{d}t}$，而 $\boldsymbol{p}=m\boldsymbol{v}$，所以

$$\frac{\mathrm{d}\boldsymbol{r}}{\mathrm{d}t}\times\boldsymbol{p}=\boldsymbol{0}$$

又依据牛顿第二定律，可知

$$\frac{\mathrm{d}\boldsymbol{L}}{\mathrm{d}t}=\boldsymbol{r}\times\boldsymbol{F} \tag{3-30}$$

上式等号右侧叉积称为质点所受合外力对固定点的力矩，用 $\boldsymbol{M}$ 表示，

$$\boldsymbol{M}=\boldsymbol{r}\times\boldsymbol{F} \tag{3-31}$$

联立式(3-30)和(3-31)，得

$$\frac{\mathrm{d}\boldsymbol{L}}{\mathrm{d}t}=\boldsymbol{M} \tag{3-32}$$

这就是质点的角动量定理，即质点所受合外力的力矩等于它的角动量对时间的变化率。

大家在高中已经学习了力矩的概念，即力 $\boldsymbol{F}$ 对一个支点 O 的力矩的大小等于此力与力臂 d 的乘积。力臂指从支点到力的作用线(或作用线的延长线)的垂直距离，如图 3-12 所示。因此，力矩的大小写为

$$M=Fd=Fr\sin\theta \tag{3-33}$$

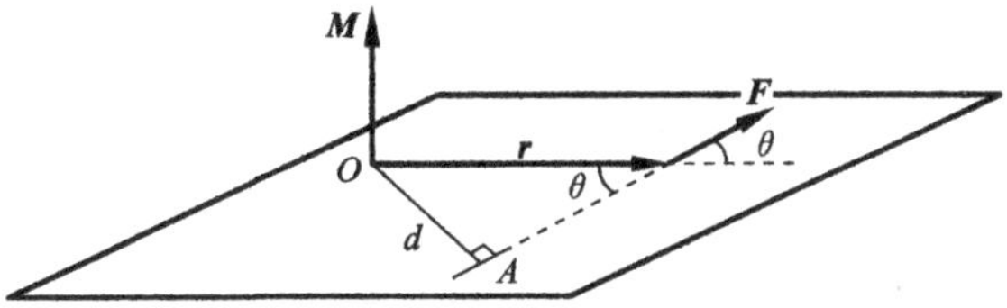

图 3-12 力矩的定义

例 3-10 证明关于行星运动的开普勒第二定律:行星对太阳的矢径在相等的时间内扫过相等的面积。

证明 行星在太阳引力作用下沿着椭圆轨道运行。引力的方向始终与行星对于太阳矢径方向的反方向,所以行星受到的引力对太阳的力矩为零。依据角动量守恒定律可知,行星在运行过程中,对太阳的角动量保持不变。

由于角动量 $\boldsymbol{L}$ 的方向不变,依据角动量定义可知,矢径 $\boldsymbol{r}$ 和速度 $\boldsymbol{v}$ 所决定的平面方位不变。即行星总是在一个平面内运动,它的轨迹是一个平面轨道,而角动量 $\boldsymbol{L}$ 垂直于这个平面轨道。

角动量 $\boldsymbol{L}$ 的大小为

$$L=mrv\sin\alpha=mr\left|\frac{\mathrm{d}r}{\mathrm{d}t}\right|\sin\alpha=m\lim_{\Delta t\to 0}\frac{r|\Delta r|\sin\alpha}{\Delta t}$$

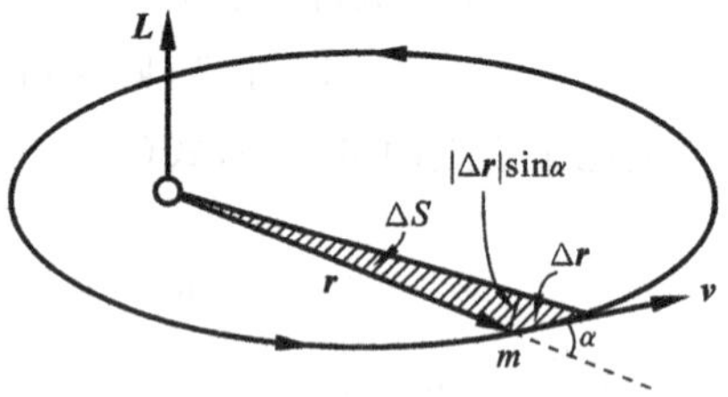

图 3-13 行星运行示意图

由图 3-13 可知,乘积 $r|\Delta r|\sin\alpha$ 等于阴影三角形的面积 ΔS 的两倍,则上式可写为

$$L=2m\lim_{\Delta t\to 0}\frac{\Delta S}{\Delta t}=2m\frac{\mathrm{d}S}{\mathrm{d}t}$$

此时,$\frac{\mathrm{d}S}{\mathrm{d}t}$表示行星相对于太阳的矢径在单位时间内扫过的面积,称之为行星运行的掠面速度。

行星运动的角动量守恒表明了这一掠面速度的不变性。由此,证明开普勒第二定律。

在分析了一个质点的角动量定理后,我们分析含有 $N(N>1)$个质点的质点系的情况。其对固定点的角动量定义为各个质点对给定固定点的角动量的矢量和,即

$$\boldsymbol{L}=\sum_{i=1}^{n}\boldsymbol{L}_i=\sum_{i=1}^{n}\boldsymbol{r}_i\times\boldsymbol{p}_i \tag{3-34}$$

其中,$\boldsymbol{L}_i$ 为第 i 个质点的角动量。

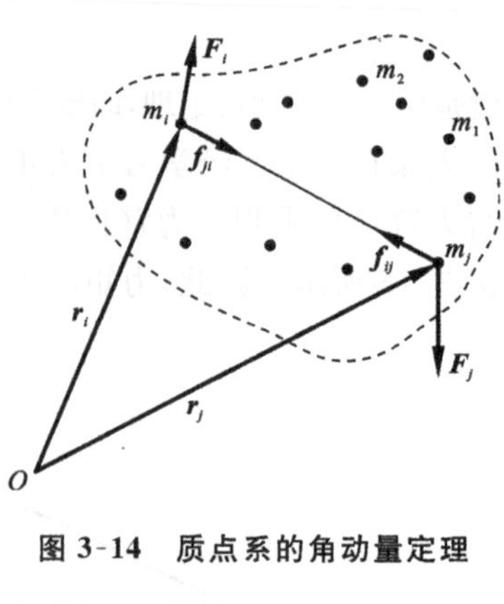

图 3-14 质点系的角动量定理

对质点系中第 i 个质点应用角动量定理,可得

$$\frac{\mathrm{d}\boldsymbol{L}_i}{\mathrm{d}t}=\boldsymbol{r}_i\times\left(\boldsymbol{F}_i+\sum_{j=1}^{n}\boldsymbol{f}_{ji}\right) \tag{3-35}$$

其中,$\boldsymbol{F}_i$ 为第 i 个质点所受的质点系外物体的作用力(外力),$\boldsymbol{f}_{ji}$ 为质点 i 受质点系内第 j 个质点的作用力(内力),如图 3-14 所示。

将式(3-35)分别应用到质点系中的所有质点,可得

$$\frac{\mathrm{d}\boldsymbol{L}}{\mathrm{d}t}=\frac{\mathrm{d}\sum_{i=1}^{n}\boldsymbol{L}_i}{\mathrm{d}t}=\sum_{i=1}^{n}\boldsymbol{r}_i\times\boldsymbol{F}_i+\sum_{i=1}^{n}\sum_{j=1,j\neq 1}^{n}\boldsymbol{r}_i\times\boldsymbol{f}_{ji} \tag{3-36}$$

其中，式(3-36)右边第一项是质点系所受的合外力矩，第二项是质点系内质点间相互作用的内力的合力矩。利用牛顿第三定律，可知

$$\sum_{i=1}^{n}\sum_{j=1,j\neq i}^{n}\boldsymbol{r}_i\times\boldsymbol{f}_{ji}=\boldsymbol{0} \tag{3-37}$$

因此，式(3-36)可写为

$$\frac{\mathrm{d}\boldsymbol{L}}{\mathrm{d}t}=\frac{\mathrm{d}\sum_{i=1}^{n}\boldsymbol{L}_i}{\mathrm{d}t}=\sum_{i=1}^{n}\boldsymbol{r}_i\times\boldsymbol{F}_i=\boldsymbol{M} \tag{3-38}$$

上式就是**质点系的角动量定理**，它表述为：一个质点系所受的合外力矩等于该质点系的角动量对时间的变化率。它和质点的角动量定理具有相同的形式。

若 $M=0$，则 $\frac{\mathrm{d}L}{\mathrm{d}t}=0$，因此

$$L=\text{常量} \tag{3-39}$$

这就是质点(质点系)的角动量守恒定律，它表述为：若一个质点(质点系)相对于某一固定点的合外力矩为零，则该质点(质点系)相对于该固定点的角动量将不随时间发生变化。

例 3-11 英国著名物理学家卢瑟福等人用 α 粒子轰击金箔实验时发现入射粒子散射偏转角很大，甚至超过 90°。据此，卢瑟福于 1911 年提出了原子核式结构模型，也称为原子结构的行星模型，该实验也被评为“物理最美实验”之一。已知 α 粒子的质量为 m，以速度 v_0 接近电荷为 Z_e 的重原子核时，瞄准距离为 b，如图 3-15 所示，求 α 粒子最接近原子核距离为 d 时的速率。设原子核质量比 α 粒子大很多，可近似看作静止。

解 α 粒子受静电力作用始终指向原子核中心，α 粒子在水平面内运动，如图3-15所示。设 z 轴垂直于 α 粒子运动平面，垂足为原子核中心，则 α 粒子所受静电力对 z 轴的力矩为零，即对 z 轴的角动量守恒。

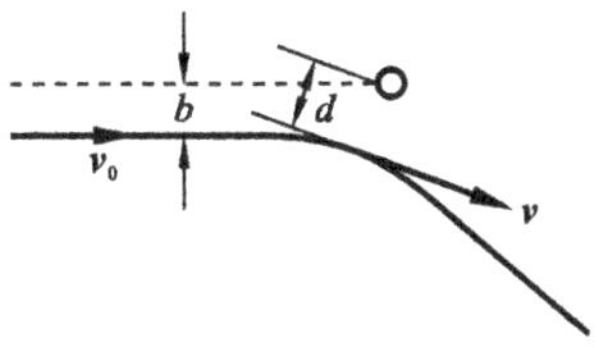

图 3-15 α 粒子散射

α 粒子以速度运动，对 z 轴的角动量大小为

$$L=rmv_0\sin\gamma=bmv_0$$

α 粒子最接近原子核(距离为 d)时，既无继续向原子核运动的速度，也没有远离原子核的速度，此时的速度 v 应与 α 粒子到原子核的连线垂直，角动量为

$$L'=dmv$$

依据角动量守恒定律，可得

$$v=\frac{bv_0}{d}$$

思 考 题

3-1 一人用力 $\boldsymbol{F}$ 推地上的木箱，经历时间 Δt 未能推动木箱，此推力的冲量等于多少？木箱既然受了力 $\boldsymbol{F}$ 的冲量，为什么它的动量没有改变？

3-2 两个大小相同、质量相等的小球，一个是弹性球，一个是非弹性球。它们从同一高度下落与地面碰撞后，为什么弹性球弹跳的高度高于非弹性球？地面对它们的冲量相等吗？

3-3 试阐述为什么质点系中的内力不能改变质点系的总动量。

3-4 动量守恒条件是系统所受的合外力为零，为什么不能说合外力的冲量为零呢？如果系统所受的合外力的冲量为零，其动量守恒吗？

3-5 一质点绕一定点在水平面内做匀速圆周运动，其动量、角动量守恒吗？

3-6 人造地球卫星绕地球中心做椭圆轨道运动，若不计空气阻力和其他星球的作用，在卫星运行过程中，卫星的动量和它对地心的角动量都守恒吗？为什么？

3-7 人从大船上容易跳上岸，而从小船上不容易跳上岸，为什么？

3-8 杂技表演中，胸口碎大石的物理原理是什么？

3-9 我国东汉学者王充在《论衡》中记载"奡、育、古之多力者，身能负荷千钧，手能决角伸钩，使之自举，不能离地"。说大力士自己不能把自己举离地面，这种说法正确吗？为什么？

3-10 一个 α 粒子飞过一金原子核而被散射，金核基本上不动，如图 3-15 所示。在这一过程中，对于金核中心而言，α 粒子的角动量守恒吗？为什么？系统的动量守恒吗？为什么？

习 题

3-1 一个质量 $m=140$ g 的垒球以 $v=40$ m/s 的速率沿水平方向飞向击球手，被击后它以相同速率且 $\theta=60°$ 的仰角飞出。设棒与球接触时间 $\Delta t=1.2$ ms，求棒对垒球的平均打击力。

3-2 一个具有 $\frac{1}{4}$ 光滑圆弧轨道的滑块，总质量为 M，放在光滑水平面上静止，现有一质量为 m，速度为 v_0 的小球，从轨道下端水平射入，如图 3-16 所示。求：(1) 若小球上升的高度刚好达到滑块顶端 A，则其具备的最小入射速度是多少？(2) 小球下降后离开滑块时的速度。

3-3 一炮弹发射后在其运行轨道上的最高点 $h=19.6$ m 处炸裂成质量相等的两块，其中一块在爆炸后 1 秒钟落到爆炸点正下方的地面上。设此处与发射点的距离 $s_1=1000$ m，问另一块落地点与发射地点间的距离是多少？（空气阻力不计，$g=9.8\ \mathrm{m/s^2}$。）

3-4 如图 3-17 所示，质量 $M=1.5$ kg 的物体，用一根长 $l=1.25$ m 的细绳悬挂在天花板上。今有一质量 $m=10$ g 的子弹以 $v_0=500$ m/s 的水平速度射穿物体，刚穿出物体时子弹的速度大小 $v=30$ m/s。设穿透时间极短，求：(1) 子弹刚穿出时绳中张力的大小；(2) 子弹在穿透过程中所受的冲量。

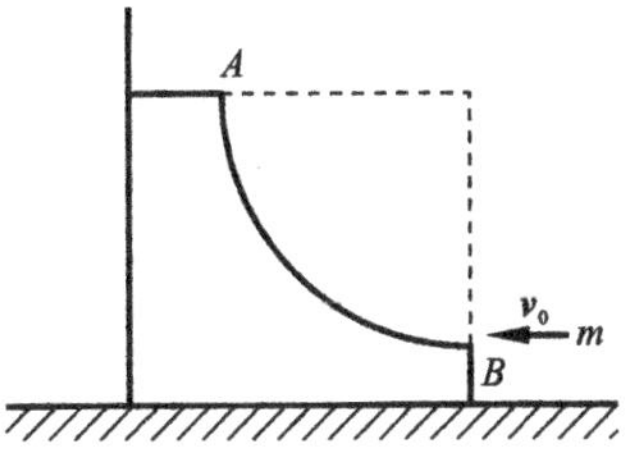

图 3-16　习题 3-2 图

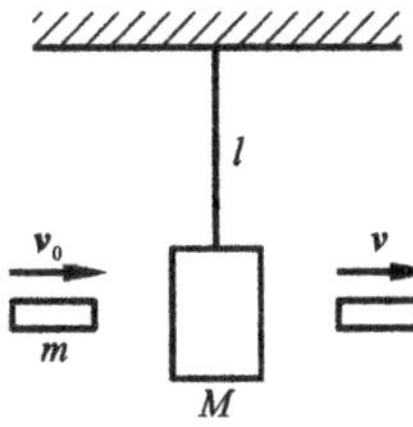

图 3-17　习题 3-4 图

3-5　在一次 α 粒子散射过程中，α 粒子（质量为 m）和静止的氧原子核（质量为 M）相“碰撞”。实验测出碰撞后 α 粒子沿与入射方向成 θ 的方向运动，而氧原子核沿与 α 粒子成 β 的方向反冲，如图 3-18 所示。求 α 粒子碰撞后与碰撞前的速率之比。

3-6　根据玻尔假设，氢原子内电子绕核运动的角动量只可能是 $\frac{h}{2\pi}$ 的整数倍，其中 $h=6.63\times 10^{-34}\ \mathrm{kg\cdot m^2/s}$ 为普朗克常数。已知电子圆形轨道的最小半径为 $r=0.529\times10^{-10}$ m，求此轨道上电子运动的频率。

3-7　证明：一不受外力作用的质点运动时，其相对于任一固定点的角动量矢量保持不变。

3-8　如图 3-19 所示，质量分别为 m_1 和 m_2 的两个小球固定在一长为 L 的轻质硬杆的两端，杆的中点有一固定轴可使其在水平面内自由转动，杆原来静止。另一质量为 m_3 的橡皮球以水平速度 v_0 垂直于杆的方向与 m_2 发生碰撞，并粘在一起。设 $m_1=m_2=m_3$，求碰撞后杆转动的角速度。

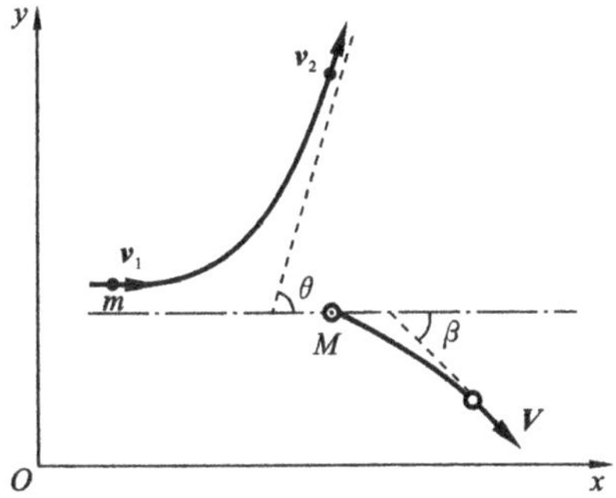

图 3-18　习题 3-5 图

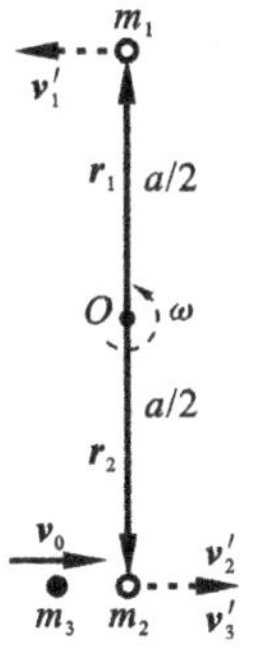

图 3-19　习题 3-8 图

3-9　哈雷彗星绕太阳运动的轨道是一个椭圆。它离太阳最近的距离是 r_1，此时它的速度为 v_1，当它离太阳最远时的速度为 v_2，此时它离太阳最远的距离是多少？

3-10　一炮弹以速率 v_0 沿仰角 θ 的方向发射出去后，在轨道的最高点爆炸为质量相同的两块，一块沿 45°的仰角向上飞行，一块沿 45°的俯角下冲，求爆炸瞬间两块碎片的速率各为多少？

第 4 章 功 和 能

上一章，分析了力在时间上的累积效果，得到了动量定理和动量守恒定律，以及角动量定理和角动量守恒定律。本章，将讨论力在空间的累积效果，分析功与能的关系，并提及能量的概念和能量守恒定律。能量是物理学中最为重要的物理概念之一，正如费曼所言“那是一个最为抽象的概念”。

4.1 力 做 功

关于恒力做功，在中学物理中已经学习过，这里，对恒力做功进行概要复习。

设质点在如图 4-1 所示的恒力 $\boldsymbol{F}$ 作用下沿着直线发生了一段位移 $\Delta\boldsymbol{r}$，其中恒力与位移的夹角为 θ。在质点产生这段位移的过程中，**把力对物体所做的功定义为力在位移方向上的分量与位移大小的乘积**，即

$$A = F\cos\theta|\Delta\boldsymbol{r}| \tag{4-1}$$

写成矢量表达式为

$$A = \boldsymbol{F}\cdot\Delta\boldsymbol{r} \tag{4-2}$$

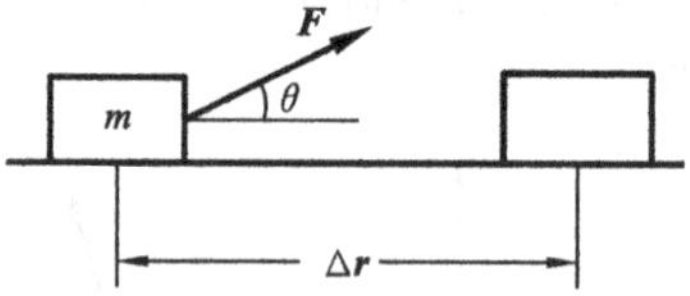

图 4-1 恒力的功

式(4-2)表明，功是力与在该力作用下物体发生位移的点积(标量积)。

功是标量，没有方向，但是有正负。依据式(4-1)，可知功的正负与力和力作用下位移之间的夹角有关。当 $0\leqslant\theta<\pi/2$ 时，$A>0$，力 $\boldsymbol{F}$ 对物体做正功；当 $\pi/2<\theta\leqslant\pi$ 时，$A<0$，力 $\boldsymbol{F}$ 对物体做负功，或物体克服该力做功；当 $\theta=\pi/2$ 时，$A=0$，力 $\boldsymbol{F}$ 对物体不做功。

但是，通常碰到的物体的受力情况是比较复杂的，也可能不都是恒力。那么，对于一个变力做功又当如何分析呢？

科学研究的方法之一便是利用已知探讨未知，进而推动科学的发展和人类对自然界的深入认识。

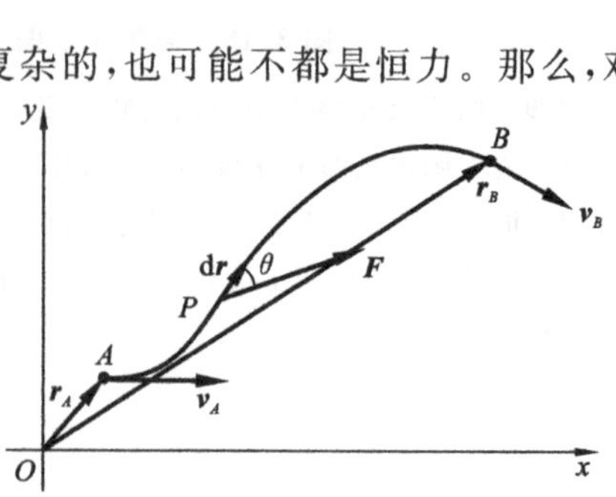

图 4-2 变力的功

在变力作用下，质点运动的轨迹往往是一条曲线，曲线上各点的曲率半径也不尽相同，如图 4-2 所示。质点在变力 $\boldsymbol{F}$ 作用下沿

图示的轨迹从 A 点运动到 B 点。在曲线上不同的点，力的大小和方向，及其与位移方向的夹角都是不同的。为了计算功，将这一质点运动轨迹进行无限小切分，这便是微分思想。例如，在轨迹上任意 P 点发生一无限小的元位移 $\mathrm{d}\boldsymbol{r}$。由于 $\mathrm{d}\boldsymbol{r}\to\boldsymbol{0}$，在这一元位移内，曲线可近似看作直线处理，且力的变化微乎其微而近似看作恒力处理。因此，由式(4-2)可知，在元位移中，力做的功(元功)为

$$\mathrm{d}A=\boldsymbol{F}\cdot\mathrm{d}\boldsymbol{r}=F\cos\theta|\mathrm{d}\boldsymbol{r}|=F_{\mathrm{t}}|\mathrm{d}\boldsymbol{r}| \tag{4-3}$$

式中，θ 为变力 $\boldsymbol{F}$ 与在 P 点发生的位移 $\mathrm{d}\boldsymbol{r}$ 之间的夹角，而 $F_{\mathrm{t}}=F\cos\theta$ 为力 $\boldsymbol{F}$ 在元位移方向上的分力，也是力 $\boldsymbol{F}$ 在 P 点沿着轨迹的切线方向上的分力。

质点沿路径 L 从 A 点运动到 B 点，力 $\boldsymbol{F}$ 做的总功等于力在各个元位移上所做元功的代数和，即

$$A_{ab}=\int_{(A)}^{(B)}\mathrm{d}A=\int_{r_A}^{r_B}\boldsymbol{F}\cdot\mathrm{d}\boldsymbol{r} \tag{4-4}$$

这便是力做功的积分公式，其中 $\boldsymbol{r}_A$ 和 $\boldsymbol{r}_B$ 分别为质点在 A 点和 B 点的位矢。

在直角坐标系中，式(4-4)可写为

$$A_{ab}=\int_{(a)}^{(b)}(F_x\mathrm{d}x+F_y\mathrm{d}y+F_z\mathrm{d}z) \tag{4-5}$$

如何衡量一个力的做功快慢呢？引入功率的概念，并定义为单位时间内力 $\boldsymbol{F}$ 对物体所做的功。设力 $\boldsymbol{F}$ 在时间 $\mathrm{d}t$ 内所做的功为 $\mathrm{d}A$，则其功率为

$$P=\frac{\mathrm{d}A}{\mathrm{d}t} \tag{4-6}$$

上式是瞬时功率的表达式。

联立式(4-3)和(4-6)，可得

$$P=\boldsymbol{F}\cdot\frac{\mathrm{d}\boldsymbol{r}}{\mathrm{d}t}=\boldsymbol{F}\cdot\boldsymbol{v} \tag{4-7}$$

由式(4-7)可知，当力的方向与物体运动的速度方向垂直时，这个力对物体是不做功的。在国际单位制中，功率的单位为瓦(特)(W)。

如果在一段有限长时间 Δt 内，可用平均功率的概念来表示力做功的功率，即

$$\bar{P}=\frac{\Delta A}{\Delta t} \tag{4-8}$$

例 4-1 重力做功。一滑雪运动员质量为 m，沿滑雪轨道从 a 点滑到 b 点的过程中，求重力做功。

解 如图 4-3 所示，运动员下降过程中，重力对他做的功为

$$A_{ab}=\int_{(a)}^{(b)}\mathrm{d}A=\int_{(a)}^{(b)}m\boldsymbol{g}\cdot\mathrm{d}\boldsymbol{r}$$

写出其标量式为

$$A_{ab} = \int_{(a)}^{(b)} m\boldsymbol{g} \cdot \mathrm{d}\boldsymbol{r} = \int_{(a)}^{(b)} mg \mid \mathrm{d}\boldsymbol{r} \mid \cos\theta$$

其中，θ 为滑雪运动员重力与其元位移的夹角，$\mathrm{d}y = |\mathrm{d}\boldsymbol{r}|\cos\theta$ 为位移在竖直方向上的变量，因此，

$$A_{ab} = -\int_{(a)}^{(b)} mg\,\mathrm{d}y = mgh_a - mgh_b$$

$$= mgh$$

此式表示重力做功只与物体运动的始末位置有关，与物体实际运行的路程（轨迹）无关。

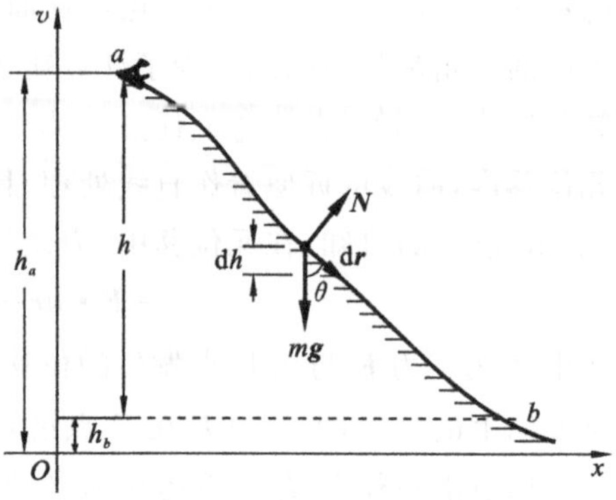

图 4-3　滑雪示意图

例 4-2　弹簧弹力做功。有一轻质弹簧水平放置在桌面上，一端固定，另一端系一质量为 m 的小球，如图 4-4 所示。求弹簧的伸长量从 x_1 到 x_2 的过程中，弹簧弹力对小球做的功。设弹簧的劲度系数为 k。

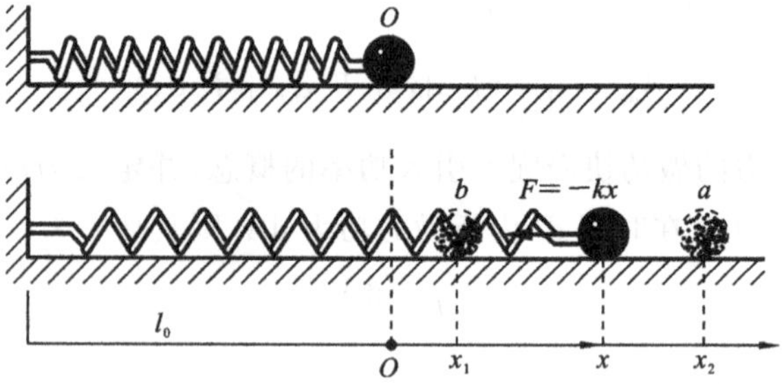

图 4-4　弹性力的功

解　如图 4-4 所示的建立坐标系，弹簧所在方向为 x 轴，坐标原点设在弹簧原长处。依据胡克定律，则

$$f(x) = -kx$$

由变力做功定义，可知

$$A = -\int_{x_1}^{x_2} kx\,\mathrm{d}x = \frac{1}{2}kx_1^2 - \frac{1}{2}kx_2^2$$

由上式可知，若 $x_1 > x_2$，则弹力对小球做正功；若 $x_1 < x_2$，则弹力对小球做负功。同时，弹簧弹力做功只与弹簧的始末位置有关，与伸长量变化的中间过程无关。

例 4-3　摩擦力做功。马拉雪橇在水平雪地上沿某一弯曲道路行走，如图 4-5 所示。已知雪橇的重量为 500 kg，它与地面的滑动摩擦力系数为 $\mu_k = 0.12$，求马拉雪橇行进 2 km 的过程中，路面摩擦力对雪橇所做的功。

解　设雪橇在任一元位移 $\mathrm{d}\boldsymbol{r}$ 的过程中，其所受的滑动摩擦力均为

$$f = \mu_k N = \mu_k mg$$

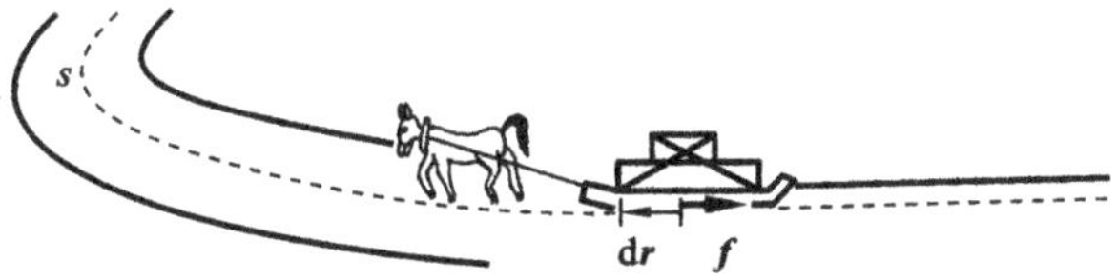

图 4-5　马拉雪橇在雪地上行进

滑动摩擦力的方向总是与位移 d$\boldsymbol{r}$ 的方向相反，因此，相应的元功为

$$dA = \boldsymbol{f} \cdot d\boldsymbol{r} = -\mu_k mg ds$$

这里，$|d\boldsymbol{r}| = ds$。

雪橇从 a 点运动到 b 点的过程中，摩擦力对其做的功为

$$A = \int_{(a)}^{(b)} dA = -\mu_k mg \int_{(a)}^{(b)} ds$$

上式等号右边的积分依赖于雪橇实际行走的轨迹，即行走的路程。也就是说，摩擦力做功不仅与其起始位置有关，还与物体实际运动的轨迹（路程）有关。

将题设中的数据代入，可得

$$A = -\mu_k mg \int_{(a)}^{(b)} ds = -0.12 \times 500 \times 9.8 \times 2000\ (\text{J}) = -1.176 \times 10^6 (\text{J})$$

上式中负号表示摩擦力做负功。

4.2　势　　能

通过上节三个力做功的例子，可以看到：重力做功和弹簧弹力做功只取决于做功过程的始末位置，而与其实际过程无关。**这种做功只与路程始末位置有关，与路径无关的力称为保守力。**因此，重力和弹簧的弹力都是保守力，万有引力和静电力也是保守力，而摩擦力则是非保守力。因为摩擦力做功依赖于物体运动的轨迹。

对于保守力做功，当其始末位置重合时，即在保守力作用下，物体沿闭合路径运动一周又回到出发点时，保守力做功为零。

保守力做功只取决于物体的始末位置。因此，引入一个与位置有关的物理量来描述物体在保守力作用下的做功情况，这就是势能，用 E_p 表示。从其定义可以知道：

(1) 只有保守力才能引入势能的概念，而且规定保守力做正功时，系统的势能减少，即 $A_{ab} = \Delta E_p = E_{pa} - E_{pb}$。

(2) 不同的保守力对应不同类型的势能，势能与位置的函数关系也不同。重力做功所对应的势能叫重力势能，弹簧弹力做功所对应的势能称为弹性势能。

(3) 势能是系统共有的，是系统内物体之间相互作用在空间累积的效果。因此，势能是系统内保守力决定的。例如，在研究物体在地球表面附近运动时，常把物体和地球作为一个系统，物体的重力也就是该系统的内力，其又是保守力，所以重力势能

是由系统内保守力决定的。同样，对于轻弹簧与其相连的小球所组成的系统中，弹簧弹性力是系统内力，同时也是保守力。

(4) 势能具有相对性，但是两位置间势能差却是恒定的。因此，在讨论保守力的势能时，必须选定其势能零点所在的位置，这样才能依据与势能零点所在处的位置间的势能差来确定空间某处的势能。当然，势能零点所在位置选取不同，空间各点的势能也就不同，但不同位置间的势能之差恒定。例如，以地面为重力势能零点，当物体距地面高度为 h 时，其重力势能定义为

$$E_p=mgh \tag{4-9}$$

对于轻弹簧和物体组成的系统，若选取弹簧原长处(即无形变)为弹性势能零点，则当弹簧伸长量为 x 时，系统的弹性势能为

$$E_p=\frac{1}{2}kx^2 \tag{4-10}$$

(5) 系统的势能与参考系的选取无关。

为了更形象地描述势能与位置的函数关系，我们常常画出势能曲线。构建一坐标系，其横坐标为物体离势能零点所在处的位置(x)，纵坐标为所对应的势能。依据式(4-9)和(4-10)，我们可以画出重力势能和弹性势能的势能曲线，如图 4-6(a)、(b)所示。

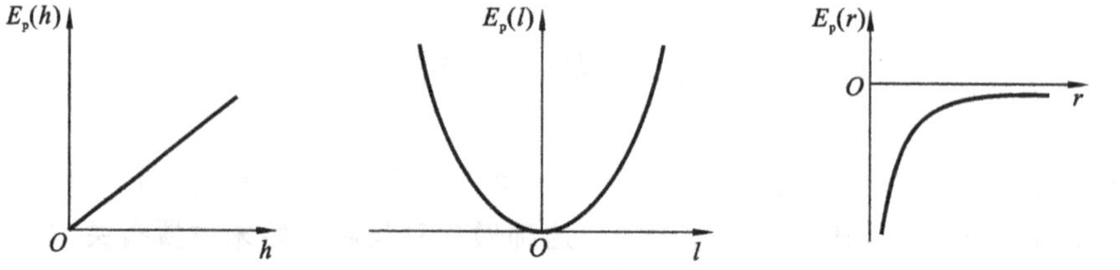

(a) 重力势能曲线　　(b) 弹性势能曲线　　(c) 万有引力势能曲线

图 4-6　势能曲线

引入势能定义后，例 4-1 和例 4-2 的结论可写成统一形式，即

$$A=E_{pa}-E_{pb}=\Delta E_p \tag{4-11}$$

式(4-11)表明：系统内保守力做功等于相应的势能的增量的负值。保守力做正功，系统的势能减小；反之保守力做负功，系统的势能增加。

例 4-4　试证明万有引力是保守力。

证明　根据万有引力定律可知，质量分别为 m_1 和 m_2 的两个质点相距为 r 时，其相互引力大小为

$$f=G\frac{m_1m_2}{r^2}$$

方向沿着两个质点的连线方向，如图 4-7 所示。

以质点 m_1 所在处为坐标原点，当质点 m_2 沿任一路径从 a 点运动到 b 点时，引力所做的功为

$$A=\int_{(a)}^{(b)}\boldsymbol{f}\cdot\mathrm{d}\boldsymbol{r}=\int_{(a)}^{(b)}\frac{Gm_1m_2}{\boldsymbol{r}^2}\mid\mathrm{d}\boldsymbol{r}\mid\cos\theta$$

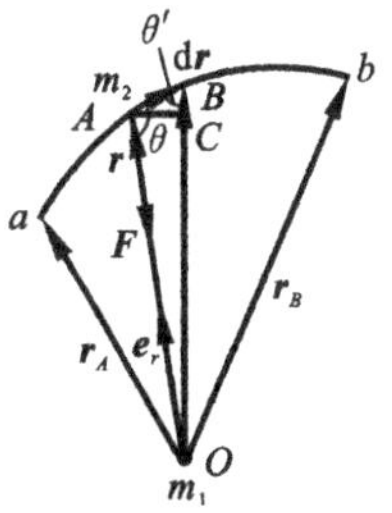

图 4-7　万有引力做的功

利用微元思想，质点在某时刻运动到轨迹上的 A 处，经过非常微小的时间，其发生了一个小的位移而运动到 B 点。因为位移非常小，A 点和 B 点的位矢近似看作平行，以坐标原点为圆心，以 OA 为半径画圆弧与 OB 交于 C 点，则位矢大小变化为 $BC=\mathrm{d}r$；又因 $\angle AOB$ 非常小，趋于零，在等腰 $\triangle AOC$ 中，可知 $AC\perp BC$，因此

$$|\mathrm{d}\boldsymbol{r}|\cos\theta=-|\mathrm{d}\boldsymbol{r}|\cos\theta'=-\mathrm{d}r$$

联立以上两式可得

$$A=-\int_{(a)}^{(b)}\frac{Gm_1m_2}{r^2}\mathrm{d}r=\frac{Gm_1m_2}{r_b}-\frac{Gm_1m_2}{r_a}$$

上式表明：万有引力做功只与物体运动的始末位置有关，而与其路程无关。依据保守力定义可知，万有引力是保守力。因此，可以引入势能的概念。通过比较上式，定义两质点相距为 r 时的引力势能公式为

$$E_\mathrm{p}=-\frac{Gm_1m_2}{r}$$

依据上式，我们可以画出引力势能函数曲线图（见图 4-6(c)），从图中，我们可以看到，当 $r\to\infty$ 时，

$$E_\mathrm{p}=0$$

可知，引力势能的零点位置为两质点相距为无穷远时。引力势能公式中的负号表示：当两个物体从无穷远处的零势能点相互靠近时，引力总是做负功。

重力势能是引力势能的特例。一地球附近的物体 m 距离地心的距离为 $(R+h)$，地球的质量为 M_e，半径为 R，则由万有引力做功公式可知

$$E_{\mathrm{p}1}-E_{\mathrm{pe}}=\frac{GMm}{R}-\frac{GMm}{R+h}\tag{4-12}$$

规定地球表面处的势能为零，则

$$E_{\mathrm{pe}}=0$$

因此，

$$E_{\mathrm{p}1}=\frac{GMm}{R}-\frac{GMm}{R+h}=\frac{GMmh}{R(R+h)}\tag{4-13}$$

当 $h\ll R$ 时，

$$R(R+h)\approx R^2\tag{4-14}$$

将式(4-14)代入式(4-13)可得

$$E_{\mathrm{p}1}=\frac{GMmh}{R^2}\tag{4-15}$$

在地面附近，重力加速度为

$$g=\frac{GM}{R^2} \tag{4-16}$$

将式(4-16)代入式(4-15)得

$$E_{p1}=mgh$$

例 4-5 把质量共计 $m=1.00\times10^4$ kg 的登月舱从地面先发射到地球同步轨道站，再由同步轨道站装配起来发射到月球表面。已知同步轨道半径 $r_1=4.20\times10^7$ m，地心到月心的距离 $r_2=3.90\times10^8$ m，地球半径 $R_e=6.37\times10^6$ m，地球质量 $m_e=5.97\times10^{24}$ kg，月球半径 $R_m=1.74\times10^6$ m，月球质量 $m_m=7.35\times10^{22}$ kg。假设同步定点位置正好处于月地连心线上，如图 4-8 所示。试求：(1) 只考虑地球引力，在上述两步发射中火箭推力各应做多少功？(2) 考虑地球和月球的引力，上述两步中应做的功是多少？

解 (1) 从地面到同步轨道推力的功

$$W_1=\left(-\frac{Gm_em}{r_1}\right)-\left(-\frac{Gm_em}{R_e}\right)=5.30\times10^{11}\,(\text{J})$$

从同步轨道到月球表面推力的功

$$W_2=\left(-\frac{Gm_em}{r_2-R_m}\right)-\left(-\frac{Gm_em}{r_1}\right)=8.44\times10^{10}\,(\text{J})$$

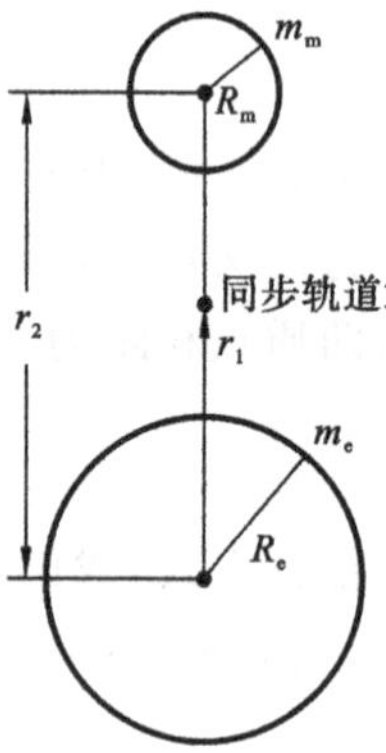

图 4-8 例 4-5 图

(2) 若同时考虑地球和月球对登月舱的引力，此时登月舱的引力势能应等于它在地球引力场中的势能与在月球引力场中的势能之和。登月舱在地面上的引力势能

$$E_{p0}=\left(-\frac{Gm_em}{R_e}\right)+\left(-\frac{Gm_mm}{r_2-R_e}\right)=-6.20\times10^{11}\,(\text{J})$$

登月舱在同步轨道上的引力势能

$$E_{p1}=\left(-\frac{Gm_em}{r_1}\right)+\left(-\frac{Gm_mm}{r_2-r_1}\right)=-9.48\times10^{10}\,(\text{J})$$

登月舱在月球表面上的势能

$$E_{p2}=\left(-\frac{Gm_em}{r_2-R_m}\right)+\left(-\frac{Gm_mm}{R_m}\right)=-3.83\times10^{10}\,(\text{J})$$

故

$$W_1=E_{p1}-E_{p0}=5.25\times10^{11}\,(\text{J})$$

$$W_2=E_{p2}-E_{p1}=5.65\times10^{10}\,(\text{J})$$

4.3 动能定理

设一质量为 m 的质点在力 F 作用下从 a 点运动到 b 点过程中，质点的速度从 $\boldsymbol{v}_a$ 变化到 $\boldsymbol{v}_b$。我们讨论力 F 在这一过程中的做功对物体运动状态的影响。

联立牛顿第二定律和力做功公式(4-3)，可知

$$dA = \boldsymbol{F} \cdot d\boldsymbol{r} = F_t |d\boldsymbol{r}| = ma_t |d\boldsymbol{r}| \tag{4-17}$$

其中
$$a_t = \frac{dv}{dt}, \quad |d\boldsymbol{r}| = v dt$$

因此，
$$dA = ma_t |d\boldsymbol{r}| = m \frac{dv}{dt} v dt = mv dv = d\left(\frac{1}{2}mv^2\right) \tag{4-18}$$

对上式积分，

$$\int_{(a)}^{(b)} dA = \int_{v_a}^{v_b} d\left(\frac{1}{2}mv^2\right) \tag{4-19}$$

求解得
$$A_{ab} = \frac{1}{2}mv_b^2 - \frac{1}{2}mv_a^2 \tag{4-20}$$

这里，我们定义动能的概念，即

$$E_k = \frac{1}{2}mv^2 \tag{4-21}$$

因此，式(4-20)可写为

$$A_{ab} = E_{kb} - E_{ka} \tag{4-22}$$

上式中，E_{kb}，E_{ka}分别为质点运动到 a 点和 b 点所具有的动能。

式(4-22)表明：合外力对质点做功的实际效果是改变质点运动的动能，在数值上等于质点动能的增量。这就是**质点的动能定理**。

动能定理是牛顿运动定律的直接推论，它提供了对物体机械运动分析的另一个思路。在分析问题时可以直接从功能关系出发，而不再详细地分析其运动的实际过程。

动能定理把功和能的概念联系起来。当外力对物体做正功时，物体的动能增加；当外力对物体做负功，即物体克服外力做功时，物体的动能减少。能量是物体具有的做功本领，功是物体能量变化的量度。

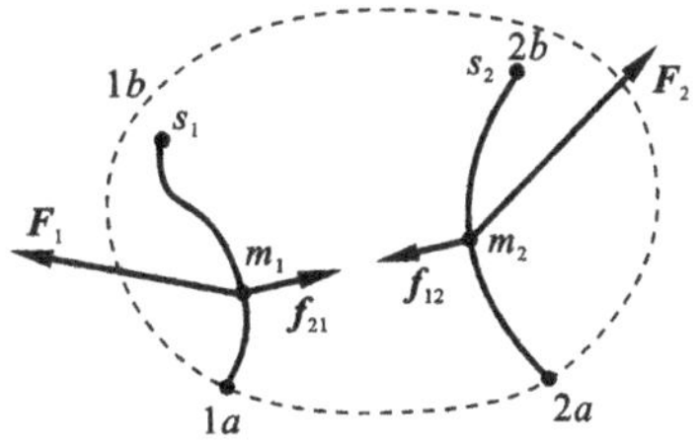

图 4-9　系统的外力和内力

接下来，我们讨论由两个质点组成的质点系的功能关系。如图 4-9 所示，质量分别为 m_1，m_2 的两个质点，在外力 $\boldsymbol{F}_1$，$\boldsymbol{F}_2$ 和内力 $\boldsymbol{f}_{21}$，$\boldsymbol{f}_{12}$ 作用下，速度分别从 $\boldsymbol{v}_{1a}$，$\boldsymbol{v}_{2a}$变到 $\boldsymbol{v}_{1b}$，$\boldsymbol{v}_{2b}$。其中，$\boldsymbol{f}_{21}$的下标表示质点 2 对质点 1 的作用力。

将质点的动能定理分别用于这两个质点，得

$$\int_{(a_1)}^{(b_1)} (\boldsymbol{F}_1 + \boldsymbol{f}_{21}) \cdot d\boldsymbol{r}_1 = \int_{(a_1)}^{(b_1)} \boldsymbol{F}_1 \cdot d\boldsymbol{r}_1 + \int_{(a_1)}^{(b_1)} \boldsymbol{f}_{21} \cdot d\boldsymbol{r}_1 = \frac{1}{2}m_1 v_{1b}^2 - \frac{1}{2}m_1 v_{1a}^2$$

和

$$\int_{(a_2)}^{(b_2)} (\boldsymbol{F}_2 + \boldsymbol{f}_{12}) \cdot d\boldsymbol{r}_2 = \int_{(a_2)}^{(b_2)} \boldsymbol{F}_2 \cdot d\boldsymbol{r}_2 + \int_{(a_2)}^{(b_2)} \boldsymbol{f}_{12} \cdot d\boldsymbol{r}_2 = \frac{1}{2}m_2 v_{2b}^2 - \frac{1}{2}m_2 v_{2a}^2$$

上两式相加得

$$\int_{(a_1)}^{(b_1)} \boldsymbol{F}_1 \cdot \mathrm{d}\boldsymbol{r}_1 + \int_{(a_2)}^{(b_2)} \boldsymbol{F}_2 \cdot \mathrm{d}\boldsymbol{r}_2 + \int_{(a_1)}^{(b_1)} \boldsymbol{f}_{21} \cdot \mathrm{d}\boldsymbol{r}_1 + \int_{(a_2)}^{(b_2)} \boldsymbol{f}_{12} \cdot \mathrm{d}\boldsymbol{r}_2$$

$$= \left(\frac{1}{2}m_1 v_{1b}^2 + \frac{1}{2}m_2 v_{2b}^2\right) - \left(\frac{1}{2}m_1 v_{1a}^2 + \frac{1}{2}m_2 v_{2a}^2\right) \tag{4-23}$$

式(4-23)中等式左侧前两项是质点系所受外力做的功之和,用 A_{ex} 表示;等式左侧后两项是质点系内力做的功之和,用 A_{in} 表示;等号右侧是质点系总动能的增量,写为 $\Delta E_{\mathrm{k}} = E_{\mathrm{k}b} - E_{\mathrm{k}a}$。因此,

$$A_{\mathrm{ex}} + A_{\mathrm{in}} = E_{\mathrm{k}b} - E_{\mathrm{k}a} = \Delta E_{\mathrm{k}} \tag{4-24}$$

上式可推广到有多个质点组成的质点系,即所有外力和内力对质点系做的功之和等于质点系总动能的增量。这就是**质点系的动能定理**。

在理解动能定理时,需要注意的是,系统内力做功之和不一定为零,可以改变系统的动能,例如,炮弹爆炸后,弹片四处飞散,他们的动能显然比爆炸前增加了,这是爆炸内力做功的结果。内力在空间上的累积效果是可以改变系统的总动能的,但是内力在时间上的累积效果是无法改变系统的总动量的。希望同学们正确区分系统内力在时间和空间上累积效果的区别。

例 4-6 一个质量为 m 的珠子系在线的一端,线的另一端绑在墙上的钉子上,线长为 l。先拉动珠子使线保持水平静止,然后松手使珠子下落。求线下摆至 θ 角时这个珠子的速率和线的张力。

解 如图 4-10 所示,珠子从 A 落到 B 的过程中,合外力($\boldsymbol{T} + m\boldsymbol{g}$)对它做的功为(注意 $\boldsymbol{T}$ 总垂直于 $\mathrm{d}\boldsymbol{r}$)

$$A_{AB} = \int_{(A)}^{(B)} (\boldsymbol{T} + m\boldsymbol{g}) \cdot \mathrm{d}\boldsymbol{r} = \int_{(A)}^{(B)} m\boldsymbol{g} \cdot \mathrm{d}\boldsymbol{r} = \int_{(A)}^{(B)} mg\,|\mathrm{d}\boldsymbol{r}|\cos\alpha$$

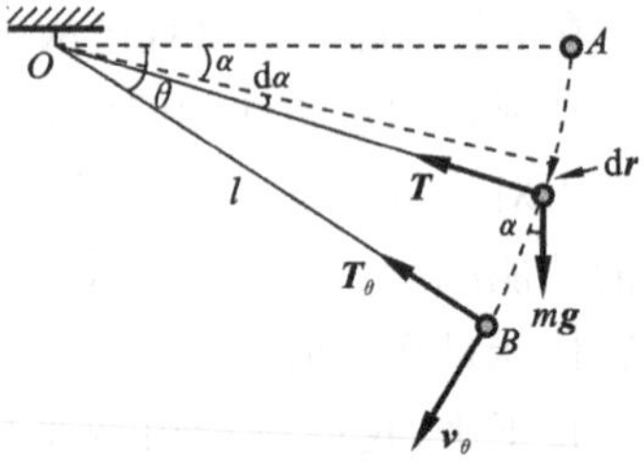

图 4-10 例 4-6 图

由于 $|\mathrm{d}\boldsymbol{r}| = l\mathrm{d}\alpha$,所以

$$A_{AB} = \int_0^{\theta} mg\cos\alpha l\,\mathrm{d}\alpha = mgl\sin\theta$$

对珠子,用动能定理,由于 $v_A = 0, v_B = v_\theta$,得

$$mgl\sin\theta = \frac{1}{2}mv_\theta^2$$

由此得

$$v_\theta = \sqrt{2gl\sin\theta}$$

4.4 机械能守恒定律

上节讨论了质点系的动能定理，即

$$A_{ex}+A_{in}=E_{kb}-E_{ka}=\Delta E_k \tag{4-25}$$

内力中可能既有保守力又有非保守力。因此，内力做功可分为保守力做功 $A_{in,const}$ 和非保守力 $A_{in,non\text{-}const}$ 做功。

于是，式(4-25)可写为

$$A_{ex}+A_{in,const}+A_{in,non\text{-}const}=E_{kb}-E_{ka} \tag{4-26}$$

由势能定义，可知

$$A_{in,const}=E_{pb}-E_{pa} \tag{4-27}$$

联立式(4-26)和式(4-27)，可得

$$A_{ex}+A_{in,non\text{-}const}=(E_{kb}+E_{pb})-(E_{pa}+E_{ka}) \tag{4-28}$$

定义：系统的机械能等于系统的动能与势能之和，用 E 表示，即

$$E=E_k+E_p \tag{4-29}$$

因此，式(4-28)写为

$$A_{ex}+A_{in,non\text{-}const}=E_b-E_a \tag{4-30}$$

上式表明：质点系在运动过程中，它所受的外力和内力非保守力做的功的总和等于系统机械能的增量。这就是质点系的功能原理。

例 4-7 伯努利(D. Bernoulli)方程是流体力学的基本定律，它描述了理想流体(不可压缩的没有粘性的流体)在管道中作稳定流动时，流体中某点的压强 p，流速 v 和高度 h 之间的关系，即

$$\frac{p}{\rho g}+\frac{v^2}{2g}+h=\text{常量}$$

其中，ρ 是流体的密度，g 是重力加速度。试用功能原理证明之。

证明 如图 4-11 所示，管道中有一段流体的运动，在 t 时刻，这段流体在 a_1a_2 位置，经过极短的时间 Δt 后，这段流体运动到 b_1b_2 位置。

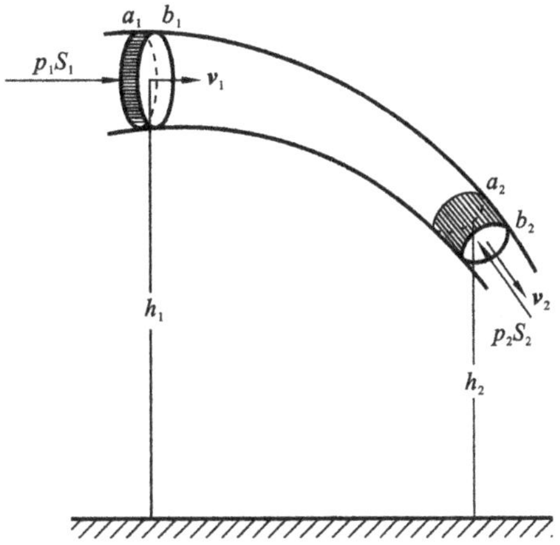

图 4-11 管道中流体的运动

首先，计算外力对这段流体所做的功。不考虑流体粘性及管壁对流体的摩擦力。那么，管壁对这段流体的作用力垂直于它流动的方向，因而不对流体做功。所以，这段流体在流动过程中，除了重力外，只有这段

流体前后流体对其的作用力。这段流体后面的流体推动其前进，因而做正功；前面的流体阻碍其前进，因而做负功。

在极短时间内，a_1b_1 和 a_2b_2 是两段极短的位移。在每段极短位移中，压强 p、横截面积 S 和流速 v 都看作不变。设 p_1，S_1，v_1 和 p_2，S_2，v_2 分别是 a_1b_1 和 a_2b_2 处流体的压强、截面积和流速。后面流体的作用力为 p_1S_1，位移为 $v_1\Delta t$，做正功；而前段流体作用力为 p_2S_2，位移为 $v_2\Delta t$，做负功。因此，外力的总功是

$$A=(p_1S_1v_1-p_2S_2v_2)\Delta t$$

因流体具有不可压缩性，所以，$S_1v_1\Delta t=S_2v_2\Delta t=\Delta v$，则

$$A=(p_1-p_2)\Delta v$$

其次，计算这段流体在流动中的能量变化。对于稳定流体而言，在 b_1a_2 段流体的能量是不变的。就能量变化而言，可以看作是原先在 a_1b_1 处的流体，在 Δt 时间内移动到 a_2b_2 处，因此，

$$\begin{aligned}E_2-E_1&=\left(\frac{1}{2}mv_2^2+mgh_2\right)-\left(\frac{1}{2}mv_1^2+mgh_1\right)\\&=\rho\Delta v\left[\left(\frac{1}{2}v_2^2+gh_2\right)-\left(\frac{1}{2}v_1^2+gh_1\right)\right]\end{aligned}$$

依功能原理可得

$$(p_1-p_2)\Delta v=\rho\Delta v\left[\left(\frac{1}{2}v_2^2+gh_2\right)-\left(\frac{1}{2}v_1^2+gh_1\right)\right]$$

整理得

$$p_1+\frac{1}{2}\rho v_1^2+\rho gh_1=p_2+\frac{1}{2}\rho v_2^2+\rho gh_2=\text{常量}$$

这就是伯努利方程。它表明在同一管道中任何一点处，流体每单位体积的动能和势能以及该处压强之间的关系。在工程上，常写成

$$\frac{p}{\rho g}+\frac{v^2}{2g}+h=\text{常量}$$

其中$\frac{p}{\rho g}$、$\frac{v^2}{2g}$、h 都相当于长度，分别称为压力头、速度头、水头。对作稳定流动的理想流体，用伯努利方程对确定流体内部压力和流速有重要的实际意义，在水利、造船、航空等工程中有广泛的应用。

如果质点系只有保守内力做功，外力和非保守内力不做功或做功之和为零，即

$$A_{ex}+A_{in,non\text{-}const}=0 \tag{4-31}$$

根据功能原理，得

$$E_b-E_a=0 \tag{4-32}$$

这就是系统的机械能守恒定律。它表明：对于只有保守力做功的系统（称为保守系统），系统的机械能是一恒量。在系统机械能守恒的前提下，其动能和势能是可以

相互转化的，系统各部分之间的能量也是可以相互转移的，但他们的总和保持不变。

例 4-8 质点 M 与弹簧（劲度系数为 k）原来处于静止，另一质点 m 从比 M 高 h 处自由落下，如图 4-12 所示，m 与 M 做完全非弹性碰撞，求弹簧对地面的最大压力是多少？

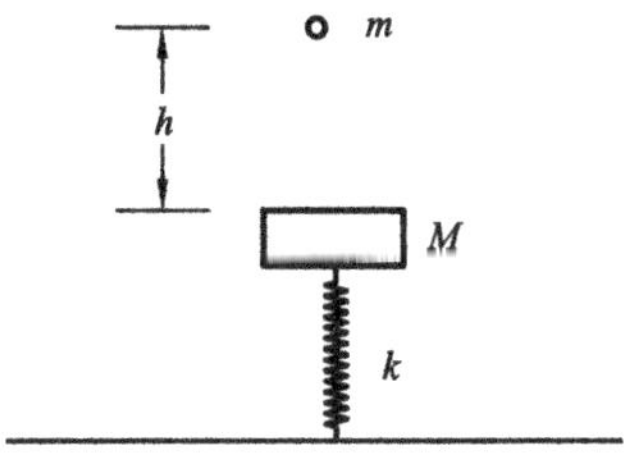

图 4-12 例 4-8 图

解 静止时，设弹簧被压缩 x_0，有

$$kx_0=Mg,\quad 即\quad x_0=\frac{M}{k}g$$

m 与 M 发生碰撞前的速度 $v=\sqrt{2gh}$，m 与 M 发生完全非弹性的碰撞动量守恒，有

$$mv=(M+m)u$$

$$u=\frac{mv}{M+m}=\frac{m}{M+m}\sqrt{2gh}$$

碰撞后，M，m 及地球组成的系统机械能守恒，设弹簧再次被压缩的最大长度为 x_1，则有

$$\frac{1}{2}(M+m)u^2+\frac{1}{2}kx_0^2=\frac{1}{2}k(x_0+x_1)^2-(M+m)gx_1$$

则

$$x_1=\frac{mg}{k}\left(1+\sqrt{1+\frac{2kh}{(M+m)g}}\right)$$

弹簧被压缩总量为 x_0+x_1，所以弹簧对地面的最大压力

$$N=k(x+x_0)=(M+m)g+mg\sqrt{1+\frac{2kh}{(M+m)g}}$$

例 4-9 水星绕太阳运行轨道的近日点到太阳的距离为 $r_1=4.59\times10^7$ km，远日点到太阳的距离为 $r_2=6.98\times10^7$ km。求水星越过近日点和远日点时的速率 v_1 和 v_2。

解 分别以 M 和 m 表示太阳和水星的质量，由于在近日点和远日点处水星的速度方向与它对太阳的径矢方向垂直，所以它对太阳的角动量分别为 mr_1v_1 和 mr_2v_2。由角动量守恒可得

$$mr_1v_1=mr_2v_2$$

又由机械能守恒定律可得

$$\frac{1}{2}mv_1^2-\frac{GMm}{r_1}=\frac{1}{2}mv_2^2-\frac{GMm}{r_2}$$

联立解上面两个方程可得

$$\begin{aligned}v_1&=\left[2GM\frac{r_2}{r_1(r_1+r_2)}\right]^{1/2}\\&=\left[2\times6.67\times10^{-11}\times1.99\times10^{30}\times\frac{6.98}{4.59\times(4.59+6.98)\times10^{10}}\right]^{1/2}\\&=5.91\times10^4(\text{m/s})\end{aligned}$$

$$v_2=v_1\frac{r_1}{r_2}=5.91\times10^4\times\frac{4.59}{6.98}=3.88\times10^4(\mathrm{m/s})$$

在非完全弹性碰撞中，损失的能量可以计算为

$$E_{\mathrm{Loss}}=\frac{1}{2}mv^2-\frac{1}{2}(M+m)u^2=\frac{1}{2}\frac{Mmv^2}{M+m}>0$$

损失的能量并没有消失，而是转化为其他能量了。例如转化为物体的内能。在粒子物理实验中，利用粒子的碰撞实验来研究粒子的行为和规律。

碰撞泛指强烈而短暂的相互作用过程，如撞击、锻压、爆炸、投掷、喷射等都可以视为广义的碰撞。作用时间短暂是碰撞的特征。若将发生碰撞的所有物体看做一个系统，由于作用时间短暂，外力的冲量一般可以忽略不计，因此动量守恒是一般碰撞过程的共同特点。物体在碰撞过程中常常会发生形变，并伴随着能量转化。按照物体是否发生形变和能量转化的特征，碰撞大体可以分为三类。

① 完全弹性碰撞。碰撞过程中物体之间的作用力是弹性力，碰撞完成之后物体的形变完全恢复，没有能量的损耗，也没有机械能向其他形式的能量的转化，即系统机械能守恒。又由于碰撞前后没有弹性势能的改变，机械能守恒在这里表现为系统碰撞前后的总动能不变。完全弹性碰撞是一种理想情况，如两个弹性较好的物体的相撞、理想气体分子的碰撞等可以近似按完全弹性碰撞处理。

② 非完全弹性碰撞。大量的实际碰撞过程属于这一类。碰撞之后物体的一部分形变不能完全恢复，同时伴随有部分机械能向其他形式的能量如热能的转化，系统的机械能不守恒。工厂中，气锤锻打工件就是典型的非完全弹性碰撞。

③ 完全非弹性碰撞。碰撞之后物体的形变完全得不到恢复，常常表现为各个参与碰撞的物体在碰撞后合并在一起以同一速度运动。例如，黏性的泥团溅落到车轮上与车轮一起运动、子弹射入木块并嵌入其中等都是典型的完全非弹性碰撞。完全非弹性碰撞过程中系统的机械能也不守恒。

碰撞在微观世界里也是极为常见的现象。分子、原子、粒子的碰撞是极频繁的，正负电子对的湮没、原子核的衰变等都是广义的碰撞过程。科研工作者还常常人为地制造一些碰撞过程，如用 X 射线或者高速运动的电子射入原子，观察原子的激发、电离等现象；用 γ 射线或者高能中子轰击原子核，诱发原子核的裂变或衰变等等。研究微观粒子的碰撞是研究物质微观结构的重要手段之一，在著名的康普顿散射实验中，将 X 射线与电子的相互作用过程处理为碰撞过程，证明了动量守恒定律在微观领域中也是成立的，从而将动量守恒定律从宏观领域推广到微观领域。

对于一个孤立系统而言，如果有非保守力做功，系统的机械能是不守恒的。例如炮弹爆炸时，碎片的机械能增加；而汽车碰撞时机械能要减少。但是可以推广到更广泛的物理现象中，例如热现象、电磁现象、化学反应等，提出了内能、电磁能和化学能等。大量实验表明：一个孤立系统在经历从一个状态变化到另一个状态过程中，系统

的所有能量的总和是不变的，能量既不会凭空产生也不会凭空消失，它只会从一种形式变化为另一种形式或从系统内一个物体转移到另一个物体。这就是普遍的能量守恒定律。它是自然界的一条普通的最基本的定律，机械能守恒定律是它的一个特例。

能量的概念是物理学中最重要的概念之一。在物质世界中，能量是能够跨越运动形式而作为物质运动度量的物理量。

4.5 对称性与守恒律

在现代物理学中，对称性是一个十分重要的概念。前面章节中已经学习了对称性的问题。当然，现代物理学中的对称性比力学中谈到的对称性已大有发展。

无论是艺术还是科学，对称性都体现了重要的地位。对称性的概念源于生活，如在艺术和建筑领域。对称一般指左右对称，即镜面对称。大自然界中也处处显出对称表现，如植物的叶子、美丽的花瓣、动物的形体、雪花的对称以及晶体的微观结构等。

德国数学家维尔用严谨的概念描述对称性，即若某图形通过镜面反射又回到自己，则该图形对该镜面是反射对称的。又谈到，若某一图形绕轴做任何转动均能回到自身，则该图形具有轴对称性。例如，圆和球就具有轴对称性。又如，在晶体点阵中，每个格点上都有一个原子，所有原子都相同，d 为相邻原子距离。将该晶体平移 d 或其整数倍，则晶体又回到自己。该晶体点阵具有平移对称性，也称为平移不变性。反射、旋转和平移都是对图形的某种“操作”。于是，图形的对称性也就是图形相对于某种操作的对称性或不变性。

若将对称性应用于物理学中，研究对象就不仅仅涉及图形，还延伸到物理量和物理定律中。时空坐标的变换以及尺寸的放大和缩小都称为“操作”。例如，质点的加速度这一物理量对伽利略变换“操作”具有不变性，称为加速度对伽利略变换“操作”具有对称性。进一步，牛顿第二定律对伽利略变换“操作”也具有对称性。动量和质点系的动量关于伽利略变换“操作”不具有对称性，但动量守恒定律对于伽利略变换“操作”具有对称性。

20 世纪初，人们开始认识对称性和守恒律的关系。爱因斯坦在狭义相对论中将时空对称性的相对性原理从力学推广到全部物理学，在广义相对论中利用对称性研究引力。

1981 年德国数学家尼约特(A. E. Noether，1882—1935)发表了著名的关于对称性和守恒律的定理，即从每一个自然界的对称性可得到一种守恒律，以及每一种守恒律均揭示蕴含其中的一种对称性。接下来，分别以力学中学到的动量守恒定律、角动量守恒定律和机械能守恒定律来分析某种“操作”的对称性。

首先，分析机械能空间平移对称性与动量守恒定律。为了简单起见，讨论两个质点组成的质点系在只受保守力作用下沿 x 轴运动，其动量分别为 p_{1x} 和 p_{1x}，相应的位置坐标分别为 x_1 和 x_2。将坐标系进行平移“操作”，移动 δx，相当于整个指点系沿相反方向平移了 δx。机械能是动能和势能之和。动能是速度的函数，与坐标的平移无关，即动能相对于坐标系的平移“操作”具有不变性。要使得机械能关于空间平移不变性，就要求势能相对于坐标系的平移“操作”具有不变性，而势能是位置的函数，则要求

$$\delta E_p=\frac{\partial E_p}{\partial x_1}\delta x+\frac{\partial E_p}{\partial x_2}\delta x=\left(\frac{\partial E_p}{\partial x_1}+\frac{\partial E_p}{\partial x_2}\right)\delta x=0$$

因 δx 可取任意值，则

$$\frac{\partial E_p}{\partial x_1}+\frac{\partial E_p}{\partial x_2}=0$$

定义两质点系中两质点所受的内部保守力分别为 F_{21x} 和 F_{12x}，依据势能定义，可得

$$\frac{\partial E_p}{\partial x_1}=-F_{21x},\quad \frac{\partial E_p}{\partial x_2}=-F_{12x}$$

又因 F_{21x} 和 F_{12x} 是一对作用力和反作用力，依据牛顿第三定律可得，

$$F_{21x}+F_{12x}=0$$

依据牛顿第二定律，可知力是动量变化率的量度，即

$$\frac{\mathrm{d}p_{1x}}{\mathrm{d}t}+\frac{\mathrm{d}p_{2x}}{\mathrm{d}t}=\frac{\mathrm{d}(p_{1x}+p_{2x})}{\mathrm{d}t}=0$$

所以，

$$p_{1x}+p_{2x}=\text{常量}$$

这便是动量守恒定律。于是系统机械能空间坐标系平移不变性导出了系统动量守恒定律。

其次，分析机械能空间坐标系转动对称性（也称为空间各向同性）与角动量守恒定理。构想这样一个简单的两相互作用质点组成的质点系：一质点 1 位于坐标原点且保持静止不动，另一质量为 m 的质点 2 处于运动状态且不受其他力的作用。在某时刻 t，空间坐标系逆时针旋转无穷小角位移 $\delta\theta$。由于整个系统的微小转动，质点 2 的位矢 $\boldsymbol{r}$ 和速度 $\boldsymbol{v}$ 都旋转了 $\delta\theta$，依据角量-线量关系，则位矢和速度获得的增量为

$$\delta\boldsymbol{r}=\delta\boldsymbol{\theta}\times\boldsymbol{r}$$

$$\delta\boldsymbol{v}=\delta\boldsymbol{\theta}\times\boldsymbol{v}$$

机械能对坐标系转动不变性就要求

$$\delta E=\delta\left(\frac{1}{2}m\boldsymbol{v}^2\right)+\delta(E_p)=m\boldsymbol{v}\cdot(\delta\boldsymbol{v})+\delta(E_p)=0$$

其中，

$$m\boldsymbol{v}\cdot(\delta\boldsymbol{v})=m\boldsymbol{v}\cdot(\delta\boldsymbol{\theta}\times\boldsymbol{v})\equiv 0$$

则，要求

$$\delta(E_p)=0$$

坐标系转动而势能不变，说明运动质点 2 受到有心力作用，势能仅仅是 r 的函数，即

$$E_p=E_p(r)$$

有心力对力心的力矩为零，则指点系的角动量守恒。

最后，分析机械能对时间平移"操作"对称性与机械能守恒定律。假设这样一个物理过程：一质点静止于坐标原点，另一质量为 m 的质点在 t 时刻运动到 x 处，速度为 v_x。两质点之间的相互作用力为保守力，该质点系具有势能。因此，系统的机械能包含动能和势能，动能是质点运动速度 v_x 的函数，而势能是空间位置 x 的函数。若机械能对时间平移"操作"不变性，说明势能不是时间 t 的显函数，即

$$\frac{\partial E}{\partial t}=0$$

这就要求

$$\frac{\mathrm{d}E}{\mathrm{d}t}=\frac{\mathrm{d}E_{\mathrm{k}}(v_x)}{\mathrm{d}v_x}\cdot\frac{\mathrm{d}v_x}{\mathrm{d}t}+\frac{\mathrm{d}E_{\mathrm{p}}(x)}{\mathrm{d}x}\cdot\frac{\mathrm{d}x}{\mathrm{d}t}=mv_xa_x-F_xv_x$$

依据牛顿第二定律，可知

$$\frac{\mathrm{d}E}{\mathrm{d}t}=mv_xa_x-F_xv_x=0$$

即

$$E=\text{常量}$$

系统机械能守恒。

以上三种对称性与守恒律的关系仅仅是在简单情况下的解释，但该结论可推广到多质点组成的质点系。然而，自然界中既有对称美，也有对称破缺美。艺术上，断臂维纳斯女神体现了人体的青春、美和内心蕴含的美德，无论以何种角度欣赏，都能发现某种统一而独特的美，这是古典主义的理想美，充满了无限的诗意和遐想。物理学中，杨振宁和李政道在 1956 年夏审查粒子相互作用的宇称守恒的实验根据时发现弱相互作用不服从宇称守恒，并在当年由吴健雄通过实验证实了他们的假设。宇称不守恒现象的发现在物理学史上具有重要的意义。通常，人们认为守恒定律是"绝对的"，例如动量守恒定律、角动量守恒定律和能量守恒定律，但此时也让人们认识到有些守恒定律是具有"局限性"的，只适用于某些过程，例如宇称守恒定律只适用于强相互作用和电磁相互作用引起的变化，在弱相互作用中不成立。"十全十美"只是理想，缺陷美和破缺美的存在、发现和欣赏美造就了美仑美奂的世界和色彩斑斓的人生。

思　考　题

4-1　一个物体可否具有机械能而无动量？

4-2　一个物体可否具有动量而无机械能？

4-3　保守力有什么特点？保守力和势能的关系是什么？

4-4　一物体可否只具有机械能而无动量？一物体是否只具有动量而无机械能？为什么？

4-5　一质点绕一定点在竖直平面内做圆周运动，其动能、机械能是否守恒？为什么？

4-6　为什么重力势能有正有负，弹性势能只有正值，而万有引力势能却只有负值？

4-7 质量为 m 的物体轻轻地挂在竖直悬挂的轻质弹簧的末端，在物体重力作用下，弹簧被拉长，当物体由 $y=0$ 达到 y_0 时，物体所受合力为零。有人认为，这时系统重力势能减少量 mgy_0，应与弹性势能增量 $\frac{1}{2}ky_0^2$ 相等，于是有 $y_0^2=\frac{2mg}{k}$，你看错在哪里？请改正。

4-8 一个物体的机械能与惯性参考系的选取有关吗？

4-9 河流在拐弯处的堤坝比平直处的堤坝要修得更加坚固，为什么？

习 题

4-1 如图 4-13 所示，长为 l，质量为 m 的匀质链条，置于桌面上，链条与桌面的摩擦系数为 μ，下垂端的长度为 a。在重力作用下，由静止开始下落，求链条完全滑离桌面时重力、摩擦力的功。

4-2 如图 4-14 所示，一木块 M 静止在光滑水平面上。一子弹 m 沿水平方向以速度 v 射入木块内一段距离 s' 而停在木块内。

(1) 在这一过程中子弹和木块的动能变化各是多少？子弹和木块间的摩擦力对子弹和木块各做了多少功？

(2) 证明子弹和木块的总机械能的增量等于一对摩擦力之一沿相对位移 s' 做的功。

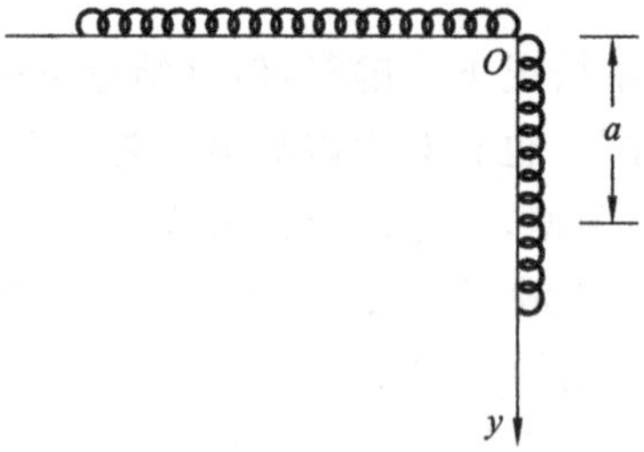

图 4-13　习题 4-1 图

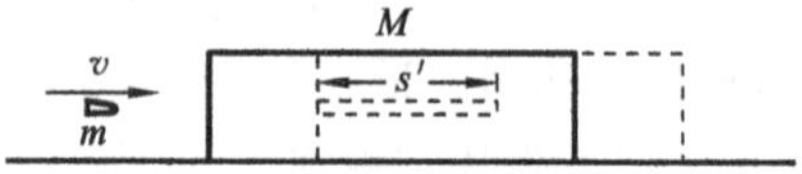

图 4-14　习题 4-2 图

4-3 如图 4-15 所示，A 和 B 两物体的质量 $m_A=m_B$，物体 B 与桌面间的滑动摩擦系数 $\mu_k=0.20$，滑轮摩擦不计。试求物体 A 自静止落下 $h=1.0$ m 时的速度。

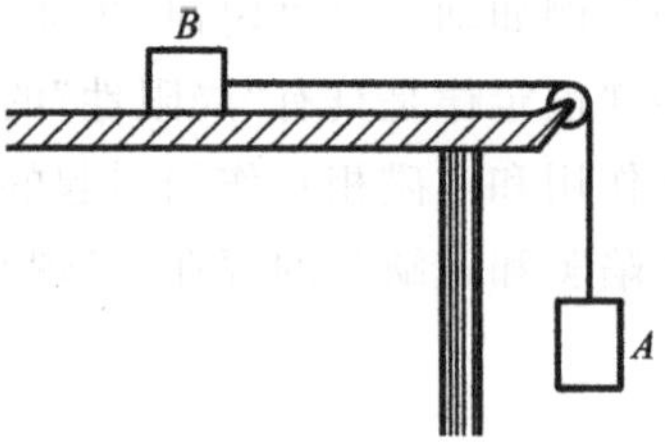

图 4-15　习题 4-3 图

4-4 一物体按规律 $x=ct^3$ 在介质中做直线运动，式中，c 为常量，t 为时间。设介质对物体的阻力正比于速度的平方，阻力系数为 k，试求物体由 $x=0$ 运动到 $x=l$ 时阻力所做的功。

4-5 一质量为 m 的质点在 Oxy 平面上运动，其位置矢量为 $\boldsymbol{r}=a\cos(\omega t)\boldsymbol{i}+b\sin(\omega t)\boldsymbol{j}$，式中，$a,b,\omega$ 是正值常数，且 $a>b$。求：

(1) 质点在点 $A(a,0)$ 时和点 $B(0,b)$ 时的动能。

(2) 质点所受的作用力 $\boldsymbol{F}$ 以及当质点从 A 点运动到 B 点的过程中的分力 F_x 和 F_y 分别做的功。

4-6 把一质量 $m=0.4$ kg 的物体，以初速度 $v_0=20$ m/s 竖直向上抛出，测得上升的最大高度 $H=16$ m，求空气对它的阻力 f（设为恒力）。

4-7 一质量为 m 的钢珠系在长为 l 的细线一端，细线的另一端固定在天花板上，如图 4-16 所示。先拉动钢珠使得细线水平静止，然后松手，求当细线下摆 θ 角时钢珠的速率。

4-8 如图 4-17，一辆实验小车可在光滑水平桌面上自由运动。车的质量为 M，车上装有长度为 L 的细杆(质量不计)，杆的一端可绕固定于车架上的光滑轴 O 在竖直面内摆动，杆的另一端固定一钢球，球质量为 m。把钢球托起使杆处于水平位置，这时车保持静止，然后放手，使球无初速地下摆。求当杆摆至竖直位置时，钢球及小车的运动速度。

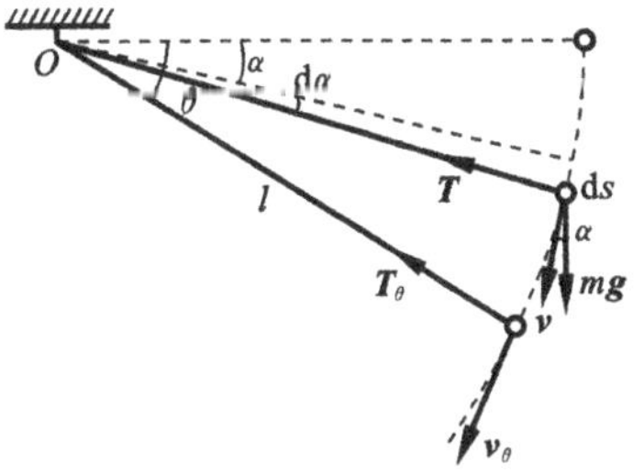

图 4-16　习题 4-7 **图**

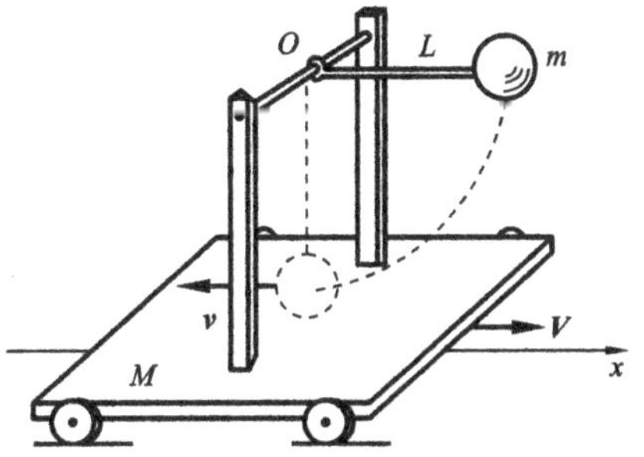

图 4-17　习题 4-8 **图**

4-9　弹弓效应。如图 4-18 所示，土星的质量为 5.67×10^{26} kg，以相对于太阳的轨道速率 9.6 km/s 运行；一空间探测器质量为 150 kg，以相对于太阳 10.4 km/s 的速率迎向土星飞行。由于土星的引力，探测器绕过土星沿和原来速度相反的方向离去。求它离开土星后的速度。

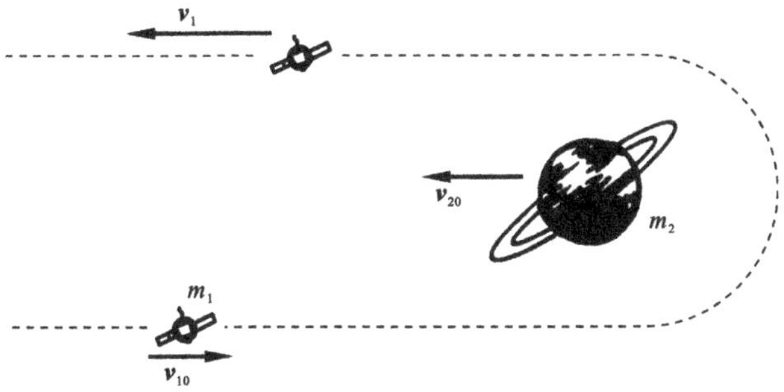

图 4-18　习题 4-9 **图**

4-10 一个星体的逃逸速度为光速时，即由于引力的作用光子也不能从该星体表面逃离，这时该星体就形成了一个“黑洞”。理论证明，对于这种情况，逃逸速度公式($v_e=\sqrt{2GM/R}$)仍然成立。试计算当太阳要成为黑洞时，它的半径应该是多大？质量密度是多大？(目前太阳半径为 $R=7\times10^8$ m)

第5章　刚体的定轴转动

前面4章，分析了质点和质点系的运动学及动力学规律。然而，在自然界和现实生活中，大多数物体的形状和大小对其运动的影响是重要而不能忽略的，如电机转子的转动、地球的自转以及建筑中塔吊的平衡等。此时，不能再利用质点这一物体模型来描述了，必须考虑物体的大小和形状对物体运动的影响，这就需要构建新的物体模型——刚体。本章将从刚体的概念出发，首先描述刚体的定轴转动，然后重点分析刚体定轴转动的动力学规律、功和能以及角动量定律，为进一步研究更复杂的机械运动奠定基础。

5.1　刚体模型及刚体定轴转动的描述

1. 刚体的概念

处于固态的物体，在外力的作用下都会发生大小和形状的变化。在物理学中，为了简化问题，将在外力作用下形状和大小变化不显著的物体抽象为刚体。**刚体，是一个理想的物质模型，在任何作用下形状和大小都不会发生变化。**也就是说，刚体中任意两个质点之间的距离在运动中始终保持不变。

和质点一样，刚体也是从实际中抽象出来的一个理想模型。因为实际的物体在外力作用下，或多或少总会发生形变，因此不存在严格意义下的刚体。比如，研究地球绕太阳公转时，可以把地球看作质点。因为地球的直径远小于地球和太阳之间的距离。但是，当我们研究地球自转对地面上物体运动的影响时，就需要用刚体模型。因此，物体能否看作刚体，必须具体情况具体分析。即对同一物体，根据研究问题的不同性质和要求，可能要采用不同的模型来分析物体运动的基本规律。

在刚体运动研究过程中，常常采用质点系的方法，即把刚体分割成许多可看作质点的微小部分，称之为质元。刚体被看作是这些质元组成的质点系。它与一般质点系不同之处是：刚体的任意两个质元间的距离是不会改变的。此时，可以把质点力学的基本规律应用到刚体上，从而寻找刚体运动的基本规律。

2. 刚体定轴转动的描述

刚体最基本的运动形式是**平动和转动**，其他形式的复杂运动都可以看成是这两种基本运动的叠加。

在刚体运动中，如果刚体上任意两点的连线的方向始终不发生改变，则这种运动称为刚体的平动，如图 5-1(a)所示。例如，电梯轿厢的运动，气缸中活塞的运动，车床上车刀的运动等。很显然，平动刚体上所有质点的位移都是相同的，并且任意时刻各质点的速度和加速度也是相同的。因此，仅做平动的刚体可以作为质点。

如果刚体上各质点都绕同一条直线做圆周运动，这种运动称为刚体的转动，这一直线称为转轴，如图 5-1(b)所示。例如，钟摆的摆动、地球的自转和机器上飞轮的转动等。如果转轴相对于所选的参考系固定，则称刚体绕固定轴转动，简称定轴转动。例如，房门的绕门轴的开和关。本章只讨论惯性系中刚体的定轴转动。

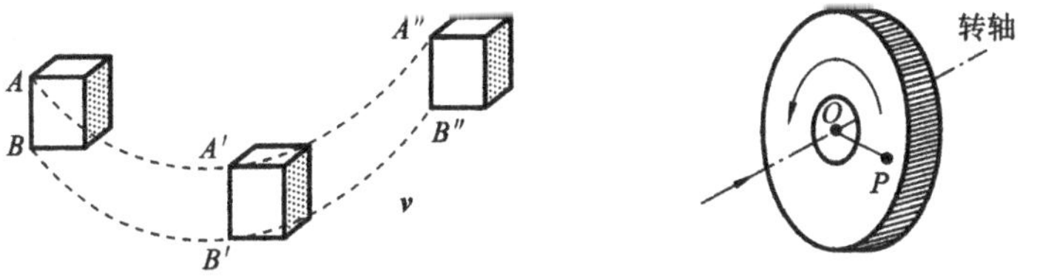

(a) 刚体的平动　　(b) 刚体的转动

图 5-1　刚体的平动和转动

如图 5-2 所示，刚体作定轴转动时具有如下特征：① 刚体上各质点都在垂直于固定转轴的某个平面内做圆周运动；② 刚体上各质点到转轴的半径在相同时间内转过的角度相同，虽然它们运动的轨迹不同。也就是说，所有质点都具有相同的角位移、角速度和角加速度，因而可以利用角量来描述刚体的转动。

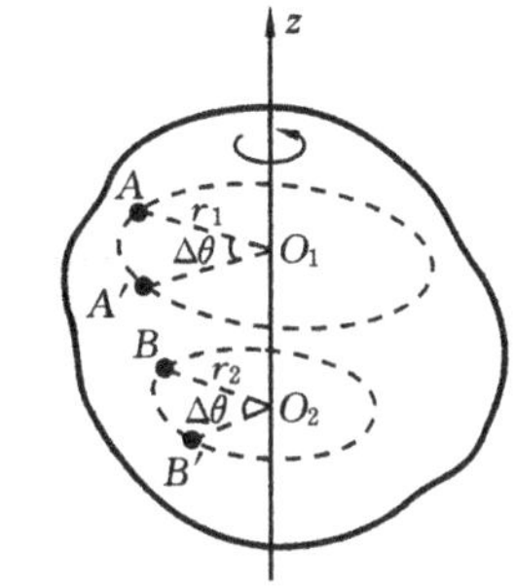

图 5-2　刚体定轴转动的角量描述

在质点运动学中我们讨论过的角位移、角速度和角加速度等概念和相关公式，尤其是角量-线量关系，同样适用于刚体的定轴转动。如果用 $d\theta$ 表示刚体在 dt 时间内转过的角位移，那么刚体的角速度为

$$\omega=\frac{d\theta}{dt} \tag{5-1}$$

其中，ω 的方向由右手螺旋法则确定，如图 5-3 所示。在刚体定轴转动中，ω 的方向总是沿着转轴的，因此只要规定了 ω 的正负，就可以对其进行标量计算。

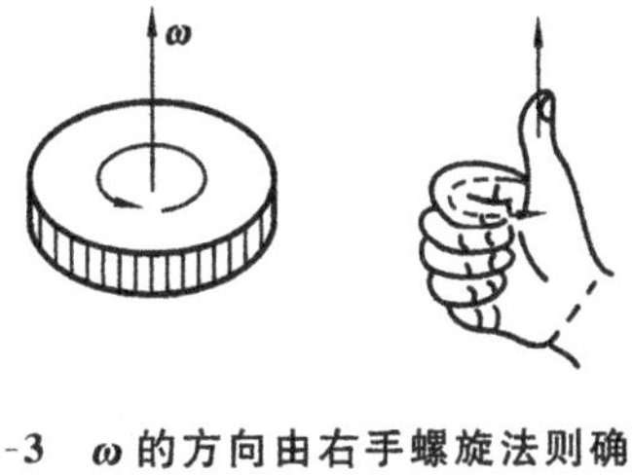

图 5-3　$\boldsymbol{\omega}$ 的方向由右手螺旋法则确定

另外，刚体定轴转动的角加速度为

$$\alpha=\frac{d\omega}{dt}=\frac{d^2\theta}{dt^2} \tag{5-2}$$

依据角量-线量关系，一到转轴垂直距离为 r 的质元的线速度和角速度关系为

$$v=r\omega \tag{5-3}$$

切向加速度和法向加速度与角加速度和角速度的关系分别为

$$a_t=r\alpha \tag{5-4}$$

$$a_n=r\omega^2 \tag{5-5}$$

通过类比分析可知:刚体绕定轴做匀速转动和匀变速转动时,其运动学方程的角量描述与质点做匀速直线运动和匀变速直线运动的运动学方程完全相似,如表1-1所示。

例5-1 一飞轮在时间 t 内转过角度 $\theta=at+bt^3-ct^4$,式中 a、b、c 都是常量。求它的角加速度。

解 飞轮上某点的角位置可用 θ 表示为 $\theta=at+bt^3-ct^4$,将此式对 t 求导数,即得飞轮角速度的表达式为

$$\omega=\frac{\mathrm{d}}{\mathrm{d}t}(at+bt^3-ct^4)=a+3bt^2-4ct^3$$

角加速度是角速度对 t 的导数,因此得

$$\alpha=\frac{\mathrm{d}\omega}{\mathrm{d}t}=\frac{\mathrm{d}}{\mathrm{d}t}(a+3bt^2-4ct^3)=6bt-12ct^2$$

由此可见,飞轮做的是变加速转动。

5.2 刚体定轴转动的动力学规律

上一节分析了刚体定轴转动的描述及其运动学规律,本节将研究刚体定轴转动的动力学规律。结合质点动力学分析以及经验可知,刚体定轴转动运动状态的变化离不开力矩的作用。

1. 力矩

实验发现,刚体定轴转动运动状态的改变不仅与力的方向和大小有关,还与力的作用点有关。例如,在对绕门轴转动的门的不同地方施加不同大小和方向的作用力时,使门转动的难易程度就不同。力矩充分考虑了力的三要素对刚体定轴转动的影响。

设一刚体绕 z 轴转动,在与 z 轴垂直的平面(称之为转动平面)内,有一外力 $\boldsymbol{F}$ 作用在刚体上,如图5-4(a)所示,O 点为 z 轴与力 $\boldsymbol{F}$ 所在平面的交点,力 $\boldsymbol{F}$ 对转轴 z 的力矩 $\boldsymbol{M}$ 定义为:力 $\boldsymbol{F}$ 的大小与 O 点到 $\boldsymbol{F}$ 的作用线的垂直距离 d(力臂)的乘积,即

$$M=Fd=Fr\sin\varphi \tag{5-6}$$

式中,r 为力 $\boldsymbol{F}$ 作用点 P 到转动点 O 的径矢 $\boldsymbol{r}$ 的大小,φ 为 $\boldsymbol{r}$ 与力 $\boldsymbol{F}$ 之间的夹角(小于180°)。当 $\varphi=0$ 或 $\varphi=180°$ 时,$\boldsymbol{M}=\boldsymbol{0}$,表示此时力的作用线或其延长线通过转轴,不会引起刚体定轴转动状态的变化。

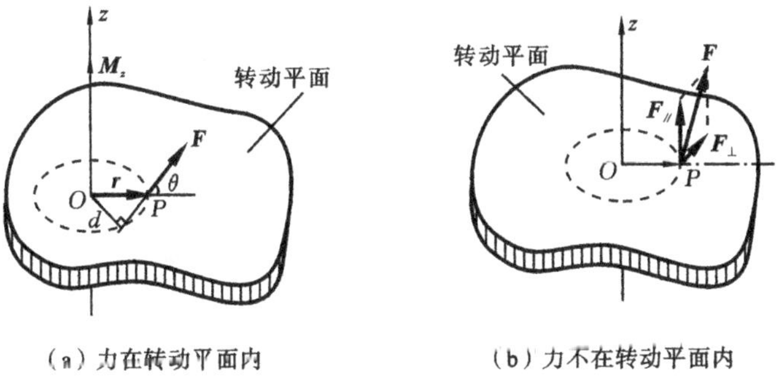

图 5-4　力矩

如果力 $\boldsymbol{F}$ 不在垂直于转轴的转动平面内，可将 $\boldsymbol{F}$ 分解为与 z 轴平行的分力 $F_{//}$ 和与 z 轴垂直且在转动平面内的分力 $F_\perp$，如图 5-4(b)所示。由于 $F_{//}$ 不能引起刚体绕 z 轴的转动状态的变化，因此 $F_{//}$ 对 z 轴的力矩为零。那么力 $\boldsymbol{F}$ 对 z 轴的力矩就等于 $F_\perp$ 对 z 轴的力矩，即

$$M(F)=M_z=F_\perp r\sin\varphi \tag{5-7}$$

需要强调的是：力矩是矢量。如图 5-4(a)所示，在垂直于转轴的平面内的力 $\boldsymbol{F}$ 对转轴的力矩也可表示为矢积的形式：

$$\boldsymbol{M}=\boldsymbol{r}\times\boldsymbol{F} \tag{5-8}$$

力矩 $\boldsymbol{M}$ 的方向就是 $\boldsymbol{r}\times\boldsymbol{F}$ 的方向，这三个矢量满足矢量乘法的右手螺旋法则。如果力 $\boldsymbol{F}$ 的方向与图 5-4(a)所示的方向相反，则力矩 $\boldsymbol{M}$ 的方向沿 z 轴的负方向。对于绕固定轴转动的刚体，力对转轴的力矩只能沿轴的正向或负向。因此，刚体所受力矩可以用代数量的正或负代替其方向。一般规定力矩沿 z 轴正方向为正，沿 z 轴反方向为负。刚体定轴转动时，如果同时受几个力的作用，则刚体所受的合力矩等于各个分力矩的代数和，即

$$M_z=\sum_{i=1}^{n}M_{iz} \tag{5-9}$$

2. 定轴转动定律

依据刚体可看作质点间距离不变的质点系的观点，可以把刚体分成大量可看作质点的质元。然后，考虑每一个质元的受力情况(包括内力和外力)，依据牛顿运动定律写出其动力学方程。最后，对所有质元的动力学方程求和，可得出刚体定轴转动的转动定律。

图 5-5 呈现了一个绕定轴 z 转动的刚体，在时刻 t，角速度和角加速度分别为 ω 和 α。现在刚体上选取任意一个质元 P 来分析。设其质量为 Δm_i，到 z 轴的垂直距离为 r_i(相应的位矢为 $\boldsymbol{r}_i$)。作用在该质元 P 上的力可分为两类：外力和内力，其中来自刚体外一切力的合力称为外力，用 F_i 表示；来自刚体内其他质元对质元 P 的合力

为内力，用 f_i 表示。根据牛顿第二定律，有

$$F_i+f_i=\Delta m_i a_i \tag{5-10}$$

其中，a_i 为质元 P 的加速度。质元 P 绕 z 轴做圆周运动，其切向方向和法向方向的运动方程可写为

$$F_{it}+f_{it}=\Delta m_i a_{it}=\Delta m_i r_i\alpha \tag{5-11}$$

$$F_{in}+f_{in}=\Delta m_i a_{in}=\Delta m_i r_i\omega^2 \tag{5-12}$$

式(5-12)的左边表示质元 P 所受的法向力，其作用线或其反向延长线通过转轴，其力矩为零，不做讨论。而式(5-11)的左边表示质元 P 所受的切向力，两边同时乘以 r_i，可得

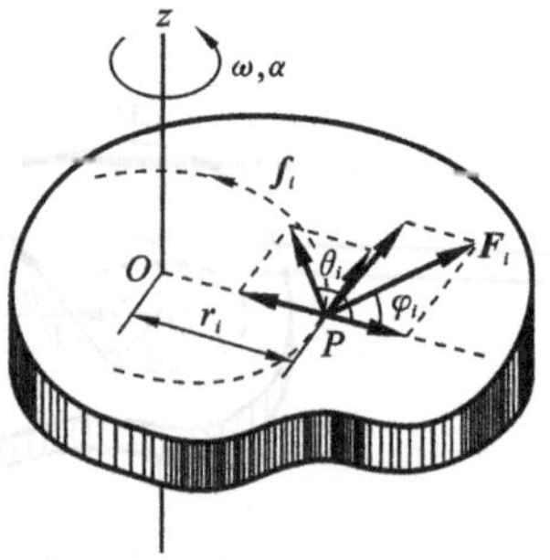

图 5-5　推导转动定律用图

$$F_{it}r_i+f_{it}r_i=\Delta m_i r_i^2\alpha \tag{5-13}$$

上式左边第一项是质元 P 所受外力 F_i 对转轴的力矩，而第二项是质元 P 所受内力 f_i 对转轴的力矩。对整个刚体而言，每一个质元都可以写出如式(5-13)的式子。将这些式子相加，可得

$$\sum F_{it}r_i+\sum f_{it}r_i=(\sum \Delta m_i r_i^2)\alpha \tag{5-14}$$

式(5-14)左边第一项为作用在刚体上所有外力对 z 轴的合力矩，称为合外力矩，用 $\boldsymbol{M}$ 表示；第二项为所有内力对 z 轴力矩的总和，即内力矩。根据牛顿第三定律，内力总是成对出现，每对内力大小相等、方向相反，并且在同一条直线上，因此内力对 z 轴的力矩总和为零。等式右边中 $\sum \Delta m_i r_i^2$ 在刚体定轴转动中是不变的，称为刚体对 z 轴的**转动惯量**，用 J 表示，即

$$J=\sum \Delta m_i r_i^2 \tag{5-15}$$

将上式代入式(5-14)，得

$$M=J\alpha=J\frac{\mathrm{d}\omega}{\mathrm{d}t} \tag{5-16}$$

式(5-16)表明，刚体在合外力矩 $\boldsymbol{M}$ 作用下，所获得的角加速度 α 与合外力矩 $\boldsymbol{M}$ 的大小成正比，与转动惯量 J 成反比。这就是**刚体定轴转动的转动定律**。

由转动定律可知，当刚体所受合外力矩 $\boldsymbol{M}$ 一定时，刚体的转动惯量 J 越大，其角加速度 α 也就越小，刚体转动状态改变也就越困难；反之，刚体的转动惯量 J 越小，其角加速度 α 也就越大，刚体转动状态改变也就越容易。这说明，转动惯量 J 是量度刚体转动惯性大小的物理量。

定轴转动定律是解决刚体定轴转动问题的基本定理，其地位与质点动力学中的牛顿第二定律相当。在学习过程中，可将这两个定律类比分析，分析其物理量的对应关系。这里需要强调的是：定轴转动定律 $M=J\alpha$ 中合外力矩 $\boldsymbol{M}$，转动惯量 J，角加速度 α 均是对于同一定轴。

例 5-2 如图 5-6 所示，一个质量为 M，半径为 R 的定滑轮（当作均匀圆盘）上面绕有细绳。绳的一端固定在滑轮边上，另一端挂一质量为 m 的物体而下垂。忽略轴处摩擦，求物体 m 由静止下落 h 高度时的速度和此时滑轮的角速度。

解 图中二拉力 $\boldsymbol{T}_1$ 和 $\boldsymbol{T}_2$ 的大小相等，以 T 表示。

对定滑轮 M，由转动定律，对于轴 O，有

$$RT=J\alpha=\frac{1}{2}MR^2\alpha$$

对物体 m，由牛顿第二定律，沿 y 方向，有

$$mg-T=ma$$

滑轮和物体的运动学关系为

$$a=R\alpha$$

联立解以上三式，可得物体下落的加速度为

$$a=\frac{m}{m+\frac{M}{2}}g$$

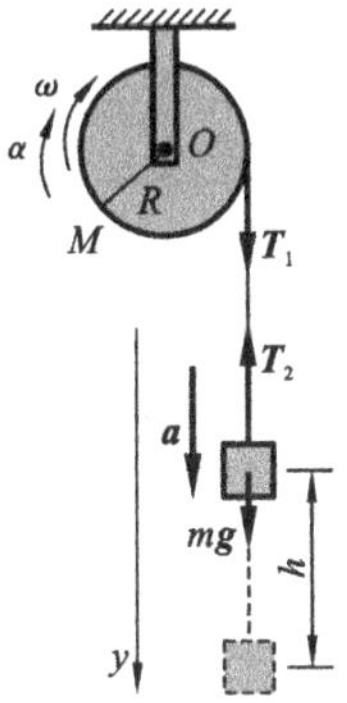

图 5-6　例 5-2 图

物体下落高度 h 时的速度为

$$v=\sqrt{2ah}=\sqrt{\frac{4mgh}{2m+M}}$$

这时滑轮转动的角速度为

$$\omega=\frac{v}{R}=\frac{1}{R}\sqrt{\frac{4mgh}{2m+M}}$$

3. 转动惯量

这里，需要扼要介绍刚体转动惯量的计算，通过计算理解影响刚体转动惯量的因素。

在转动惯量的计算过程中要充分理解及应用其定义。依据刚体质量分布情况，可将刚体分为质量分布离散型和质量分布连续型。

对质量分布离散型刚体，可将刚体看作由许多质点组成的质点系，其转动惯量计算式为

$$J=\sum\Delta m_i r_i^2 \tag{5-17}$$

即刚体对给定转轴的转动惯量等于组成刚体的每一个质点的质量与各自到转轴的距离的平方的乘积之和。

对质量分布连续型刚体，可将刚体分割成许多质元（每一个质元都可看作一个质点）。因此，可将式(5-17)中质元质量 Δm_i 改为质量微分 dm，并将求和变为积分，即

$$J=\int_V r^2\mathrm{d}m \tag{5-18}$$

其中，r 为质元 dm 到转轴的距离，积分应遍及整个刚体。

式(5-17)和式(5-18)表明:刚体转动惯量的大小不仅与刚体的总质量有关,还与质量相对于转轴的分布有关,即与刚体的形状、大小、质量分布及其与转轴的位置有关。在国际单位制中,转动惯量的单位为千克平方米($kg \cdot m^2$)。

转动惯量是标量,具有可加性。如果一个刚体由几部分组成,可以分别计算各部分(对给定轴)的转动惯量,然后相加得到整个刚体的转动惯量。只有对几何形状规则、质量连续且分布均匀的刚体,才能用积分计算出刚体的转动惯量。表 5-1 中给出了一些均匀刚体的转动惯量。但是对于形状比较复杂的刚体,用理论计算方法求转动惯量一般比较困难,实际中多用实验方法测定,如双悬扭摆实验等。下面,我们从几个例子出发直观地观察影响转动惯量的因素。

表 5-1　常见均匀刚体的转动惯量

刚体形状		轴的位置	转动惯量
细杆	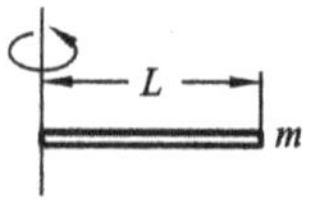	通过一端垂直于杆	$\frac{1}{3}mL^2$
细杆	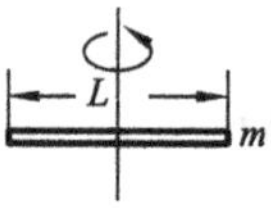	通过中心垂直于杆	$\frac{1}{12}mL^2$
薄圆环 (或薄圆筒)	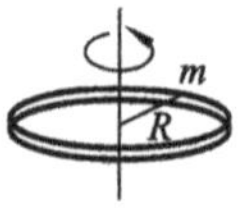	通过环心垂直于环面(或中心轴)	mR^2
圆盘 (或圆柱体)	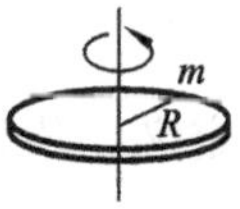	通过盘心垂直于盘面(或中心轴)	$\frac{1}{2}mR^2$
薄球壳	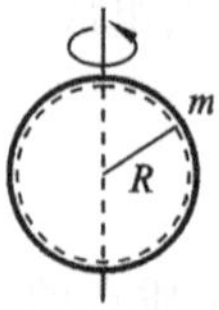	直径	$\frac{2}{3}mR^2$
球体	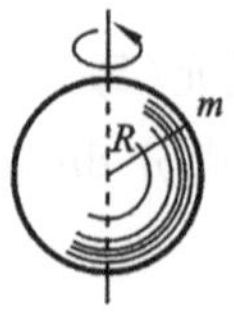	直径	$\frac{2}{5}mR^2$

例 5-3 求质量为 m，长为 l 的均匀细杆，对下列转轴求其转动惯量：(1) 转轴过杆的中心，并与杆垂直；(2) 转轴通过杆的一端，并与杆垂直；(3) 转轴通过棒上距中心为 h 的一点并和棒垂直。

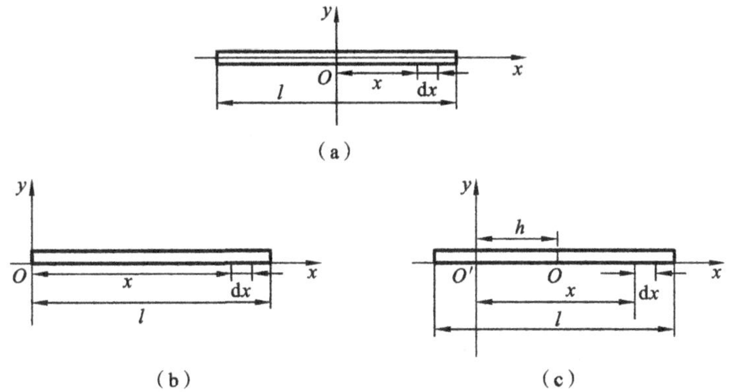

图 5-7 细棒的转动惯量计算

解 (1) 如图 5-7(a)所示建立坐标系并取质元。

杆的线密度：$$\lambda=m/l$$

质元的质量：$$\mathrm{d}m=\lambda\mathrm{d}x$$

转动惯量：

$$J=\int_m x^2\mathrm{d}m=\int_{-l/2}^{l/2}x^2\lambda\mathrm{d}x=\frac{\lambda}{3}x^3\bigg|_{-l/2}^{l/2}=\frac{m}{3l}[(l/2)^3-(-l/2)^3]=\frac{1}{12}ml^2$$

(2) 如图 5-7(b)所示建立坐标系并取质元，线密度和质元的选取同(1)，则

$$J=\int_m x^2\mathrm{d}m=\int_0^l x^2\lambda\mathrm{d}x=\frac{\lambda}{3}x^3\bigg|_0^l=\frac{m}{3l}[(l)^3-(0)^3]=\frac{1}{3}ml^2$$

(3) 如图 5-7(c)所示建立坐标系并取质元，线密度和质元的选取同(1)，则

$$J=\int_{-l/2+h}^{l/2+h}\lambda x^2\mathrm{d}x=\frac{1}{12}ml^2+mh^2$$

物理分析：该题表明，同一刚体对不同位置的转轴，其转动惯量是不同的。从(2)和(3)问的结果可以看出，当(3)问中 $h=\dfrac{l}{2}$ 时，其结果与(2)的结果相同。通过分析可知，O 点是刚体的质心，第(1)问中转轴过质心，得到的转动惯量称为刚体绕过其质心 O 的转轴(称为质心轴)的转动惯量，用 J_C 表示。因此，(3)问的结果可表示为

$$J=J_C+mh^2 \tag{5-19}$$

其中，m 是刚体的质量，h 是两轴之间的距离。上式称为转动惯量的**平行轴定理**，即**刚体对任意转轴的转动惯量 J 等于刚体对通过其质心的与该轴平行的质心轴的转动惯量 J_C 加上刚体质量乘以两转轴之间距离 h 的平方。**该定理表明，在一组平行轴中，同一刚体对质心轴的转动惯量最小。另外，若 J_C 已知，利用平行轴定理可容易求出对其他平行轴的转动惯量。

例 5-4 求质量为 m,半径为 R,厚度极薄的均匀细圆环和均匀圆盘的转动惯量。其转轴均与圆面垂直并通过其圆心(见图 5-8)。

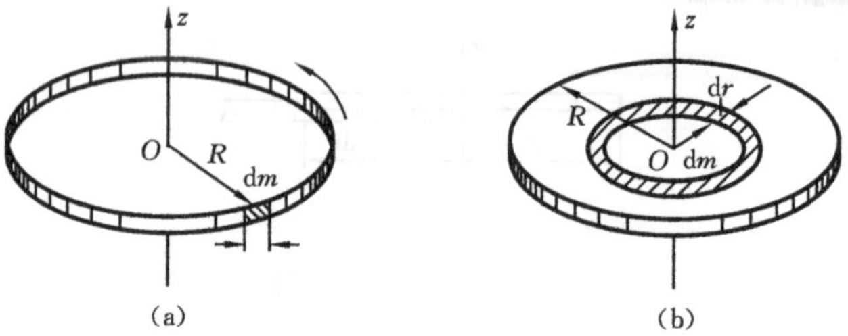

图 5-8　例 5-4 图

解　(1) 均匀细圆环对中心垂直轴的转动惯量。

如图 5-8(a)所示,在圆环上取一质元 $\mathrm{d}m=\lambda\mathrm{d}l\left(\lambda=\dfrac{m}{2\pi R}\right)$,$\mathrm{d}l$ 为圆弧元。该质元对中心轴 Oz 的转动惯量为

$$\mathrm{d}J=R^2\mathrm{d}m=\lambda R^2\mathrm{d}l$$

由于环上各个质元到轴的距离都相等,且都等于 R,所以该圆环对轴的转动惯量为

$$J=\int\mathrm{d}J=\int_0^{2\pi R}\lambda R^2\mathrm{d}l=2\pi\lambda R^3=mR^2$$

(2) 均匀圆盘对中心垂直轴的转动惯量。

因为圆盘可以看成是由许多半径不同的细圆环组成的,所以圆盘对轴的转动惯量可以看成许多半径不同的细圆环对轴的转动惯量之和。如图 5-8(b)所示,取一半径为 r,宽为 $\mathrm{d}r$ 的薄圆环,其元面积 $\mathrm{d}S=2\pi r\mathrm{d}r$,质量则为 $\mathrm{d}m=2\pi\sigma r\mathrm{d}r$。由上述计算结论可知,其对中心垂直轴的元转动惯量为

$$\mathrm{d}J=r^2\mathrm{d}m=2\pi\sigma r^3\mathrm{d}r$$

其中,$\sigma=\dfrac{m}{\pi R^2}$为圆盘的质量面密度。整个圆盘的转动惯量为

$$J=\int_0^R 2\pi\sigma r^3\mathrm{d}r=\frac{1}{2}\sigma\pi R^4=\frac{1}{2}mR^2$$

由上述计算可知,质量相等、转轴位置也相同的刚体,由于质量分布不同导致转动惯量也不同。

5.3　刚体定轴转动的功和能

1. 力矩的功

质点在外力作用下发生位移时,该力就对质点做功。与之类似,当刚体在外力矩

作用下绕固定轴转动时，该力矩对刚体做功。在刚体转动过程中，力作用在刚体不同位置的质点(或质元)上，各个质点(或质元)的位移不尽相同，外力对刚体做的功即为刚体上所有质点所受合外力做功之和，这样的计算较为烦琐。在刚体定轴转动的分析中，角量比线量方便许多，因此力作用于刚体上的做功常常用力矩做功来分析。

如图 5-9 所示，对刚体而言，质点(或质元)间相对位置不变，因此内力不做功，只需考虑外力做功即可。而对于绕固定轴转动的刚体而言，只有在垂直于转轴平面内的分力才能使刚体转动状态发生变化，而平行于转轴的分力则不会改变刚体的转动状态。

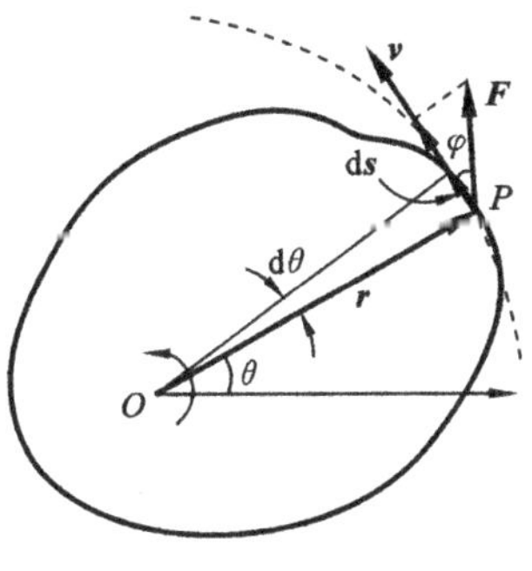

图 5-9　外力矩对刚体做的功

首先，我们以在外力 F 作用下质点绕固定轴 z 转动的物理情形为例，分析力矩的功。力 F 作用在质点 P 上，刚体绕 z 轴转过一个微小角度 $\mathrm{d}\theta$，即质点 P 沿半径为 r 的圆周转过了弧长 $\mathrm{d}s=r\mathrm{d}\theta$。用 F_t 表示力 F 沿位移方向的分量，力 F 的元功

$$\mathrm{d}A=F\cdot\mathrm{d}s=F\cos\varphi\mathrm{d}s=F_t\mathrm{d}s=F_t r\mathrm{d}\theta \tag{5-20}$$

其中，$F_t r$ 表示力 F 作用在质点上对 z 轴的力矩 M，那么

$$\mathrm{d}A=M\mathrm{d}\theta \tag{5-21}$$

由此可见，力对刚体所做的功可以用力矩做功来表示，两者是等价的。

接下来，我们将其推广到刚体绕定轴转动所受外力距做功情形。在分析刚体定轴转动过程中，刚体可看作由许多质点(或质元)组成的质点系。因此，该刚体所受外力矩的功等于作用于所有质点(或质元)的力矩做功的代数和，即

$$\mathrm{d}A=\sum_i\mathrm{d}A_i=\sum_i M_i\mathrm{d}\theta=M\mathrm{d}\theta \tag{5-22}$$

其中，$M=\sum_i M_i$ 为刚体所受的总合外力矩。

若刚体在外力矩 M 的作用下，由角位置 θ_1 转到 θ_2，则力矩做的功为

$$A=\int_{\theta_1}^{\theta_2}M\mathrm{d}\theta \tag{5-23}$$

若 M 为恒力矩，则有

$$A=\int_{\theta_1}^{\theta_2}M\mathrm{d}\theta=M(\theta_2-\theta_1) \tag{5-24}$$

力矩的功率为

$$P=\frac{\mathrm{d}A}{\mathrm{d}t}=M\frac{\mathrm{d}\theta}{\mathrm{d}t}=M\omega \tag{5-25}$$

一般来说，当力矩和角速度同向时，力矩的功和功率均为正，反之为负。

2. 定轴转动的动能定理

力对质点做功会改变质点的动能，那么，力矩对刚体做功也会使刚体的转动动能

发生变化吗？

首先，定义刚体的定轴转动的转动动能的物理概念。刚体可看作由质点组成的质点系，刚体的转动动能就应该等于各质点动能的代数和。设刚体转动的角速度为 ω，任取一与转轴的垂直距离为 r_i 的质点 Δm_i，其线速度 $v_i=\omega r_i$，则该质点 Δm_i 的动能为 $\frac{1}{2}\Delta m_i v_i^2=\frac{1}{2}\Delta m_i\omega^2 r_i^2$。整个刚体的动能为

$$E_k = \sum \frac{1}{2}\Delta m_i\omega^2 r_i^2 = \frac{1}{2}\left(\sum \Delta m_i r_i^2\right)\omega^2 \tag{5-26}$$

其中，$\sum \Delta m_i r_i^2$ 正是刚体对固定转轴的转动惯量 J，所以刚体定轴转动的转动动能为

$$E_k=\frac{1}{2}J\omega^2 \tag{5-27}$$

式(5-27)表明，刚体定轴转动的转动动能等于刚体对该轴的转动惯量与角速度平方乘积的一半。刚体的转动惯量越大，或转动角速度越大，其转动动能也就越大。

接下来，分析外力矩的功与刚体转动动能之间的关系。设刚体做定轴转动所受合外力矩为 M，在时刻 t_1 和 t_2 的角速度分别为 ω_1 和 ω_2。在 $\mathrm{d}t$ 时间内刚体的角位移为 $\mathrm{d}\theta$，则合外力矩的元功为

$$\mathrm{d}A=M\mathrm{d}\theta$$

联立 $M=J\alpha=J\frac{\mathrm{d}\omega}{\mathrm{d}t}$ 及 $\mathrm{d}\theta=\omega\mathrm{d}t$，有

$$\mathrm{d}A=J\frac{\mathrm{d}\omega}{\mathrm{d}t}\omega\mathrm{d}t=J\omega\mathrm{d}\omega \tag{5-28}$$

因为转动惯量 J 为常量，所以

$$\mathrm{d}A=\mathrm{d}\left(\frac{1}{2}J\omega^2\right) \tag{5-29}$$

在 t_1 到 t_2 时间内，合外力矩的功为

$$A=\int\mathrm{d}A=\int_{\omega_1}^{\omega_2}\mathrm{d}\left(\frac{1}{2}J\omega^2\right)=\frac{1}{2}J\omega_2^2-\frac{1}{2}J\omega_1^2 \tag{5-30}$$

式(5-29)和式(5-30)表明：总外力矩对绕定轴转动的刚体所做的功等于刚体转动动能的增量。这就是动能定理在刚体定轴转动问题中的具体形式，称为**刚体定轴转动的动能定理**。和质点系的动能定理相比，刚体定轴转动的动能增量只与合外力矩的功有关，而与内力矩的功无关。这是由于刚体是质点间距不变的特殊质点系，各质点所受内力做功之和恒等于零。

当刚体受到阻力矩作用时，刚体的转动逐渐变慢，这时，阻力矩做负功，刚体转动动能的增量为负。也就是说，刚体转动克服阻力矩做功，其转动动能减少。

最后，我们讨论刚体的重力势能。当刚体受到保守力作用时，也可引入势能的概

念。由于刚体没有形变，所以没有弹性势能。在实际中，我们常常会碰到刚体的重力势能问题。刚体的所有质元和地球所组成的系统的重力势能之和，称为刚体的重力势能。在计算刚体的重力势能时，刚体的质量可看成集中于质心(在均匀的重力场中，质心与重心重合。对匀质而对称的几何形体，质心就在几何中心)。如图 5-10 所示，刚体的重力势能为

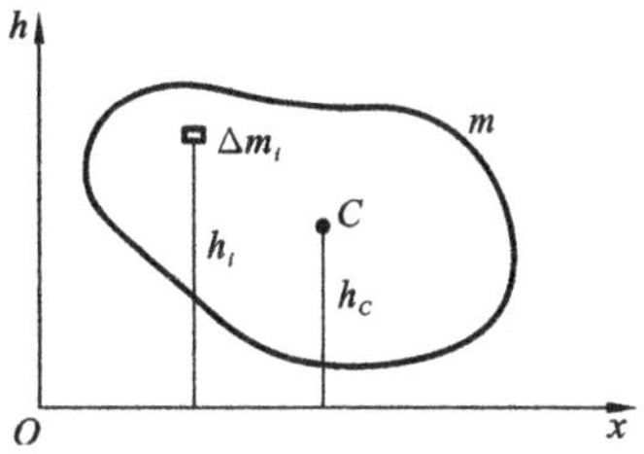

图 5-10　刚体的重力势能

$$E_p = mgh_C$$

其中，h_C 为重心高度，这里已设 $h=0$ 为重力势能零点。

考虑了功和能的上述特点，关于一般质点系的功能原理，机械能守恒定律等，都可方便地用于刚体的定轴转动。

例 5-5　一半径为 R，质量为 m 的匀质圆盘，可绕垂直于盘面并通过中心的轴转动，在外力作用下获得角速度 ω_0。设盘与桌面间的摩擦系数为 μ，现撤去外力，求：

(1) 盘从开始减速到停止转动所需的时间；

(2) 阻力矩的功。

解　(1) 将圆盘视为由许多个连续分布的环带组成的，每个环带到盘中心 O 点的距离都不同，因而所受到的力矩并不同，整个圆盘受到的力矩是各个环带所受力矩之和(方向均相同)，在离中心 O 点为 r 处取一个环带元，此环带元的宽度为 $\mathrm{d}r$，受到的摩擦力矩

$$\mathrm{d}M = -r\mathrm{d}f = -2\pi\mu g\sigma r^2\mathrm{d}r \quad \left(\sigma = \frac{m}{\pi R^2}\right)$$

负号说明力矩的方向与 ω_0 方向相反，圆盘受到的总摩擦力矩

$$M = \int \mathrm{d}M = \int_0^R -2\pi\mu g\sigma r^2\mathrm{d}r = -\frac{2}{3}\mu mgR$$

由转动定律有

$$\beta = \frac{M}{J} = \frac{-\frac{2}{3}\mu mgR}{\frac{1}{2}mR^2} = -\frac{4}{3}\frac{\mu g}{R}$$

由于

$$\beta = -\frac{4\mu g}{3R} = \frac{\mathrm{d}\omega}{\mathrm{d}t}$$

故

$$\int_0^t -\frac{4\mu g}{3R}\mathrm{d}t = \int_{\omega_0}^0 \mathrm{d}\omega$$

$$t = \frac{3R\omega_0}{4\mu g}$$

(2) 由刚体转动动能定理知，阻力矩做的功

$$W=0-\frac{1}{2}J\omega_0^2=-\frac{1}{4}mR^2\omega_0^2$$

例 5-6 一根质量为 m、长为 l 的均匀细棒 OA（见图 5-11），可绕通过其一端的光滑轴 O 在竖直平面内转动，令棒从水平位置开始自由下摆，求细棒摆到竖直位置时其中心 C 和端点 A 的速度。

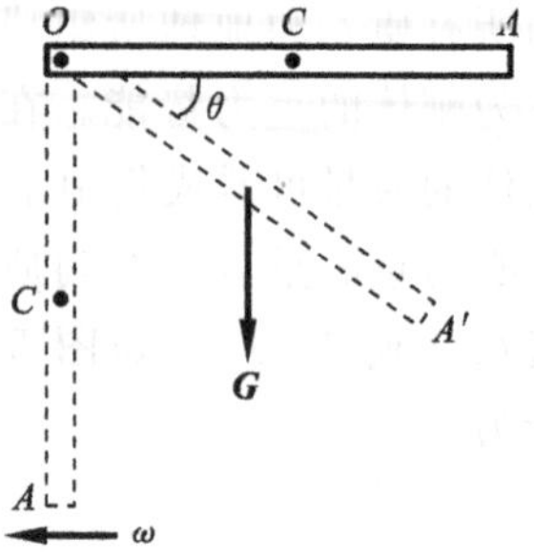

图 5-11 细棒下摆

解 先对细棒 OA 所受的力作一分析：重力 G，作用在棒的中心点 C，方向竖直向下；轴和棒之间没有摩擦力，轴对棒作用的支承力 $\boldsymbol{N}$ 垂直于棒和轴的接触面且通过 O 点，在棒的下摆过程中，此力的方向和大小是随时改变的。

在棒的下摆过程中，对转轴 O 而言，支承力 $\boldsymbol{N}$ 通过 O 点，所以支承力 $\boldsymbol{N}$ 的力矩等于零，重力 $\boldsymbol{G}$ 的力矩则是变力矩，大小等于 $mg\,\frac{l}{2}\cos\theta$，棒转过一极小的角位移 $\mathrm{d}\theta$ 时，重力矩所做的元功是

$$\mathrm{d}A=mg\,\frac{l}{2}\cos\theta\mathrm{d}\theta$$

在棒从水平位置下摆到竖直位置的过程中，重力矩所做的总功是

$$A=\int\mathrm{d}A=\int_0^{\frac{\pi}{2}}mg\,\frac{l}{2}\cos\theta\mathrm{d}\theta=mg\,\frac{l}{2}$$

应该指出：重力矩做的功就是重力做的功，也可用重力势能的差值来表示。棒在水平位置时的角速度 $\omega_0=0$，下摆到竖直位置时的角速度为 ω，按力矩的功和转动动能增量的关系式，得

$$mg\,\frac{l}{2}=\frac{1}{2}J\omega^2$$

由此得

$$\omega=\sqrt{\frac{mgl}{J}}$$

因 $J=\frac{1}{3}ml^2$，代入上式得

$$\omega=\sqrt{\frac{3g}{l}}$$

所以细棒处于竖直位置时，端点 A 和中心点 C 的速度分别为

$$v_A=l\omega=\sqrt{3gl}$$

$$v_C=\frac{l}{2}\omega=\frac{1}{2}\sqrt{3gl}$$

5.4 刚体的角动量定理和角动量守恒定律

1. 刚体定轴转动的角动量定理

在前面章节导出了刚体定轴转动的转动定律：

$$M=J\alpha=J\frac{d\omega}{dt}$$

由于刚体对定轴的转动惯量 J 不随时间变化，可得

$$M=\frac{d}{dt}(J\omega) \tag{5-31}$$

其中，$J\omega$ 定义为刚体对转轴的角动量，用 L 表示，即

$$L=J\omega$$

上式表明，角动量 L 与角速度 ω 的正负相同。刚体角动量与质点角动量的单位相同。利用式(5-31)，可得

$$M dt=dL \tag{5-32}$$

$M dt$ 称为合外力矩对定轴的元冲量矩。

设在 t_1 到 t_2 的一段时间内，在合外力矩作用下，刚体对定轴的角动量由 L_1 变为 L_2，将上式两边积分，可得

$$\int_{t_1}^{t_2} M dt = L_2 - L_1 \tag{5-33}$$

其中，$\int_{t_1}^{t_2} M dt$ 称为在 t_1 到 t_2 的时间内合外力矩的冲量矩。

式(5-32)和(5-33)表明，作用于定轴转动刚体的冲量矩等于刚体角动量的增量。这个结论称为刚体定轴转动的角动量定理。式(5-32)和(5-33)分别为定理的微分形式和积分形式。需要注意的是，合外力矩与角动量必须是对同一轴而言，但合外力矩的方向和角动量的方向不一定相同，而是与角动量增量的方向相同。

2. 刚体角动量守恒定律

由式(5-33)可知，刚体绕定轴转动，如果其受合外力矩 M 恒为零，则角动量 L 必为常量，即

$$L=J=\text{常量}$$

这就是定轴转动刚体的角动量守恒定律。由于此定律是对一个过程而言，在过程中的任意时刻，角动量都不变，因此**合外力矩必须恒为零，这是角动量守恒的条件。**

如果系统是由多个物体组成，那么系统对转轴的角动量等于各物体对角动量的矢量和，即

$$\boldsymbol{L} = \sum \boldsymbol{L}_i = \sum J_i \boldsymbol{\omega}_i$$

若该系统对定轴的合外力矩为零，那么系统对定轴的角动量守恒，即

$$L = \sum J_i \boldsymbol{\omega}_i = \text{常量}$$

角动量守恒在实际生活和工程中有着广泛的应用。如直升机在螺旋桨叶片旋转时，为避免直升机在水平面打转，必须在尾部装置一个侧向尾翼；鱼雷尾部左右两螺旋桨是沿相反方向旋转的，以防止不稳定转动。

花样滑冰运动员和芭蕾舞蹈运动员绕通过重心的铅直轴高速旋转时，由于外力（重力和水平面的支持力）对轴的力矩恒为零，因而表演者对旋转轴的角动量守恒。他们可以通过改变自身的姿态来改变对轴的转动惯量，从而调节自身旋转的角速度。又如跳水运动员在跳板上起跳时，总是向上伸直双手臂，跳到空中时，又将身体收缩，以减小转动惯量来加快空翻速度；当接近水面时，又伸直双手臂以减小角速度，以便竖直进入水中，如图 5-12 所示。

刚体的角动量守恒在现代科学技术中的一个重要应用是惯性导航，所用的装置叫做回转仪，也叫做陀螺仪。它的核心部分是装在常平架上的一个质量较大的转子，如图 5-13(a)所示。常平架是由套在一起分别具有竖直轴和水平轴的两个圆环组成的。转子装在内环上，其轴与内环的轴相互垂直。转子精确地对称于其转轴的圆柱，各轴承均高度润滑，这样转子就可以绕其能自由转动的三个相互垂直的轴自由转动。因此，不管常平架如何移动或转动，转子都不会受到任何力矩的作用。所以，一旦转子高速转动起来，根据角动量守恒定律，它将保持其对称轴在空间的指向不变。安装在船、飞机、导弹或宇宙飞船上的这种回转仪就能指出这些船或飞行器的航向相对空间某一定向的方向，从而起到导航的作用。在这种应用中，往往用三个这样的回转仪并使它们的转轴相互垂直，从而提供一套绝对的笛卡儿直角坐标系。上述导航装置出现不过 100 年，但是，常平架在我国早就出现了，西汉（公元 1 世纪）丁缓设计制造的被中香炉（见图 5-13(b)），他用两个套在一起的环形支架架住一个小香炉，香炉由于受到重力，总是悬着，不管支架如何转动，香炉总不会倾倒。

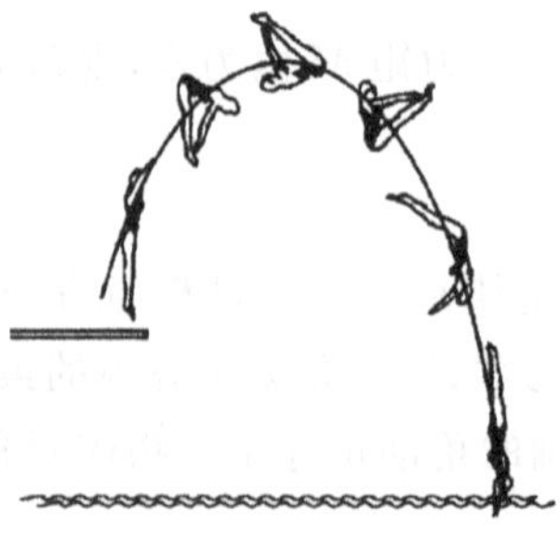

图 5-12　跳水运动员角动量守恒

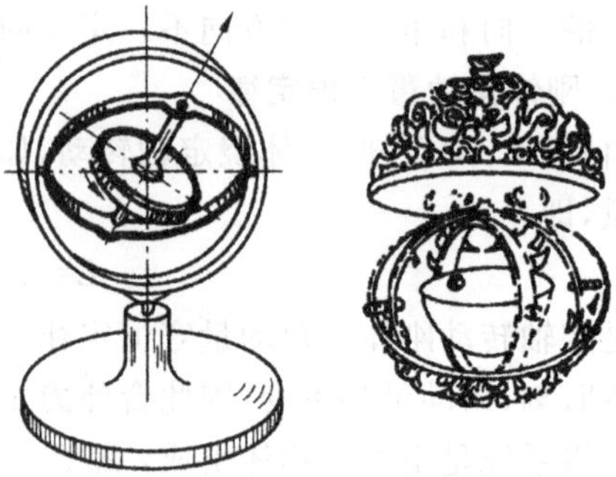

（a）回转仪　　（b）被中香炉

图 5-13　常平架的应用

例 5-7　空心圆圈可绕光滑轴 OO' 自由转动。圆圈半径为 R，对 OO' 轴的转动惯

量为 J，初始角速度为 ω_0，有一质量为 m 的物体开始静止于圈上 A 点，如图 5-14 所示。由于某微小扰动，物体开始做无摩擦滑动，当落至 B 点和 C 点时，环的角速度 ω_B 及 ω_C 分别是多少？物体对环的速度 v_B 和 v_C 的大小各为多少？

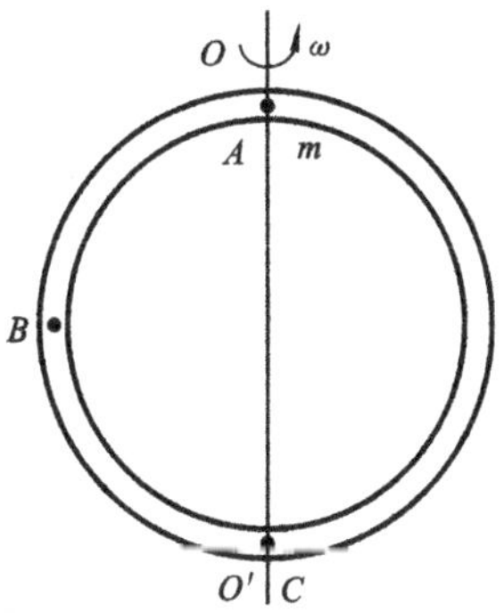

图 5-14

解 将空心圆圈和物体组成一物体系。由于该系统受到的外力对 OO' 轴的力矩为零，因而角动量守恒，对于 A，B 两处，有

$$J\omega_0=(J+mR^2)\omega_B$$

故
$$\omega_B=\frac{J\omega_0}{J+mR^2}$$

对于 A，C 两处，有

$$J\omega_0=J\omega_C,\quad \omega_C=\omega_0$$

物体与圆圈组成的系统，仅有重力做功，因而系统的机械能守恒，有

$$\frac{1}{2}J\omega_0^2+mgR=\frac{1}{2}J\omega_B^2+\frac{1}{2}mv_B^2+\frac{1}{2}mR^2\omega_B^2$$

故
$$v_B=\sqrt{2gR+\frac{J\omega_0^2R^2}{mR^2+J}}$$

$$mg(2R)=\frac{1}{2}mv_C^2,\quad v_C=\sqrt{4gR}$$

故
$$v_B=\sqrt{2gR+\frac{J\omega_0^2R^2}{mR^2+J}}$$

$$mg(2R)=\frac{1}{2}mv_C^2,\quad v_C=\sqrt{4gR}$$

例 5-8 我国发射的一颗通信卫星在到达同步轨道之前，先要在一个大的椭圆形转移轨道上运行若干圈，此转移轨道的近地点高度 $h_P=205.5\ \text{km}$，远地点高度 $h_A=35835.7\ \text{km}$，如图 5-15 所示。卫星越过近地点时的速度 $v_P=10.2\ \text{km}$，地球半径 $R_e=6378\ \text{km}$，试求：(1) 卫星越过远地点时的速率 v_A；(2) 卫星的运行周期。

解 (1) 卫星在运转过程中，对地心 O 点的角动量守恒，故

$$r_Amv_A=r_Pmv_P$$

$$v_A=v_P\frac{r_P}{r_A}=v_P\frac{R_e+h_P}{R_e+h_A}=1.59\ (\text{km/s})$$

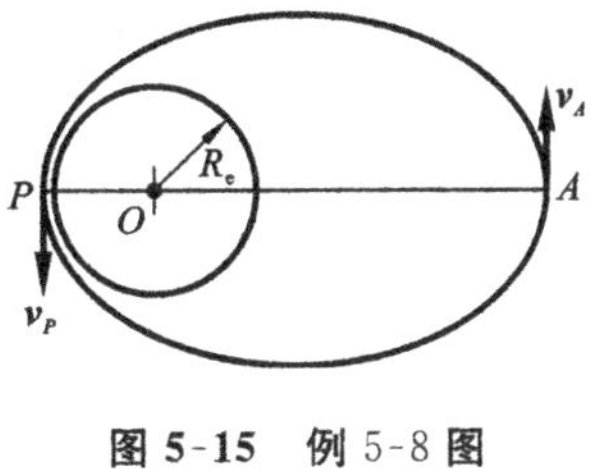

图 5-15 例 5-8 图

(2) 设椭圆的长、短轴半径分别为 a、b，则椭圆面积

$$S=\pi ab=\frac{\pi}{2}(r_A+r_P)\sqrt{r_Ar_P}$$

卫星的掠面速度为

$$\left|\frac{\mathrm{d}s}{\mathrm{d}t}\right|=\frac{1}{2m}|L|=\frac{1}{2}v_P r_P$$

卫星的运行周期

$$T=\frac{S}{\left|\frac{\mathrm{d}s}{\mathrm{d}t}\right|}=\frac{\frac{\pi}{2}(r_A+r_P)\sqrt{r_A r_P}}{\frac{1}{2}v_P r_P}=10.6\ (\mathrm{h})$$

*5.5 刚体的平面平行运动

当刚体在运动时，其各点都平行于某一平面而运动，即刚体上各点的运动轨迹所在平面都平行，称之为刚体的平面平行运动。在刚体的 6 个自由度中，当刚体做平面平行运动时，其自由度受到限制而降低，只需 2 个平动自由度和 1 个转动自由度。刚体的平面平行运动可分解为质心的平动和刚体绕质心的转动。

对质心的平动而言，设质心在 Oxy 平面内运动，其平动方程可写为

$$\sum \boldsymbol{F}_i = m\boldsymbol{a}_C \tag{5-34}$$

其中，m 为刚体的质量，$\sum \boldsymbol{F}_i$ 为刚体所受到的合外力，$\boldsymbol{a}_C$ 为刚体质心加速度。写成分量形式为

$$\sum F_{ix} = ma_{Cx},\quad \sum F_{iy} = ma_{Cy} \tag{5-35}$$

其刚体绕质心并垂直于平动平面的转动方程可写为

$$M_C=J_C\beta \tag{5-36}$$

其中，M_C，J_C 和 β 分别为刚体受到的合力矩、转动惯量和角加速度。

例如，车轮在地面上沿直线做滚动（不考虑打滑现象）运动，如图 5-16 所示。设车轮质心 C 的前进速度为 v_C，车轮的半径为 R。当车轮沿直线滚动时，每滚一周，车轮质心前进的距离等于车轮的周长。因此，车轮质心前进的距离 x 和车轮相对于质心转过的角度 θ 之间关系满足

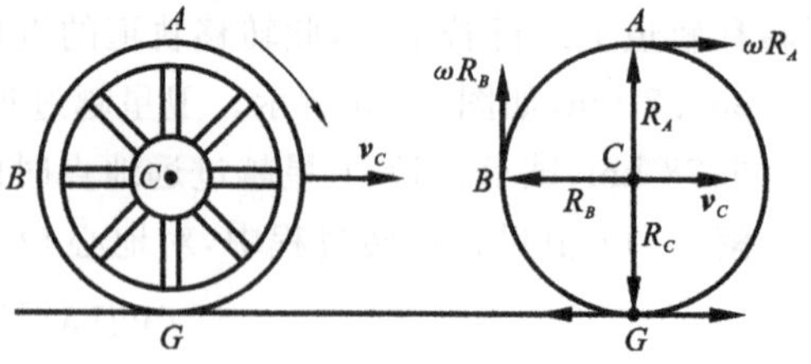

图 5-16 滚动的车轮

$$x=R\theta \tag{5-37}$$

将式(5-37)等式两边对时间 t 求导可得

$$v_C=R\omega$$

上式表明了质心平动速度 v_C 与车轮绕质心转动的角速度 ω 之间的关系。在刚体运动的研究中，选取质心为参考点，有许多优点。例如，在计算刚体的动能时，刚体的动能可简单地表述为刚体对质心的转动动能与刚体质心运动的平动动能之和。

*5.6　自旋与进动

匀质刚体绕几何对称轴的转动称为自旋或自转，其角动量用 $J\omega$ 表示。当不受外力矩作用时，其角动量守恒，表现为其转动快慢不变，其角速度方向也不变。由于角速度沿转轴，所以角动量守恒也称为转轴不变性。常平架回转仪就是利用这一原理所制作的装置。如图 5-17 所示，在支架 1 上装有可以旋转的外环 2，外环 2 里面装着可以相对于外环转动的内环 3，内环 3 中安装回转仪 4。三根转动轴线相互垂直并相交于回转仪的质心，不考虑轴承之间的摩擦。这样的装置称为常平架回转仪。回转仪绕几何对称轴以角动量 $J\omega$ 转动。

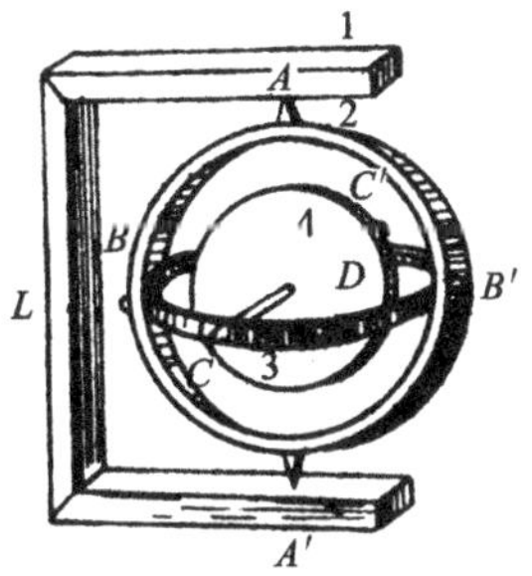

图 5-17　悬在常平架上的回转仪

通常情况下，刚体转动转轴不一定固定。例如，玩具陀螺在急速转动情形下，虽然受到中力矩的作用，仍能持续转动而不倾倒。这不过是**机械运动矢量性的**一种表现。在平动情况中，质点在外力作用下不一定就沿外力方向运动。如果质点原有的运动方向与外力方向不一致，那么，质点最后运动的方向既不是原有的运动方向，也不是外力的方向，实际的运动方向是由上述两个方向共同决定的。在转动中，也有类似情况。本来旋转的物体，在与它的转动方向不同的外力矩作用下，也不是沿外力矩的方向转动，而会出现进动现象。当高速旋转的陀螺在倾斜状态时，因它自转的角速度远大于进动的角速度，我们可把陀螺对 O 点的角动量 $\boldsymbol{L}$ 看作它对本身对称轴的角动量。由于重力对 O 点产生一力矩，其方向垂直于转轴和重力所组成的平面。根据角动量定理，在极短时间 $\mathrm{d}t$ 内，陀螺的角动量将增加 $\mathrm{d}\boldsymbol{L}$，其方向与外力矩的方向相同。因外力矩的方向垂直于 $\boldsymbol{L}$，所以 $\mathrm{d}\boldsymbol{L}$ 的方向也与 $\boldsymbol{L}$ 垂直，结果使 $\boldsymbol{L}$ 的大小不变而方向发生变化，如图 5-18(b)所示。因此，陀螺的自转轴将从 $\boldsymbol{L}$ 的位置转到 $\boldsymbol{L}+\mathrm{d}\boldsymbol{L}$ 的位置上。从陀螺的顶部向下看，其自转轴的回转方向是反时针的。这样，陀螺就不会倒下，而沿一锥面转动，亦即绕竖直轴 Oz 作进动。

现在，我们计算进动的角速度。在 $\mathrm{d}t$ 时间内，角动量 $\boldsymbol{L}(L=J\omega)$ 的增量 $\mathrm{d}\boldsymbol{L}$ 是很小的，从图可知，

$$\mathrm{d}L=L\sin\theta\mathrm{d}\varphi=J\omega\sin\theta\mathrm{d}\varphi$$

其中，ω 为陀螺自转的角速度，$\mathrm{d}\varphi$ 为自转轴在 $\mathrm{d}t$ 时间内绕 Oz 轴转动的角度，θ 为自

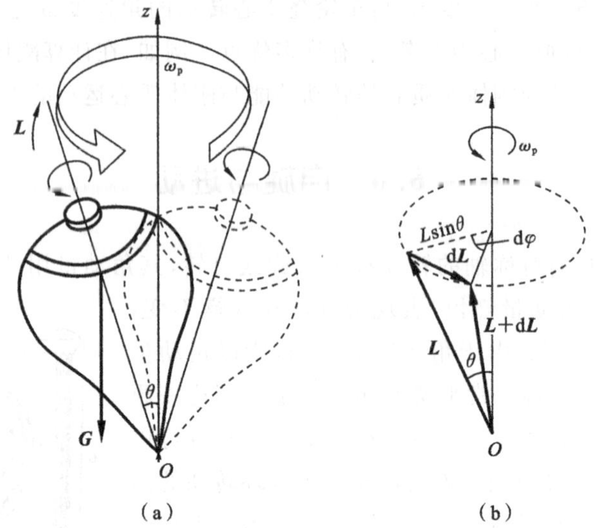

图 5-18　陀螺的进动

转轴与 Oz 轴间的夹角。由角动量定理，有

$$dL = Mdt$$

以此代入上式得

$$Mdt = J\omega\sin\theta d\varphi$$

按定义，进动的角速度应是 $\omega_p = \frac{d\varphi}{dt}$，所以

$$\omega_p = \frac{M}{J\omega\sin\theta} \tag{5-38}$$

由此可知，进动角速度 ω_p 与外力矩成正比，与陀螺自转的角动量成反比。因此，当陀螺自转角速度很大时，进动角速度较小；而在陀螺自转角速度很小时，进动角速度却很大。

回转效应在实践中有广泛的应用。例如，飞行中的子弹或炮弹，将受到空气阻力的作用，阻力的方向是逆着弹道的，而且一般又不作用在子弹或炮弹的质心上，这样，阻力对质心的力矩就可能使弹头翻转。为了保证弹头着地而不翻转，常利用枪膛或炮筒中来复线的作用，使子弹或炮弹绕自己的对称轴迅速旋转。由于回转效应，空气阻力的力矩使子弹或炮弹的自转轴绕弹道方向进动，这样子弹或炮弹的自转轴就将与弹道方向始终保持不太大的偏离，如图 5-19 所示，再没有翻转的可能。

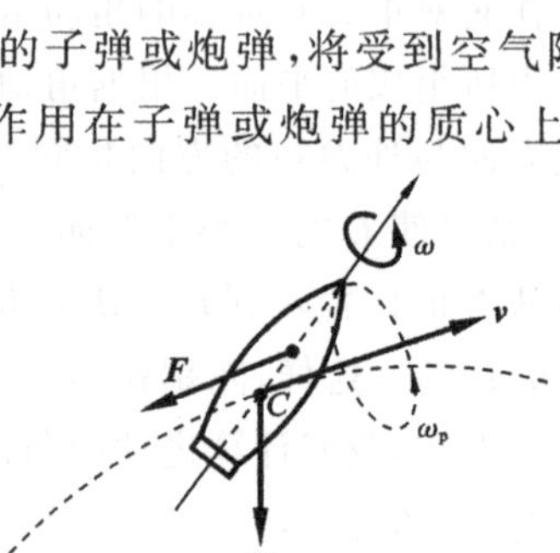

图 5-19　子弹(炮弹)运动示意图

但是，任何事物都是一分为二的，回转效应有时也引起有害的作用。例如，在轮船转弯时，由于回转效应，涡轮机的轴承将受到附加的力，这在设计和使用中是必须考虑的。

进动的概念在微观世界中也常用到。例如，原子中的电子同时参与绕核运动与电子本身的自旋，都具有角动量，在外磁场中，电子将以外磁场方向为轴线作进动。这是从物质的电结构来说明物质磁性的理论依据。

思 考 题

5-1 刚体绕定轴做匀速转动，刚体上任一点是否具有切向加速度？法向加速度呢？

5-2 两个半径不同的飞轮以皮带相连而联动，转动时，大飞轮和小飞轮边缘上各点的线速度和角速度是否分别相同？

5-3 两个半径相同的圆盘，质量相同，但一个圆盘的质量聚集在边缘附近，另一个圆盘的质量均匀分布，它们均绕其竖直中心轴旋转。试问：(1) 如果它们的角动量相同，哪个圆盘转得快？(2) 如果它们的加速度相同，哪个圆盘的角动量大？

5-4 平行于 z 轴的力对 z 轴的力矩一定为零，而垂直于 z 轴的力对 z 轴的力矩一定不为零。这种说法对吗？

5-5 一个系统的动量守恒定律和角动量守恒定律条件有何不同？

5-6 花样滑冰运动员想高速旋转时，通常先将一条腿和双臂伸开，并用脚蹬冰面使自己旋转起来，然后再收拢双臂和腿，这时他的转速就明显加快。这是利用了什么原理？

习 题

5-1 一条缆索绕过一定滑轮拉动一升降机(见图 5-20)，滑轮半径 $r=0.5$ m，如果升降机从静止开始以加速度 $a=0.4\ \mathrm{m/s^2}$ 匀加速上升，求：(1) 滑轮的角加速度；(2) 开始上升后，$t=5$ s 末滑轮的角速度；(3) 在这 5 s 内滑轮转过的圈数；(4) 开始上升后，$t'=1$ s 末滑轮边缘上一点的加速度(假设缆索和滑轮之间不打滑)。

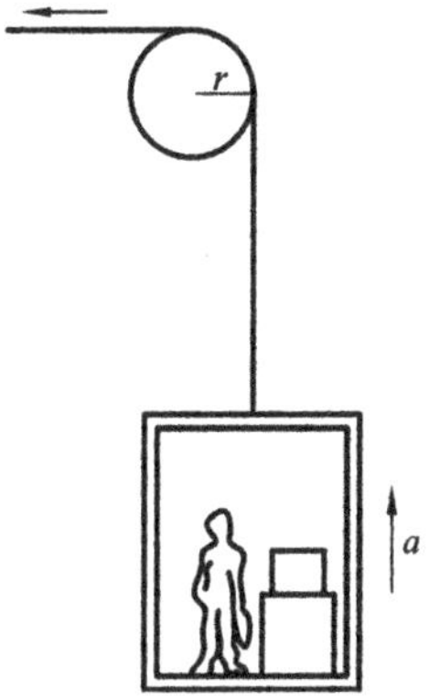

图 5-20　习题 5-1 图

5-2 如图 5-21 所示，求质量为 m，半径为 R 的均匀薄圆环的转动惯量，转轴与圆环平面垂直并通过其圆心。

5-3 如图 5-22 所示，求质量为 m，半径为 R，厚为 l 的均匀圆盘的转动惯量，转轴与圆盘面垂直并通过盘心。

5-4 如图 5-23 所示，一个质量为 M，半径为 R 的定滑轮(当作均匀圆盘)上面绕有细绳。绳的一端固定在滑轮边上，另一端挂一质量为 m 的物体而下垂。忽略轴处摩擦，求物体 m 由静止下落 h 高度时的速度和此时滑轮的角速度。

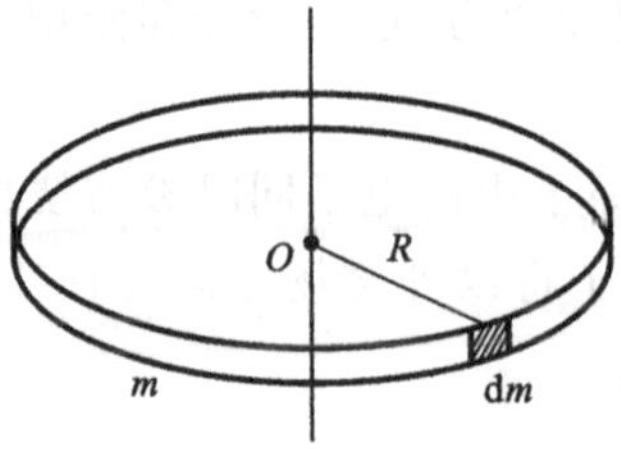

图 5-21　习题 5-2 图

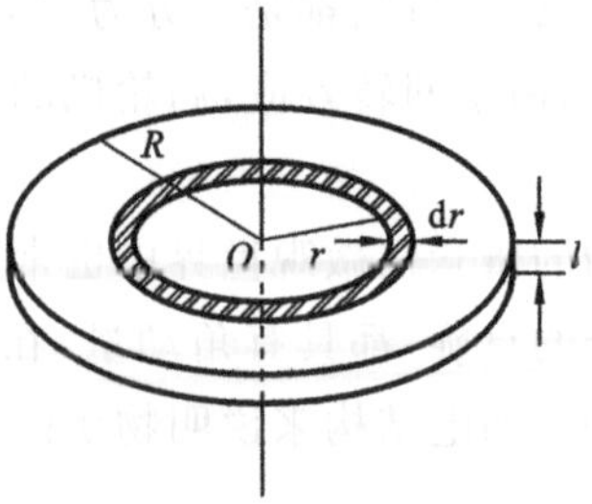

图 5-22　习题 5-3 图

5-5　如图 5-24 所示，一根长为 l，质量为 m 的均匀细直棒，其一端固定在光滑水平轴上，使其可在竖直平面内转动。最初棒静止于水平位置，求当其下摆 θ 角时的角加速度和角速度？

5-6　某一冲床利用飞轮的转动动能通过曲柄联杆机构的传动，带动冲头在铁板上穿孔。已知飞轮的半径为 $r=0.4$ m，质量为 $m=600$ kg，可以看成均匀圆盘。飞轮的正常转速是 $n_1=240$ r/min，冲一次孔转速降低 20%。求冲一次孔，冲头做了多少功？

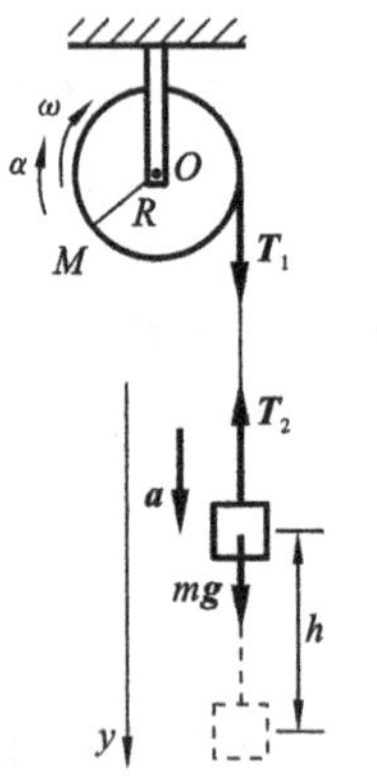

图 5-23　习题 5-4 图

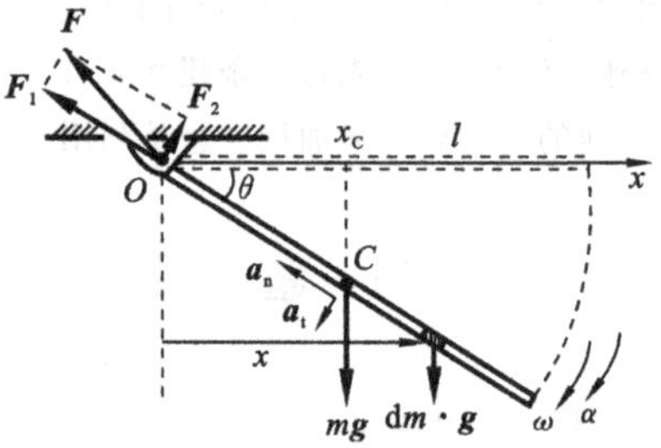

图 5-24　习题 5-5 图

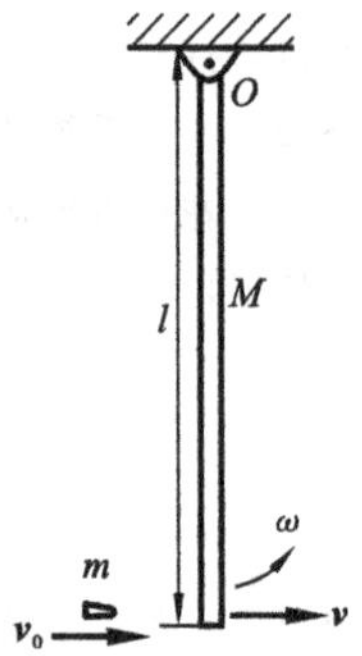

图 5-25　习题 5-7 图

5-7　如图 5-25 所示，一根长为 l，质量为 M 的均匀直棒，其一端挂在一个水平光滑轴上而静止在竖直位置。今有一子弹，质量为 m，以水平速度 v_0 射入棒的下端而不复出。求棒和子弹开始一起运动时的角速度。

5-8　如图 5-26 所示，一个质量为 M，半径为 R 的水平均匀圆盘可绕通过中心的光滑竖直轴自由转动。在盘缘上站着一个质量为 m 的人，二者最初都相对地面静止。当人在盘上沿盘边走一周时，求盘对地面转过的角度。

5-9　如图 5-27 所示。两个圆轮的半径分别为 R_1 和 R_2，质量分别为 M_1 和 M_2。二者都可视为均匀圆柱体而且同轴固结在一起，可以绕一水平固定轴自由转动。今在两轮上各绕以细绳，绳端分别挂上质量是 m_1 和 m_2 的两个物体。求在重力作用下，m_2 下落时轮的角加速度。

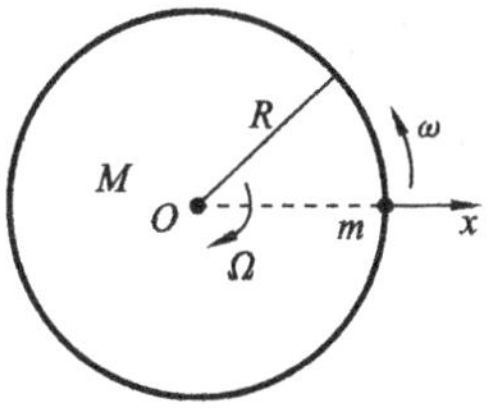

图 5-26　习题 5-8 图

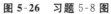

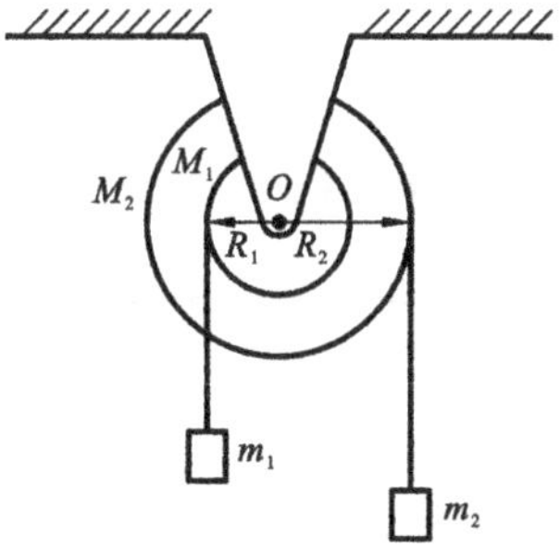

图 5-27　习题 5-9 图

5-10　一根均匀米尺，在 60 cm 刻度处被钉到墙上，且可以在竖直平面内自由转动。先用手使米尺保持水平，然后释放。求刚释放时米尺的角加速度和米尺到竖直位置时的角速度。

第 6 章 狭义相对论基础

19 世纪下半叶，随着经典物理学，涉及牛顿力学、经典电磁场和电磁波理论、热力学及统计物理学理论等日臻完善，整个经典物理学大厦似乎已经完备地构建起来了。当人们沉浸在经典物理学的巨大成就中时，物理学大厦却被“两朵乌云”所笼罩。一是在由经典电磁辐射理论解释关于黑体辐射的功率谱密度曲线时发生了“紫外灾难”，二是挽救电磁波作为某种机械弹性波振动理论的“以太假说”。“紫外灾难”乌云被普朗克的能量子假设和爱因斯坦的光量子理论冲散，量子力学应运而生。“以太假说”乌云被迈克耳孙-莫雷实验所证伪，并被爱因斯坦的狭义相对论冲散。爱因斯坦的相对论理论带来了一场深刻的关于时间和空间、物质与运动的物理学革命，揭示了物质与运动更深层次的关联。

爱因斯坦(1879—1955)出生于德国一个犹太家庭，一生颠沛流离，但对近现代物理贡献颇多，居功至伟。爱因斯坦创立的相对论包括狭义相对论和广义相对论，由爱因斯坦分别于 1905、1916 年提出。它们既相互联系又相互独立。狭义相对论在光速不变原理和相对性原理的基础上对物理量和物理规律在不同惯性参考系之间的协变性与不变性进行描述，适用于不存在引力场的平直的欧几里得空间；而广义相对论则是在等效原理和广义协变原理的前提下将狭义相对性原理推广到非惯性系，研究有引力场与物质存在时的时空背景弯曲。

本章主要讨论狭义相对论的基本原理、狭义相对论运动学和狭义相对论动力学基本内容以及它的时空结构。

6.1 伽利略变换和力学的相对性原理

6.1.1 伽利略变换

在经典力学中，物理事件的发生与惯性参考系的选取无关，但对物理事件的时空描述及其运动的描述却依赖于惯性参考系的选取。那么，一个显而易见的问题是在两个不同的惯性参考系中对同一物理事件的时空及运动描述之间存在什么关系呢？

选取一个惯性系 S，在 S 系中建立坐标系 $Oxyz$，选取另一惯性系 S'，并建立坐

标系 $O'x'y'z'$。为简单起见，规定两坐标系对应的坐标轴相互平行，坐标系 S' 相对于 S 系以速度 $\boldsymbol{u}$ 沿 x 轴做匀速直线运动，并以坐标原点 O' 与 O 重合时为计时起点 $t'=t=0$。某一物理事件 P 在 S 系的时空坐标为 $P(x,y,z)$，在 S' 系的时空坐标为 $P(x',y',z')$，如图 6-1 所示。则它们满足如下对应关系：

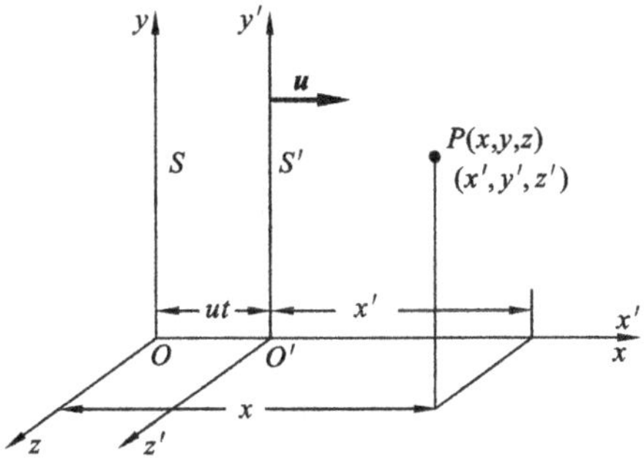

图 6-1　相对做匀速直线运动的两个参考系 S 和 S'

$$\begin{cases} x'=x-ut \\ y'=y \\ z'=z \\ t'=t \end{cases} \quad \text{或} \quad \begin{cases} x=x'+u't \\ y=y' \\ z=z' \\ t=t' \end{cases} \tag{6-1}$$

这就是经典的伽利略时空坐标变换，简称伽利略变换。伽利略变换，充分体现了牛顿的绝对时空观。需要注意的是：① 时间的绝对性，时间测量与惯性参考系的选取无关，即 $t'=t$。这与我们的日常生活经验相吻合。② 两物理事件的空间间隔坐标分量分别表示为 $\Delta x'=\Delta x, \Delta y'=\Delta y, \Delta z'=\Delta z$。这表明在伽利略变换下，任意两物理事件的空间间隔具有绝对不变性，与参考系的选取无关，与物质的运动无关。牛顿的绝对时空观符合我们日常生活的经验，似乎是正确的。但是在近现代物理学中，当物体运动的速度接近光速时，绝对时空观受到了空前的挑战。

6.1.2　牛顿力学的相对性原理

从伽利略时空变换关系，可以得到伽利略的速度变换关系，即

$$\begin{cases} v'_x=v_x-u \\ v'_y=v_y \\ v'_z=v_z \end{cases} \quad \text{或} \quad \begin{cases} v_x=v'_x+u \\ v_y=v'_y \\ v_z=v'_z \end{cases} \tag{6-2}$$

将上式对时间求导，可得

$$\begin{cases} a'_x=a_x \\ a'_y=a_y \\ a'_z=a_z \end{cases} \tag{6-3}$$

写成矢量式为

$$\boldsymbol{a}'=\boldsymbol{a} \tag{6-4}$$

式(6-3)和(6-4)表明：质点的加速度在不同惯性参考系中都是相同的，具有不变性，即经典力学认为物体质量与运动无关，与参考系的选取无关。在经典力学中，力是物体之间的相互作用，同样与参考系的选取无关，这从牛顿第二定律中可以很清晰地看出，即

$$F' = ma' = ma = F \tag{6-5}$$

式(6-5)表明，在伽利略变换下牛顿运动定律的数学表达式具有不变性。由于经典力学中所有的力学规律和守恒定律都是牛顿运动定律的推论，因此所有力学规律在不同惯性系中都具有相同的数学形式，即所有的惯性参考系对于力学规律而言都是等价的。这就是牛顿力学的相对性原理。

伽利略变换的核心思想是经典力学中的绝对时空观。经典力学认为物质的运动虽然在时间和空间中进行，但是时间和空间的性质与物质的运动无关。正如牛顿曾言“绝对的、真正的和数学的时间自己流逝着，并由于它的本性而均匀地、与任一外界对象无关地流逝着。”“绝对空间，就其本性而言，与外界任何事物无关，而永远是相同的和不动的。”这种把物质运动与时间和空间完全割裂开来的观点是把低速范围内总结出来的结论绝对化的结果。在日常生活中，大量接触的都是低速运动的物体，人们会不自觉地接受和采纳这种观点，并将其认为是理所当然的。

6.2 狭义相对论基本原理

6.2.1 狭义相对论产生的历史背景

17 世纪，现代物理学之父伽利略提出了“伽利略变换 ”，给出了两个以匀速相对运动的参考系之间变换的方法。牛顿将伽利略变换与自己的理论相结合，建立了牛顿力学体系，牛顿的力学体系建立在一个基本假设之上，即空间和时间是绝对的，是独立的，与物体的运动状态无关。牛顿力学后来被广泛运用，成为经典物理学坚定的基石理论。1785 年，库仑通过实验发现了描述电荷之间相互作用力的规律，即库仑定律，这是人们最先定量地认识到电磁学规律。19 世纪，麦克斯韦提出了麦克斯韦方程组，建立了电磁场理论，提出了电磁波的概念，预言了光是一种电磁波，它在真空中的传播速度 $c=1/\sqrt{\varepsilon_0\mu_0}\approx 3\times 10^8$ m/s。随后赫兹通过实验验证了麦克斯韦的观点。于是，矛盾产生了！

麦克斯韦方程计算出的真空中的光速是不依赖于参考系的，即光速在任何惯性参考系下都是定值，这个结论与牛顿力学中两个惯性参考系之间的速度合成法相互矛盾！但在当时，牛顿力学是那么正确，实验和理论完美的匹配；而麦克斯韦方程也同样坚若磐石，能够很好地解释电磁现象。究竟是哪里出了错？

当时的人们习惯将电磁波与机械波类比，认为电磁波的传播也需要弹性媒介。为解决这一矛盾，物理学家们假想了一种介质，叫“以太”，它充满了全空间，是电磁波的传播媒介。“以太”是一个特殊的绝对参考系，麦克斯韦方程组只对这个绝对参考系成立。根据这一假说，由麦克斯韦方程组计算得到的真空光速是在绝对参考系

(“以太”)中的传播速度；而在相对于“以太”运动的参考系中，光速具有不同的数值。

为了验证这一假说，物理学家们踏上了寻找“以太”参考系之路，设计了各种实验，其中最著名的当属 1887 年迈克耳孙和莫雷的实验。他们制作了一台干涉仪，试图利用“干涉图样的平移现象”去寻找地球相对于“以太”的绝对速度。他们的实验持续了几年，在不同的条件下多次实验，提高实验精度，都未能观察到干涉条纹的平移。“以太”这个绝对的参考系并没有被找到。这个结果在当时“令人失望”。

于是，科学家们又开始寻求别的思路，其中最有名的就是洛仑兹和彭加勒。洛仑兹在“伽利略变换”和“光速在惯性参考系下速度不变”的基础上提出了洛仑兹变换，但他既不能对洛仑兹变换的物理本质做出合理的解释，也没有跳出绝对时空观的框架。彭加勒则是对牛顿的绝对时空观提出了质疑，但他也只是走到了相对论的大门外，却没能打开这扇大门。

1905 年，爱因斯坦发表了《论动体的电动力学》，他摒弃了“以太”假说，突破了经典力学的时空观，提出了崭新的时间空间理论，打开了通向新物理的大门。爱因斯坦把这个理论称为相对性理论，简称相对论，后来又叫狭义相对论。狭义相对论是爱因斯坦取得的具有划时代意义的重要成果，它不仅完美地解决电磁理论与经典物理的矛盾，正确地说明了电磁现象，还涵盖了力学中的各个现象，也是当今诸多前沿学科的理论基础。

在《论动体的电动力学》这篇论文中，爱因斯坦提出了狭义相对论的两条基本原理。我们就首先来认识这两条基本原理。

6.2.2 狭义相对论的两条基本原理

(1) 相对性原理：物理学定律在一切惯性参考系中都具有相同的数学表达式，即所有惯性参考系对描述物理规律都是等价的。爱因斯坦的相对性原理，是伽利略相对性原理的推广。无论是通过力学现象还是电磁现象，或是其他现象，都无法察觉出所处参考系的任何“绝对运动”。换言之，绝对静止的参考系是不存在的，“以太”假说也就不必要了。

(2) 光速不变原理：在所有惯性系中，光在真空中沿任一方向的传播速度恒为 c，与光源运动无关。这说明真空中的光速是个恒量，直接否定了伽利略变换。

按照伽利略变换，光速与观察者和光源之间的相对运动有关；而根据光速不变原理，一个运动光源发出的光应该和静止于实验室中的光源发出的光速率相同。高精度实验证明了这一点。π^0 介子是一种可以通过高能碰撞实验产生的粒子。这种粒子寿命短，会通过 $\pi^0 \rightarrow \gamma + \gamma$ 衰变变成 γ 射线(光子)，即频率很高的电磁波。1964 年到 1966 年，欧洲核子研究组织(CERN)使用同步加速器产生了一束相对实验室速率为$0.99975c$ 的 π^0 介子，它在飞行中发生衰变，辐射出 γ 射线(光子)，实验者们测得

了 γ 射线(光子)相对实验室的速度值,仍为 c。这说明这些高速运动的 π^0 介子与在实验室中静止的 π^0 介子辐射出光子的传播速率都是相同的,与光源(π^0 介子)的运动无关。可见,狭义相对论的基本假设与经典力学的旧时空概念有着深刻的矛盾。这说明,以狭义相对论为基础,对于时空概念,需要根据新的实验事实加以重新探讨。时空的理论,是相对论研究的主要内容之一。

6.3 狭义相对论的时空观

狭义相对论认为时间和空间的测量也是相对的,它们因惯性参考系的选择不同而不同。这也体现了狭义相对论的时空观。本节将从爱因斯坦的两个基本原理出发,分析狭义相对论的时空观。

6.3.1 同时的相对性

在经典力学中,时间是绝对的,在某一惯性系中同时发生的两个事件,在其他惯性系中也是同时发生的。但从狭义相对论的两个基本原理出发,可以证明,在一个惯性参考系中同时发生的两个事件,在另一个相对它运动的惯性系中,不一定是同时发生的。爱因斯坦在他的论文中写道:“我们不能给与同时性这个概念以任何绝对的意义”。这个结论称为同时的相对性。

相对地面以接近光速运动的火车称为爱因斯坦火车。接下来,让我们登上爱因斯坦火车,看看爱因斯坦是如何推导出这一结论的。

假设有一辆火车(S'系),以恒定的速度 $\boldsymbol{u}$ 相对地面(S 系)高速行驶,车厢中部 C 点有一个光信号发生器,车头 B 端和车尾 A 端分别放置两个光信号接收器。当车厢中部 C 点的信号发生器发出一个闪光时,光信号会向车厢两端的接收器传去。那么,问题是从火车参考系(S'系)和地面参考系(S 系)分别观测,光信号是否同时传到 A、B 两端呢?

根据光速不变原理,真空中的光速在任何惯性系中都为一恒定值,与光源运动无关。很显然,如图 6-2 所示,在火车参考系(S'系)中观测,由于车厢中部 C 点到车厢 A、B 两端的距离相等,光向 A、B 两端传播的速率相同,所以 A、B 两端同时接收到光信号,即在 S'系观测,车厢 A、B 两端接收到光信号是同时发生的。

再来分析地面参考系(S 系)的情况,如图 6-3 所示。由于火车相对地面向右运动,在地面参考系上观测,当 C 点发射光信号后,A 端迎着光运动了一段距离,而 B 端背离光运动了一段距离,即光从 C 点传到 A 端所走的距离,比 C 点传到 B 端所走的距离要短,而光向两端的传播速率仍然一样。所以,A 端先接收到光信号,B 端后接收到光信号,即在 S 系观测,车厢 A、B 两端接收到光信号并不是同时发生的。

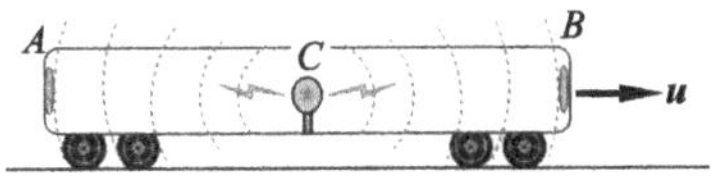

图 6-2　火车参考系

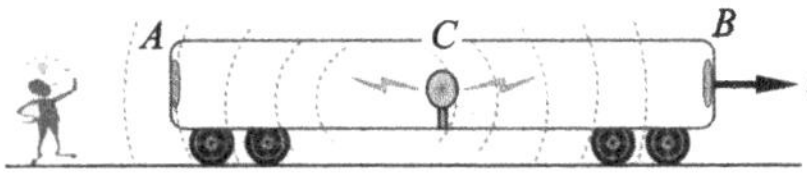

图 6-3　地面参考系

可见，同时性并不是一个绝对的概念，同时性是相对的，取决于惯性系的运动情况，在一个惯性系中同时发生的事件，一般来说在另一惯性系中并不是同时发生的，这是由狭义相对论的两个基本原理导出的必然结论之一。

既然在不同惯性系中，同时是一个相对的概念，因此两个事件的时间间隔在不同的惯性系中也不相同，那么，在不同的惯性系中对时间的测量又是怎样的呢？让我们再次登上爱因斯坦火车来继续寻求这一问题的答案。

6.3.2　时间延缓

仍然考虑有一辆相对地面系（S 系）匀速运动的火车（S'系）。如图 6-4 所示，车厢底端 N 点有一个光信号发生器和一个光信号接收器，N 点的垂直上方，在车厢顶端 M 点有一个平面反射镜。假设车厢底端的信号发生器发射光信号，经顶端平面反射镜反射后，回到底端的信号接收器被接收。事件Ⅰ为发射光信号，事件Ⅱ为接收光信号，那么分别在火车系和地面系测量这两次事件的时间间隔，是否一样呢？

在火车参考系（S'系）中观测，如图 6-4 所示，事件Ⅰ和事件Ⅱ都是在 S'系的同一地点发生的。考虑在 S'系中有一只静止的钟，记录下发射光信号的时刻为 t'_1，接收光信号的时刻为 t'_2，假设车厢底端到顶端的垂直距离为 D，很显然，光信号从发出到返回，两次事件的事件间隔为

$$\Delta t' = t'_2 - t'_1 = \frac{2D}{c} \tag{6-6}$$

在地面参考系（S 系）上观测，如图 6-5 所示，由于火车系（S'系）是运动的，事件Ⅰ和事件Ⅱ并不是在 S 系中的同一地点发生的，为了测量这一时间间隔，必须沿 x 轴放置静止于地面系，经过校准且同步的钟 N_1 和 N_2。N_1 记录下发生光信号的时刻为 t_1，N_2 记录下接收光信号的时刻为 t_2，从图中可以看到，在地面系观测时，随着火车的运动，光信号从发出到返回不再是沿竖直方向进行的，而是沿着一条折线 $NM'N''$ 进行，又由于光速不变，所以在 S 系中，两次事件的时间间隔

$$\Delta t = t_2 - t_1 = \frac{\overline{NM'N''}}{c} \tag{6-7}$$

根据图中几何关系易知

$$\overline{NM'N''} = 2\,\overline{NM'}$$

根据三角形勾股定理：

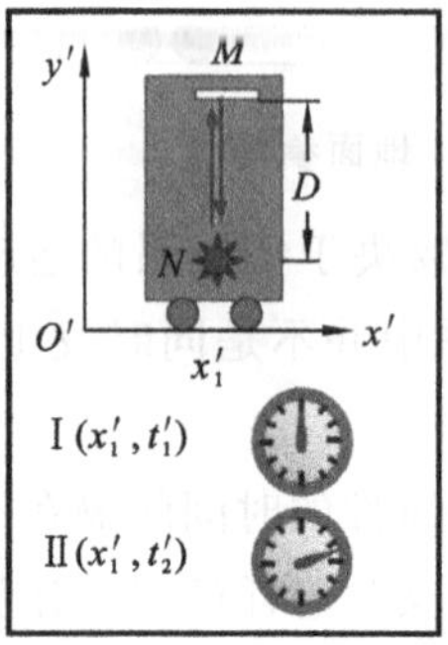

图 6-4　在火车参考系中观测

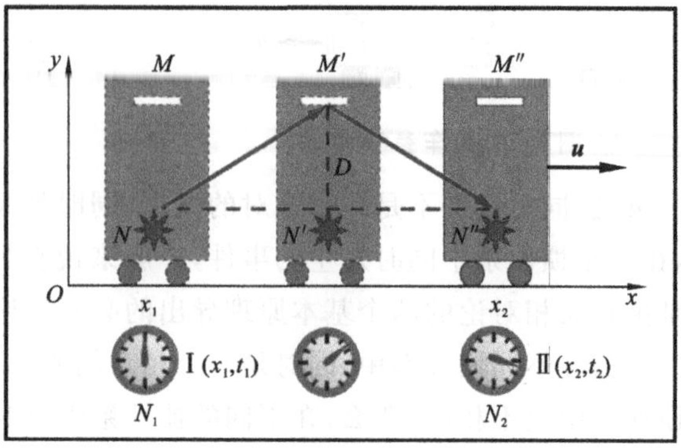

图 6-5　在地面参考系观测

$$\overline{NM'}=\sqrt{(\overline{NN'})^2+D^2}=\sqrt{\left(\frac{\overline{NN''}}{2}\right)^2+D^2} \tag{6-8}$$

NN''为两次事件的时间间隔之间，火车沿水平方向行驶的距离，所以$\overline{NN''}=u\Delta t$，于是有

$$\Delta t=t_2-t_1=\frac{2\sqrt{\left(\frac{u\Delta t}{2}\right)^2+D^2}}{c} \tag{6-9}$$

由此可以解得

$$\Delta t=t_2-t_1=\frac{2D}{c}\frac{1}{\sqrt{1-u^2/c^2}} \tag{6-10}$$

我们可以对比在地面系（S 系）和火车系（S'系）分别观测的两次事件的时间间隔，得到

$$\Delta t=\frac{\Delta t'}{\sqrt{1-u^2/c^2}} \tag{6-11}$$

这说明，时间的测量也具有相对性，相同的两个事件之间的时间间隔，由于不同惯性系之间的相对运动，测量结果是不同的。由式(6-11)可知，由于火车相对地面的运动速度小于光速，即 $u<c$，因此 $\Delta t>\Delta t'$。$\Delta t'$是在惯性系中同一地点测量的两事件的时间间隔，称为**固有时**。根据上面的分析可知，**固有时最短**。

我们也可以用钟走的快慢来解释固有时最短的结论，由于火车系（S'系）是以速度 $\boldsymbol{u}$ 沿 x 轴方向相对地面系（S 系）运动，因此也可以说运动时钟走得慢，这称为时间延缓（时间膨胀）效应。需要强调的是，时间延缓是相对运动的效应，并非钟的内部结构发生了变化，这只是对时间的测量具有相对性的客观体现。

如果考虑火车相对地面的运动速度远小于光速，即 $u\ll c$，由式(6-11)可得 $\Delta t\approx$

$\Delta t'$，即时间的测量在不同的惯性系中结果一样，与参考系无关，又回到了经典力学中牛顿的绝对时间观，由此可见，牛顿的绝对时间观是相对论时间观在惯性系中低速运动时的近似。

现代物理实验为相对论的时间延缓效应提供了有力的证据。例如，宇宙射线中有许多高能量的 μ 子，它们在大气层上方产生，静止的 μ 子平均寿命非常短，产生后随即衰变成其他粒子。如果不考虑相对论效应，这些 μ 子以接近光速运动时，只能飞越几百米，根本无法穿透大气层。而事实上，大部分 μ 子都能穿透大气层到达底部，在地面参考系把这种现象称为运动 μ 子的寿命延长效应。关于高能 μ 子的寿命延长效应，我们不妨通过下面这道例题实际定量计算一下。

例 6-1 μ 子在静止系内测量，它的平均寿命 $\tau_0=2.2\times10^{-6}$ s，据报导，在一组高能物理实验中，当它以 $u=0.9966c$ 的速度相对实验室运动时，通过的平均距离为 8 km。试分析：(1) 用经典力学计算的结果与实验的结果是否一致；(2) 用时间延缓计算的结果与实验的结果是否一致。

解 (1) 按经典力学，时间的测量是绝对的，在不同的惯性系中测量值均相同，所以 μ 子相对实验室运动时，它所通过的距离为

$$L=u\tau_0=0.9966\times3\times10^8\times2.2\times10^{-6}\,(\mathrm{m})\approx658\,(\mathrm{m})$$

很显然，与实验测量的通过的平均距离相差甚远，经典力学的理论计算不符合实验结果。

(2) 基于相对论的时间延缓效应，时间的测量是相对的，与惯性系的相对运动有关。μ 子在静止系中测得的平均寿命 τ_0 为固有时，而 μ 子相对于实验室运动时测得的平均寿命 τ 应由时间延缓理论给出：

$$\tau=\frac{\tau_0}{\sqrt{1-u^2/c^2}}=\frac{2.2\times10^{-6}}{\sqrt{1-0.9966^2}}\,(\mathrm{s})=26.7\times10^{-6}\,(\mathrm{s})$$

由此可算得，μ 子通过的距离为

$$L=u\tau=0.9966\times3\times10^8\times26.7\times10^{-6}\,(\mathrm{m})\approx7.98\times10^3\,(\mathrm{m})$$

可见，时间膨胀理论计算得到的结果与实验测得的结果是相符的。

既然在不同惯性系中，时间的测量是一个相对的概念，那么对空间长度的测量又是怎样的呢？

6.3.3 长度收缩

关于长度的测量，首先应该明确的是，在一个参考系中测量物体的长度，必须保证是在同一时刻记录下物体两端点位置的读数，然后用一个读数减去另一个读数。这一点，在测量静止物体时，并不十分重要，因为物体两端的位置始终保持不变。然而，如果物体是运动的，例如，要测量一条沿 x 轴运动的鱼的长度，就必须在同一时刻 t_0 记录下鱼尾的位置 $x_B(t_0)$ 和鱼头的位置 $x_A(t_0)$，如图 6-6 所示，那么这条鱼的

长度即为 $l=x_B(t_0)-x_A(t_0)$。但若鱼头和鱼尾的位置不是在同一时刻记录的，如图 6-7 所示，先在 t_0 时刻记录下鱼尾的位置 $x_B(t_0)$，一段时间后，在 t_1 时刻才记录下鱼头的位置 $x_A(t_1)$，那么 $l=x_B(t_1)-x_A(t_0)$ 显然不代表这条鱼的长度。

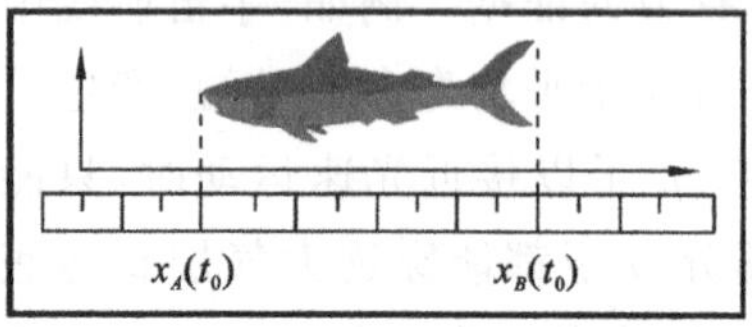

图 6-6　同时测定鱼头和鱼尾位置

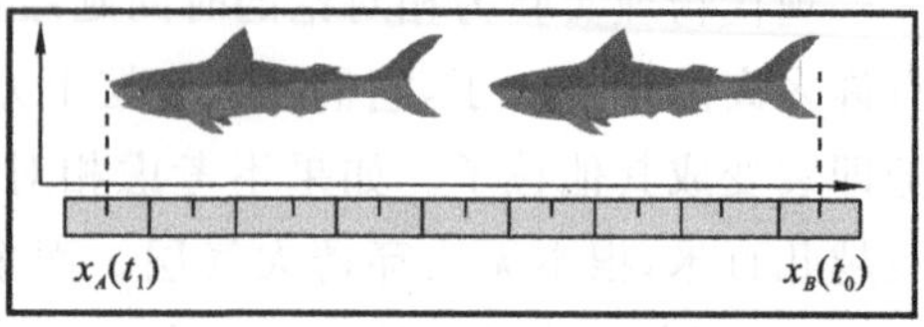

图 6-7　不同时测定鱼头和鱼尾位置

既然长度的测量需要保证同时性，而同时性又是相对的，那么长度的测量也应该是一个相对的量。究竟长度的测量与惯性系的相对运动又满足什么关系？

设想有一辆相对地面沿水平方向匀速运动的火车，为了接下来的定量分析方便起见，把地面系和火车系分别量化为两个直角坐标系 S 系和 S' 系，如图 6-8、图 6-9 所示。现考虑有一根木棒静止于 S' 系中，并沿 $O'x'$ 轴方向水平放置。那么，在 S 系中测量，木棒的长度为多少呢？

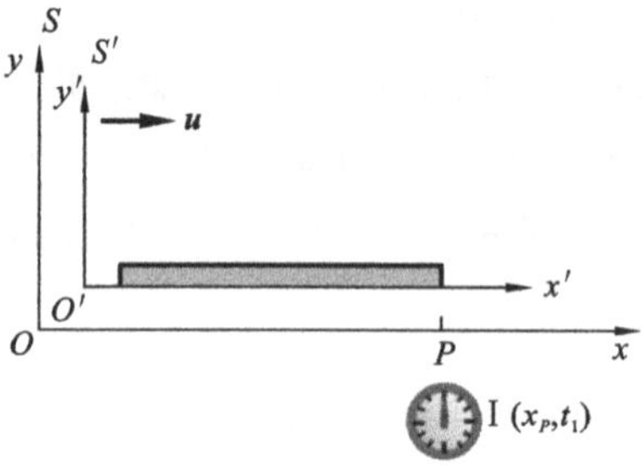

图 6-8　地面参考系测得木棒右端到达 P 点的时刻 t_1

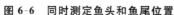

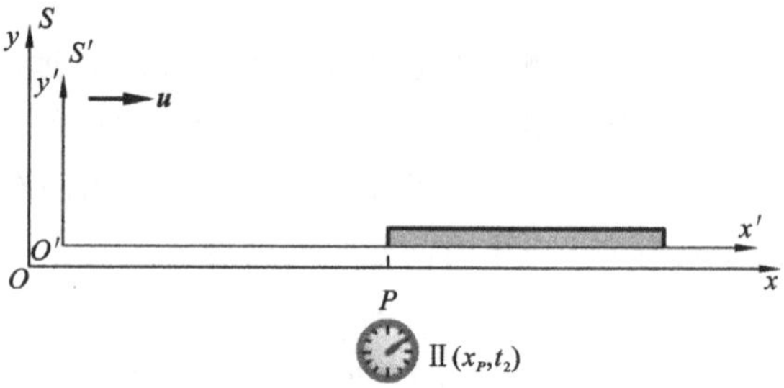

图 6-9　地面参考系测得木棒左端到达 P 点的时刻 t_2

假设在 S 系中，Ox 轴上，P 点所在处，有一个时钟可以记录时间，当木棒跟随 S' 系运动时，木棒的右端到达 P 点处的时刻记录为 t_1，如图 6-8 所示；木棒的左端到达 P 点处的时刻记录为 t_2，如图 6-9 所示，所以在 S 系中观测到木棒的长度：

$$l=u(t_2-t_1)=u\Delta t \tag{6-12}$$

这里，$\Delta t=t_2-t_1$，是在同一地点（P 点）测量的时间间隔，为固有时。

在 S' 系中观测，木棒是静止的，S 系以速率 u 向左运动，S 系上的 P 点相继经过木棒的右端和左端，假设在 S' 系中测量得到木棒的长度为 l'，因此，在 S' 系中观测到 P 点经过木棒右端和左端之间的时间间隔：

$$\Delta t'=\frac{l'}{u} \tag{6-13}$$

由于 $\Delta t'$ 和 Δt（固有时）为不同惯性系中测量的两个相同事件之间的时间间隔，根据时间延缓效应：

$$\Delta t' = \frac{\Delta t}{\sqrt{1-u^2/c^2}} \tag{6-14}$$

可得

$$l' = \frac{u\Delta t}{\sqrt{1-u^2/c^2}} = \frac{l}{\sqrt{1-u^2/c^2}} \tag{6-15}$$

最后整理可得

$$l = l'\sqrt{1-u^2/c^2} \tag{6-16}$$

可见，长度的测量也具有相对性。由于 S' 系相对 S 系的运动速度小于光速，即 $u<c$，因此 $l<l'$。l' 是静止的木棒的长度，我们把物体静止时所测得的长度称为该物体的**固有长度**。可见，**固有长度最长**。在平行于该长度作相对运动的任何惯性系内所测得的长度都小于固有长度，这种效应称为**长度收缩效应**。

需要注意的是，长度收缩只发生在相对运动的方向上。在和相对速度 $\boldsymbol{u}$ 相垂直的方向上长度是不变的。长度收缩和时间延缓一样，都是相对运动的效应，是由于两个惯性系之间的相对运动影响了测量结果。因此，反过来，静止在 S 系中沿 Ox 轴方向放置的棒，在相对运动的 S' 系中观测，棒的长度也会收缩。

如果考虑 S' 系相对 S 系的运动速度远小于光速，即 $u\ll c$，由式(6-16)可得 $l\approx l'$，即空间长度的测量在不同的惯性系中结果一样，与参考系无关，又回到了经典力学中牛顿的绝对空间观，所以，与前面提到的牛顿的绝对时间观一样，牛顿的绝对空间观也是相对论空间观在惯性系的相对运动速度较小时的近似情况。

关于相对论的长度收缩效应，现代物理实验也有相应的测量数据，我们来看下面这道例题。

例 6-2 高能物理实验产生的 π^+ 粒子是一种不稳定的粒子，当 π^+ 粒子处于静止系中时，测量得到它的平均寿命为 $\tau_0=2.5\times10^{-8}$ s，现在实验室产生了一束 π^+ 粒子，实验室中测得它的速率 $u=0.99c$，测得它在衰变前通过的平均距离为 52 m，试用长度收缩效应来分析，这些测量结果是否一致？

解 π^+ 粒子的参考系为 S' 系，实验室参考系为 S 系，S' 系中的 π^+ 粒子以速率 $u=0.99c$ 相对 S 系运动，从 S' 系来看，实验室在 τ_0 时间内以速率 u 相对 π^+ 粒子运动的距离：

$$x_0 = u\tau_0 = 0.99c\times2.5\times10^{-8} = 7.425\ \text{m}$$

假设 S 系测得的该运动距离为 x，根据长度收缩效应：

$$x_0 = x\sqrt{1-u^2/c^2}$$

所以，

$$x = \frac{x_0}{\sqrt{1-u^2/c^2}} = 52.6\ (\text{m})$$

可见，由长度收缩效应计算的结果与实验测量的结果是一致的。

长度收缩效应给人类的太空旅行之梦以极大的鼓励。

总结而言，两个事件在不同的惯性系看来，它们的时间关系是相对的，空间关系也是相对的，时空关系都与物质的运动紧密联系。相对论时空观使得人们突破了经典力学的绝对时空观，对时空认识有了一个新的飞跃。

在经典力学框架内，两个相对运动的惯性系之间满足伽利略变换；而在狭义相对论中，由于新的时空概念，两个相对运动的惯性系之间满足的是新的变换关系——洛仑兹变换，接下来就具体学习有关洛仑兹变换的相关问题。

6.4 洛仑兹变换

6.4.1 洛仑兹变换

考虑两个惯性参考系 S 和 S'，S'系以速度 $\boldsymbol{u}$ 沿 Ox 方向相对 S 系运动，如图6-10所示。

假设在 $t=t'=0$ 时刻，两个坐标系原点 OO' 相重合，在某个时刻 x 和 x' 轴上的 A 点发生了一物理事件，在 S'系中，事件 A 发生的时刻为 t'，A 点到原点 O' 的距离为 x'；在 S 系中，事件 A 发生的时刻为 t，A 点到原点 O 的距离为 x。

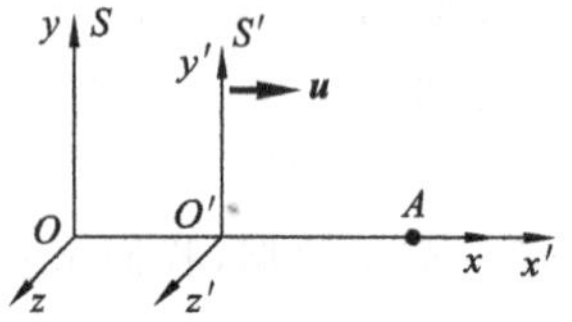

图 6-10 惯性参考系 S 和 S' 相对运动

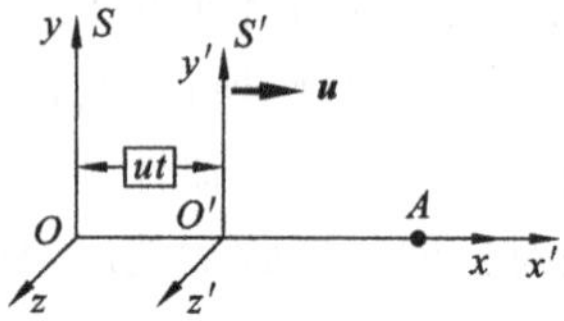

图 6-11 惯性参考系 S 和 S' 对事件 A 测定的关系图

显然，如图 6-11 所示，在 S 系中观测，t 时刻 A 到 O 点的距离 x 应该等于同一时刻 OO' 之间的距离 ut，再加上 A 点到 O' 距离，即

$$x=ut+\overline{O'A} \tag{6-17}$$

$\overline{O'A}$ 为 S 系中测量的距离，根据长度收缩效应：

$$\overline{O'A}=x'\sqrt{1-u^2/c^2} \tag{6-18}$$

于是有

$$x=ut+x'\sqrt{1-u^2/c^2} \tag{6-19}$$

可以解得 x' 的关系式：

$$x'=\frac{x-ut}{\sqrt{1-u^2/c^2}} \tag{6-20}$$

这是从 S 系到 S' 系的空间坐标 x 分量的变换关系。

由于 S 系和 S' 系的运动是相对的，把式(6-20)中的 u 换成 $-u$，带撇的量和不带撇的量对换，于是得到从 S 系到 S' 系的空间坐标逆变换：

$$x=\frac{x'+ut'}{\sqrt{1-u^2/c^2}} \tag{6-21}$$

联立式(6-20)和式(6-21)，消去 x'，可以得到 t' 的关系式：

$$t'=\frac{t-ux/c^2}{\sqrt{1-u^2/c^2}} \tag{6-22}$$

这是从 S 系到 S' 系的时间坐标变换关系。

如果考虑 A 点不在 x、x' 轴上，由于长度收缩只发生在相对运动方向，垂直于相对运动方向长度不变，于是有 $y'=y$，$z'=z$。因此，我们可以得到狭义相对论中从 S 系到 S' 系的时空坐标变换关系：

$$\begin{cases} x'=\dfrac{x-ut}{\sqrt{1-u^2/c^2}}=\gamma(x-ut) \\ y'=y \\ z'=z \\ t'=\dfrac{t-ux/c^2}{\sqrt{1-u^2/c^2}}=\gamma\left(t-\dfrac{ux}{c^2}\right) \end{cases} \tag{6-23}$$

其中

$$\gamma=\frac{1}{\sqrt{1-\dfrac{u^2}{c^2}}}$$

γ 称为相对论因子。

对于式(6-23)，将表达式中的 u 换成 $-u$，带撇的量与不带撇的量对换，于是可以得到时空坐标逆变换：

$$\begin{cases} x=\dfrac{x'+ut'}{\sqrt{1-u^2/c^2}}=\gamma(x'+ut') \\ y=y' \\ z=z' \\ t=\dfrac{t'+ux'/c^2}{\sqrt{1-u^2/c^2}}=\gamma\left(t'+\dfrac{u}{c^2}x'\right) \end{cases} \tag{6-24}$$

变换式(6-23)和(6-24)称为洛仑兹坐标变换式，它描述了同一事件在两个不同惯性系上观察时，时空坐标之间的变换关系。

在洛仑兹坐标变换式中，t 和 t' 都依赖于空间坐标，还与两个惯性系之间的相对速度 u 有关，这与伽利略变换截然不同。所以洛仑兹变换反映了相对论的时空观，即时间、空间和物质的运动是紧密相连的四维时空；而牛顿力学中，时间、空间和物质的运动是彼此独立的。

容易看出，在考虑 $u \ll c$ 的极限下，$u/c \to 0$，$\gamma \to 1$，洛仑兹变换就过渡到经典力学中的伽利略坐标变换，因此经典的时空坐标变换是狭义相对论时空坐标变换在低速运动下的近似。当 $u>c$ 时，洛仑兹变换就失去了物理意义，所以根据狭义相对论的基本原理，物体的速度不能超过真空中的光速，即真空中的光速是物体运动速度的极限。这一点，在高能物理实验中也得到了证实，高能粒子的飞行速度都是以 c 为极限的。

从洛仑兹变换公式来分析狭义相对论的时空观。首先，我们来分析同时的相对性。考虑有两个惯性系 S 和 S'，S'相对 S 沿 Ox 轴以速度 $\boldsymbol{u}$ 运动，如图 6-12 所示。

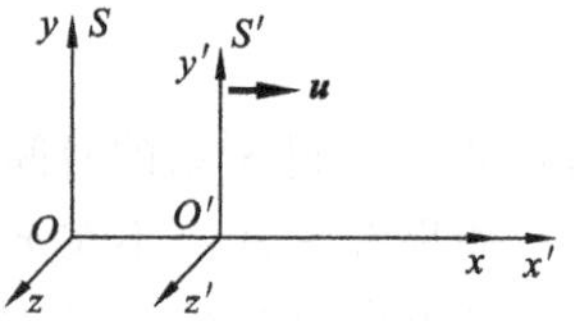

图 6-12　惯性参考系 S 和 S' 相对运动图

假设有事件Ⅰ和事件Ⅱ两个事件，它们在 S 系中的空时坐标为：事件Ⅰ$(x_1,0,0,t_1)$，事件Ⅱ$(x_2,0,0,t_2)$；在 S'系中的空时坐标为：事件Ⅰ$(x'_1,0,0,t'_1)$，事件Ⅱ$(x'_2,0,0,t'_2)$。根据洛仑兹逆变换：

$$t_2-t_1=\frac{(t'_2-t'_1)+u/c^2(x'_2-x'_1)}{\sqrt{1-u^2/c^2}} \tag{6-25}$$

假设在 S'系中，事件Ⅰ和事件Ⅱ是同时不同地发生的，即 $t'_2=t'_1,x'_2\neq x'_1$。可得 $t_2\neq t_1$，即在 S 系中，两个事件并不是同时发生的。进而验证了同时的相对性。

但是，同时的相对性并不破坏物理事件的因果律。例如，只有发射光信号，才能接收到光信号。设在 S 系中，事件Ⅰ表示光信号的发射，事件Ⅱ表示光信号的接收，则有

$$\Delta t=t_2-t_1>0 \tag{6-26}$$

和

$$\frac{\Delta x}{\Delta t}=\frac{x_2-x_1}{t_2-t_1}=c \tag{6-27}$$

在 S'系中，

$$\Delta t'=t'_2-t'_1=\gamma\left(\Delta t-\frac{v}{c^2}\Delta x\right)=\gamma\left(1-\frac{v}{c^2}\frac{\Delta x}{\Delta t}\right)\Delta t=\gamma\left(1-\frac{v}{c}\right)\Delta t>0 \tag{6-28}$$

上式表明，在 S'系中仍然是先发射光信号，才能接收到光信号。因此，具有因果律的关联事件的先后顺序是不可颠倒的。科幻小说及电视剧中的穿越是不可能实现的，历史之箭不可逆转。

接下来，分析时间延缓效应。由式(6-25)可知，假设事件Ⅰ和事件Ⅱ在 S'系中的同一地点发生，$x'_2=x'_1$，那么 $t'_2-t'_1$ 即为固有时，于是可得

$$t_2-t_1=\frac{t'_2-t'_1}{\sqrt{1-u^2/c^2}} \tag{6-29}$$

因此在 S 系中测量同样两事件的时间间隔比固有时长，时间延缓效应式(6-11)得到了验证。

最后，分析长度收缩效应。考虑在 S'系中，沿 x'轴水平放置一根静止的木棒，测

得它的长度为 $l'=x'_2-x'_1$，为此木棒的固有长。根据洛仑兹变换：

$$l'=x'_2-x'_1=\frac{x_2-ut_2}{\sqrt{1-u^2/c^2}}-\frac{x_1-ut_1}{\sqrt{1-u^2/c^2}}=\frac{(x_2-x_1)-u(t_2-t_1)}{\sqrt{1-u^2/c^2}} \tag{6-30}$$

前面我们提到过，测量运动木棒的长度时，记录木棒两端的位置必须同时，即 $t_2=t_1$，于是有

$$l'=\frac{x_2-x_1}{\sqrt{1-u^2/c^2}}=\frac{l}{\sqrt{1-u^2/c^2}} \tag{6-31}$$

其中 $l=x_2-x_1$ 为 S 系中测得的棒长。

进一步可得

$$l=l'\sqrt{1-u^2/c^2} \tag{6-32}$$

可见，长度收缩公式(6-16)得到了验证。

总结：以上讨论用到的时空间隔变换

$$\begin{cases}\Delta x'=\gamma(\Delta x-u\Delta t)\\ \Delta t'=\gamma\left(\Delta t-\dfrac{u\Delta x}{c^2}\right)\end{cases}$$

$$\begin{cases}\Delta x=\gamma(\Delta x'+u\Delta t')\\ \Delta t=\gamma\left(\Delta t'+\dfrac{u}{c^2}\Delta x'\right)\end{cases}$$

例 6-3 一短跑选手在地面上用 10 s 时间跑完 100 m 的路程，求在另一个以 $0.6c$ 的速度沿同一方向运动的参考系中，测得该选手跑过的路程和所用的时间。

解 根据题意可知，事件Ⅰ为起跑，事件Ⅱ为到达。在地面系中：事件Ⅰ(x_1,t_1)，事件Ⅱ(x_2,t_2)；在运动系中：事件Ⅰ(x'_1,t'_1)，事件Ⅱ(x'_2,t'_2)，于是有 $t_2-t_1=10$ s，$x_2-x_1=100$ m，$u=0.6c$，因为

$$t'=\frac{t-\dfrac{u}{c^2}x}{\sqrt{1-(u/c)^2}}$$

所以 $t'_2-t'_1=\dfrac{(t_2-t_1)-\dfrac{u}{c^2}(x_2-x_1)}{\sqrt{1-(u/c)^2}}=\dfrac{10-0.6\times100/(3\times10^8)}{\sqrt{1-0.6^2}}\ (\text{s})=12.5\ (\text{s})$

又因为 $x'=\dfrac{x-ut}{\sqrt{1-(u/c)^2}}$，所以

$$x'_2-x'_1=\frac{(x_2-x_1)-u(t_2-t_1)}{\sqrt{1-(u/c)^2}}=\frac{100-0.6\times3\times10^8\times10}{\sqrt{1-0.6^2}}\ (\text{m})=-2.25\times10^9(\text{m})$$

负号说明该短跑选手起跑在右，到达在左。

接下来，通过洛仑兹变换公式来比较在两个不同惯性系中观测同一个物体的运动速度。

6.4.2 洛仑兹速度变换

如图 6-13 所示，假设 S'系沿 Ox 轴相对 S 系以速度 $\boldsymbol{u}$ 运动，现有一个质点在空间运动，从 S 系观测，质点的速度为 $\boldsymbol{v}(v_x,v_y,v_z)$；从 S'系观测，质点的速度为 $\boldsymbol{v}'(v'_x,v'_y,v'_z)$。根据运动学知识可知

$$v_x=\frac{dx}{dt},v_y=\frac{dy}{dt},v_z=\frac{dz}{dt};\quad v'_x=\frac{dx'}{dt},v'_y=\frac{dy'}{dt},v'_z=\frac{dz'}{dt} \tag{6-33}$$

通过式(6-23)对 t'求导，可得

$$\frac{dx'}{dt'}=\frac{dx'}{dt}\frac{dt}{dt'}=\frac{\frac{dx}{dt}-u\frac{dt}{dt}}{\sqrt{1-u^2/c^2}}\frac{\sqrt{1-u^2/c^2}}{1-u\frac{dx/dt}{c^2}} \tag{6-34}$$

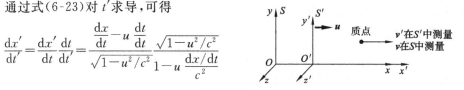

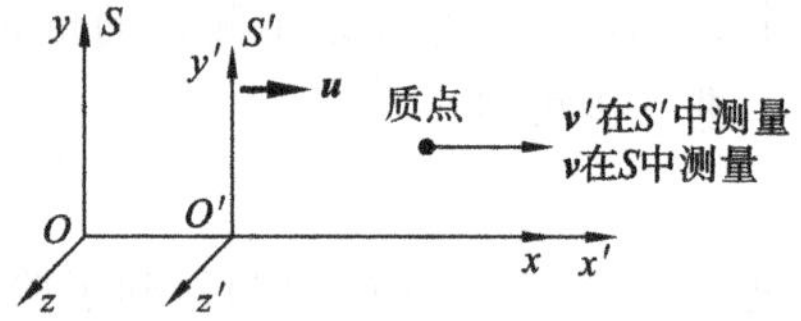

图 6-13　惯性参考系 S 和 S' 中对质点运动速度关系图

化简可得

$$v'_x=\frac{v_x-u}{1-\frac{u}{c^2}v_x} \tag{6-35}$$

同理

$$\frac{dy'}{dt'}=\frac{dy'}{dt}\frac{dt}{dt'}=\frac{dy}{dt}\frac{\sqrt{1-u^2/c^2}}{1-u\frac{dx/dt}{c^2}},\quad \frac{dz'}{dt'}=\frac{dz'}{dt}\frac{dt}{dt'}=\frac{dz}{dt}\frac{\sqrt{1-u^2/c^2}}{1-u\frac{dx/dt}{c^2}} \tag{6-36}$$

化简可得

$$v'_y=v_y\frac{\sqrt{1-u^2/c^2}}{1-\frac{u}{c^2}v_x},\quad v'_z=v_z\frac{\sqrt{1-u^2/c^2}}{1-\frac{u}{c^2}v_x} \tag{6-37}$$

整理可得

$$\begin{cases} v'_x=\dfrac{v_x-u}{1-\dfrac{u}{c^2}v_x} \\ v'_y=\dfrac{v_y}{\gamma\left(1-\dfrac{u}{c^2}v_x\right)} \\ v'_z=\dfrac{v_z}{\gamma\left(1-\dfrac{u}{c^2}v_x\right)} \end{cases} \tag{6-38}$$

为从 S 系到 S'系的相对论速度变换关系。

若将式(6-38)中的 u 换成 $-u$，所有带撇的量与不带撇的量互换，可以得到对应的逆变换：

$$\begin{cases} v_x=\dfrac{v'_x+u}{1+\dfrac{u}{c^2}v'_x} \\ v_y=\dfrac{v'_y}{\gamma\left(1+\dfrac{u}{c^2}v'_x\right)} \\ v_z=\dfrac{v'_z}{\gamma\left(1+\dfrac{u}{c^2}v'_x\right)} \end{cases} \tag{6-39}$$

式(6-38)和(6-39)称为洛仑兹速度变换式。我们可以看到，虽然垂直于运动方向的长度不变，但速度却改变了，这是由于时间间隔改变了。

根据洛仑兹速度变换，设想一个特殊情况，假设从 S'系的坐标原点 O'沿 x'轴发生一束光信号，即在 S'系测得光速 $v'_x=c$，根据式(6-39)可得，在 S 系观测光速：

$$v_x=\frac{c+u}{1+\dfrac{u}{c^2}c}=c \tag{6-40}$$

即光速在 S 与 S'系中都相等，这个结论与光速不变原理是相符合的。

另外，在低速情况下，$u\ll c$，式(6-38)又可化简为 $v'_x=v_x-u$，$v'_y=v_y$，$v'_z=v_z$，回到了经典力学中的伽利略速度变换公式。

最后，总结一下洛仑兹变换的物理意义。首先，洛仑兹变换是不同惯性系中时空变换的普遍公式，伽利略变换不过是它的一种特殊的极限情况(低速近似)；其次，洛仑兹变换得到的结果与光速不变原理、真空中光速为极限速度的实验事实相符合；另外，洛仑兹变换揭示了新的时空观，即时间、空间彼此关联，并与物质、运动密不可分，形成四维时空概念，不同惯性系中的观察者有各自不同的时空观念，不存在对所有观察者都相同的绝对时间和绝对空间。

例 6-4 在地面上观测有两个飞船 A，B 分别以 $+0.9c$，$-0.9c$ 的速度反向飞行，求飞船 A 相对于飞船 B 的速度。

解 假设有两个惯性系，S 系固定在飞船 B 上，飞船 B 相对于 S 系静止，地面相对 S 系以 $u=0.9c$ 运动；地面系为 S'系，飞船 A 相对 S'系的速度 $v'_x=0.9c$，根据洛仑兹速度逆变换：

$$v_x=\frac{v'_x+u}{1+\dfrac{u}{c^2}v'_x}$$

代入具体的数值可得 $v_x=0.994c$。

以上是从运动学的角度，学习了狭义相对论的两个基本原理，狭义相对论的时空观以及不同惯性系之间的坐标变换式和速度变换式。经典力学能够处理的问题是局限的，而狭义相对论则站在了一个更高的角度，对物质运动的描述更具有普适性。经典力学中的运动学规律其实是狭义相对论框架内考虑物质低速运动时的极限情况。这就意味着，从动力学的角度，经典力学所涉及的一些概念和结论，在相对论中也需要被重新定义。关于这一点，爱因斯坦曾说："把经典力学改变成既不与相对论矛盾，又不与已经观察到的以及已经由经典力学解释出来的大量资料相矛盾，就很简便了，旧力学只能应用小的速度，而称为新力学的特殊情况。"

接下来我们就从动力学的角度初步了解狭义相对论对于物体的质量、动量和能量的重新定义问题，以及这个物理量之间在相对论中所满足的对应关系。

6.5 狭义相对论动力学基础

6.5.1 相对论质量和动量

根据已有的物理知识，如果对一个物体施加外力 $\boldsymbol{F}$，物体的动量 $\boldsymbol{p}$ 会发生变化；如果外力持续作用，物体的动量会持续增加。根据定义，动量等于物体的质量与运动速度之乘积：$\boldsymbol{p}=m\boldsymbol{v}$。但是在狭义相对论中，物体的运动速度是有约束的，即光速是物体运动速度的极限。所以考虑外力持续作用时，物体的动量会持续增加，但物体的运动速度不能超过光速，在不改变动量定义的前提下，基于刚才的分析，在相对论中，物体的质量不应该再是一个定值，它会随着物体运动速度大小的改变而变化，即 $m=m(v)$。这一点也被现代物理实验所证实了。

接下来我们就具体考察，在相对论中，物体的质量是如何依赖于物体运动速率的变化而变化的。

设想这样一个理想实验，有两个完全相同的小球 A 和 B 发生完全非弹性碰撞，碰撞后两个小球结合成一个整体一起运动。设小球 A 和 B 的静止质量均为 m_0，在 S 系中观测，B 静止，A 的速度为 v，如图 6-14 所示；在 S' 系中观测，A 静止，B 的速度为 $-v$，如图 6-15 所示。

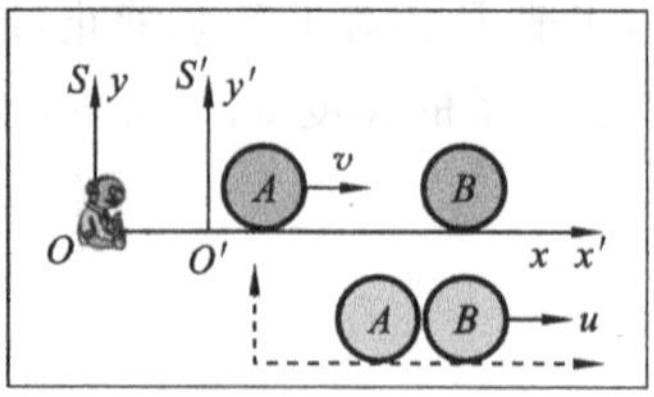

图 6-14　S 系中球 A 和 B 的碰撞图

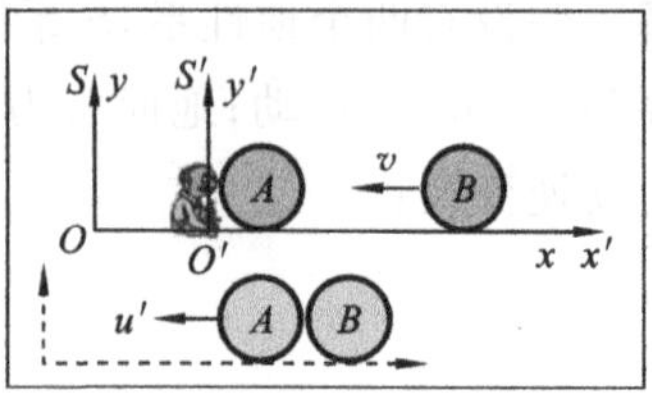

图 6-15　S' 系中球 A 和 B 的碰撞图

小球碰撞前后动量守恒，我们可以在 S 系和在 S' 系中分别描述。在 S 系，由动量守恒定律，有

$$mv+m_0\cdot 0=(m+m_0)u \tag{6-41}$$

可得
$$\frac{v}{u}=\frac{m+m_0}{m} \tag{6-42}$$
在 S' 系，由动量守恒定律，有
$$m_0 \cdot 0-mv=(m+m_0)u' \tag{6-43}$$
可得
$$\frac{v}{u'}=-\frac{m+m_0}{m} \tag{6-44}$$
对比式(6-42)和(6-44)可知
$$u=-u' \tag{6-45}$$
再根据洛仑兹速度变换式：
$$u'=\frac{u-v}{1-uv/c^2} \tag{6-46}$$
由此得
$$m\left(1-\frac{v^2}{c^2}\right)=m_0 \tag{6-47}$$
最后整理可得
$$m=\frac{m_0}{\sqrt{1-v^2/c^2}}=\gamma m_0 \tag{6-48}$$

可见，在相对论中，物体的质量 m 与物体的运动速率有关，称为相对论质量；m_0 是物体相对于惯性系静止时的质量，称为静质量。从式(6-48)可以看出，相对论质量更具有普适性，即考虑 $v\ll c$ 的特殊情况，$m\approx m_0$，此时可以近似地认为物质的质量为一个常量，回到了经典力学的情况；另外，物体的运动速度越接近光速，它的质量越大，就越难加速，当速度无限趋近于光速时，物体的质量就趋近于无穷大，而当物体的速度大于光速时，式(6-48)就失去了物理意义，这符合真空中的光速是物体运动速度的极限这一结论；同时，物体的质量也具有相对性，物体相对于不同的惯性系运动速度不同，质量就不同，体现了物质与运动的不可分割性。

对于宏观物体，运动速度较小，物体质量的相对论效应不太明显，通常忽略速度对质量的影响；但是对于微观粒子，它们的运动速度可以接近于光速，此时，微观粒子质量的相对论效应就会非常明显，在很多高能粒子实验中，大量的实验结果都验证了式(6-48)的正确性。

对于光，速度为 c，只有 $m_0=0$ 时才有意义，即光子的静止质量为零。

德国物理学家沃尔特·考夫曼通过实验证实了电子的电磁质量与速度的依赖关系，如图 6-16 所示，图中曲线代表式(6-48)描述的理论情况，点代表实验测量数据，可见在误差允许的范围内，实验与理论符合得非常好，相对论质量关系得到了验证。

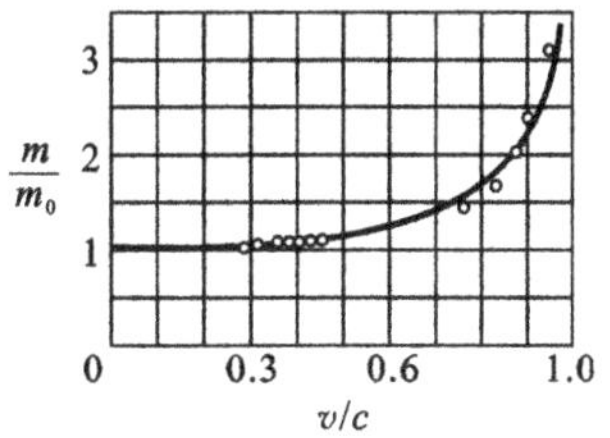

图 6-16　静止质量与运动质量关系曲线

根据式(6-48)，我们可以给出相对论动量的表达式：

$$\boldsymbol{p}=m\boldsymbol{v}=\frac{m_0}{\sqrt{1-\frac{v^2}{c^2}}}\boldsymbol{v}=\gamma m_0\boldsymbol{v} \tag{6-49}$$

6.5.2 相对论能量

在经典力学中，力定义为动量对时间的变化率，将这个定义推广到相对论中，

$$\boldsymbol{F}=\frac{\mathrm{d}\boldsymbol{p}}{\mathrm{d}t}=\frac{\mathrm{d}(m\boldsymbol{v})}{\mathrm{d}t}=m\frac{\mathrm{d}\boldsymbol{v}}{\mathrm{d}t}+\boldsymbol{v}\frac{\mathrm{d}m}{\mathrm{d}t} \tag{6-50}$$

这就是相对论力学的基本方程。

接下来我们考虑物体在外力 F_x 的作用下沿 x 轴方向做一维运动，当它的速度从 0 增加到 v 时，根据动能定理，有

$$E_{\mathrm{k}}=\int F_x\mathrm{d}x=\int\frac{\mathrm{d}p}{\mathrm{d}t}\mathrm{d}x=\int\frac{\mathrm{d}x}{\mathrm{d}t}\mathrm{d}p=\int v\mathrm{d}p \tag{6-51}$$

利用分部积分，可得

$$E_{\mathrm{k}}=pv-\int_0^v p\mathrm{d}v \tag{6-52}$$

根据式(6-49)中动量的定义，可得

$$\begin{aligned}E_{\mathrm{k}}&=\frac{m_0v}{\sqrt{1-v^2/c^2}}v-\int_0^v\frac{m_0v}{\sqrt{1-v^2/c^2}}\mathrm{d}v\\&=\frac{m_0c^2}{\sqrt{1-v^2/c^2}}-m_0c^2\end{aligned} \tag{6-53}$$

根据式(6-48)相对论质量的定义可得

$$E_{\mathrm{k}}=mc^2-m_0c^2 \tag{6-54}$$

此式称为相对论动能表达式。考虑物体运动速度远小于光速的极限，即 $v\ll c$，由泰勒展开

$$\frac{1}{\sqrt{1-v^2/c^2}}\approx1+\frac{1}{2}\frac{v^2}{c^2} \tag{6-55}$$

此时

$$E_{\mathrm{k}}\approx m_0c^2\left(1+\frac{1}{2}\frac{v^2}{c^2}\right)-m_0c^2\approx\frac{1}{2}m_0v^2 \tag{6-56}$$

又回到了经典力学中的动能表达式。可见，经典力学中的动能表达式是相对论力学中，考虑物体低速运动时的近似情况。

将式(6-54)稍作改写，可得

$$mc^2=E_{\mathrm{k}}+m_0c^2 \tag{6-57}$$

爱因斯坦将等式左边 mc^2 定义为物体由于运动而具有的总能量，等式右边第二项 m_0c^2 为物体静止时具有的静能量。因此式(6-57)说明，物体运动时具有的总能量等于物体的动能加上物体的静能量。如果考虑能量转化的过程，由上式可知动能量和静能量也可以相互转化，例如，一个电子和一个正电子相遇，会湮灭变成两个光子：$e^- + e^+ \rightarrow 2\gamma$，这就是微观粒子的静能量转化为动能量的例子。

用 E 代表物体运动时具有的总能量，E_0 表示物体静止时的能量，于是有

$$E=mc^2, \quad E_0=m_0c^2 \tag{6-58}$$

这就是著名的爱因斯坦质能方程，这是狭义相对论的一个重要结论。它描述了物体的能量与质量之间的密切联系，质量可以被认为是能量的另一种形式，特别是在高能物理中，描述微观粒子的质量，如夸克、电子、质子，都是以电子伏特 eV 为单位的。

如果一个物体或系统的质量改变了，则能量也会相应地改变，

$$\Delta E=\Delta mc^2 \tag{6-59}$$

由上式可知，系统的总能量守恒也就意味着系统的总质量守恒，所以经典力学中两个独立的守恒定律：质量守恒定律和能量守恒定律，在相对论中自然地统一起来了。质能关系使得人类找到了打开核能宝库的钥匙。在核裂变及核聚变的过程中，会释放大量的能量。从质能关系出发可计算对应过程释放的能量问题。

例 6-5 考虑两个质子和两个中子结合成一个氦核 ^4_2He，实验测得氦核的质量为 $m_A=4.00150$ u，已知质子和中子的质量为 $m_p=1.00728$ u，$m_n=1.00866$ u，计算该过程中释放的能量（$1\ u=1.660\times10^{-27}$ kg）。

解 在两个质子和两个中子结合成氦核的过程中，质量亏损为

$$\Delta m=2m_p+2m_n-m_A=0.03038\ u$$

再根据式(6-59)，代入数值可得释放能量为

$$\begin{aligned}\Delta E&=\Delta mc^2=0.03038\times1.660\times10^{-27}\times(3.0\times10^8)^2(J)\\&=0.4539\times10^{-11}(J)\end{aligned}$$

若结合成 1 mol 的氦核，则释放能量：

$$\Delta E=\Delta mc^2=6.022\times10^{23}\times0.4539\times10^{-11}(J)=2.733\times10^{12}(J)$$

再例如，在重原子核裂变过程中，也能释放巨大的能量，如最典型的铀原子核 $^{235}_{92}U$ 的裂变过程，$^{235}_{92}U+^1_0n \longrightarrow ^{139}_{54}Xe+^{95}_{38}Sr+2^1_0n$，根据式(6-56)计算可得，1g 铀 235 裂变过程中释放的能量为 8.5×10^{10} J，当铀 235 发生链式裂变时释放的能量更巨大。核电站就是利用原子核裂变反应释放出能量，经能量转化而发电的。我国的首个核电站——秦山核电站，始建于 20 世纪 80 年代中期。现在还有诸如广东大亚湾核电站、江苏田湾核电站等（见图 6-17）。据 2018 年的统计数据，核能累计发电量为 2865.11 亿千瓦时。

秦山核电站

大亚湾核电站

田湾核电站

图 6-17　我国核电站图

6.5.3　相对论能量-动量关系

由前面得到的相对论动量和能量的表达式，我们可以总结得到它们之间的对应关系，即

$$p=mv=\frac{m_0 v}{\sqrt{1-v^2/c^2}}$$

$$E=mc^2=\frac{m_0}{\sqrt{1-v^2/c^2}}c^2$$

联立上两式消去速率 v 可得

$$(mc^2)^2=(m_0c^2)^2+m^2v^2c^2 \tag{6-60}$$

根据相对论总能量、静能量、动量的定义可得

$$E^2=E_0^2+p^2c^2 \tag{6-61}$$

这个式子给出了相对论动量和能量的关系。

如果考虑物体的总能量远远大于其静能量，即 $E\gg E_0$，那么静能量可被忽略，于是有 $E\approx pc$，例如，光子的静质量为 0，它的能量和动量关系即可用上式表示（此时取等号）。

以上是我们对狭义相对论的初步学习和认识。建立了新的时空观，站在一个更高的角度认识了物质运动的相关规律。狭义相对论的建立是物理学发展史上的一座里程碑，它不仅被大量的实验所验证，也是当今天体物理、高能物理、核物理等一些前沿学科的理论基础。

思 考 题

6-1 相对论中运动物体长度收缩与物体的热胀冷缩是否一样？

6-2 在参考系 S 中，有两个静止质量都是 m_0 的粒子 A，B 分别以速度 $v_A=v$，$v_B=-v$ 相向运动，两者碰撞后合在一起成为一个静止质量为 M_0 的粒子。在求 M_0 时有一种解答如下：

$$M_0=m_0+m_0=2m_0$$

这个解答对否？为什么？

6-3 两个惯性系 K 与 K' 坐标轴相互平行，K' 系相对于 K 系沿 x 轴做匀速运动，在 K' 系的 x' 轴上，相距为 L' 的 A'，B' 两点处各放一只已经彼此对准了的钟，试问在 K 系中的观测者看这两只钟是否也对准了？为什么？

6-4 经典相对性原理与狭义相对论的相对性原理有何不同？

6-5 洛仑兹变换与伽利略变换的本质区别在哪里？如何理解洛仑兹变换的物理意义？

6-6 长度的量度和同时性有什么关系？为什么长度的量度与参考系有关？

6-7 什么是质量亏损？它和原子能的释放有何关系？

6-8 相对论的能量和动量之间的关系是什么？相对论的质量和能量之间的关系是什么？静止质量和静止能量的物理意义是什么？

习 题

6-1 μ 子是一种基本粒子，在相对于 μ 子静止的坐标系中测得其寿命 $\tau_0=2\times10^{-8}$ s。如果 μ 子相对于地球的速度 $v=0.988c$（c 为真空中光速），则在地球坐标系中测出的 μ 子的寿命 τ 等于多少？

6-2 匀质细棒静止时的质量为 m_0，长度为 l_0，当它沿棒长方向做高速的匀速直线运动时，测得它的长为 l。求：(1) 该棒的运动速度；(2) 该棒所具有的动能。

6-3 列车静止时的长度为 l_0，列车以速度 u 沿 x 轴匀速运动，当列车上的中点 O' 与地面上的 O 点重合时，在 O（即 O'）位置有一光源发出闪光，试求地面坐标系观测到的列车首尾两端的接收器接到闪光的时间差。

6-4 一根静长度为 l_0 的杆静止于 S' 系中，它位于 (x',y') 平面内并与 x' 轴成 $\arcsin\left(\frac{3}{5}\right)$ 角。如果 S' 系以恒速 v 平行于 S 系的 x 轴运动，试问：(1) 如果在 S 系中测杆与 x 轴成 $45°$，v 的数值必须是多少？(2) 在这种条件下，在 S 系中测得的杆长是多少？

6-5 静止质量为 m_0 的两个粒子相互靠近，并做完全非弹性碰撞，它们碰撞前的速度分别为 $0.8c$ 和 $0.6c$。求：(1) 碰撞后这两个粒子组成的系统总动量是多少？(2) 碰撞后系统总能量是多少？

6-6 试证明：

(1) 如果两个事件在某惯性系中是在同一地点发生的，则对一切惯性系来说这两个事件的时间间隔只有在此惯性系中最短。

(2) 如果两个事件在某惯性系中是同时发生的，则对一切惯性系来说这两个事件的空间距离只有在此惯性系中最短。

6-7 在惯性系 K 中发生两事件，它们的位置和时间的坐标分别是(x_1,t_1)及(x_2,t_2)，且 $\Delta x>c\Delta t$；若在相对于 K 系沿正 x 方向匀速运动的 K'系中发现这两事件却是同时发生的。试证明：在 K'系中发生这两事件的位置间的距离

$$\Delta x'=(\Delta x^2-c^2\Delta t^2)^{\frac{1}{2}}$$

式中，$\Delta x=x_2-x_1$，$\Delta t=t_2-t_1$，c 为真空中的光速。

6-8 K 惯性系中观测者记录到两事件的空间和时间间隔分别是 $x_2-x_1=600$ m 和 $t_2-t_1=8\times10^{-7}$ s，为了使两事件对相对于 K 系沿正 x 轴方向匀速运动的 K'系来说是同时发生的，K'系必须相对于 K 系以多大的速度运动？

6-9 在 K 惯性系中，相距 $\Delta x=5\times10^6$ m 的两个地方发生两事件，时间间隔 $\Delta t=10^{-2}$ s；而在相对于 K 系沿正 x 方向匀速运动的 K'系中观测到这两事件却是同时发生的。试计算在 K'系中发生这两事件的地点间的距离 $\Delta x'$是多少？

6-10 静止的 μ 子的平均寿命约为 $\tau_0=2\times10^{-6}$ s。今在 8 km 的高空，由于 π 介子的衰变产生一个速度 $v=0.998c$(c 为真空中光速)的 μ 子。试论证此 μ 子有无可能到达地面。

第二篇

电磁学

电磁学是研究电磁现象规律的学科。很早时候人们就发现用毛皮摩擦过的琥珀吸引羽毛、纸屑等轻小物体。例如，东汉时期的王充在《论衡·乱龙篇》中有“顿牟缀芥，磁石引针”的记载。在磁学领域，我们祖先有着独特的贡献。“慈石召铁”“司南勺”和“指南针”在中华文化史上煜煜生辉。

电和磁发展初期进展缓慢，其具有影响的事件涉及莱顿瓶的发明、富兰克林风筝和伏打电盘等。直到1785年，库仑和卡文迪什独立地发现了两电荷之间的作用力定律，今称库仑定律。这是电磁学的基本定律之一。电磁发展史的第一个重要转折是伽伐尼的关于蛙腿痉挛的实验和伏打制成的电堆，使电学从静电领域发展到电流领域。到1820年，奥斯特发现电流的磁效应，揭开了电学史的新篇章。于是，一大批、特别是法国的物理学家立即涌入这一研究高地，在两年时间内就奠定了电动力学的基础。包括安培发现的电流之间的相互作用，毕奥-萨伐尔表述的单一电流线元的磁作用定律。以及稍晚几年，欧姆建立了的电阻定律，清楚地区分电动势、电势梯度、电流强度的概念，并为电导率概念打下基础。在电流的磁效应发现的激励之下，法拉第通过一系列实验于1831年建立法拉第电磁感应定律。1861年麦克斯韦提出了“位移电流”概念，从数学上建立了意义深远的电磁场理论。法拉第、麦克斯韦等人的工作导致物理学史上第三次理论大综合，揭示了光、电、磁三种现象的本质统一性。赫兹于1888年用实验证实了电磁波的存在，并直接测出电磁波的传播速度。电磁波的发现，预示了无线电通信和稍后兴起的电视技术的到来，为现代人类的物质文明奠定了强有力的基础。

【温故知新】

在高中阶段，同学们对“静电场”“电路及其应用”“电磁场与电磁波初步”“能源与可持续发展”“磁场”“电磁感应及其应用”“电磁振荡与电磁波”“传感器”等电磁学范畴已经有了详细的学习和理解。这里，简要概述其知识要点。

通过摩擦起电实验人们发现自然界中存在两类电荷，即正电荷和负电荷。另一个重要的起电方式是静电感应。无论是摩擦起电还是静电感应起电，都表明起电过程是电荷从一个物体（或物体的一部分）转移到另一物体（或同一物体的另一部分）的过程，并总结出了电荷守恒定律，即在任何物理过程中，电荷的代数和是守恒的。电荷守恒定律不仅在一切宏观过程中成立，也是一切微观过程所普遍遵循的定律。电荷的量值是离散的（即“量子化”），电荷的量值的基本单元是一个电子或一个质子所带的电量。库仑定律描述了两个静止点电荷之间的相互作用。这里需要强调的是“点电荷”这样一个带电体模型。一个带电体可抽象为“点电荷”模型的前提条件是“带电体本身的几何线度比起它到其他带电体的距离小得多”，此时带电体的形状和电荷分布对物理问题的求解而言已无关紧要，因此可将其抽象为一个几何点。

凡是有电荷的地方，周围就存在电场；电场的基本性质就是对置入其中的电荷有力的作用，称之为电场力。科学实验和广泛的生产实践证实了场的观点，电场和磁场也是物质的一种形态，具有物质的属性，如动量和能量。电场强度描述了电场的性质，即电场中某一点的电场强度 $\boldsymbol{E}$ 的大小等于单位电荷在该处所受电场力的大小，方向与正电荷在该处所受的电场力的方向相同。在物理学中经常利用物理量之比来定义一个新的物理量，从而更好地去理解物理现象和物理规律。依据电场强度的定义，容易发现电场强度满足叠加原理。这里不得不提一个最简单且重要的带电系统——电偶极子。依据静电场力做功与路径的关系，可知静电场力是保守力，静电场是保守场。可引入电势能和电势的概念，电势能定义为某一带电体在电场中某点所具有的势能，而电势定义为试探电荷在电场中某点具有的电势能与其电荷量的比值。电势和电势能是标量，具有相对性，依赖于零电势点的选取。而电场中两点间的电势差是由电场本身的性质决定的，与零电势点的选取无关。电场中电势相等的各点所组成的面称为等势面，等势面与电场线处处垂直，电场线方向总是从电势高的等势面指向电势低的等势面。金属导体中的电子在电场中受到电场力的作用发生定向移动，使导体两端出现等量异种电荷的现象称为静电感应现象。当自由电子不再发生定向移动时，导体处于静电平衡状态。此时，导体内部的场强处处为零，整个导体是等势体，导体表面是等势面，导体表面电场线与导体表面处处垂直。

金属导体中自由电荷发生定向移动时就形成了电流，电流的方向规定为正电荷移动的方向。电流的大小定义为单位时间通过导体某一横截面积的带电量。从微观而言，电流与导体内的自由电荷密度、带电量、漂移速度和导体横截面积有关，即 $I=nqvS$。导体中的电流 I 与导体两端的电压 U 成正比，与导体的电阻 R 成反比，即 $I=\dfrac{U}{R}$，这就是欧姆定律。促使自由电荷定向移动的装置称为电源，电源的电动势在数值上等于非静电力把 1 C 的正电荷在电源内部从负极移送到正极所做的功。电动势是反映电源把其他形式的能量转化为电能的本领的物理量。电源的电阻称为电源的内阻，是描述电源的另一个重要的参数。闭合回路的欧姆定律可描述为“闭合电路的电流与电源的电动势成正比，与内、外电路的电阻之和成反比。”

能容纳电荷的带电体称为电容器。电容是衡量电容器容纳电荷本领大小的物理量，即电容器所带的电荷量 Q 与电容器两极板间的电势差 U 的比值，单位是法拉(F)。电容是电容器本身固有的性质，如平行板电容器的电容与极板的正对面积成正比，与电介质的相对介电常数成正比，与极板间距离成反比。电容器的充放电过程是电场中存储电场能和释放电场能的过程。

电和磁经常联系在一起并相互转化，凡是用到电的地方，几乎都有磁的过程参与其中。奥斯特通过实验发现电流对磁铁有力的作用。和在静电场中一样，磁铁和电流的相互作用也是通过磁场来传递的。磁铁和电流在其周围的空间产生磁场，磁场也是物质的一种形式，磁场最基本的性质是对置入其中的其他磁铁或电流有作用力。

磁感应强度 $\boldsymbol{B}$ 描述磁场的性质。为了形象地描述磁场，引入了磁感线。在磁场中画出一些曲线，使曲线上每一点的切线方向都与该点的磁感应强度的方向一致。磁感线是闭合曲线，没有起点和终点。磁感线和电场线一样是假想的曲线，客观上不存在。在匀强磁场中，与磁场方向垂直的面积 S 与磁感应强度 $\boldsymbol{B}$ 的乘积定义为磁通量，可理解为穿过某一面积的磁感线的条数。

磁场最基本的性质是对置入其中的电流有力的作用，称之为安培力 F。一长为 L 电流为 I 的通电导线置入磁场中，电流方向与磁感应强度方向的夹角为 θ，则该通电导线所受的安培力大小为 $F=BIL\sin\theta$，方向满足左手定则。磁场对置入其中的运动电荷也有力的作用，即洛仑兹力 f。一带电为 q 的电荷以速度 v 进入磁场，速度 $\boldsymbol{v}$ 和磁感应强度 $\boldsymbol{B}$ 的夹角为 θ，则该运动电荷所受的洛仑兹力大小为 $f=qvB\sin\theta$，方向满足左手法则。

法拉第凭借其精湛的实验技巧和敏锐地捕捉现象的能力发现了电磁感应现象。1834 年楞次定律提出了直观判断感应电流方向的方法，即楞次定律，表述为感应电流的磁场总要阻碍引起感应电流的磁通量的变化。感应电流的方向满足右手法则。法拉第电磁感应定律给出了感应电动势的计算，$\mathscr{E}=N\dfrac{\Delta\Phi}{\Delta t}$，即闭合回路中感应电动势的大小，与穿过该电路的磁通量的变化率成正比。当导体本身的电流发生变化时而产生的电磁感应现象称为自感，由自感而产生的感应电动势称为自感电动势。从麦克斯韦电磁场理论可知，变化的电场产生磁场，变化的磁场产生电场。他们总是相互联系成为一个整体，这就是电磁场。电磁场是横波，在空间传播不需要介质，在真空中的速度为 3×10^8 m/s。

【过关斩将】

1. 下列说法中正确的是(　　)。

A. 由 $E=\dfrac{F}{q}$ 知，电场中某点的电场强度与检验电荷在该点所受的电场力成正比

B. 公式 $E=\dfrac{F}{q}$ 和 $E=k\dfrac{Q}{r^2}$ 对于任何静电场都是适用的

C. 电场中某点的电场强度方向即检验电荷在该点的受力方向

D. 电场中某点的电场强度等于 $\dfrac{F}{q}$，但与检验电荷的受力大小及带电荷量无关

2. 一电子飞经电场中 A、B 两点，电子在 A 点的电势能为 4.8×10^{-17} J，电子经过 B 点时电势能为 3.2×10^{-17} J，电子在 A 点的动能为 3.2×10^{-17} J，如果电子只受静电力作用，则(　　)。

A. 电子在 B 点时动能为 4.8×10^{-17} J　B. 由 A 到 B 静电力做功为 1000 eV

C. 电子在 B 点时动能为 1.6×10^{-17} J　D. A、B 两点间电势差为 100 V

3. 如图所示的是描述给定的电容器充电时极板上带电荷量 Q、极板间电压 U 和电容 C 之间关系的图像，其中错误的是(　　)。

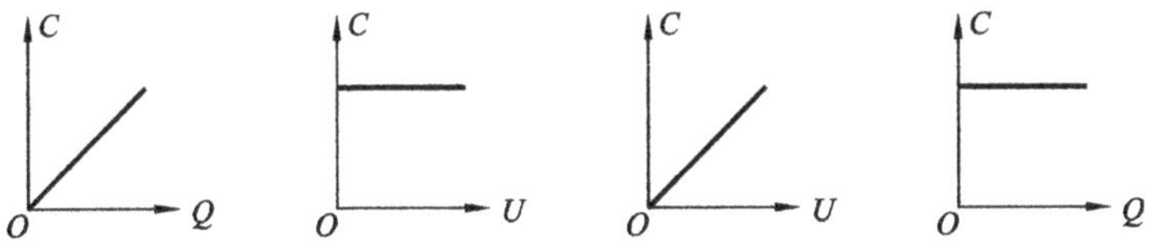

A　　B　　C　　D

4. 飞行器在太空飞行，主要靠太阳能电池提供能量。若有一太阳能电池板，测得它的开路电压为 800 mV，短路电流为 40 mA. 若将该电池板与一阻值为 20 Ω 的电阻器连成一闭合电路，则它的路端电压是(　　)。

A. 0.10 V　　B. 0.20 V　　C. 0.30 V　　D. 0.40 V

5. 将长为 L 的导线弯成六分之一圆弧，固定于垂直纸面向外、大小为 B 的匀强磁场中，两端点 A、C 连线竖直，如图所示。若给导线通以由 A 到 C、大小为 I 的恒定电流，则导线所受安培力的大小和方向是(　　)。

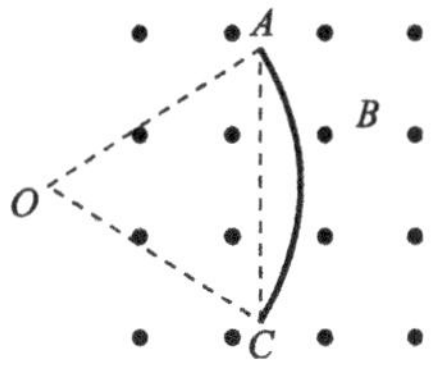

A. ILB，水平向左　　B. ILB，水平向右

C. $\dfrac{3ILB}{\pi}$，水平向右　　D. $\dfrac{3ILB}{\pi}$，水平向左

6. 如图所示，一个 U 形金属导轨水平放置，其上放有一个金属导体棒 ab，有一个磁感应强度为 $\boldsymbol{B}$ 的匀强磁场斜向上穿过轨道平面，且与竖直方向的夹角为 θ。在下列各过程中，一定能在轨道回路里产生感应电流的是(　　)。

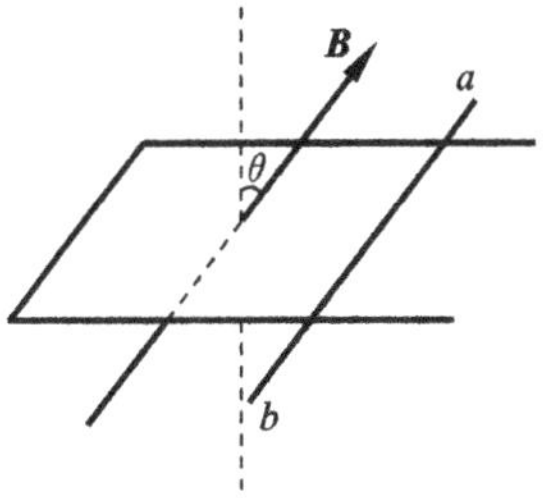

A. ab 向右运动，同时使 θ 减小

B. 使磁感应强度 $\boldsymbol{B}$ 减小，θ 角同时也减小

C. ab 向左运动，同时增大磁感应强度 $\boldsymbol{B}$

D. ab 向右运动，同时增大磁感应强度 $\boldsymbol{B}$ 和 θ 角($0° < \theta < 90°$)

7. 如图所示，匀强磁场中有两个导体圆环 a、b，磁场方向与圆环所在平面垂直。磁感应强度 $\boldsymbol{B}$ 随时间均匀增大。两圆环半径之比为 2∶1，圆环中产生的感应电动势分别为 $\mathscr{E}_a$ 和 $\mathscr{E}_b$。不考虑两圆环间的相互影响。下列说法正确的是(　　)。

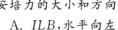

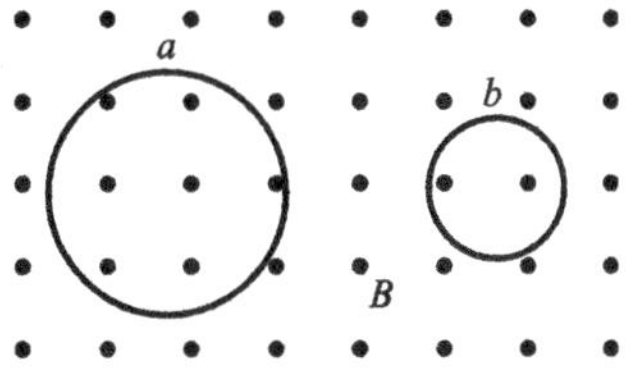

A. $\mathscr{E}_a : \mathscr{E}_b = 4 : 1$，感应电流均沿逆时针方向

B. $\mathscr{E}_a : \mathscr{E}_b = 4 : 1$，感应电流均沿顺时针方向

C. $\mathscr{E}_a : \mathscr{E}_b = 2 : 1$，感应电流均沿逆时针方向

D. $\mathscr{E}_a : \mathscr{E}_b = 2 : 1$，感应电流均沿顺时针方向

8. 英国物理学家麦克斯韦认为，磁场变化时会在

空间激发感生电场。如图所示，一个半径为 r 的绝缘细圆环水平放置，环内存在竖直向上的匀强磁场，环上套一带电荷量为 $+q$ 的小球。已知磁感应强度 B 随时间均匀增加，其变化率为 k，若小球在环上运动一周，则感生电场对小球的作用力所做功的大小是(　　)。

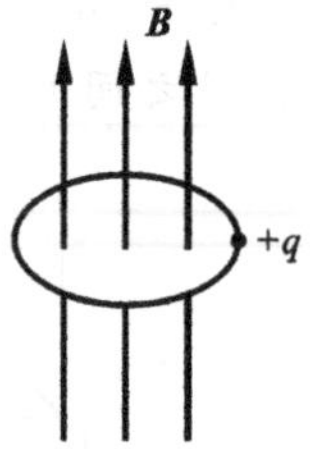

A. 0　　B. $\frac{1}{2}r^2qk$　　C. $2\pi r^2qk$　　D. πr^2qk

9. 如图所示，在赤道处，将一小球向东水平抛出，落地点为 a；给小球带上电荷后，仍以原来的速度抛出，考虑地磁场的影响，下列说法正确的是(　　)。

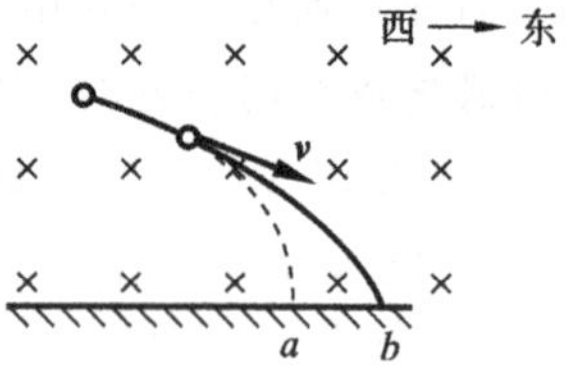

A. 无论小球带何种电荷，小球仍会落在 a 点

B. 无论小球带何种电荷，小球下落时间都会延长

C. 若小球带负电荷，小球会落在更远的 b 点

D. 若小球带正电荷，小球会落在更远的 b 点

10. 如图所示，M、N 和 P 是以 MN 为直径的半圆弧上的三点，O 点为半圆弧的圆心，$\angle MOP=60^\circ$。电荷量相等、电性相反的两个点电荷分别置于 M、N 两点，这时 O 点电场强度的大小为 E_1；若将 N 点处的点电荷移至 P 点，则 O 点的场强大小变为 E_2，E_1 与 E_2 之比为(　　)。

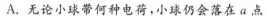

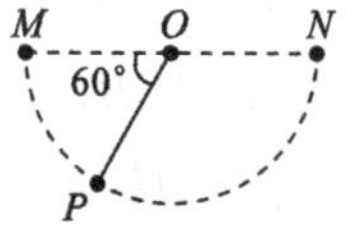

A. 2∶1　　B. 1∶2　　C. $2:\sqrt{3}$　　D. $4:\sqrt{3}$

答案:1. D;2. A;3. A;4. D;5. D;6. A;7. B;8. D;9. D;10. A

第7章 真空中的静电场

带电是物质的一种属性。原子核带正电，电子带负电。电荷会在空间激发电场。静止电荷激发的电场称为**静电场**。本章全面介绍静电场的基本性质和基本规律，包括静电场的两个基本规律——高斯定理和环路定理。

7.1 电　　荷

7.1.1 电荷的种类

电荷的种类：正电荷和负电荷。

我们知道，物质由分子、原子组成，原子由原子核和核外电子组成，原子核由质子和中子组成。质子带正电，电子带负电，中子不带电。“正电荷”“负电荷”名称的由来，最早是由美国物理学家富兰克林提出的，一直延用至今。

宏观物体，失去部分电子则带正电，得到部分电子则带负电。物体带电的多少称为**电量**，通常用 Q 或 q 表示，电量的单位为库仑，用符号 C 表示。

7.1.2 电量的量子化

质子、中子带等量异号电荷，它们所带电量是最小的电荷单元。美国物理学家密立根通过油滴实验测得一个电子所带电量的绝对值为

$$e=1.602\times10^{-19}\ \text{C}$$

任何物体所带电量均为最小电荷单元 e 的整数倍，即 $Q=Ne$，N 为整数——这就是**电量的量子化**。

后来物理学家提出更小的基本粒子——夸克，每个夸克或反夸克可能带有 $\pm\frac{1}{3}e$ 或 $\pm\frac{2}{3}e$ 的电量。然而至今在实验中仍未观察到单独的夸克存在。即使将来观测到单独的夸克，最小电荷单元改为 $\frac{1}{3}e$，电量的量子化规律依然不变，即 $Q=N\cdot\frac{1}{3}e$。

7.1.3 电荷守恒定律

在一个孤立系统内，正负电量的代数和始终保持不变，这就是**电荷守恒定律**。也就是说，在一个孤立系统内，无论发生什么样的物理或化学过程，正负电荷要么成对

出现，要么成对消失（中和），总电量始终不变。

7.1.4 电量的相对论不变性

物体所带电量的多少，与其运动状态无关。或者说，电量 Q 与物体是否运动、速度大小均无关。这就是**电量的相对论不变性**。

7.2 库仑定律

7.2.1 点电荷

所谓**点电荷**，是指带电体本身的线度远小于研究问题所涉及的距离时，带电体可看作一个没有大小的点。点电荷是理想模型，类似于力学中的“质点”。

7.2.2 库仑定律

1785 年法国物理学家库仑通过扭秤实验，总结出了两个点电荷之间相互作用力的规律，称为**库仑定律**。表述如下：

真空中两个静止点电荷之间的相互作用力的大小，与两个点电荷电量的乘积成正比，与它们之间的距离的平方成反比；作用力的方向沿两个点电荷的连线方向，同号电荷相互排斥，异号电荷相互吸引。

库仑定律的数学表达式为

$$\boldsymbol{F}=\frac{q_1 q_2}{4\pi\varepsilon_0 r^2}\boldsymbol{e}_r \quad (\text{库仑力}) \tag{7-1}$$

其中，$\boldsymbol{e}_r$ 表示从施力电荷指向受力电荷的单位矢量，如图 7-1 所示。

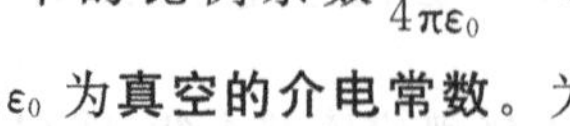

（a）q_2为受力电荷

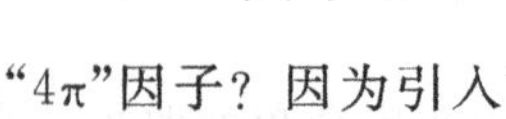

（b）q_1为受力电荷

图 7-1 点电荷间的库仑力

库仑定律中的比例系数 $\frac{1}{4\pi\varepsilon_0}\approx 9\times 10^9\ \mathrm{N\cdot m^2/C^2}$，其中 $\varepsilon_0=8.85\times 10^{-12}\ \mathrm{C^2/(N\cdot m^2)}$，$\varepsilon_0$ 为**真空的介电常数**。为什么引入“4π”因子？因为引入“4π”因子后，将使许多电磁学规律的表达式中不会出现“4π”，变得更加简单。这称为比例系数的有理化。

库仑定律是电磁理论的基石。虽然是实验规律，但由于它的重要性，物理学家反复论证和检验了它的正确性。

值得指出的是：库仑定律与万有引力定律惊人的相似！其中有什么玄机？人们

正在探索。

7.2.3 静电力的叠加原理

如果空间有多个静止的点电荷 $q_1,q_2,\cdots,q_n$（点电荷系）存在，实验表明：其中任意两个点电荷之间的作用力仍遵从库仑定律，而不受其他电荷的影响。

例如，q_1 受到的库仑力为其他电荷对 q_1 的库仑力的矢量和，即

$$\boldsymbol{F}=\frac{q_1}{4\pi\varepsilon_0}\sum_{i=2}^{n}\frac{q_i}{r_{1i}^{2}}\boldsymbol{e}_{r_i}$$

其中，r_{1i}为 q_1、q_i 间的连线长度；$\boldsymbol{e}_{r_i}$ 为从 q_i 指向 q_1 的单位矢量。这就是静电力的叠加原理。

7.3 电场、电场强度及其计算

7.3.1 电场

两个点电荷没有相互接触，它们之间的库仑力是怎样传递的？早期人们认为是超距作用。直到 19 世纪中期，法拉第提出“场”的概念，并逐渐被证实。

例如，q_1、q_2 之间的库仑力，是 q_1 产生了电场，q_2 处在 q_1 产生的电场中，因而受到作用力。也可以说，q_2 产生了电场，q_1 处在 q_2 产生的电场中，因而受到作用力。即

$$\text{电荷 } q_1 \Longleftrightarrow \text{电场} \Longleftrightarrow \text{电荷 } q_2$$

静止电荷产生的电场称为**静电场**。

注意：① 物体只要带电，就会在空间激发电场；② 带电的物体只要处在电场中，都会受到电场力的作用；③ 电场是一种特殊的物质，有能量、动量、质量等。

7.3.2 电场强度

描述电场强弱、分布的物理量称为**电场强度**，用 $\boldsymbol{E}$ 表示。

为了研究电场的性质，我们引入试探电荷 q_0，满足以下两个条件的电荷称为**试探电荷**：① 必须是点电荷；② 电量 q_0 足够小，以致于可以忽略它对原电场的影响。

试探电荷的作用就是为了检测电场强弱而引入的，它的作用就像用体温计检测体温一样。

将试验电荷 q_0 放入电场中，它受的电场力为 $\boldsymbol{F}$，定义电场强度（简称场强）为

$$\boldsymbol{E}=\frac{\boldsymbol{F}}{q_0} \tag{7-2}$$

注意：$\boldsymbol{E}$ 与试探电荷 q_0 无关，就如同人的体温与体温计一样！$\boldsymbol{E}$ 描述的是电场分布，它的单位是 N/C，或者 V/m。

7.3.3 点电荷的电场

将试探电荷 q_0 放入点电荷 Q 的电场中，由库仑定律，q_0 受到的电场力为 $\boldsymbol{F}=\dfrac{Qq_0}{4\pi\varepsilon_0 r^2}\boldsymbol{e}_r$，由电场强度定义，有

$$\boldsymbol{E}=\frac{\boldsymbol{F}}{q_0}=\frac{Q}{4\pi\varepsilon_0 r^2}\boldsymbol{e}_r \tag{7-3}$$

上式即**点电荷 Q 产生的场强**。其中 $\boldsymbol{e}_r$ 可描述为：从场源点 Q 指向场点 P 的单位矢量，如图 7-2 所示。

显然，$Q>0$ 时，$\boldsymbol{E}$ 与 $\boldsymbol{e}_r$ 同向；$Q<0$ 时，$\boldsymbol{E}$ 与 $\boldsymbol{e}_r$ 反向。

7.3.4 点电荷系的电场

若空间有一个点电荷系 $q_1,q_2,\cdots,q_n$，则空间某点 P 的场强 $\boldsymbol{E}$ 为

$$\boldsymbol{E}=\frac{\boldsymbol{F}}{q_0}=\frac{\sum \boldsymbol{F}_i}{q_0}=\sum_{i=1}^{n}\boldsymbol{E}_i=\sum_{i=1}^{n}\frac{q_i}{4\pi\varepsilon_0 r_i^2}\boldsymbol{e}_{r_i} \tag{7-4}$$

如图 7-3 所示，r_i 为 q_i 到 P 点的距离，$\boldsymbol{e}_{r_i}$ 为从 q_i 指向 P 的单位矢量。式(7-4)称为**静电场的叠加原理**。

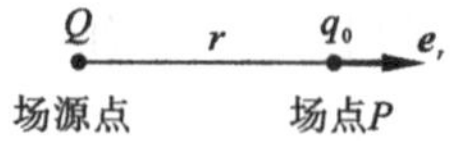

图 7-2　点电荷的电场

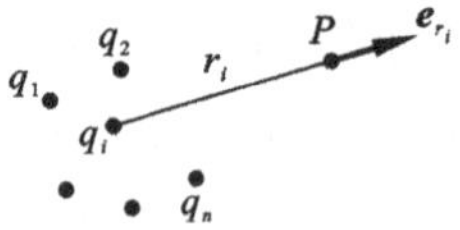

图 7-3　点电荷系的电场

7.3.5 连续带电体的电场

若是连续带电体，可将带电体分为许多无穷小的带电体(可看作点电荷)。如图 7-4 所示，无穷小的微元的电量用 $\mathrm{d}q$ 表示，称为电荷元，它在任一点 P 的场强表示为 $\mathrm{d}\boldsymbol{E}=\dfrac{\mathrm{d}q}{4\pi\varepsilon_0 r^2}\boldsymbol{e}_r$，则整个带电体的场强为所有电荷元产生场强的矢量和，即

$$\boldsymbol{E}=\int \mathrm{d}\boldsymbol{E}=\int\frac{\mathrm{d}q}{4\pi\varepsilon_0 r^2}\boldsymbol{e}_r \tag{7-5}$$

积分遍及整个带电体。

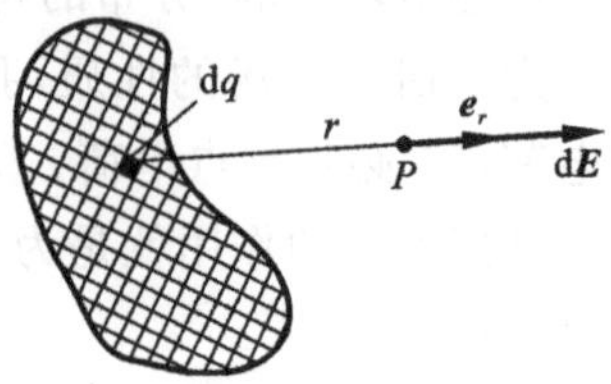

图 7-4　连续带电体的电场

注意：式(7-5)是矢量积分，只有所有微元 $\mathrm{d}\boldsymbol{E}$ 方向均相同时才能直接积分，否则要先将 $\mathrm{d}\boldsymbol{E}$ 分解为各坐标方向的分量，再对各分量积分。

例如，在直角坐标系中，$\mathrm{d}\boldsymbol{E}=\mathrm{d}E_x\boldsymbol{i}+\mathrm{d}E_y\boldsymbol{j}+\mathrm{d}E_z\boldsymbol{k}$，$E_x=\int\mathrm{d}E_x$，$E_y=\int\mathrm{d}E_y$，$E_z=\int\mathrm{d}E_z$，结果表示为 $\boldsymbol{E}=E_x\boldsymbol{i}+E_y\boldsymbol{j}+E_z\boldsymbol{k}$。

关于电荷元 $\mathrm{d}q$，通常表示成 $\mathrm{d}q=\rho\mathrm{d}V$，$\rho$ 为电荷体密度，$\mathrm{d}V$ 为体积元。如果带电体是很薄的曲面，厚度可忽略不计，则 $\mathrm{d}q=\sigma\mathrm{d}S$，$\sigma$ 为电荷面密度，$\mathrm{d}S$ 为面积元。如果带电体是很细的曲线，则 $\mathrm{d}q=\lambda\mathrm{d}l$，$\lambda$ 为电荷线密度，$\mathrm{d}l$ 为线元。

下面通过例题来领会场强的计算方法。

例 7-1 真空中有一均匀带电细棒，棒长 l，所带电量为 q，求棒中垂线上一点的场强。

解 如图 7-5 所示，取棒的中点为坐标原点，棒长方向为 x 轴。取电荷 $\mathrm{d}q=\lambda\mathrm{d}x$，$\lambda=\frac{q}{l}$ 为电荷线密度，$\mathrm{d}q$ 在 P 点产生的场强大小为

$$\mathrm{d}E=\frac{\mathrm{d}q}{4\pi\varepsilon_0 r^2}=\frac{\lambda\mathrm{d}x}{4\pi\varepsilon_0(x^2+a^2)}$$

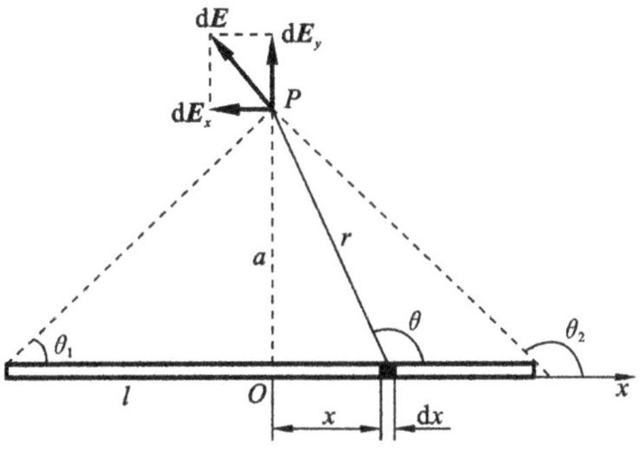

图 7-5 例 7-1 图

先将 $\mathrm{d}\boldsymbol{E}$ 分解：

$$\mathrm{d}\boldsymbol{E}=\mathrm{d}E_x\boldsymbol{i}+\mathrm{d}E_y\boldsymbol{j}$$

$$\mathrm{d}E_x=-\cos\theta\mathrm{d}E,\quad \mathrm{d}E_y=\sin\theta\mathrm{d}E$$

变量 x、r、θ 密切相关，先统一成一个变量 θ：

$$r=\frac{a}{\sin\theta},\quad \frac{x}{a}=-\cot\theta,\quad \mathrm{d}x=\frac{a\mathrm{d}\theta}{\sin^2\theta},\quad x^2+a^2=a^2(\cot^2\theta+1)=\frac{a^2}{\sin^2\theta}$$

则
$$E_x=-\int_{\theta_1}^{\theta_2}\frac{\lambda\cos\theta}{4\pi\varepsilon_0 a}\mathrm{d}\theta=\frac{\lambda}{4\pi\varepsilon_0 a}(\sin\theta_1-\sin\theta_2) \tag{7-6}$$

$$E_y=\int_{\theta_1}^{\theta_2}\frac{\lambda\sin\theta}{4\pi\varepsilon_0 a}\mathrm{d}\theta=\frac{\lambda}{4\pi\varepsilon_0 a}(\cos\theta_1-\cos\theta_2) \tag{7-7}$$

P 点为中垂线上一点，所以 $\theta_1+\theta_2=\pi$，于是

$$E_x=0,\quad E_y=\frac{\lambda\cos\theta_1}{2\pi\varepsilon_0 a}$$

结果为

$$\boldsymbol{E}=\frac{\lambda\cos\theta_1}{2\pi\varepsilon_0 a}\boldsymbol{j} \tag{7-8}$$

讨论：若为无限长均匀带电直棒，则 $\theta_1\to 0$，

$$\boldsymbol{E}=\frac{\lambda}{2\pi\varepsilon_0 a}\boldsymbol{j} \tag{7-9}$$

即无限长均匀带电直棒产生的场强大小为 $E=\frac{\lambda}{2\pi\varepsilon_0 a}$，方向与棒垂直。这个结果可以

当作结论，应用于求解均匀带电平面(无限大)、无限长均匀带电圆柱面产生的电场，等等。

例 7-2 求无限大均匀带电平面产生的场强，已知该平面的电荷面密度为 σ。

解 无限大带电平面可看作无数多条均匀带电直线叠加而成，因此可借用上题的结论进行求解。

如图 7-6 所示，取宽为 $\mathrm{d}y$ 的无限长线元，由上题结论，它在 P 点产生的电场强度大小 $\mathrm{d}E=\frac{\mathrm{d}\lambda}{2\pi\varepsilon_0 r}$，$\mathrm{d}\lambda=\sigma\mathrm{d}y$ 为阴影部分的电荷线密度

$$\mathrm{d}E=\frac{\sigma\mathrm{d}y}{2\pi\varepsilon_0\sqrt{y^2+a^2}}$$

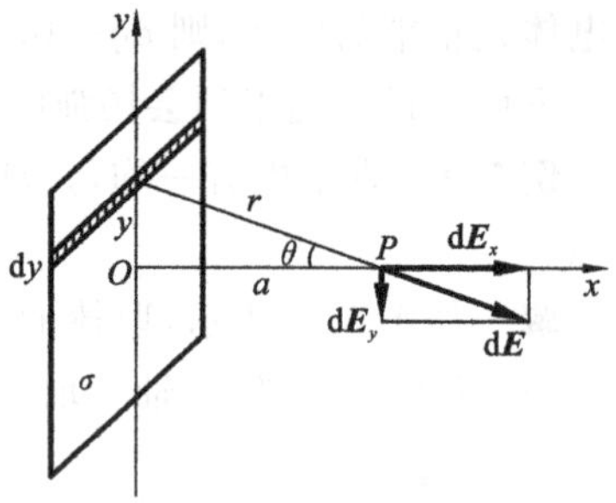

图 7-6 例 7-2 图

分解：

$$\mathrm{d}E_x=\cos\theta\mathrm{d}E,\quad \mathrm{d}E_y=\sin\theta\mathrm{d}E,$$

由对称性可知

$$E_y=\int\mathrm{d}E_y=0$$

$$E_x=\int\mathrm{d}E_x=\int\sin\theta\mathrm{d}E=\int\frac{y}{\sqrt{y^2+a^2}}\frac{\sigma\mathrm{d}y}{2\pi\varepsilon_0\sqrt{y^2+a^2}}$$

$$=\int_{-\infty}^{+\infty}\frac{\sigma}{2\pi\varepsilon_0}\frac{1}{\left(1+\frac{y^2}{a^2}\right)}\mathrm{d}\left(\frac{y}{a}\right)=\frac{\sigma}{2\pi\varepsilon_0}\arctan\left(\frac{y}{a}\right)\Bigg|_{-\infty}^{+\infty}$$

$$=\frac{\sigma}{2\pi\varepsilon_0}\left[\frac{\pi}{2}-\left(-\frac{\pi}{2}\right)\right]=\frac{\sigma}{2\varepsilon_0}$$

结果为

$$\boldsymbol{E}=\frac{\sigma}{2\varepsilon_0}\boldsymbol{i}\tag{7-10}$$

结论：无限大均匀带电平面产生的场强大小为 $\frac{\sigma}{2\varepsilon_0}$，方向垂直于均匀带电平面。

以上结论也可以应用于求解有一定厚度的无限大均匀带电平板的场强，请大家自己试着求解一下。

例 7-3 电量 q 均匀分布在半径为 R 的细圆环上，求圆环轴线上一点的电场强度。

解 如图 7-7 所示，在圆环上取一电荷元 $\mathrm{d}q$，它在轴线上的 P 点产生的电场强度大小

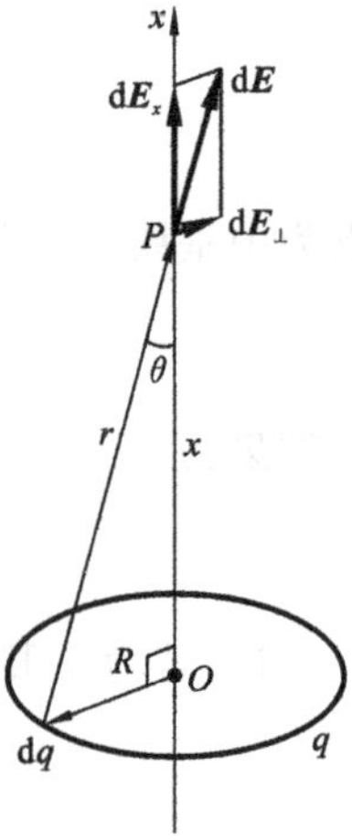

图 7-7 例 7-3 图

$$\mathrm{d}E=\frac{\mathrm{d}q}{4\pi\varepsilon_0 r^2}=\frac{\mathrm{d}q}{4\pi\varepsilon_0(R^2+x^2)}$$

分解：

$$dE_x=\cos\theta dE,\quad dE_\perp=\sin\theta dE$$

由对称性，

$$E_\perp=0$$

$$E_x=\int dE_x=\int\cos\theta dE=\int_0^q\frac{x}{\sqrt{R^2+x^2}}\cdot\frac{dq}{4\pi\varepsilon_0(R^2+x^2)}=\frac{qx}{4\pi\varepsilon_0(R^2+x^2)^{\frac{3}{2}}}$$

结果为

$$\boldsymbol{E}=\frac{qx}{4\pi\varepsilon_0(R^2+x^2)^{\frac{3}{2}}}\boldsymbol{i}\tag{7-11}$$

例 7-4 有一半径为 R 的均匀带电圆盘，电荷面密度为 σ，求圆盘轴线上一点的场强。

解 均匀带电圆盘可看作是由无限多个带电细圆环组成的，可利用上个例题的结果进行求解。

如图 7-8 所示，取半径为 r、宽度为 dr 的圆环，其面积为 $dS=2\pi r dr$，电量 $dq=\sigma dS=\sigma 2\pi r dr$，则由上题结果，有

$$d\boldsymbol{E}=\frac{xdq}{4\pi\varepsilon_0(r^2+x^2)^{\frac{3}{2}}}\boldsymbol{i}$$

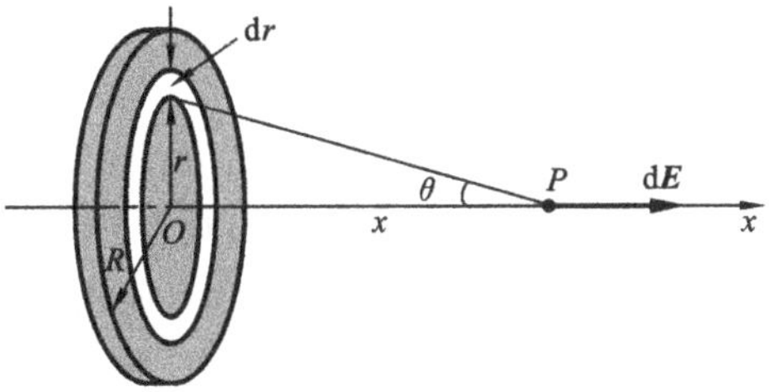

图 7-8 例 7-4 图

所有圆环产生的场强 $d\boldsymbol{E}$ 方向均相同，可直接积分，即

$$E=\int dE=\int\frac{xdq}{4\pi\varepsilon_0(r^2+x^2)^{\frac{3}{2}}}$$

$$=\int_0^R\frac{x\sigma\cdot 2\pi r dr}{4\pi\varepsilon_0(r^2+x^2)^{\frac{3}{2}}}=\frac{\sigma x}{2\varepsilon_0}\int_0^R\frac{r dr}{(r^2+x^2)^{\frac{3}{2}}}$$

$$=\frac{\sigma}{2\varepsilon_0}\left(1-\frac{x}{\sqrt{R^2+x^2}}\right)$$

结果为

$$\boldsymbol{E}=\frac{\sigma}{2\varepsilon_0}\left(1-\frac{x}{\sqrt{R^2+x^2}}\right)\boldsymbol{i}\tag{7-12}$$

讨论：(1) 若 $x\ll R$，可看作无限大带电平面，上式结果为场强 $\boldsymbol{E}=\frac{\sigma}{2\varepsilon_0}\boldsymbol{i}$，这与例 7-2 的结果一致。

(2) 若 $x\gg R$，$\frac{x}{\sqrt{R^2+x^2}}=\frac{1}{\sqrt{1+\left(\frac{R}{x}\right)^2}}\approx 1-\frac{R^2}{2x^2}$，由式(7-12)，有

$$\boldsymbol{E}=\frac{\sigma}{2\varepsilon_0}\cdot\frac{R^2}{2x^2}\boldsymbol{i}=\frac{q}{4\pi\varepsilon_0 x^2}\boldsymbol{i}\quad(\text{点电荷})$$

7.3.6 带电体在电场中受到的作用力

点电荷 q 处在电场 $\boldsymbol{E}$ 中，由电场强度的定义，可知点电荷 q 受到的电场力为

$$\boldsymbol{F}=q\boldsymbol{E} \tag{7-13}$$

若是点电荷系，它们受力等于各个点电荷受力的矢量和，即

$$\boldsymbol{F}=\sum q_i\boldsymbol{E}_i \tag{7-14}$$

其中，$\boldsymbol{E}_i$ 为 q_i 所在点的场强。

对于连续带电体，应分成许多点电荷元 $\mathrm{d}q$，将每个点电荷元 $\mathrm{d}q$ 受的力求矢量和，变成以下矢量积分式：

$$\boldsymbol{F}=\int\boldsymbol{E}\mathrm{d}q \tag{7-15}$$

两个相距很近、带等量异号电荷的一对正负点电荷的整体，称为**电偶极子**。设它们分别带电 $+q$、$-q$，相距 l 很小，表示该电偶极子的电性参数叫**电偶极矩**（简称**电矩**），用 $\boldsymbol{p}_e$ 表示：

$$\boldsymbol{p}_e=q\boldsymbol{l} \tag{7-16}$$

其中，q 为正点电荷的电量，$\boldsymbol{l}$ 为从 $-q$ 指向 $+q$ 的连线矢量。

电偶极子是一个很重要的概念，在研究电介质的极化、电磁波的发射和吸收时都会有应用。

电偶极子处在电场中：如图 7-9 所示，由于电偶极子尺度很小，$+q$、$-q$ 所在点的电场大致看作相同（局部看作均匀场），$\boldsymbol{F}_1=-\boldsymbol{F}_2$，合力 $\boldsymbol{F}=\boldsymbol{F}_1+\boldsymbol{F}_2=\boldsymbol{0}$；电偶极子所受的力矩大小 $M=F_1\cdot\frac{l}{2}\sin\theta+F_2\cdot\frac{l}{2}\sin\theta=qEl\sin\theta$，结合方向，可表示为 $\boldsymbol{M}=\boldsymbol{p}_e\times\boldsymbol{E}$。总结起来，电偶极子受到的作用：

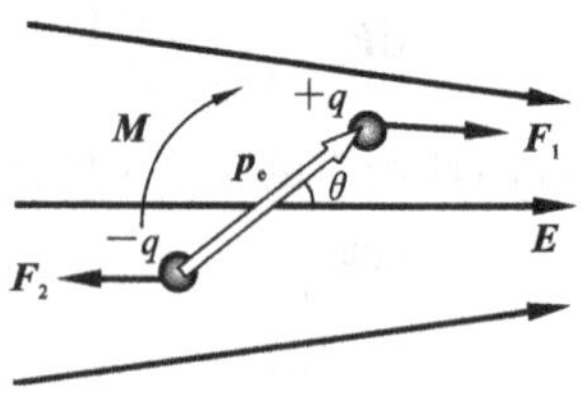

图 7-9　电偶极子在外电场中受力情况

$$\boldsymbol{F}=\boldsymbol{0},\quad \boldsymbol{M}=\boldsymbol{p}_e\times\boldsymbol{E} \tag{7-17}$$

7.4 静电场的有源性　高斯定理

7.4.1 电场线

描述电场在空间分布的直观图示的假想的曲线，称为**电场线**。

描述方法：① 电场线上任意一点的切线方向表示该点的场强方向；② 用曲线的疏密程度表示场强大小，场强 $\boldsymbol{E}$ 的大小等于通过垂直于场强方向上单位面积电场线的条数，如图 7-10 所示，即

$$E=\frac{dN}{dS_{\perp}} \tag{7-18}$$

以下是几种电荷分布的电场线示意图(见图 7-11)。

电场线的性质:

(1) 电场线起于正电荷,止于负电荷,在没有电荷处不会中断;

(2) 电场线不会相交,不会形成闭合曲线。

电场线的性质,是由电场本身的性质决定的。

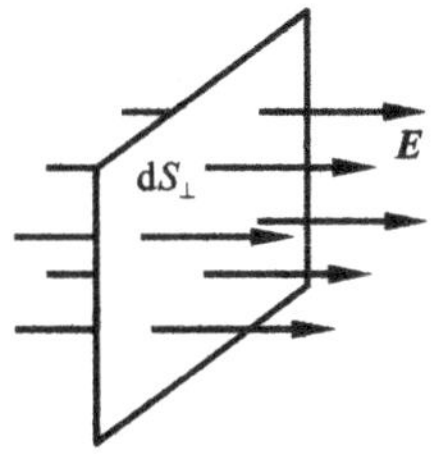

图 7-10　电场线密度

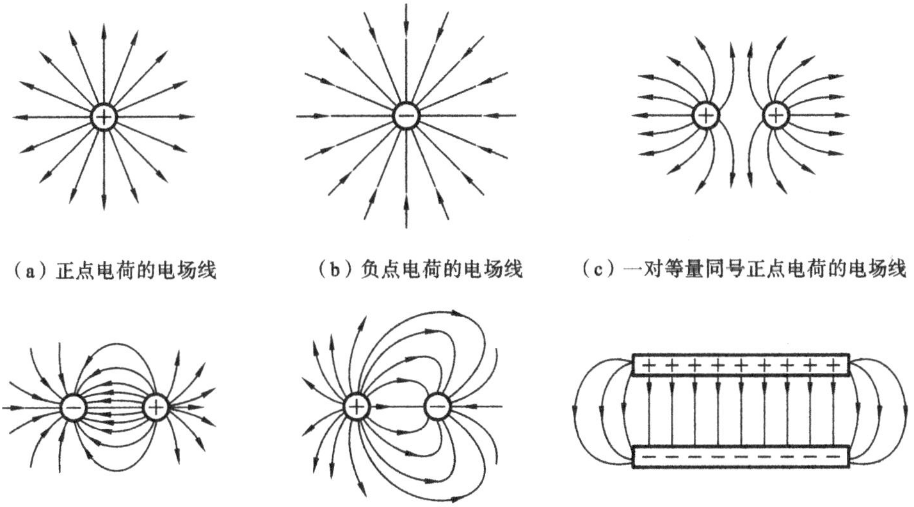

(a) 正点电荷的电场线　(b) 负点电荷的电场线　(c) 一对等量同号正点电荷的电场线

(d) 一对等量异号点电荷的电场线　(e) 一对异号不等量点电荷的电场线　(f) 带电平行板电容器中的电场线

图 7-11　几种电荷分布的电场线

7.4.2　电通量

在电场中某点取一个面积元 dS,其法线方向单位矢量为 $d\boldsymbol{e}_n$,定义面积元矢量为 $d\boldsymbol{S}=dS\boldsymbol{e}_n$,那么该点**电场强度 $\boldsymbol{E}$ 与面积元矢量的点积称为 dS 上的电通量**,用 $d\Phi$ 表示,$d\Phi=\boldsymbol{E}\cdot d\boldsymbol{S}$。任意曲面上的电通量则为

$$\Phi=\int_S \boldsymbol{E}\cdot d\boldsymbol{S} \tag{7-19}$$

由 $E=\frac{dN}{dS_{\perp}}$ 可得 $dN=EdS_{\perp}=E\cos\theta dS=\boldsymbol{E}\cdot d\boldsymbol{S}$,通过某曲面上的电场线的条数 $N=\int_S dN=\int_S \boldsymbol{E}\cdot d\boldsymbol{S}=\Phi$,可见**某曲面上的电通量等于该曲面上通过的电场线的条数**,如图 7-12 所示。

如果是闭合曲面,如图 7-13 所示,我们将曲面上面积元 $d\boldsymbol{S}=dS\boldsymbol{e}_n$ 中的 $\boldsymbol{e}_n$ 规定

为由曲面内指向曲面外的法线方向。由 $dN=\boldsymbol{E}\cdot d\boldsymbol{S}$ 可知,电通量为正时电场线穿出,电通量为负时电场线穿入。电通量表示为

$$\Phi=\oint_S \boldsymbol{E}\cdot d\boldsymbol{S} \tag{7-20}$$

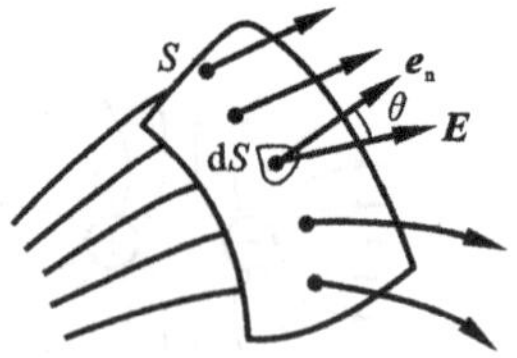

图 7-12　电通量

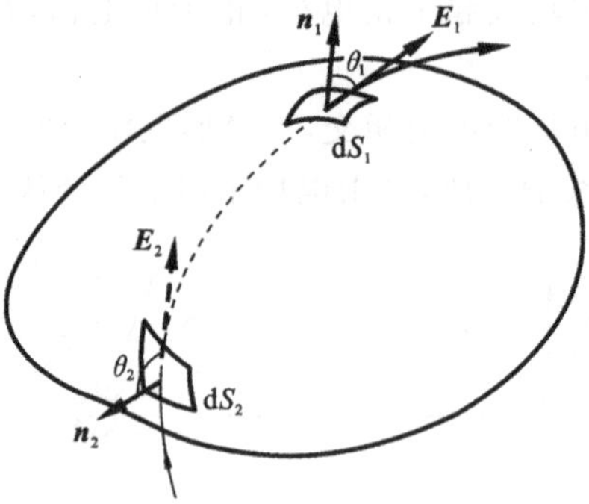

图 7-13　闭合曲面的电通量

闭合曲面的电通量,等于净穿出该曲面的电场线的条数。

7.4.3　高斯定理

高斯定理是反映静电场基本性质的定理,它表示了电场和场源(电荷)的关系。高斯定理表述如下:

对真空中的静电场,通过任意闭合曲面的电通量,等于该闭合曲面内所有电量的代数和的$\frac{1}{\varepsilon_0}$倍。表达式为

$$\oint_S \boldsymbol{E}\cdot d\boldsymbol{S}=\frac{1}{\varepsilon_0}\sum q_{内} \tag{7-21}$$

注意:① 上述表达式中 $\boldsymbol{E}$ 是空间所有电荷共同产生的,包括面内和面外电荷;② 电通量仅与面内电荷有关;③ 应用高斯定理的闭合面称为高斯面。

高斯定理是静电场的基本性质方程。设想用一个无穷小的闭合面在有电场的空间各处去探测电通量,电通量等于零处没有电荷,电通量不等于零处有电荷,电量 $q=\varepsilon_0\oint_S \boldsymbol{E}\cdot d\boldsymbol{S}$,这样我们就可以得到空间的全部电荷分布。

高斯定理反映了静电场的有源性,电荷就是电场的源。这与正电荷发出电场线、负电荷终止电场线是同样的意思。

下面我们证明高斯定理:

(1) 在点电荷 q 的电场中

① q 在闭合面 S 之外:如图 7-14(a)所示,闭合面穿入、穿出的电场线条数相等,电通量为零,即$\oint_S \boldsymbol{E}\cdot d\boldsymbol{S}=0$;

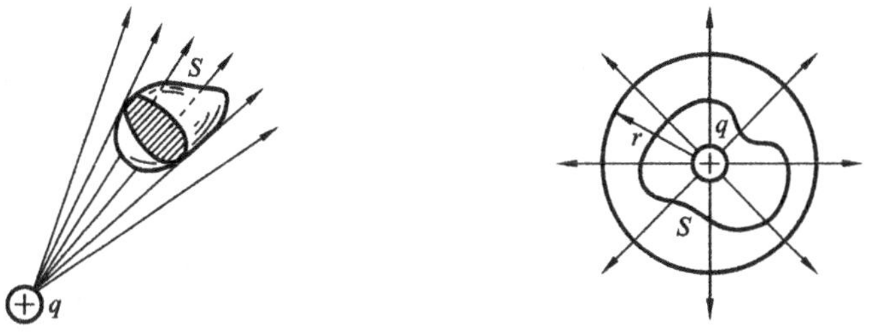

（a）点电荷 q 在 S 之外　　（b）点电荷 q 在 S 之内

图 7-14　点电荷 q 电场中 S 面的电通量

② q 在闭合面 S 之内：如图 7-14(b)所示，穿过闭合面 S 的电场线的条数与以 q 为球心、r 为半径的球面的电场线的条数相等，即 $\oint_S \boldsymbol{E} \cdot \mathrm{d}\boldsymbol{S} = \oint_{\text{球面}} \boldsymbol{E} \cdot \mathrm{d}\boldsymbol{S}$。球面上任一点的场强 $\boldsymbol{E} = \frac{q}{4\pi\varepsilon_0 r^2}\boldsymbol{e}_r$，所以

$$\oint_{\text{球面}} \boldsymbol{E} \cdot \mathrm{d}\boldsymbol{S} = \oint \frac{q}{4\pi\varepsilon_0 r^2}\boldsymbol{e}_r \cdot \mathrm{d}\boldsymbol{S} = \oint \frac{q}{4\pi\varepsilon_0 r^2}\mathrm{d}S = \frac{q}{\varepsilon_0}$$

有

$$\oint_S \boldsymbol{E} \cdot \mathrm{d}\boldsymbol{S} = \frac{q}{\varepsilon_0}$$

综上，有

$$\oint_S \boldsymbol{E} \cdot \mathrm{d}\boldsymbol{S} = \begin{cases} 0 & (q\text{ 在 }S\text{ 外}) \\ \dfrac{q}{\varepsilon_0} & (q\text{ 在 }S\text{ 内}) \end{cases} \tag{7-22}$$

（2）任意带电体的电场中

闭合曲面上任一点的场强是所有电荷产生场强的矢量和。将带电体分成许多点电荷，则 S 面上一点的场强 $\boldsymbol{E} = \sum \boldsymbol{E}_i$，有

$$\oint_S \boldsymbol{E} \cdot \mathrm{d}\boldsymbol{S} = \oint_S \sum \boldsymbol{E}_i \cdot \mathrm{d}\boldsymbol{S} = \sum \oint_S \boldsymbol{E}_i \cdot \mathrm{d}\boldsymbol{S} = \frac{\sum q_{\text{内}}}{\varepsilon_0}$$

证明完毕。

7.4.4　高斯定理的应用

高斯定理的应用之一，是用于求解电荷分布具有高度对称性时场强的分布。

应用高斯定理求解场强的步骤：

（1）由电荷分布分析场强分布的对称性；

（2）根据场强分布的对称性，选取合适的高斯面；

（3）利用高斯定理求出场强 $\boldsymbol{E}$。

例 7-5 一均匀带电球面半径为 R，电量为 q，求场强分布。

解 （1）对称性分析：由电荷分布的球对称性可知，空间任一点的场强方向均沿球半径方向，相同半径的球面上任一点的场强大小均相等。

（2）选取合适的高斯面：取半径为 r 的同心球面作为高斯面，如图 7-15 所示。

（3）应用高斯定理计算场强：

$$\oint_S \boldsymbol{E}\cdot \mathrm{d}\boldsymbol{S} = \oint_S E\mathrm{d}S = E\oint_S \mathrm{d}S = E\cdot 4\pi r^2$$

$$= \frac{\sum q_{内}}{\varepsilon_0} = \begin{cases} 0 & (r<R) \\ \dfrac{q}{\varepsilon_0} & (r>R) \end{cases}$$

所以

$$\boldsymbol{E}=\begin{cases} 0 & (r<R) \\ \dfrac{q}{4\pi\varepsilon_0 r^2}\boldsymbol{e}_r & (r>R) \end{cases}$$

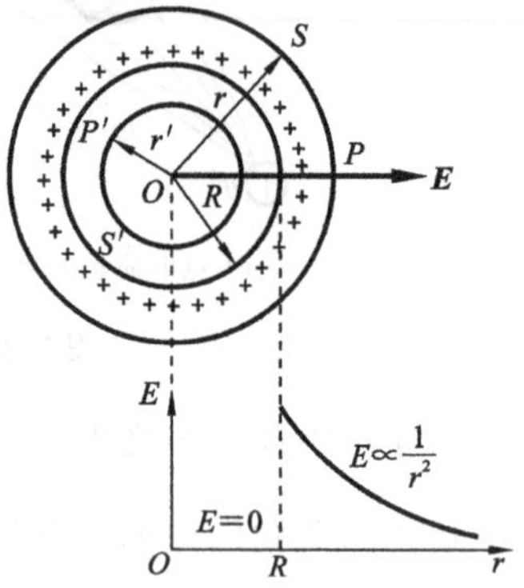

图 7-15 例 7-5 图

可见，均匀带电球面内任一点的场强为零；球面外一点的场强，等于将全部电荷集中到球心的点电荷的场强。场强随半径 r 的分布曲线如图 7-15 所示。

例 7-6 求无限长均匀带电圆柱体的电场，已知圆柱体半径为 R，电荷体密度为 ρ。

解 （1）对称性分析：根据电荷分布的对称性可知，任一点的场强方向均沿柱半径方向；相同半径的柱面上任一点场强大小相等。

（2）选取合适的高斯面：取高为 h、半径为 r 的同轴圆柱面作为高斯面，如图 7-16 所示。

（3）利用高斯定理计算场强：

$$\oint_S \boldsymbol{E}\cdot \mathrm{d}\boldsymbol{S} = \int_{上底} \boldsymbol{E}\cdot \mathrm{d}\boldsymbol{S} + \int_{下底} \boldsymbol{E}\cdot \mathrm{d}\boldsymbol{S} + \int_{侧} \boldsymbol{E}\cdot \mathrm{d}\boldsymbol{S}$$

$$= 0 + 0 + \int_{侧} E\mathrm{d}S$$

$$= E\int_{侧} \mathrm{d}S = E2\pi rh$$

所以

$$E2\pi rh = \frac{\sum q_{内}}{\varepsilon_0} = \begin{cases} \dfrac{1}{\varepsilon_0}\rho\pi r^2 h & (r<R) \\ \dfrac{1}{\varepsilon_0}\rho\pi R^2 h & (r>R) \end{cases}$$

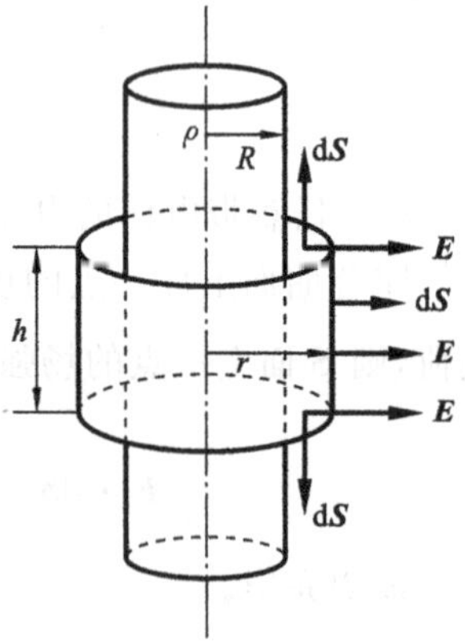

图 7-16 例 7-6 图

结果为

$$\boldsymbol{E}=\begin{cases} \dfrac{\rho r}{2\varepsilon_0}\boldsymbol{e}_r & (r<R) \\ \dfrac{\rho R^2}{2\varepsilon_0 r}\boldsymbol{e}_r & (r>R) \end{cases}$$

例 7-7 求厚度为 d、电荷体密度为 $\rho(\rho>0)$ 的无限大带电平板的场强。

解 (1) 对称性分析：由电荷分布可知，带电平板中分面上任一点的场强为零，如图 7-17 所示，取中分面上一点为坐标原点，垂直于平板方向为 x 轴，$x<0$ 时，场强 $\boldsymbol{E}$ 方向向左；$x>0$ 时，$\boldsymbol{E}$ 方向向右。

(2) 选取合适的高斯面：取如图 7-17 所示圆柱面为高斯面，一个底面在中分面上，另一个底面在所求点处，底面积均为 ΔS。

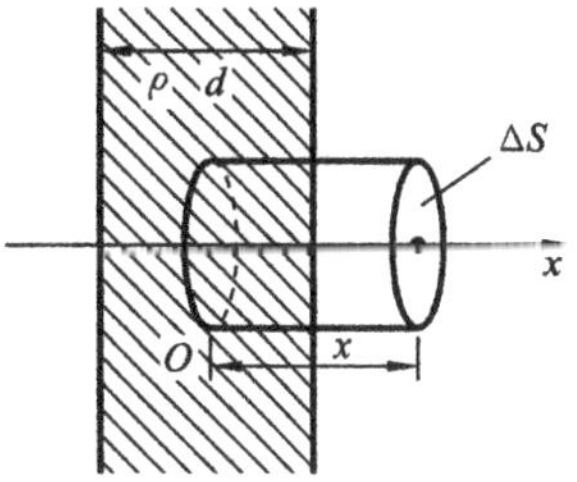

图 7-17 例 7-7 图

(3) 应用高斯定理求解电场：左底面处场强为零，侧面上 $\boldsymbol{E}\perp \mathrm{d}\boldsymbol{S}$，

$$\oint_S \boldsymbol{E}\cdot\mathrm{d}\boldsymbol{S}=\int_{\text{左底}}\boldsymbol{E}\cdot\mathrm{d}\boldsymbol{S}+\int_{\text{右底}}\boldsymbol{E}\cdot\mathrm{d}\boldsymbol{S}+\int_{\text{侧}}\boldsymbol{E}\mathrm{d}\boldsymbol{S}$$

$$=0+E\Delta S+0=E\Delta S$$

$$=\frac{\sum q_{\text{内}}}{\varepsilon_0}=\begin{cases}\dfrac{1}{\varepsilon_0}\rho\, x\Delta S & \left(|x|<\dfrac{d}{2}\right)\\[2ex] \dfrac{1}{\varepsilon_0}\rho\dfrac{d}{2}\Delta S & \left(|x|>\dfrac{d}{2}\right)\end{cases}$$

结果为

$$\boldsymbol{E}=\begin{cases}\dfrac{\rho x}{\varepsilon_0}\boldsymbol{e}_x & \left(|x|<\dfrac{d}{2}\right)\\[2ex] \pm\dfrac{\rho d}{2\varepsilon_0}\boldsymbol{e}_x & \left(x>\dfrac{d}{2}\text{时取“}+\text{”},x<-\dfrac{d}{2}\text{时取“}-\text{”}\right)\end{cases}$$

总结：以上三个例题涉及三种对称性。电荷分布具有球对称性时，取同心球面为高斯面；电荷分布具有柱对称性（必须无限长）时，取同轴圆柱面为高斯面；当电荷分布具有平面对称性时，取轴线垂直于平面的圆柱面为高斯面。

请同学们思考：还有哪些电荷分布具有球对称性、柱对称性、平面对称性？一一举例说明。

7.5 静电场的保守性 电势能 电势

7.5.1 静电力的功

电荷在电场中移动时，电场力会对它做功。下面我们计算电场对点电荷 q 的力做的功。

(1) 在点电荷 Q 的电场中。

如图 7-18 所示，在点电荷 Q 的电场中，点电荷 q 从 a 点移动到 b 点，电场力对 q 做的功

$$A=\int_a^b \boldsymbol{F}\cdot \mathrm{d}\boldsymbol{l}=\int_a^b q\boldsymbol{E}\cdot \mathrm{d}\boldsymbol{l}=\int_a^b \frac{Qq}{4\pi\varepsilon_0 r^2}\cos\theta \mathrm{d}l$$

$$=\frac{Qq}{4\pi\varepsilon_0}\int_{r_a}^{r_b}\frac{1}{r^2}\mathrm{d}r=\frac{Qq}{4\pi\varepsilon_0}\left(\frac{1}{r_a}-\frac{1}{r_b}\right) \tag{7-23}$$

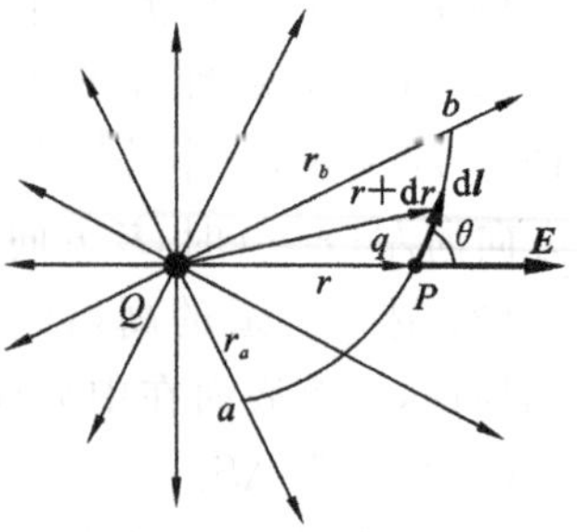

图 7-18　点电荷电场力做的功

从式(7-23)可以看出,电场力对 q 做的功与路径无关,只与始末位置 a、b 有关,说明点电荷 Q 对 q 的作用力是保守力。

(2) 点电荷系 $Q_1, Q_2, \cdots, Q_n$ 的电场中。

在点电荷系产生的电场中,q 从 a 点沿任意路径运动到 b 点,电场力对 q 做的功

$$A=\int_a^b \boldsymbol{F}\cdot \mathrm{d}\boldsymbol{l}=\int_a^b q\boldsymbol{E}\cdot \mathrm{d}\boldsymbol{l}=\int_a^b q\sum \boldsymbol{E}_i\cdot \mathrm{d}\boldsymbol{l}=\sum_{i=1}^{n}\int_a^b q\boldsymbol{E}_i\cdot \mathrm{d}\boldsymbol{l}$$

其中 $\boldsymbol{E}_i$ 为第 i 个电荷 Q_i 产生的场强,

$$\boldsymbol{E}_i=\frac{Q_i}{4\pi\varepsilon_0 r_i^2}\boldsymbol{e}_{r_i}$$

所以

$$A=\sum_{i=1}^{n}\int_{r_{ia}}^{r_{ib}}\frac{Q_i q}{4\pi\varepsilon_0 r_i^2}\mathrm{d}r_i=\sum_{i=1}^{n}\frac{Q_i q}{4\pi\varepsilon_0}\left(\frac{1}{r_{ia}}-\frac{1}{r_{ib}}\right) \tag{7-24}$$

上式中求和号内每一项均与路径无关,只与始末位置有关,$\boldsymbol{F}$ 是保守力。

结论:**静电力是保守力**。

7.5.2　静电场的环路定理

如果点电荷 q 在静电场中沿闭合回路绕行一周,回到起点,则式(7-24)中 $r_{ia}=r_{ib}$,则电场力做功为零,即 $A=\oint_L q\boldsymbol{E}\cdot \mathrm{d}\boldsymbol{l}=0$,$q$ 不等于零,所以

$$\oint_L \boldsymbol{E}\cdot \mathrm{d}\boldsymbol{l}=0 \tag{7-25}$$

式(7-25)称为**静电场的环路定理**,即静电场 $\boldsymbol{E}$ 沿任一闭合路径的环路积分等于零。环路定理是继高斯定理之后的第二个静电场基本性质方程,说明静电场是保守力场。

7.5.3　电势能

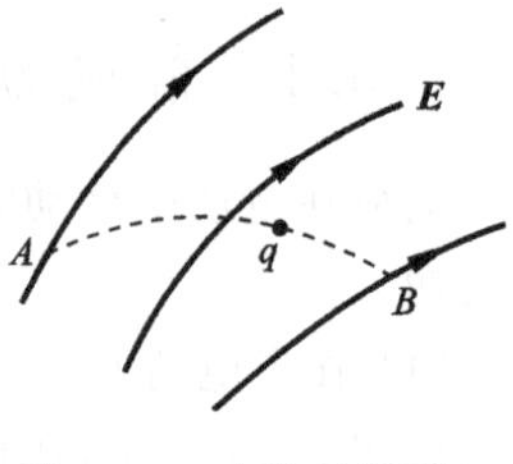

图 7-19　电势能的引入

静电力是保守力,保守力做功都可以引入势能概念。与静电力对应的势能称为**电势能**。电势能的引入方法与其他势能一样:保守力的功等于势能增量的负值。

如图 7-19 所示,在电场 $\boldsymbol{E}$ 中,点电荷 q 从 A 点运动到 B 点,则电场力的功等于 q 在 A、B 两点的电势能 W_A、W_B

之差，即

$$A=\int_A^B q\boldsymbol{E}\cdot\mathrm{d}\boldsymbol{l}=-\Delta W=W_A-W_B \tag{7-26}$$

势能是相对值，必须选取势能零点。若选 B 为势能零点，则 A 点电势能为

$$W_A=\int_A^{\text{零点}} q\boldsymbol{E}\cdot\mathrm{d}\boldsymbol{l} \tag{7-27}$$

7.5.4 电势

由式(7-27)可知，电势能与受力电荷 q 的电量有关，但电势能与电量的比值则与 q 无关，反映的是电场的性质，我们定义为**电势**，即

$$V_A=\frac{W_A}{q}=\int_A^{\text{零点}}\boldsymbol{E}\cdot\mathrm{d}\boldsymbol{l} \tag{7-28}$$

电势能零点也是电势零点，所以某点的电势，等于从该点到电势零点电场强度的线积分。电势的单位为伏特(V)。

两点的电势之差称为电势差，也称为电压，

$$V_A-V_B=\int_A^B\boldsymbol{E}\cdot\mathrm{d}\boldsymbol{l} \tag{7-29}$$

可见，某点的电势大小与电势零点选取有关，但电压与电势零点的选取无关。式(7-29)表示的是场强与电势的积分关系。

电势也是反映电场性质的物理量。正因为静电场是保守力场，才可以引入电势这个概念。

7.5.5 电势的计算

电势的取值依赖于电势零点的选取。

电势零点的选取原则：当电荷分布在有限区域内时，通常取无穷远处为电势零点；当电荷分布延伸到无穷远处时，可根据情况选取空间某个位置为电势零点。一般应用中，有时选大地或仪器外壳作为电势零点。电荷延伸到无穷远，如果仍选 $V_\infty=0$，将会导致相互矛盾的结果。

1. 点电荷的电势

点电荷产生的场强 $\boldsymbol{E}=\frac{q}{4\pi\varepsilon_0 r^2}\boldsymbol{e}_r$，取无穷远为电势零点，那么离点电荷 q 距离 r 处一点的电势为

$$V=\int_r^\infty\boldsymbol{E}\cdot\mathrm{d}\boldsymbol{l}=\int_r^\infty E\cos\theta\mathrm{d}l=\int_r^\infty\frac{q}{4\pi\varepsilon_0 r^2}\mathrm{d}r$$

所以

$$V=\frac{q}{4\pi\varepsilon_0 r} \tag{7-30}$$

注意：以上计算说明电势的取值与积分路径无关，为了计算方便，通常选沿电场

线方向的路径作为积分路径。

2. 点电荷系的电势

如果点电荷系的所有电荷均在有限范围内，则取无穷远为电势零点，各个电荷在空间某点产生的电势均遵从式(7-30)。电势是标量，可直接相加

$$V=\sum_{i=1}^{n}\frac{q_i}{4\pi\varepsilon_0 r_i} \tag{7-31}$$

这就是电势叠加原理。

3. 连续带电体的电势

如果带电体的电量全部分布在有限范围内，则默认无穷远为电势零点。将带电体分成许多点电荷元 $\mathrm{d}q$，则

$$V=\int\frac{\mathrm{d}q}{4\pi\varepsilon_0 r} \tag{7-32}$$

其中，r 为 $\mathrm{d}q$ 到所求点的距离。

总结：电势计算一般有如下两种方法。

(1) 方法一：电荷分布在有限范围内时，$V_\infty=0$，可直接积分叠加，即 $V=\int\frac{\mathrm{d}q}{4\pi\varepsilon_0 r}$，这也叫**电势叠加法**；

(2) 方法二：利用定义式计算电势，即 $V=\int_r^{\text{零点}}\boldsymbol{E}\cdot\mathrm{d}\boldsymbol{l}$，也叫**场强积分法**。

方法一是有条件成立的；方法二是无条件成立的，但必须先求场强分布。对具体问题，以计算方便为原则，选取合适的计算方法。

例 7-8 一半径为 R 的均匀带电球面，带电量为 q，求电势分布。

解 由于电荷分布具有球对称性，可以很简单地求出场强分布，因此计算电势采用定义法。

由高斯定理很容易求出：

$$\boldsymbol{E}=\begin{cases}\mathbf{0} & (r<R)\\ \dfrac{q}{4\pi\varepsilon_0 r^2}\boldsymbol{e}_r & (r>R)\end{cases}$$

如图 7-20(a)所示，取积分路径为：从 P 点沿半径方向至无限远，则

球内($r<R$)，

$$V_{\text{内}}=\int_r^\infty\boldsymbol{E}\cdot\mathrm{d}\boldsymbol{l}=\int_r^R\boldsymbol{E}_{\text{内}}\cdot\mathrm{d}\boldsymbol{l}+\int_R^\infty\boldsymbol{E}_{\text{外}}\cdot\mathrm{d}\boldsymbol{l}$$

$$=0+\int_R^\infty\frac{q}{4\pi\varepsilon_0 r^2}\mathrm{d}r=\frac{q}{4\pi\varepsilon_0 R}$$

球外($r>R$)，

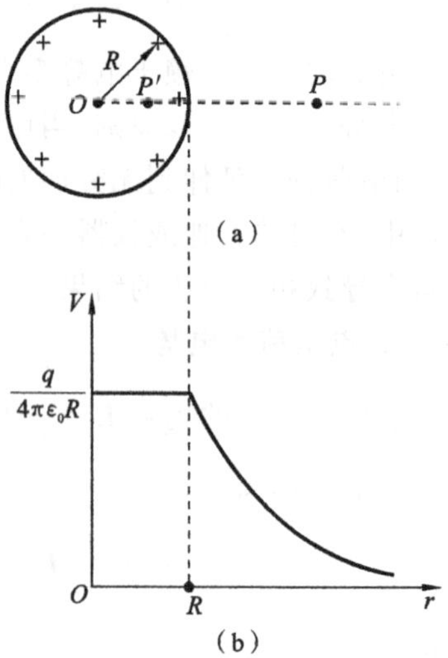

图 7-20 例 7-8 图

$$V_{外}=\int_r^{\infty}\boldsymbol{E}_{外}\cdot \mathrm{d}\boldsymbol{l}=\int_r^{\infty}\frac{q}{4\pi\varepsilon_0 r^2}\mathrm{d}r=\frac{q}{4\pi\varepsilon_0 r}$$

结果为

$$\begin{cases}V_{内}=\dfrac{q}{4\pi\varepsilon_0 R} & \text{（等势区）}\\[2ex] V_{外}=\dfrac{q}{4\pi\varepsilon_0 r} & \text{（相当于电量集中在球心处的点电荷）}\end{cases}$$

此题也适应叠加法的条件($V_{\infty}=0$)，但计算比较复杂。

例 7-9 一半径为 R 的均匀带电圆环，电量为 q，求轴线上任意一点的电势。

解 此题两种计算方法均可用，由于场强计算相对烦琐，故采用叠加法。

为说明问题方便起见，取环心为坐标原点，轴线取为 x 轴。在圆环上取电荷元 $\mathrm{d}q$，如图 7-21(a)所示。

$$V=\int\frac{\mathrm{d}q}{4\pi\varepsilon_0 r}=\int\frac{\mathrm{d}q}{4\pi\varepsilon_0\ \sqrt{R^2+x^2}}=\frac{1}{4\pi\varepsilon_0\ \sqrt{R^2+x^2}}\int_0^q\mathrm{d}q=\frac{q}{4\pi\varepsilon_0\ \sqrt{R^2+x^2}}$$

电势随 x 的分布规律如图 7-21(b)所示。

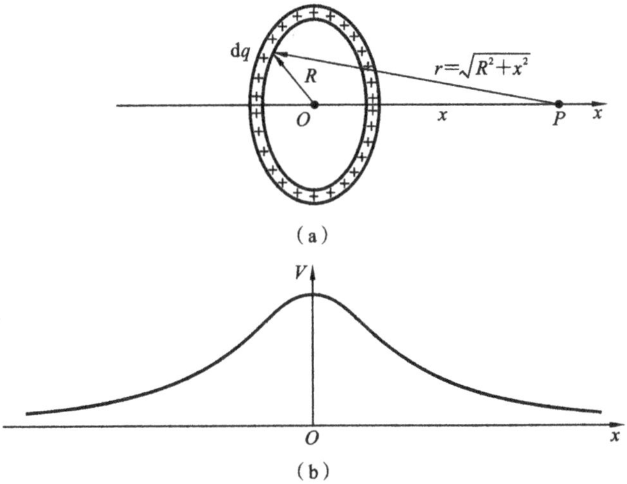

图 7-21 例 7-9 图

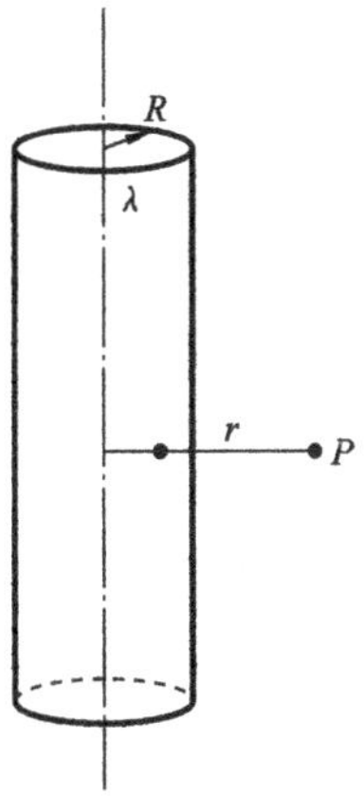

图 7-22 例 7-10 图

例 7-10 一无限长均匀带电圆柱面，截面半径为 R，沿轴向单位长度的电量为 λ(线密度)，求电势分布。

解 此题电荷延伸到无限远了，叠加法不成立，只能采用定义法。首先选取电势零点，我们取轴线上的点为电势零点。由高斯定理可求出：

柱内 $\boldsymbol{E}_{内}=\boldsymbol{0}$

柱外 $\boldsymbol{E}_{外}=\dfrac{\lambda}{2\pi\varepsilon_0 r}\boldsymbol{e}_r$

$r<R$：
$$V_{内}=\int_r^0 \boldsymbol{E}_{内}\cdot \mathrm{d}\boldsymbol{l}=0$$

$r>R$：
$$V_{外}=\int_r^0 \boldsymbol{E}\cdot \mathrm{d}\boldsymbol{l}=\int_r^R \boldsymbol{E}_{外}\cdot \mathrm{d}\boldsymbol{l}+\int_R^0 \boldsymbol{E}_{内}\cdot \mathrm{d}\boldsymbol{l}$$
$$=-\int_R^r \boldsymbol{E}_{外}\cdot \mathrm{d}\boldsymbol{l}+0=-\int_R^r \frac{\lambda}{2\pi\varepsilon_0 r}\mathrm{d}r=-\frac{\lambda}{2\pi\varepsilon_0}\ln\frac{r}{R}$$

即
$$\begin{cases} V_{内}=0 \quad（等势区） \\ V_{外}=-\dfrac{\lambda}{2\pi\varepsilon_0}\ln\dfrac{r}{R} \end{cases}$$

7.6 场强与电势的微分关系

前面介绍了场强与电势的积分关系，即式(7-28)。本节介绍场强与电势的微分关系。首先介绍等势面。

7.6.1 等势面

电势中所有电势相等的点构成的曲面称为等势面(见图 7-23)。我们通常用一系列电势差相等的等势面来形象地描述电场中的电势分布。

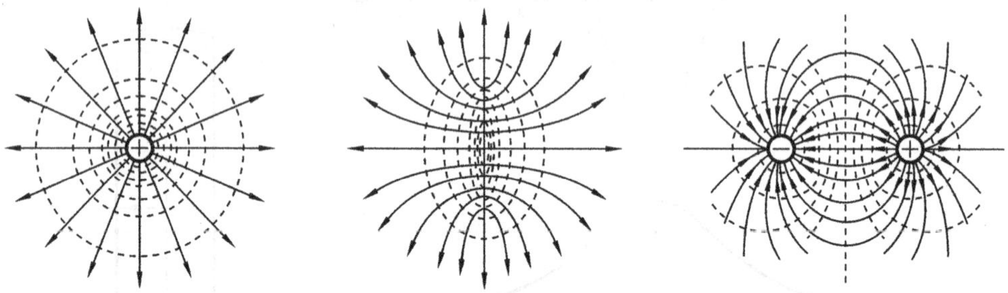

(a) 点电荷　　(b) 均匀带电圆盘　　(c) 等量异号点电荷

图 7-23　等势面与电场线

电场线是假想的，等势面却可以通过实验来测量、描绘。

有以下几点结论：

(1) 等势面与电场线处处正交；

(2) 电场线总是指向电势降低的方向；

(3) 等势面密集处，场强较大；等势面稀疏处，场强较小；

(4) 电荷在等势面上移动时，电场力不做功。

7.6.2 电势梯度

如图 7-24 所示，在电场中取两个相距很近的等势面 V 和 $V+\mathrm{d}V$，在两个等势面

上分别取 A、B 两点，由等势面的性质可知，A 点的场强 $\boldsymbol{E}$ 与等势面 V 在 A 点的法线方向 $\boldsymbol{e}_n$ 相反。

$$V_A - V_B = V - (V + \mathrm{d}V) = \boldsymbol{E} \cdot \mathrm{d}\boldsymbol{l} = E\cos\theta \mathrm{d}l$$

$$E\cos\theta = -\frac{\mathrm{d}V}{\mathrm{d}l} \tag{7-33}$$

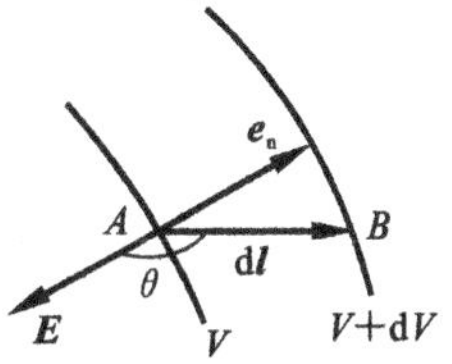

图 7-24　电场强度与电势的关系

$E\cos\theta$ 为 $\boldsymbol{E}$ 在 $\boldsymbol{l}$ 方向的分量，写成 E_l，有

$$E_l = -\frac{\mathrm{d}V}{\mathrm{d}l} \tag{7-34}$$

$\frac{\mathrm{d}V}{\mathrm{d}l}$为电势 V 在 $\boldsymbol{l}$ 方向的方向导数。可见场强在 $\boldsymbol{l}$ 方向的分量等于电势在该方向的方向导数的负值。

如果式(7-33)中 $\cos\theta = -1$，则 $\mathrm{d}l$ 即为两个等势面间最短的距离，记为 $\mathrm{d}n$，即 $E = \frac{\mathrm{d}V}{\mathrm{d}n}$，结合方向，写为

$$\boldsymbol{E} = -\frac{\mathrm{d}V}{\mathrm{d}n}\boldsymbol{e}_n \tag{7-35}$$

从 A 点看，从等势面 V 到 $V+\mathrm{d}V$ 电势变化为定值 $\mathrm{d}V$，但沿法线方向$\overline{AB}$长度最小，所以$\frac{\mathrm{d}V}{\mathrm{d}n}$最大。即法线方向是电势升高最快的方向。式(7-35)表明：场强大小等于电势方向导数的最大值，方向指向电势降低最快的方向。

在数学中，$\frac{\mathrm{d}V}{\mathrm{d}n}\boldsymbol{e}_n$ 称为电势梯度，记作∇V，式(7-35)变为

$$\boldsymbol{E} = -\nabla V \tag{7-36}$$

即场强等于电势梯度的负值。场强取决于电势的变化。

在直角坐标系下，$\boldsymbol{E} = -\nabla V$ 可写成

$$\boldsymbol{E} = -\left(\frac{\partial V}{\partial x}\boldsymbol{i} + \frac{\partial V}{\partial y}\boldsymbol{j} + \frac{\partial V}{\partial z}\boldsymbol{k}\right) \tag{7-37}$$

如果能够判断出场强方向，并将场强方向取为 x 轴，则式(7-37)变为

$$\boldsymbol{E} = -\frac{\partial V}{\partial x}\boldsymbol{i} \tag{7-38}$$

综合场强与电势的微分关系和积分关系，有

$$\begin{cases} V_A - V_B = \int_A^B \boldsymbol{E} \cdot \mathrm{d}\boldsymbol{l} \\ \boldsymbol{E} = -\nabla V \end{cases}$$

我们只要知道场强 $\boldsymbol{E}$ 的分布，就可以求出电势分布；知道电势分布，就可以求出场强分布。换言之，$\boldsymbol{E}$、V 两个量只要知道一个，电场分布就全部知道了。

例 7-11　求均匀带电圆环轴线上一点的场强，已知圆环半径为 R，带电量为 q。

解 此题即例题 7-3。在例 7-3 中，我们是利用电场的叠加法求解的。显然，此题先求解电势更简单。参看例 7-9，轴线上一点电势为 $V=\dfrac{q}{4\pi\varepsilon_0\sqrt{R^2+x^2}}$，由电荷分布的对称性，可判断出场强 $\boldsymbol{E}$ 沿 x 轴方向，于是可利用式(7-38)计算场强：

$$\boldsymbol{E}=-\frac{\partial V}{\partial x}\boldsymbol{i}=\frac{qx}{4\pi\varepsilon_0(R^2+x^2)^{\frac{3}{2}}}\boldsymbol{i}$$

这与例 7-3 的结果一致，但求解过程相对简单一些。

思 考 题

7-1 在电场的定义中，对试探电荷是有限制的，必须是点电荷且电量比较小，说明原因。

7-2 下列说法是否正确，为什么？

① 高斯面的通量为零时，面上各点的场强必为零；

② 高斯面内的电荷为零，侧面上各点的场强必为零；

③ 高斯面上各点的场强为零，侧面内没有电荷；

④ 高斯定理求得的电场是面内的电荷产生的。

7-3 "均匀带电的球体激发的电场与将电荷集中在球心产生的电场等效"是否正确？

7-4 试画出等值异号的两平行无限大均匀带电平面电场线分布图。

7-5 电场线中断于何处？

7-6 库仑定律与高斯定理的关系是什么？

7-7 下列关于电场与电势的说法是否正确，说明原因：

① 电势相等处电场必相等；

② 电场相等处电势必相等；

③ 电场大处电势高；

④ 电势为零处，电场为零。

7-8 在计算静电场中的电势时，都是设无穷远处电势为零，该说法是否正确？举例说明。

7-9 静电场的保守性与电势的内在联系是什么？

7-10 一根高压线上停留的小鸟是否会受到伤害？

7-11 静电场中的保守性决定了电场线不闭合，试说明之。

7-12 电荷在电势高处的电势能一定比在电势低处的电势能高吗？

习 题

7-1 某原子核里的两个质子间相距 4.0×10^{-15} m，求：(1) 它们之间的库仑力；(2) 它们之间的万有引力。已知质子质量为 1.67×10^{-27} kg。

7-2 在边长为 a 的正方形四个顶点上分别有相同的点电荷 q，在正方形的中心放一点电荷 Q，使得顶点上的各点电荷受力为零，则 Q 与 q 的关系是什么？

7-3 等边三角形的顶点上各有相同电荷 q，求三角形中心处的电场。

7-4 半径为 R 的半圆弧上电荷均匀分布，电荷的线密度为 λ，求圆心处的电场强度。

7-5 均匀带电的无限长圆柱体，截面半径为 R，电荷体密度为 ρ，求场强分布。

7-6 半径为 R 的均匀带电球体，电荷体密度为 ρ，求电场的分布。

7-7 电荷 q 均匀分布于半径为 R 的球面上，求电场的分布。

7-8 两无限大的均匀带电平行板平行放置，电荷面密度分别为 σ_1、σ_2 求电场的分布。

7-9 在半径为 R，电荷体密度为 ρ 的均匀分布带电球体上，挖出一个半径为 $R/2$ 的小球，如图 7-25 所示，求球心 O 处的电场。

7-10 两均匀带电同心球面，半径分别为 R_1、R_2($R_1<R_2$)，电量分别为 Q_1、Q_2，求电场强度与电势的分布，并画出分布曲线。

7-11 电荷线密度为 λ 的无限长带电直线，求电势分布。

7-12 两均匀带电同心球面，半径为 $R_2>R_1$，已知内外球面的电势差为 U，求两球面之间的场强与电势分布。

7-13 如图 7-26 所示，一带电细直杆，电荷线密度为 λ，长为 l_0，求延长线上的 P 点的电势。

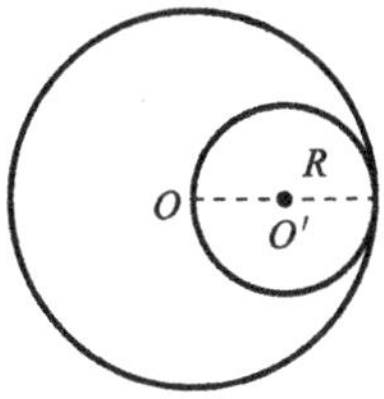

图 7-25　习题 7-9 图

图 7-26　习题 7-13 图

7-14 电荷均匀分布的无限大带电平面，电荷面密度为 σ，求电势的分布。

7-15 利用电场与电势的关系，由电势的分布求出题 7-14 的电场分布。

7-16 一无限长均匀带电圆柱面，电荷面密度为 σ，截面半径为 a，求电场与电势的分布。

7-17 一半径为 R 的无限长圆柱体，电荷体密度 $\rho(r)=C_0r^2$，C_0 为常数，求空间电势的分布。

7-18 在一厚度为 d 的无限大平板内电荷均匀分布，其电荷体密度为 ρ，求电场和电势的分布。

第8章　静电场中的导体和电介质

上一章讲述了关于真空中静电场的基本性质和规律。本章重点介绍将导体和电介质置入静电场中后它们之间的相互作用规律。

8.1　静电场中的导体

导体的特点是其内部有大量的自由电荷。这些自由电荷在外电场的作用下发生移动。一般金属都是导体。从物质结构上分析，金属导体内有大量可自由移动的电子。当导体不带电，也不受外电场的作用时，尽管自由电荷在导体内做杂乱无章的热运动，但从整体上看整个导体内电荷的代数和为零，导体对外呈现电中性。此时，自由电荷没有宏观的定向移动。若把导体置入电场中，电场和导体会发生怎样的相互作用呢？

8.1.1　导体的静电平衡条件

将导体置入某一静电场中，它内部的自由电荷将受到电场力的作用而产生定向移动，从而改变导体上的电荷分布以及导体内部和周围电场的分布，直至导体达到静电平衡状态。

图8-1呈现了不带电导体置入电场后的变化过程。将一导体置入均匀电场 $\boldsymbol{E}_0$ 中，假设导体中的自由电荷带负电，导体内的自由电荷将在电场力的作用下向左定向移动，引起导体内电荷的重新分布。在导体的两侧出现等量异号的电荷，这种现象称为静电感应现象。由静电感应产生的电荷称为感应电荷。感应电荷在导体内外产生一个附加的电场，在导体内的场强为 $\boldsymbol{E}'$。此时导体内的电场的合场强 $\boldsymbol{E}$ 为外加电场强度 $\boldsymbol{E}_0$ 和附加电场强度 $\boldsymbol{E}'$ 的矢量和，即

$$\boldsymbol{E}=\boldsymbol{E}_0+\boldsymbol{E}' \tag{8-1}$$

只要导体内的合场强不为零，导体内的自由电荷就会受到电场力的作用发生定向移动。随着感应电荷的增加，附加的电场强度越来越大，直到附加的电场强度 $\boldsymbol{E}'$ 和外电场的电场强度 $\boldsymbol{E}_0$ 大小相等为止。这是因为导体内某一点的附加场强和外场强的方向相反，此时导体内的合场强 $\boldsymbol{E}$ 为零，导体处于静电平衡状态。因此，导体静电平衡的条件是导体内部和导体表面都没有电荷的定向移动。这种状态只有在导体

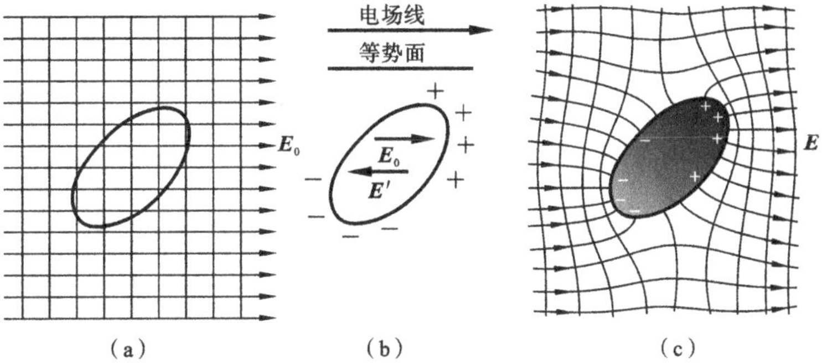

图 8-1 导体的静电平衡

内的电场强度处处为零才能达到和维持，否则，导体内的自由电荷就会在电场的作用下继续发生定向移动。同时，导体表面的电场必定和导体表面垂直。否则必存在电场强度沿导体表面的分量驱使自由电荷发生定向移动。从图 8-1(c)可以看到，导体上自由电荷的重新分布，也必将引起导体周围电场的变化。

需要注意的是，导体静电平衡条件是由导体的电结构特征和静电平衡的要求决定的，与导体的形状和大小无关。

从静电平衡条件可知，处于静电平衡的导体是等势体，其表面是等势面。这是因为导体处于静电平衡时，导体内的合场强处处为零，导体表面紧邻处电场强度都垂直于表面，所以导体内以及表面上任意两点间的电势差必定为零。这就表明：处于静电平衡的导体是等势体，表面为等势面。这是导体静电平衡条件的另一种描述。

8.1.2 静电平衡导体上的电荷分布

导体置入电场会发生电荷的定向移动而重新分布，那么，处于静电平衡的导体上的电荷如何分布呢？其分布规律如下：

(1) 导体内部各处净电荷为零，电荷只分布在导体表面。

对于实心导体而言，如图 8-2(a)所示。在导体内部做任意高斯面 S，由于静电平衡的导体内部场强处处为零，由高斯定理 $\oint_S \boldsymbol{E} \cdot \mathrm{d}\boldsymbol{S} = \dfrac{\sum q}{\varepsilon_0}$ 可知 $\sum q = 0$，即高斯面 S 内电荷的代数和为零。高斯面 S 是任意的，所以导体内无净电荷，这些感应电荷只会分布在导体表面上。

对于空腔导体而言，上面已经分析了导体内净电荷为零，这里只需分析导体内表面是否存在净电荷即可。接下来分析空腔内有电荷和无电荷两种情况。若空腔内无电荷，如图 8-2(b)所示，在导体内选择一个包围空腔的高斯面 S，高斯面 S 上的电场强度处处为零。由高斯定理可知，高斯面 S 内包围的净电荷为零。这说明空腔导体内表面没有电荷分布，或内表面上的电荷的代数和为零。假设当内表面上有等量异

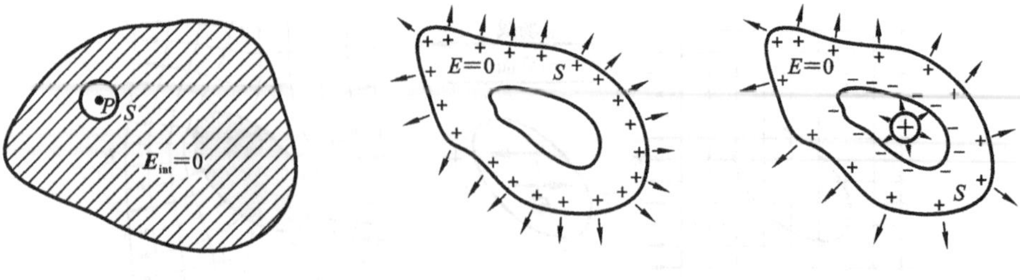

（a）实心导体　（b）空腔内无电荷　（c）空腔内有电荷

图 8-2　电荷分布在导体表面

号电荷时，将有电场线起始于正电荷而终止于负电荷。而电场线沿着电势降低的方向，这就导致处于静电平衡的导体上两点的电势不相等，与导体是等势体相矛盾。所以空腔内无电荷的导体处于静电平衡时，电荷只分布在其外表面。

若空腔内存在带电量为 q 的带电体时，在导体内取一个包围空腔的高斯面 S，如图 8-2(c)所示。假设空腔内表面上的电荷量为 q'，依据高斯定理可知

$$\oint_S \boldsymbol{E} \cdot \mathrm{d}\boldsymbol{S} = \frac{\sum q}{\varepsilon_0} = \frac{1}{\varepsilon_0}(q + q') = 0 \tag{8-2}$$

整理得

$$q' = -q \tag{8-3}$$

上式表明：空腔内表面上的感应电荷与空腔内带电体的带电量大小相等，符号相反。在导体上，依据电荷守恒定律可知，导体外表面出现与内表面等量异号的感应电荷。

总之，处于静电平衡导体上的电荷只分布在导体的表面上。

(2) 导体表面上的电荷面密度与该处表面紧邻处的电场强度大小成正比。

如图 8-3 所示，在导体表面任一点 A 处作一足够小的圆柱高斯面 S，使其底面法线与导体表面法线平行，高斯侧面与导体平面垂直，其中一个底面在导体内，另一个底面在导体外部并紧邻 A 点。设圆柱高斯面 S 的底面积为 ΔS，此底面所在处的电荷面密度 σ 可认为是均匀的。只有通过导体外的圆柱高斯面的底面才有电通量，依据高斯定理可知

$$\oint_S \boldsymbol{E} \cdot \mathrm{d}\boldsymbol{S} = E\Delta S = \frac{\sigma \Delta S}{\varepsilon_0} \tag{8-4}$$

整理得

$$E = \frac{\sigma}{\varepsilon_0} \tag{8-5}$$

上式表明：处于静电平衡的导体各处表面上的电场强度与该处的电荷面密度成正比。

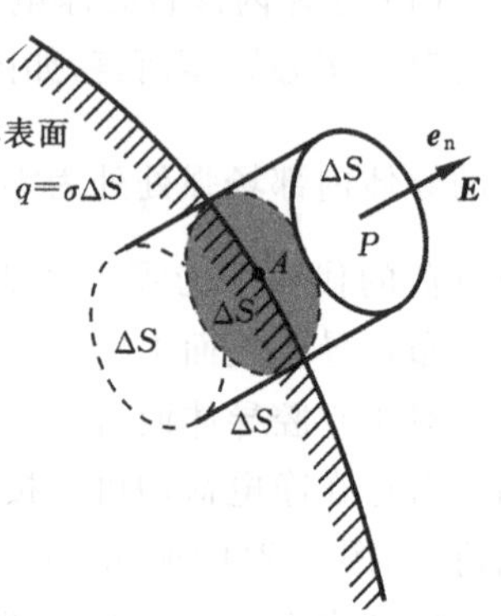

图 8-3　带电导体表面附近的场强

(3) 导体表面的电荷面密度与该处表面

的曲率有关。曲率越大，电荷面密度越大。

一般而言，电荷在导体表面上的分布不仅仅与导体的自身形状有关，还与外界条件有关。对于孤立导体而言，实验和理论都证明，其电荷分布依赖于其自身的形状和电荷的总量。导体表面的曲率越大，电荷分布的电荷面密度越大。接下来，我们从一个简单的例子出发来加以说明。设相距很远的两个导体球的半径分别为 r_1 和 r_2，带电量分别为 Q_1 和 Q_2，用一根细导线将它们连接，如图 8-4 所示。由于它们相距很远，它们之间相互影响很小可忽略不计，则电荷均匀地分布在导体表面。设无穷远处为零势能点，则导体球 1 的电势为 $V_1=\frac{Q_1}{4\pi\varepsilon_0 r_1}$，导体球 2 的电势为 $V_2=\frac{Q_2}{4\pi\varepsilon_0 r_2}$，体系处于静电平衡状态，有 $V_1=V_2$，则

$$\frac{Q_1}{Q_2}=\frac{r_1}{r_2} \tag{8-6}$$

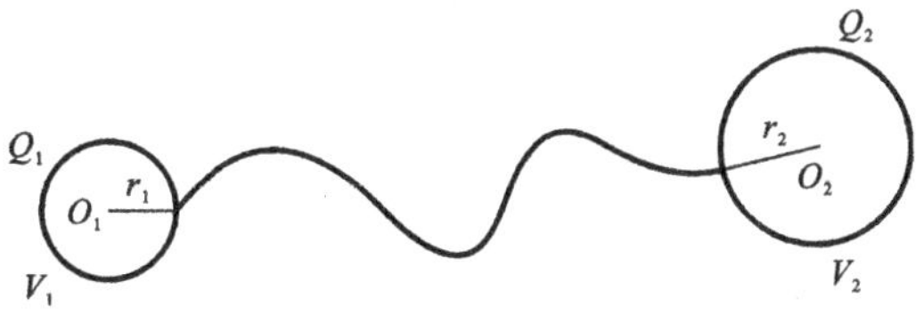

图 8-4　两个用导线连接的导体球

结合电荷面密度定义 $\sigma=\frac{Q}{4\pi r^2}$，可得

$$\frac{\sigma_1}{\sigma_2}=\frac{r_2}{r_1} \tag{8-7}$$

上式表明，电荷面密度与其半径成正比，而半径与曲率成反比。孤立导体向外突出的地方(曲率为正)，曲率越大，电荷面密度越人；向里凹陷的地方(曲率为负)，电荷由密度越小。所以，导体上某处的电荷面密度与该处的曲率有关。孤立导体表面的电荷面密度与曲率之间并不存在单一的函数关系。

在导体表面有尖端突出的部分，曲率很大，其电荷面密度也就很大。因此，尖端处的电场强度也就很大。当电场强度大到足以将空气击穿时，就会将空气电离，这时与尖端上带电量相反的离子被吸引到尖端上去，与尖端上的电荷中和；与尖端上所带电荷同号的离子被排斥，加速离开尖端。这种现象称为尖端放电，如图 8-5 所示。若将一根点燃的蜡烛放在尖端附近，就会明显看到蜡烛的火焰偏离尖端的现象。

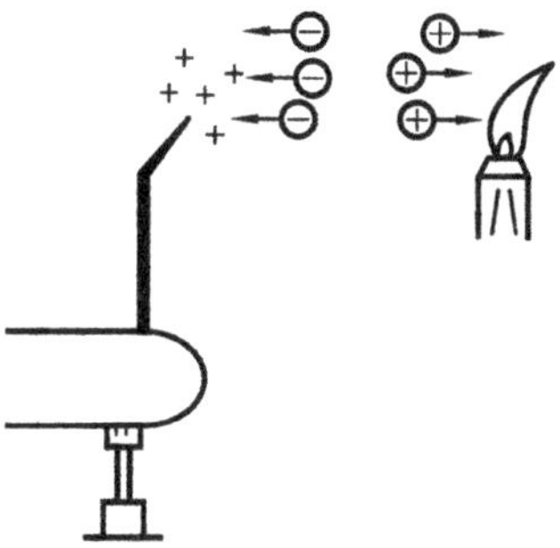

图 8-5　尖端放电

在实际中，尖端放电有利有弊。例如在天色

阴暗时，可以看到高压输电线周围笼罩着一圈光晕，称为电晕。尖端放电时，飞向尖端的带电粒子会和尖端上的电荷中和，造成高压输电线的电能损耗。尖端放电的电波还会干扰正常的电磁波信号。为了避免尖端放电，输电线要求表面光滑。

另外，避雷针是利用尖端放电的一个典型的例子。雷雨天，大块的雷雨云接近地面，由于静电感应使地面上出现与雷雨云异号的电荷。这些电荷集中在地面上的突出物上，如高层建筑、烟囱、大树等。这些突出物上的电荷面密度很大，其周围的电场强度也很大。达到一定程度时就会在雷雨云和突出物间引起雷击。为了避免雷击，常在高层建筑、烟囱等突出物上安装避雷针。避雷针是良好的接地导体，促使避雷针和雷雨云之间放电，避免雷击发生的破坏。

例 8-1 如图 8-6 所示，无限大平板均匀带电，其电荷面密度为$+\sigma$，与其相距为 d 处平行放置一块原来不带电的厚度为 b 的大导体板，求：(1) 导体板上的电荷分布；(2) 电场强度分布；(3) 两板之间的电势差。

解 依据题意可知，大导体板最后会达到静电平衡，此时导体板上的电荷重新分布。因此，求电荷分布需要用到静电平衡条件和电荷守恒定律。

(1) 如图 8-6 所示，设导体板作用两个侧面的电荷面密度分别为 σ_1 和 σ_2（这里，假设每一个侧面所带电荷都为正电荷，当计算出的电荷面密度为负时，说明该电荷面密度电性与假设相反）。

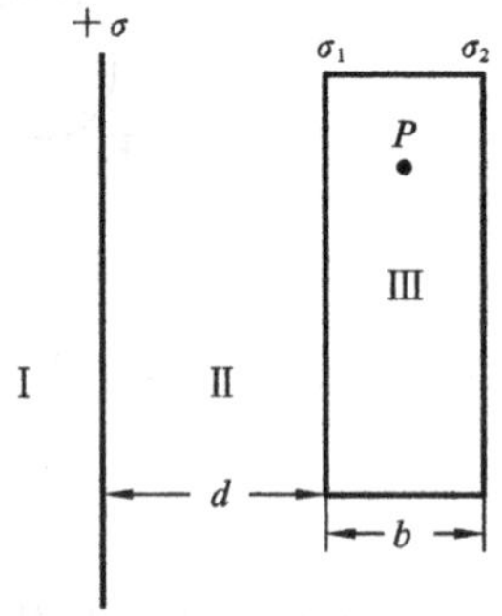

图 8-6 例 8-1 图

在导体板内任选一点 P，其场强为零，可看作是由三个无限大极板（带电无限大极板和导体板的两个侧面）在该点所形成电场的叠加，取向右为正方向，即

$$\frac{\sigma}{2\varepsilon_0}+\frac{\sigma_1}{2\varepsilon_0}-\frac{\sigma_2}{2\varepsilon_0}=0$$

因为导体板原来不带电，依据电荷守恒定律可得

$$\sigma_1+\sigma_2=0$$

依据同种电荷相排斥，异种电荷相吸引，联立以上两式可得

$$\sigma_2=-\sigma_1=\frac{\sigma}{2}$$

(2) 依据电场叠加原理可知各区域的电场强度等于三个带电平面在各个区域所产生的场强的矢量叠加，即

$$\begin{cases}\text{Ⅰ区} \quad E_1=\dfrac{\sigma}{2\varepsilon_0} \quad \text{(方向向左)}\\ \text{Ⅱ区} \quad E_2=\dfrac{\sigma}{2\varepsilon_0} \quad \text{(方向向右)}\\ \text{Ⅲ区} \quad E_3=0\\ \text{Ⅳ区} \quad E_4=\dfrac{\sigma}{2\varepsilon_0} \quad \text{(方向向右)}\end{cases}$$

(3) 由电势差定义,可得

$$V=\int \boldsymbol{E}_2 \cdot \mathrm{d}\boldsymbol{l}=E_2 d=\frac{d\sigma}{2\varepsilon_0}$$

例 8-2 两块形状、大小相等的导体板 A、B 在真空中平行放置,如图 8-7 所示。设板间距离为 d,两板面积均为 S(忽略边缘效应)。当两导体板分别带有电荷 q_A、q_B 时,求两块金属板上每个表面的电荷面密度。

解 取水平向右为正方向。忽略边缘效应,可将两金属板看成是“无限大”,且四个表面上所带电荷都均匀分布,分别设它们的电荷面密度为 σ_1、σ_2、σ_3、σ_4。依据高斯定理,每个“无限大”表面单独存在时在空间都形成匀强电场,电场强度大小为

$$E_i=\frac{\sigma_i}{2\varepsilon_0}\quad (i=1,2,3,4)$$

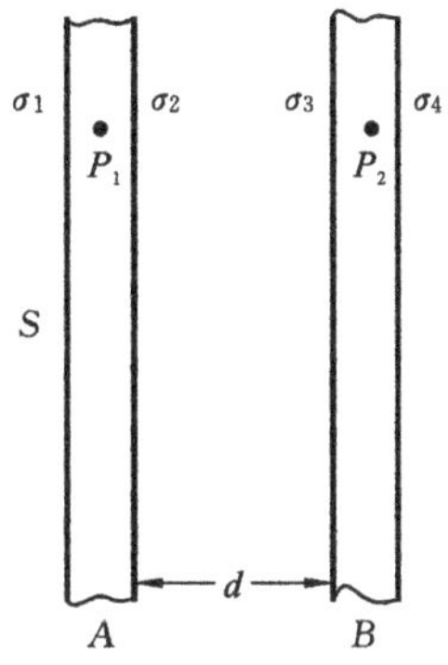

图 8-7 例 8-2 图

依据场强叠加原理和静电平衡条件,可得在 A 板内任一点 P_1 的场强满足

$$E_{P_1}=\frac{\sigma_1}{2\varepsilon_0}-\frac{\sigma_2}{2\varepsilon_0}-\frac{\sigma_3}{2\varepsilon_0}-\frac{\sigma_4}{2\varepsilon_0}=0$$

B 板内任一点 P_2 的场强满足

$$E_{P_2}=\frac{\sigma_1}{2\varepsilon_0}+\frac{\sigma_2}{2\varepsilon_0}+\frac{\sigma_3}{2\varepsilon_0}-\frac{\sigma_4}{2\varepsilon_0}=0$$

依据电荷守恒定律,在 A 板和 B 板电荷分别满足

$$q_A=(\sigma_1+\sigma_2)S$$
$$q_B=(\sigma_3+\sigma_4)S$$

联立以上四式可得

$$\sigma_1=\sigma_4=\frac{q_A+q_B}{2S},\quad \sigma_2=-\sigma_3=\frac{q_A-q_B}{2S}$$

例 8-3 一半径为 R_1 的金属球 A 的外面套一个同心的金属球壳 B,内、外半径分别为 R_2 和 R_3。二者带电后电势分别为 φ_A 和 φ_B,求此系统的电荷及电场分布。如果用导线将球和球壳连接起来,结果又如何呢?

解 导体球和球壳带电后,彼此处于对方的电场中,依据静电平衡条件可知,达到静电平衡后,导体球和球壳内的合场强均为零,电荷均匀地分布在他们的表面上。如图 8-8 所示,设 q_1,q_2,q_3 分别表示半径为 R_1,R_2,R_3 的金属球面上的带电量。依据电势定义和电势叠加原理可知

$$\varphi_A=\frac{q_1}{4\pi\varepsilon_0 R_1}+\frac{q_2}{4\pi\varepsilon_0 R_2}+\frac{q_3}{4\pi\varepsilon_0 R_3}$$

$$\varphi_B=\frac{q_1+q_2+q_3}{4\pi\varepsilon_0 R_3}$$

在球壳内做一个高斯面，由高斯定理可得

$$q_1+q_2=0$$

联立上述三个方程可得

$$q_1=\frac{4\pi\varepsilon_0(\varphi_A-\varphi_B)R_1R_2}{R_2-R_1},$$

$$q_2=\frac{4\pi\varepsilon_0(\varphi_B-\varphi_A)R_1R_2}{R_2-R_1},$$

$$q_3=4\pi\varepsilon_0\varphi_BR_3$$

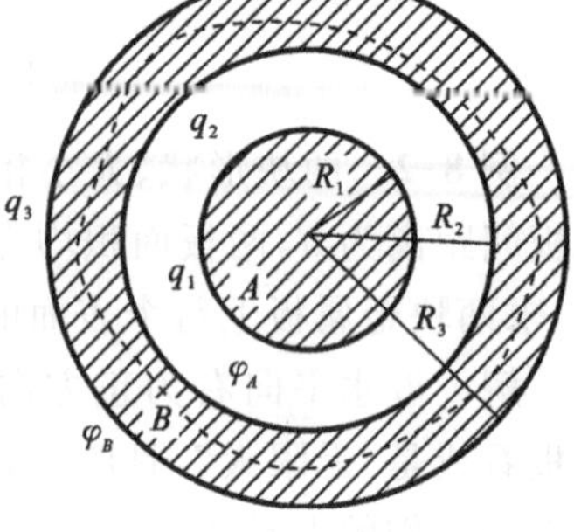

图 8-8　例 8-3 图

由电荷分布可得电场分布如下：

$$\begin{cases} E_1=0, & r<R_1 \\ E_2=\dfrac{(\varphi_A-\varphi_B)R_1R_2}{(R_2-R_1)r^2}, & R_1<r<R_2 \\ E_3=0, & R_2<r<R_3 \\ E_4=\dfrac{\varphi_BR_3}{r^2}, & R_3<r \end{cases}$$

如果用导线将球和球壳连接起来，则球壳的内表面和球表面的电荷会中和而使两个表面不带电，电荷只分布在球壳的外表面，球和球壳的电势差为零。在球壳外表面的电荷仍保持 $q_3=4\pi\varepsilon_0\varphi_BR_3$，而且均匀分布，它外面的电场分布也不会改变。

8.1.3　静电屏蔽

前面分析了空腔导体处于静电平衡时，如果空腔内没有电荷，则空腔内表面上没有电荷分布，空腔内的场强处处为零，如图 8-9(a)所示。空腔导体具有保护空腔内的物体免受任何外场的影响的作用，起到屏蔽外场的作用。在电子仪器中，为了使电路不受外电场的干扰，常把电路部分封闭在金属壳内。

如果空腔内含有带电量为 q 的带电体时，则空腔内表面会出现感应电荷 $-q$，空腔内出现由带电体和内表面所带电量决定的电场，这个电场与空腔外的其他外电场

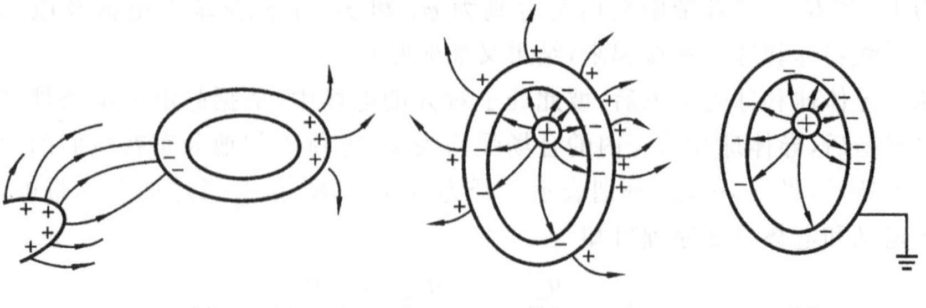

(a)　　(b)　　(c)

图 8-9　静电屏蔽

无关，如图 8-9(b)所示。空腔外表面的感应电荷所产生的电场对空腔外的区域产生影响。为了消除这种影响，将空腔外表面接地，这样相应的电场也随即消失，如图 8-9(c)所示。

总之，当空腔导体达到静电平衡时，无论空腔内是否有电荷，空腔外部的电场或带电体只会影响空腔外部的电场分布和空腔外表面的电荷分布，不会影响空腔内的电场分布，这种现象称为静电屏蔽。高压带电作业就是利用了静电屏蔽的原理。

8.2 静电场中的电介质

电介质，又称为绝缘体。理想的电介质中没有可自由移动的电荷，而完全不能导电。我们做这样一个实验，使一对靠得很近的导体平板带等量异号的电荷，假设带电量不变，两导体板间的电势差为 V_0；然后将某一电介质插入这两导体板间发现导体板间的电势差变为 V，且 $V=\frac{V_0}{\varepsilon_r}<V_0$（其中，$\varepsilon_r$ 为一个大于 1 的数，随着电介质的种类和状态的变化而变化，是电介质的一个特性常数，称为电介质的相对介电常数），如图 8-10 所示。该实验表明，将电介质插入导体板间引起了导体板间电场的变化。本节将从电介质的微观结构出发分析电介质与电场的相互作用规律。

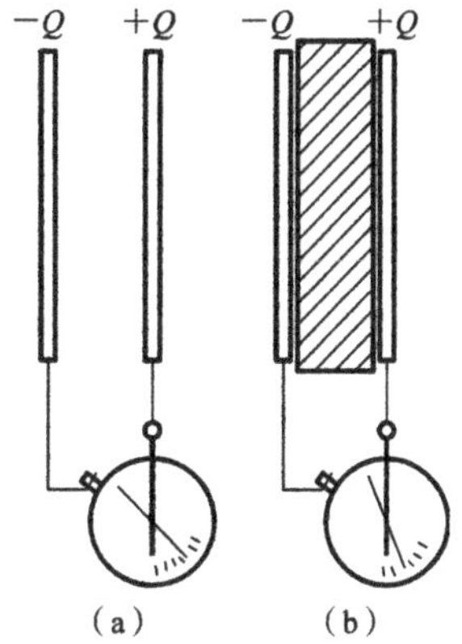

图 8-10 电介质对电场的影响

8.2.1 电介质的微观结构及其极化

从物质的微观结构来看，每个原子都由带正电的原子核和核外电子组成。电介质中的每一个分子都是一个复杂的带电系统，可看作是由正电荷部分和负电荷部分组成的。从效果上看，正电荷部分和负电荷部分可分别抽象为带正电荷的点电荷和带负电荷的点电荷。点电荷所在的位置刚好是它们的“重心”，所带电荷与分子的正负电荷等量。

在无外场时，当分子的正负电荷“中心”不重合时，由于分子的线度很小，可将其视为一个电偶极子，如图 8-11(a)所示，其电偶极矩为 $\boldsymbol{p}=q\boldsymbol{l}$，$\boldsymbol{l}$ 为正负电荷“中心”的距离，其方向从负电荷“中心”指向正电荷“中心”，q 为分子正负电荷量的大小。我们将这样的电介质称为有极分子电介质，如 H_2O，SO_2，NH_3，CO 等分子。还存在另一类分子的电介质，其分子在无外场时正负电荷“中心”重合，这类电介质称为无极分子电介质，如 H_2，N_2，O_2，CH_4 等分子。

将有极分子置入一匀强电场中，分子的等效电偶极子在电场力矩作用下，使分子

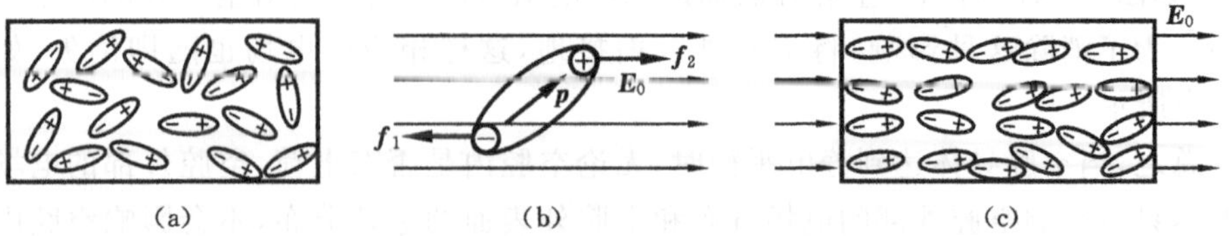

图 8-11　有极分子的取向极化

电偶极矩方向转向到外电场方向，如图 8-11(b)所示。由于分子的热运动，并不是所有的电偶极子都会完全有序地排列，其排列整齐度随着外电场场强的增加而增加。但从整体观察，这种有序排列的结果使在垂直外电场方向的两个端面上分别出现正电荷和负电荷，如图 8-11(c)所示。这种极化现象称为取向极化。这些出现在侧面上的电荷是束缚在电介质表面的，称之为束缚电荷或极化电荷。

将无极分子的电介质置入一匀强电场中，正负电荷将受到大小相等方向相反的电场力的作用，使得正负电荷中心发生微小的相对位移，从而形成电偶极子，如图 8-12(a)所示的无极分子的位移极化。分子电偶极矩的方向沿外电场方向，其电偶极子沿外电场方向排列。当然，分子热运动同样会破坏电偶极子的排列整齐程度。这时，在和外电场方向垂直的两个端面上也将分别出现正负极化电荷，如图 8-12(b)所示。由于电子的质量比原子核小得多，在外场作用下主要是电子位移，因此无极分子的极化也称为电子位移极化。

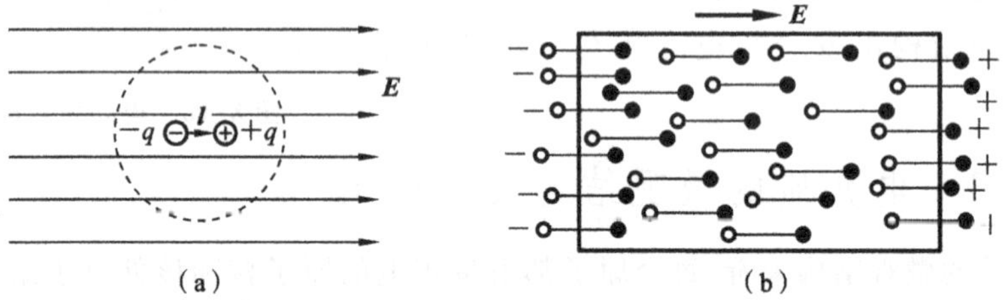

图 8-12　无极分子的位移极化

需要注意的是：电子位移极化效应在任何电介质中都存在，而分子取向极化只存在有极分子构成的电介质中。在有极分子电介质中取向极化效应比位移极化效应强很多，因此取向极化是主要的。

当电介质处于极化状态时，电介质中的任一宏观小体积元 ΔV 中分子的电偶极矩矢量之和不会相互抵消，即

$$\sum \boldsymbol{p}_i \neq \boldsymbol{0} \tag{8-8}$$

其中 $\boldsymbol{p}_i$ 表示电介质中所取体积元内某一分子的电偶极矩，求和是对体积元 ΔV 内所有的分子求和。为了定量地描述电介质的极化程度，引入电极化强度矢量这一物理量，定义为单位体积内分子电偶极矩的矢量和，即

$$\boldsymbol{P} = \lim_{\Delta V \to 0} \frac{\sum \boldsymbol{p}_i}{\Delta V} \tag{8-9}$$

单位是 C/m^2，量纲与电荷面密度的量纲相同。对于无极分子的电介质，分子数密度为 n。由于每个分子电偶极子的极矩都相同，为 $\boldsymbol{p}=q\boldsymbol{l}$，所以，电极化强度为 $\boldsymbol{P}=n\boldsymbol{p}=nq\boldsymbol{l}$。

电介质中任一点的电极化强度由合电场决定。实验证明：当电介质中的电场不太强时，各向同性电介质的电极化强度与场强成正比，关系为

$$\boldsymbol{P}=\varepsilon_0(\varepsilon_r-1)\boldsymbol{E} \tag{8-10}$$

电介质极化产生的一切效应都是由极化电荷实现的。

接下来，以无极分子的电介质为例分析极化电荷与电极化强度之间的关系。在电介质中取一面元矢量 $\mathrm{d}\boldsymbol{S}=S\boldsymbol{e}_n$，其中 $\boldsymbol{e}_n$ 为面元的法向单位矢量，如图 8-13 所示。现分析因极化穿过该面元的极化电荷。穿过面元 $\mathrm{d}\boldsymbol{S}$ 的电荷所占的体积是以 $\mathrm{d}\boldsymbol{S}$ 为底，长为 l 的斜柱体。设 $\boldsymbol{e}_n$ 与 $\boldsymbol{l}$ 的夹角为 θ，则此柱体的体积为 $l\mathrm{d}S\cos\theta$。因单位体积内的正极化电荷的数量为 nq，故在此柱体内极化电荷总量为

$$nql\mathrm{d}S\cos\theta=nq\mathrm{d}S\boldsymbol{l}\cdot\boldsymbol{e}_n=(nq\boldsymbol{l})\cdot(\mathrm{d}S\boldsymbol{e}_n)=\boldsymbol{P}\cdot\mathrm{d}\boldsymbol{S} \tag{8-11}$$

这就是由于极化而穿过 $\mathrm{d}\boldsymbol{S}$ 的极化电荷。这一关系式虽是利用无极性分子的电介质推导出来的，但对有极分子的电介质同样适用。

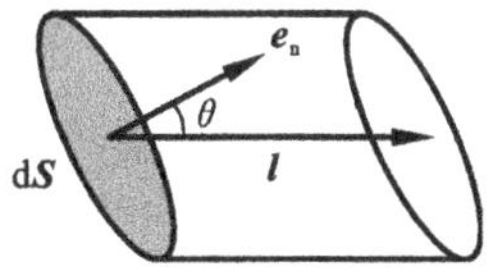

图 8-13　极化时穿过面元 dS 的极化电荷

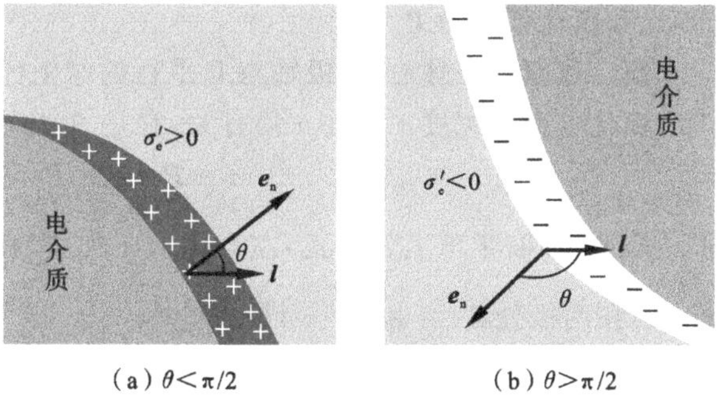

图 8-14　电介质表面的束缚电荷

在电介质表面，θ 为锐角的地方出现一层正极化电荷，如图 8-14(a)所示；θ 为钝角的地方出现一层负极化电荷，如图 8-14(b)所示。表面电荷层的厚度为 $|l\cos\theta|$，则面元 dS 上的极化电荷为 $\mathrm{d}q'=nql\mathrm{d}S\cos\theta=P\cos\theta\mathrm{d}S$，从而极化电荷的面密度为

$$\sigma'=\frac{\mathrm{d}q'}{\mathrm{d}S}=P\cos\theta=\boldsymbol{P}\cdot\boldsymbol{e}_n=P_n \tag{8-12}$$

其中，P_n 是沿电介质表面法向的投影。若 θ 为锐角，则 $\sigma'=P_n>0$；若 θ 为钝角，则 $\sigma'=P_n<0$。

取任意闭合曲面 $\boldsymbol{S}$，如图 8-15 所示，则通过该闭合曲面的极化电荷为

$$\oint_S \boldsymbol{P} \cdot \mathrm{d}\boldsymbol{S} = \sum q' \tag{8-13}$$

依据电荷守恒定律，留在闭合曲面内的极化电荷 q'_{in} 为

$$q'_{\mathrm{in}} = -\sum q' = -\oint_S \boldsymbol{P} \cdot \mathrm{d}\boldsymbol{S} \tag{8-14}$$

这就是电介质内极化电荷与电极化强度的关系。

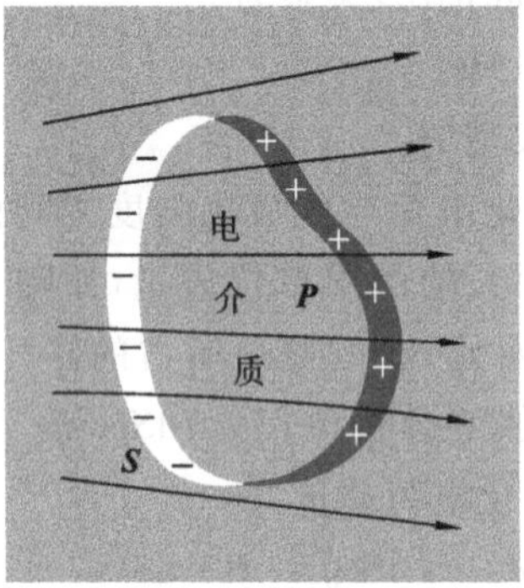

图 8-15　因极化而通过闭合面的束缚电荷

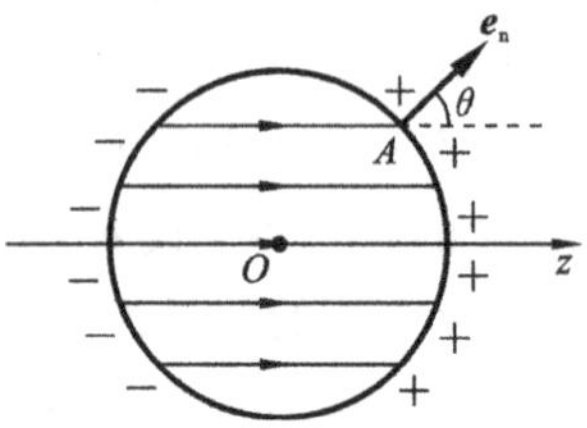

图 8-16　例 8-4 **图**

例 8-4　图 8-16 为一均匀极化的电介质球体，求电介质表面上极化电荷的分布，已知极化强度为 $\boldsymbol{P}$。

解　取原点在球心 O，极轴与 $\boldsymbol{P}$ 平行的球坐标系。由于轴对称性，表面上任一点 A 的极化电荷面宽度 σ' 只与 θ 角有关，它是 A 点外法线 $\boldsymbol{e}_{\mathrm{n}}$ 与 $\boldsymbol{P}$ 的夹角，故

$$\sigma' = \boldsymbol{P} \cdot \boldsymbol{e}_{\mathrm{n}} = P\cos\theta$$

上式表明，在右半球上 σ' 为正，左半球上 σ' 为负，在两半球分界线（赤道线）上 $\theta = \frac{\pi}{2}$，$\sigma' = 0$，在两极处 $\theta = 0$ 和 π，$|\sigma'|$ 最大。

8.2.2　电介质中的静电场

电介质在极化时出现极化电荷。极化电荷和自由电荷一样，也会在空间激发出电场。依据电场叠加原理，电介质存在时，空间某一点的电场强度 $\boldsymbol{E}$ 是外电场 $\boldsymbol{E}_0$ 和极化电荷激发的电场 $\boldsymbol{E}'$ 的电场强度的矢量和

$$\boldsymbol{E} = \boldsymbol{E}_0 + \boldsymbol{E}' \tag{8-15}$$

高斯定理是以库仑定律为基础的，在有电介质存在时，也是成立的。只不过在计算总电场的电通量时，应同时考虑高斯面内的自由电荷 q_0 和极化电荷 q'

$$\oint_S \boldsymbol{E} \cdot \mathrm{d}\boldsymbol{S} = \frac{1}{\varepsilon_0} \sum\nolimits_S (q_0 + q'_{\mathrm{in}}) \tag{8-16}$$

利用式(8-14)，可得

$$\oint_S (\varepsilon_0 \boldsymbol{E} + \boldsymbol{P}) \cdot \mathrm{d}\boldsymbol{S} = \sum{}_S q_0 \tag{8-17}$$

引入一个辅助的物理量，即电位移矢量 $\boldsymbol{D}$，定义为

$$\boldsymbol{D} = \varepsilon_0 \boldsymbol{E} + \boldsymbol{P} \tag{8-18}$$

式(8-17)可写为

$$\oint_S \boldsymbol{D} \cdot \mathrm{d}\boldsymbol{S} = \sum{}_S q_0 \tag{8-19}$$

这就是**电介质中的高斯定理**，也称为 $\boldsymbol{D}$ 的高斯定理。它表明：**通过任意闭合曲面的电位移通量等于该闭合曲面所包围的自由电荷的代数和。**在无电介质情况下，$\boldsymbol{D}$ 的高斯定理就回到真空中静电场的高斯定理。

将式(8-10)代入式(8-17)可得

$$\boldsymbol{D} = \varepsilon_0 \varepsilon_r \boldsymbol{E} = \varepsilon \boldsymbol{E} \tag{8-20}$$

其中 $\varepsilon = \varepsilon_0 \varepsilon_r$ 称为电介质的介电常数。

$\boldsymbol{D}$ 的高斯定理的应用和真空中静电场高斯定理的应用类似。当然，只有对那些自由电荷和电介质分布具有对称性的情况才能利用 $\boldsymbol{D}$ 高斯定理简便地求解场强分布。需要先依据自由电荷分布求出电场中电位移矢量 $\boldsymbol{D}$ 的分布，然后依据式(8-20)和式(8-10)分别求出电场强度 $\boldsymbol{E}$ 和电极化强度 $\boldsymbol{P}$ 的分布。

例 8-5 半径为 R 的导体球，带有电荷 Q，球外有一个均匀介质同心球壳，内外半径分别为 a 和 b，其相对介电常数为 ε_r 的电介质，如图 8-17 所示，求场强的分布。

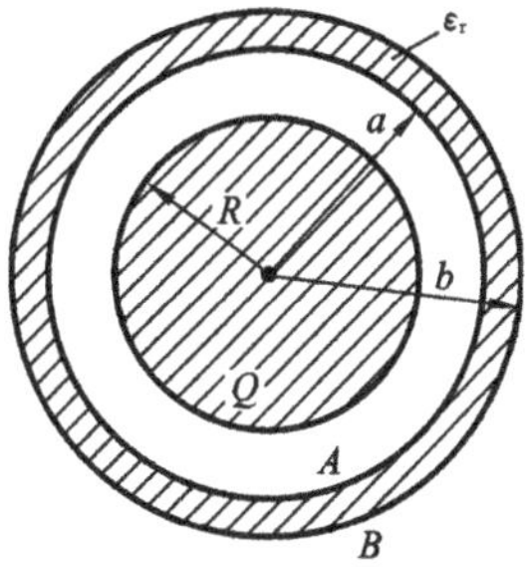

图 8-17 例 8-5 图

解 依题意可知，场强和电位移矢量 $\boldsymbol{D}$ 的分布满足球对称性，故可用电介质中的高斯定理求解。设 r 为场点到球心的距离，则：

当 $r<R$ 时，$E=0$；

当 $R<r<a$ 时，以 r 为半径作同心球面为高斯面，由电介质的高斯定理可知

$$\oint_S \boldsymbol{D} \cdot \mathrm{d}\boldsymbol{S} = 4\pi r^2 D = Q$$

即

$$D = \frac{Q}{4\pi r^2}$$

$$E = \frac{D}{\varepsilon_0} = \frac{Q}{4\pi\varepsilon_0 r^2}$$

当 $a<r<b$ 时，

$$D = \frac{Q}{4\pi r^2}, \quad E = \frac{D}{\varepsilon} = \frac{Q}{4\pi\varepsilon_0\varepsilon_r r^2}$$

当 $r>b$ 时，

$$D=\frac{Q}{4\pi r^2},\quad E=\frac{D}{\varepsilon_0}=\frac{Q}{4\pi\varepsilon_0 r^2}$$

各处 **D**、**E** 均沿半径方向。

例 8-6 两块靠近的平行金属板间放入两种不同的电介质，介电常数分别为 ε_1、ε_2，电介质的分界面与板面垂直，两种介质各占板间一半空间。在放入电介质前两板上的电荷面密度分别为 $+\sigma$ 和 $-\sigma$，计算电介质放入后两电介质中的 **D** 和 **E** 的分布。(忽略边缘效应。)

解 如图 8-18 所示，加入电介质后，两极板上的正、负自由电荷总量不发生改变，但极板上的电荷分布发生变化。以 σ_1 和 σ_2 分别表示金属板上左半部及右半部的电荷面密度，以 E_1，E_2 和 D_1，D_2 分别表示左半部和右半部的电场强度和电位移，由高斯定理有 $D_1=\sigma_1$，$D_2=\sigma_2$，故

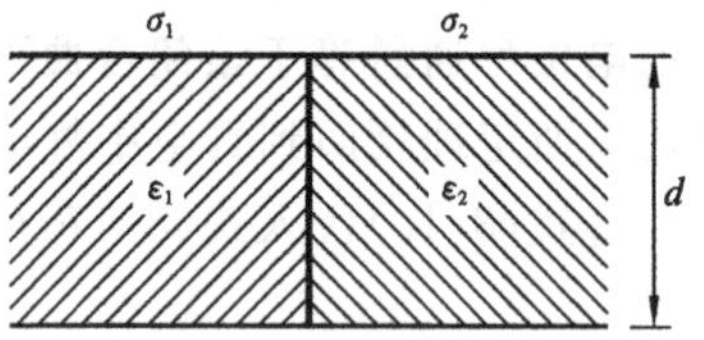

图 8-18 例 8-6 图

$$E_1=\frac{\sigma_1}{\varepsilon_1},\quad E_2=\frac{\sigma_2}{\varepsilon_2}$$

由于左右两部分两板间的电势差相等，即 $E_1 d=E_2 d$，式中，d 为两板间的距离，所以有

$$E_1=E_2,\quad \frac{\sigma_1}{\varepsilon_1}=\frac{\sigma_2}{\varepsilon_2}$$

由电荷守恒定律有

$$\frac{S}{2}\sigma_1+\frac{S}{2}\sigma_2=\sigma S$$

其中，S 为极板面积。联立求解，得

$$\sigma_1=\frac{2\sigma\varepsilon_1}{\varepsilon_1+\varepsilon_2},\quad \sigma_2=\frac{2\sigma\varepsilon_2}{\varepsilon_1+\varepsilon_2}$$

故

$$D_1=\sigma_1=\frac{2\sigma\varepsilon_1}{\varepsilon_1+\varepsilon_2},\quad D_2=\sigma_2=\frac{2\sigma\varepsilon_2}{\varepsilon_1+\varepsilon_2}$$

$$E_1=\frac{\sigma_1}{\varepsilon_1}=\frac{2\sigma}{\varepsilon_1+\varepsilon_2}=E_2$$

其中，ε_1，ε_2 为两种电介质的介电常数。**D**、**E** 的正方向竖直向下。

8.3 电容与电容器

电容器是一种常用的电学和电子学器件，它是由两个用电介质隔开的金属导体组成。顾名思义，电容器是能够储存电荷的容器。

我们首先分析孤立导体的储电能力。当导体周围不存在其它导体和带电体时，

该导体可认为是孤立导体。以半径为 r 的球形导体为例。取无穷远处为电势零点，带电量为 Q 的导体球就具有一定的电势 V,其表达式为

$$V=\frac{Q}{4\pi\varepsilon_0 r}$$

上式表明,电势 V 随导体球带电量 Q 的增加而增加。但是 Q 与 V 的比值却是一个定值,用 C 表示，

$$C=\frac{Q}{V} \tag{8-21}$$

其中,C 与导体的形状和尺寸有关,称之为孤立导体的电容。它的物理意义是使导体每提升单位电势所需的电量。电容的单位是法拉,符号为 F，

$$1\text{F}=1\text{C/V}$$

若一个导体 A 近旁有其他导体,依据静电感应效应可知,导体的电势不仅与它自身带电量 Q 有关,还与其他导体的位置和形状有关。此时,我们就不能简单地利用孤立导体的方法来反映导体电势和带电量之间的关系。而需要利用静电屏蔽的思想消除其他导体的影响。用一个封闭的导体壳 B 将导体 A 包围起来,如图 8-19 所示。依据静电平衡条件,导体壳 B 所带电量为 $-Q$。当 Q 增加时,导体 A 和导体壳 B 的电势差也按比例增加,仍可定义导体 A 和导体壳 B 所组成的导体系的电容,即

$$C=\frac{Q}{V_A-V_B}$$

实际中对电容器屏蔽的要求并不像上述那样苛刻。如图 8-20 所示,一对平行平面导体 A、B,面积很大,彼此紧邻,他们产生的电场线集中在两表面之间的狭窄空间内,此时可忽略外界对带电量、电势差和电容的影响,这就是平行板电容器。

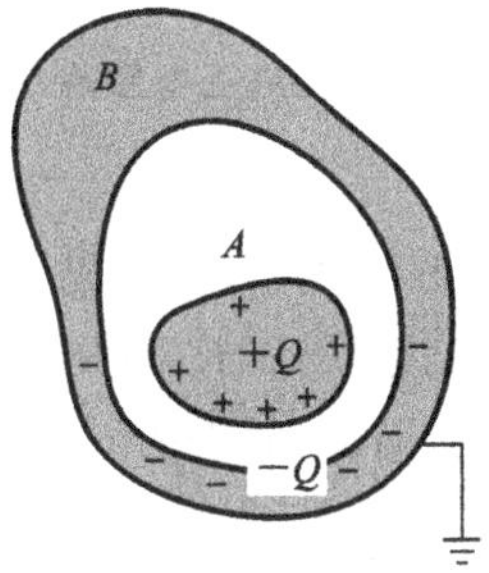

图 8-19 电容器

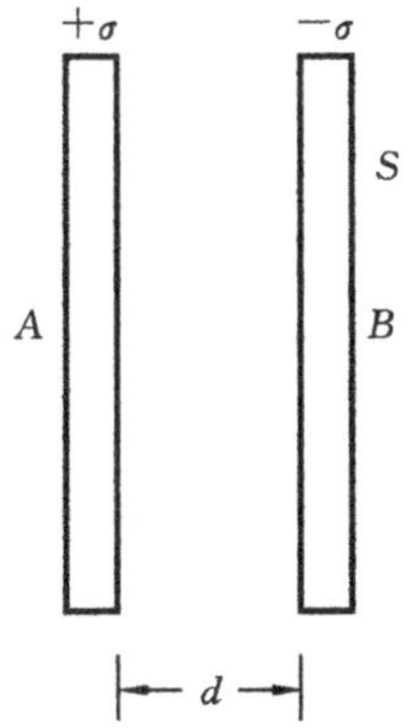

图 8-20 平行板电容器

例 8-7 求平板电容器的电容。

解 平行板电容器是由两块靠得很近的平行金属导体板组成。设它们正对的面积为 S,内表面之间的距离为 d,如图 8-20 所示。忽略边缘效应,平行板内表面均匀

带电，且极板间的电场均匀。

设导体板所带电量为 Q，依据均匀带电无限大平板的场强公式可得导体板间的场强大小为 $E=\frac{\sigma}{\varepsilon_0}$，

$$V_{AB}=\int_{(A)}^{(B)}\boldsymbol{E}\cdot\mathrm{d}\boldsymbol{l}=Ed=\frac{\sigma}{\varepsilon_0}d=\frac{Q}{\varepsilon_0 S}d$$

依据电容定义可得

$$C=\frac{Q}{V_{AB}}=\frac{\varepsilon_0 S}{d}$$

例 8-8 求球形电容器的电容。

解 如图 8-21 所示，球形电容器是由导体球 A 和球壳 B 组成，设它们的半径分别为 R_A 和 R_B，他们之间填充相对介电常数为 ε_r 的电介质，导体球和球壳所带电荷分别为 $+Q$、$-Q$，利用高斯定理和场强积分法可求得它们之间的电势差为

$$V_{AB}=\int_{(A)}^{(B)}\boldsymbol{E}\cdot\mathrm{d}\boldsymbol{l}=\int_{R_A}^{R_B}\frac{Q}{4\pi\varepsilon_0\varepsilon_r r^2}\mathrm{d}r=\frac{Q}{4\pi\varepsilon_0\varepsilon_r}\frac{R_B-R_A}{R_AR_B}$$

于是电容为

$$C=\frac{Q}{V_{AB}}=\frac{4\pi\varepsilon_0\varepsilon_r R_AR_B}{R_B-R_A}$$

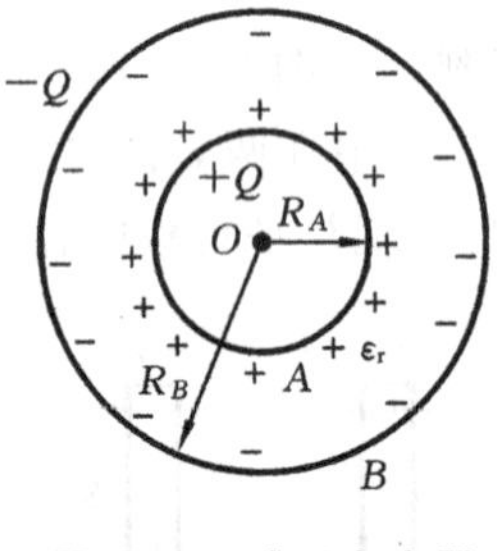

图 8-21 球形电容器

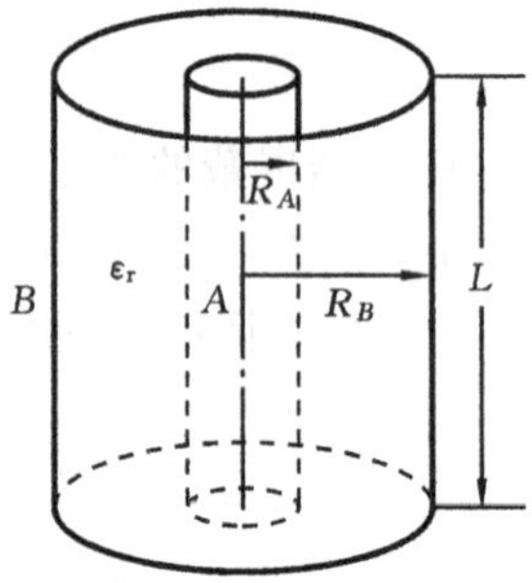

图 8-22 圆柱形电容器

例 8-9 求圆柱形电容器的电容。

解 如图 8-22 所示，圆柱形电容器由两个同轴柱形导体 A、B 组成，其半径分别为 R_A 和 R_B，其间填充相对介电常数为 ε_r 的电介质，长度为 L，$L\gg(R_B-R_A)$，忽略边缘效应，计算场强分布时可将圆柱体视为无限长。利用高斯定理和场强积分法可求得圆柱形导体 A 和 B 之间的电势差为

$$V_{AB}=\int_{(A)}^{(B)}\boldsymbol{E}\cdot\mathrm{d}\boldsymbol{l}=\int_{R_A}^{R_B}\frac{Q}{2\pi\varepsilon_0\varepsilon_r rL}\mathrm{d}r=\frac{Q}{2\pi\varepsilon_0\varepsilon_r L}\ln\frac{R_B}{R_A}$$

于是电容为

$$C=\frac{Q}{V_{AB}}=\frac{2\pi\varepsilon_0\varepsilon_r L}{\ln(R_B/R_A)}$$

从以上三个例题中可以看到：电容器的电容由组成电容器导体板的形状、尺寸及填充电介质决定。与电容器的带电量无关。

衡量电容器性能的指标有二：一是电容器的电容，二是电容器的耐(电)压能力。使用电容器时，两极板所加电压不能超过规定的耐压值，否则在电介质中会产生过大的场强，从而击穿电容器。在实际电路中，为了满足实际需求，常将电容器串联或并联起来使用。

当把两个或多个电容器并联时，如图 8-23(a)所示，每个电容的电势差相等，为总电压 V，而总电量等于各个电容器所带电量之和，依据电容定义可知，并联电容的总电容为

$$C=\sum_i C_i \tag{8-22}$$

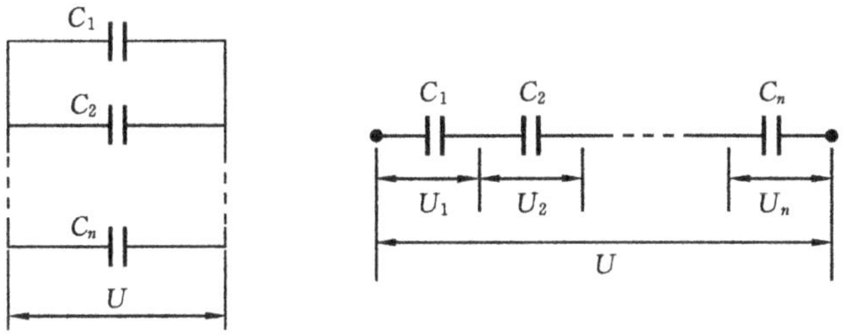

(a) 并联　　(b) 串联

图 8-23　电容器的连接

当把两个或多个电容器串联时，如图 8-23(b)所示，每个电容器所带电量相等，为整个总电容器的电量，总电压等于各个电容器电压之和，依据电容定义可知，串联电容的总电容为

$$\frac{1}{C}=\sum_i \frac{1}{C_i} \tag{8-23}$$

并联时，总电容增加，总电容的耐压能力由并联中耐压最小的电容器所决定。串联时，总电容比任何电容器的电容都小，但是总电容的耐压能力比每一个电容器单独存在时都大。

例 8-10　三个电容器，电容分别为 $C_1=2\ \mu F$，$C_2=5\ \mu F$，$C_3=10\ \mu F$，各自先用 36 V 的直流电源充电后，按图 8-24 所示连接起来，求连接后各电容器的电量。

解　(1) 三个电容器充电后的带电量分别为

$$Q_1=C_1V=2\times 36=72(\mu C)$$
$$Q_2=C_2V=5\times 36=180(\mu C)$$
$$Q_3=C_3V=10\times 36=360(\mu C)$$

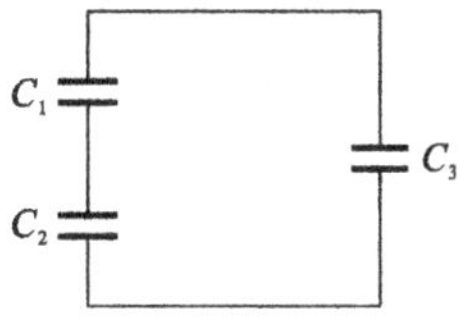

图 8-24　**例** 8-10 **图**

按图示连接起来后，设 C_1，C_2，C_3 的带电量分别为 Q'_1，Q'_2，Q'_3，依据题意有

$$Q'_1+Q'_3=Q_1+Q_3,\quad Q'_2+Q'_3=Q_2+Q_3,\quad \frac{Q'_1}{C_1}+\frac{Q'_2}{C_2}=\frac{Q'_3}{C_3}$$

联立求解上述各式得

$$Q'_1=27\ \mu\text{C},\quad Q'_2=135\ \mu\text{C},\quad Q'_3=405\ \mu\text{C}$$

8.4 静电场的能量

讨论静电场能量时，首先设计一个这样的实验：将一个电容器 C、一个单刀双掷开关 K、一个直流电源 $\mathscr{E}$ 和灯泡 L 组成 RC 回路，如图 8-25(a)所示。当开关掷向 a 时，电容器两极板和电源相连，电容器极板带上电荷，这个过程称为电容器的充电过程。然后将开关掷向 b 时，电容器极板上的电荷通过灯泡 L 中和，从而使灯泡瞬间变亮又熄灭掉，这一过程称为电容器的放电过程。有一个问题：灯泡发光所消耗的能量从何而来呢？是从电容器释放出来的，而电容器的能量则是电源在充电时供给的。因此，要使一系统(例如电容器)带电，就需要外界(例如直流电源)对其做功，进而消耗能量，消耗的能量转移到系统激发的电场中。系统带电的过程就是电场建立的过程，系统的能量也就是电场的能量。

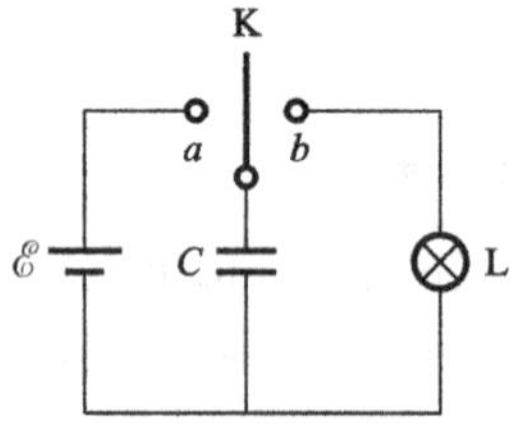

(a) 电容器充放电

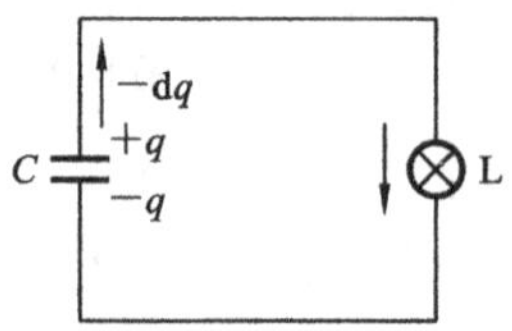

(b) 电容器放电过程

图 8-25　电容器充放电

设想某一导体带电体的电荷是从无穷远处(势能零点)搬来(充电过程)，当其电量为 q 时，电势为 V。若再从无穷远处移动电荷量 $\mathrm{d}q$ 到带电体上，外界做功为

$$\mathrm{d}A=V\mathrm{d}q$$

当带电体的电量为 Q 时，外界做功为

$$A=\int_0^Q V\mathrm{d}q$$

则该带电系统的能量 W_e 为

$$W_e=A=\int_0^Q V\mathrm{d}q \tag{8-24}$$

依据孤立导体电容的定义可知，

$$W_e=\int_0^Q \frac{q}{C}\mathrm{d}q$$

其中，C 为导体的电容，与导体带电量 q 无关，因此，

$$W_e=\int_0^Q \frac{q}{C}\mathrm{d}q=\frac{1}{2}\frac{Q^2}{C} \tag{8-25}$$

导体电容器的电场能量也可写为

$$W_e=\frac{1}{2}CV^2=\frac{1}{2}QV \tag{8-26}$$

其中，V 为带电体带电量为 Q 时的电压。式(8-26)对各类电容器都成立。

以平行板电容器为例，设两极板间距离为 d，极板正对面积为 S，极板间电势差为 V，极板间充有相对介电常数为 ε_r 的电介质。依据平行板电容器的电容可知

$$W_e=\frac{1}{2}CV^2=\frac{1}{2}\frac{\varepsilon_0\varepsilon_r S}{d}E^2d^2=\frac{1}{2}\varepsilon_0\varepsilon_r E^2Sd=\frac{1}{2}DESd \tag{8-27}$$

式(8-27)中 Sd 刚好是平行板电容器的体积，上式表明电场的能量与场中各点电位移和场强有关，也与电场的空间体积有关，说明电场存在的空间有能量。

在电场中，单位体积内的电场能量称为电场的能量密度，记为 w_e

$$\omega_e=\frac{W_e}{Sd}=\frac{1}{2}DE \tag{8-28}$$

式(8-28)虽是从平行板电容器推导而来的，但对于任何电介质中的电场都是成立的。

一般情况下，电场的总能量可由电场的能量密度积分求得，即

$$W_e=\int_V w_e\mathrm{d}V=\int_V \frac{1}{2}DE\mathrm{d}V \tag{8-29}$$

其中积分遍及电场分布的整个空间。

例 8-11 一球形电容器，导体球和球壳的半径分别为 R_1 和 R_2（见图 8-26），两球间充满相对介电常量为 ε_r 的电介质，求此电容器带有电量 Q 时所储存的电能。

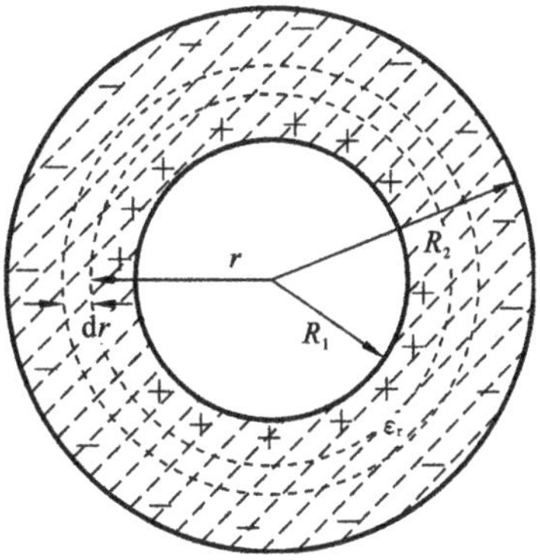

图 8-26 例 8-11 图

解 由于此电容器的内外球分别带有 $+Q$ 和 $-Q$ 的电量，根据高斯定律可求出导体球内部和球壳外部的电场强度都是零。两球间的电场分布为

$$E=\frac{Q}{4\pi\varepsilon_0\varepsilon_r r^2}$$

将此电场分布代入式(8-28)可得此球形电容器储存的电能为

$$W_e=\int_V w_e\mathrm{d}V=\int_{R_1}^{R_2}\frac{\varepsilon_0\varepsilon_r}{2}\left(\frac{Q}{4\pi\varepsilon_0\varepsilon_r r^2}\right)^2 4\pi r^2\mathrm{d}r$$

$$=\frac{Q^2}{8\pi\varepsilon_0\varepsilon_r}\left(\frac{1}{R_1}-\frac{1}{R_2}\right)$$

思考题

8-1 将一带正电导体 A 置于不带电导体 B 附近，导体 B 将出现感应电荷，导体 A 表面的电荷也将重新分布，两个导体是否都会出现异号电荷的分布？为什么？

8-2 在一个孤立导体球壳中心放一个点电荷，球壳内外表面上的电荷分布均匀吗？若点电荷偏离球心，电荷分布又如何？

8-3 两个带电导体球之间的静电力等于把每个球的电荷分别集中于球心所得的两个点电荷之间的静电力，这种描述正确吗？

8-4 高压电器设备周围常常围上一接地的金属栅网，以保证栅网外人身安全，试说明其遵循的物理原理。

8-5 两个电容器并联时，当其中一个电容器的电容增加时，总电容如何变化？若将它们改为串联，总电容又将如何变化？

8-6 若平行板电容器两极板间的电压保持不变，当增加两极板间的距离时，极板间的电场强度如何变化？电容是增加还是减小？

8-7 电介质极化现象和导体的静电感应现象有什么区别？

8-8 半径为 R 的导体球带电量为 Q，假设其带电量不变，增加导体球的半径，系统的静电势能如何变化？

8-9 将两个电容各为 C_1 和 C_2 的电容器串联后充电，然后断开电源，并把它们改为并联，问它们电场的能量如何变化？

8-10 半径相同的均匀带电球面和均匀带电球体均处于真空中，若它们所带电量相等，那么它们的电场能量是否相等？为什么？

习题

8-1 一导体球半径为 R_1，其外同心地罩一内、外半径分别为 R_2 和 R_3 的厚导体壳，此系统带电后内球电势为 φ_1，外球所带总电量为 Q。求此系统各处的电势和电场分布。

8-2 在一半径为 $R_1=6.0\ \text{cm}$ 的金属球 A 外面套有一个同心的金属球壳 B。已知球壳 B 的内、外半径分别为 $R_2=8.0\ \text{cm}$，$R_3=10.0\ \text{cm}$。设 A 球带有总电量 $Q_A=3\times10^{-8}\ \text{C}$，球壳 B 带有总电量 $Q_B=2\times10^{-8}\ \text{C}$。

(1) 求球壳 B 内、外表面上的电量以及球 A 和球壳 B 的电势；

(2) 将球壳 B 接地然后断开，再把金属球 A 接地。求金属球 A 和球壳 B 内、外表面上的电量以及球 A 和球壳 B 的电势。

8-3 一个接地的导体球，半径为 R，原来不带电。今将一点电荷 q 放在球外距球心距离为 r 的地方，求球上的感应电荷总量。

8-4 如图 8-27 所示，有三块互相平行的导体板，外面的两块用导线连接，原来不带电。中间一块上所带总电荷面密度为 $1.3\times10^{-5}\ \text{C/m}^2$。求每块板的两个表面的电荷面密度各是多少？（忽略边缘效应。）

8-5 如图 8-28 所示，三块平行金属板 A、B 和 C，面积都是 $S=100\ \text{cm}^2$，A 和 B 相距 $d_1=2\ \text{mm}$，A 和 C 相距 $d_2=4\ \text{mm}$，B 和 C 接地，A 板带有正电荷 $q=3\times10^{-8}\ \text{C}$，忽略边缘效应。求：

(1) B、C 板上的电荷；

(2) A 板电势。

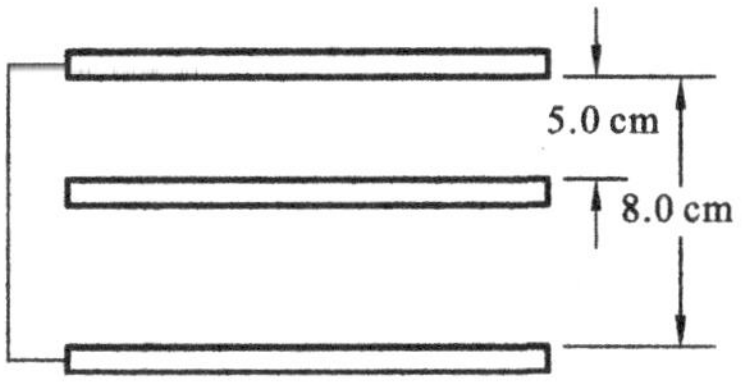

图 8-27　习题 8-4 **图**

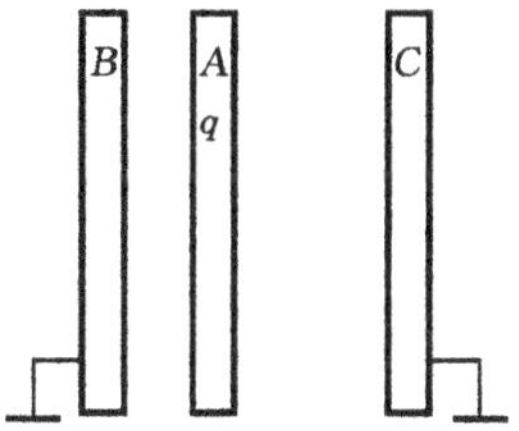

图 8-28　习题 8-5 **图**

8-6 同轴电缆是由半径为 R_1 的直导线和半径为 R_2 的同轴薄圆筒构成的，其间充满了相对介电常量为 ε_r 的均匀电介质，设沿轴线单位长度上导线和圆筒的带电量分别为 $+\lambda$ 和 $-\lambda$，则通过介质内长为 l、半径为 r 的同轴封闭圆柱面的电位移通量为多少？该圆柱面上任一点的场强为多少？

8-7 如图 8-29 所示，板面积为 S 的平行板电容器，板间有两层介质，介电常量分别为 ε_1 和 ε_2，厚度分别为 d_1 和 d_2，求该电容器的电容。

8-8 圆柱形电容器由半径为 R_1 的导线和与它同轴的内半径为 R_2 的导体圆筒构成，其间充满了介电常数为 ε 的介质，且长为 l。设沿轴线单位长度上的导线和圆筒分别带电 $+\lambda$ 和 $-\lambda$，略去边缘效应。求：

(1) 两极板间的电势差 U；

(2) 介质中的电场强度 $\boldsymbol{E}$ 和电位移 $\boldsymbol{D}$；

(3) 电容 C。

8-9 一平行板电容器的极板面积为 S，板间距离为 d，接在电源上维持其电压为 U。将一块厚度为 d、相对介电常数为 ε_r 的均匀电介质板插入电容器的一半空间内，问电容器的静电能为多少？

8-10 如图 8-30 所示，金属球壳原来带有电量 Q，壳的内、外半径分别为 a 和 b，壳内距球心为 r 处有一点电荷 q，试求球心 O 的电势。

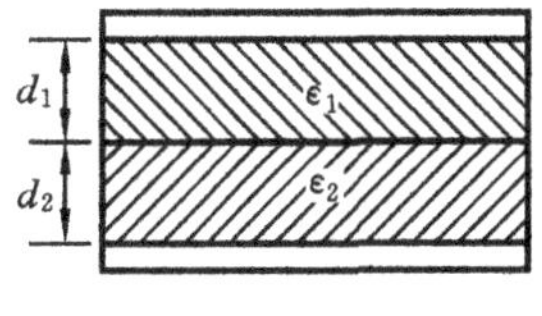

图 8-29　习题 8-7 **图**

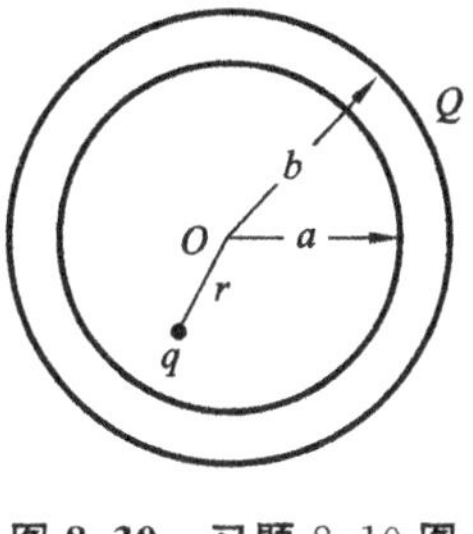

图 8-30　习题 8-10 **图**

8-11 两个同轴的导体圆柱面，长度均为 l，半径分别为 a 和 b，柱面之间充满介电常量为 ε 的电介质(忽略边缘效应)。当这两个圆柱面分别带有等量异号电荷($\pm Q$)时，求：

(1) 在半径为 $r(a<r<b)$、厚度为 $\mathrm{d}r$、长度为 l 的圆柱薄壳中的电场总能量；

(2) 电介质中的电场总能量(由积分算出)；

(3) 由电容器能量公式推算出圆柱形电容器的电容公式。

第9章　真空中恒定电流的磁场

静止电荷产生静电场，运动电荷既产生电场，也产生磁场。

本章首先介绍恒定电流的基本知识，以及描述磁场分布的物理量——磁感应强度，再说明电流激发磁场的毕奥-萨伐尔定律，以及有关磁场性质的两个基本定理，即高斯定理和安培环路定理；最后介绍磁场对运动电荷和载流导体的作用力。

9.1　恒定电流

9.1.1　电流、电流强度、电流密度

1. 电流

带电粒子的定向运动形成**电流**。

通过电学部分的学习，我们知道：处于静电平衡状态下的导体，其内部电场强度为零，因而电荷不做宏观定向运动，电流为零。如果导体内部场强不为零，导体内的自由电荷将在电场力的作用下形成定向运动产生电流。此时我们把导体内部形成电流的自由电荷称为**载流子**，自由电荷定向运动形成的电流称为**传导电流**。

2. 电流强度

描述电流强弱的物理量称为**电流强度**。它的定义是：单位时间内通过垂直于电荷运动方向上某个截面积的电量。即

$$I=\frac{dq}{dt} \tag{9-1}$$

电流强度 I 是标量，电流的方向是导线中正电荷沿导线运动的方向，或电子沿导线运动的反方向。电流强度的单位是安培(A)。

3. 电流密度

电流强度描述的是电流的强弱，它不能准确描述电流截面上各点的具体细节。

如图 9-1 所示，粗细不匀的导体中流有电流强度 I，要准确描述电流的分布，必须引入电流密度的概念。

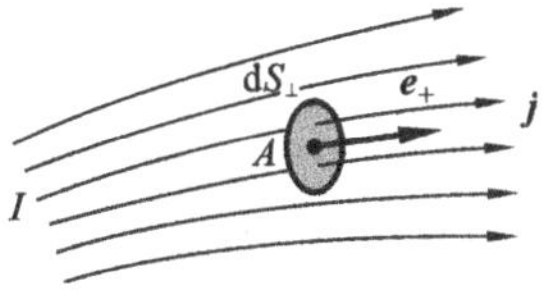

图 9-1　导体中的电流

导体中某点 A，在垂直于该点正电荷运动方向上取一面积元 $dS_{\perp}$，以 $\boldsymbol{e}_{+}$ 表示正电荷运动方向的单位矢量，

则定义

$$\boldsymbol{j}=\frac{\mathrm{d}I}{\mathrm{d}S_{\perp}}\boldsymbol{e}_{+} \tag{9-2}$$

$\boldsymbol{j}$ 即导线上 A 点的**电流密度**。

若在电流分布的某处任取一面积元 $\mathrm{d}\boldsymbol{S}$，如图 9-2 所示，则 $\mathrm{d}\boldsymbol{S}$ 内的电流强度 $\mathrm{d}I=j\mathrm{d}S\cos\theta=\boldsymbol{j}\cdot\mathrm{d}\boldsymbol{S}$，那么在导体的任一截面 S 上电流强度为

$$I=\int_S\boldsymbol{j}\cdot\mathrm{d}\boldsymbol{S} \tag{9-3}$$

9.1.2 电流连续性方程

如图 9-3 所示，若在空间任取一闭合曲面 S，则 $\boldsymbol{j}\cdot\mathrm{d}\boldsymbol{S}$ 表示的是单位时间内流出 $\mathrm{d}\boldsymbol{S}$ 的电量，以 q 表示曲面 S 内的电量，则 $\oint_S\boldsymbol{j}\cdot\mathrm{d}\boldsymbol{S}$ 表示每秒钟从 S 内流出的电量，q 减少。由电荷守恒定律，有

$$\oint_S\boldsymbol{j}\cdot\mathrm{d}\boldsymbol{S}=-\frac{\mathrm{d}q}{\mathrm{d}t} \tag{9-4}$$

上式称为**电流连续性方程**。

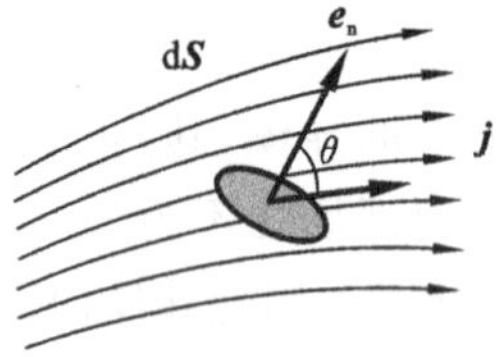

图 9-2　任意面积元上的电流

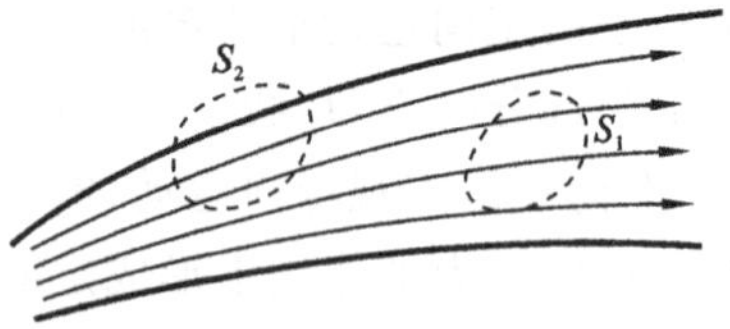

图 9-3　任意闭合面的电流密度通量

若为恒定电流，则 $\oiint_S\boldsymbol{j}\cdot\mathrm{d}\boldsymbol{S}=0$。

9.1.3 电动势

在恒定电流电路中，电源是必不可少的。在电源外部，电荷在电场力的驱动下，持续地由电源正极流到负极，如果没有电源，正、负极电荷很快就中和了。

如图 9-4 所示，从电源内部看，正电荷持续不断地从负极流到正极，才能形成恒定电流。可是，电源内部电场是从正极指向负极的，电场阻碍电荷的运动。所以，电源就是通过某种非静电力来克服电场力，将正电荷输送到正极。

表征电源作用的物理量是电源的电动势，它等于单位正电荷受的非静电力将电荷从负极输送到正极所做的功。

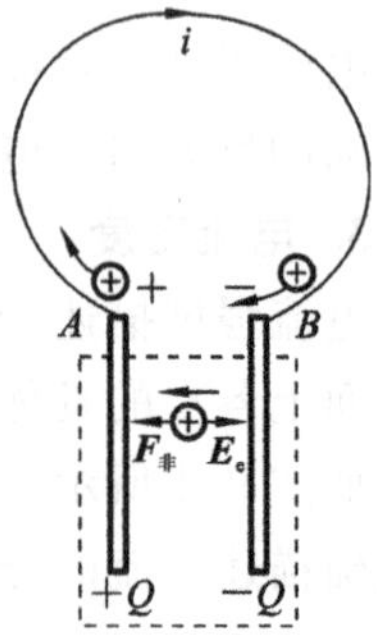

图 9-4　电源及电动势

设电荷 q 受的非静电力为 $\boldsymbol{F}_{非}$，则

$$\mathscr{E}=\int_{-\,(经电源)}^{+}\frac{\boldsymbol{F}_{非}}{q}\cdot \mathrm{d}\boldsymbol{l} \tag{9-5}$$

不同类型的电源，产生非静电力的机制不同。如干电池、蓄电池，非静电力是与离子的溶解和沉积过程相联系的化学作用；温差电动势的产生，非静电力是因温度差而产生电子浓度差相联系的扩散作用；一般发电机，是通过电磁感应而产生非静电力。

9.2 基本磁现象

早在 2500 多年前，人们就发现磁现象了。公元前 3 世纪，我国就有了“慈石召铁”的记载。到了 11 世纪，我国就已经制造出了指南针，并应用于航海。

9.2.1 天然磁铁

人类最早认识磁现象，是从天然磁铁开始的。天然磁铁吸引铁、钴、镍的特性称为**磁性**。

将一条形磁铁悬于空中，静止时它沿南北取向。磁铁指北的一端称为**磁北极**(N 极)，指南的一端称为**磁南极**(S 极)。N、S 极总是成对出现，迄今为止，尚未发现单独存在的磁极，即磁单极不存在。

将条形磁铁置于铁屑中，会发现两极吸引的铁屑多而中间吸引的少，说明两极磁性强，中间磁性弱。

将两根条形磁铁放在一起，会发现它们相互作用的规律：**同号磁极相互排斥，异号磁极相互吸引。**

9.2.2 地球的磁性

磁铁在空中沿南北取向的事实，说明地球本身是一个大的磁体。地理上的北极是磁南极，地理上的南极是磁北极。但磁极的指向与地理上严格的南北方向稍有偏离，偏离的角度称为地磁偏角。不同地区的地磁偏角稍有不同。地球的磁性是许多候鸟在迁徙时判断方向的依据之一。

9.2.3 电流的磁效应

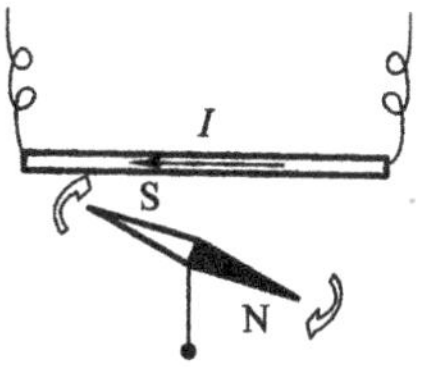

图 9-5　磁针受力偏转

在历史上很长一段时间内，电学和磁学是独立发展的，人们一直认为电和磁是没有什么联系的，直到 1820 年，丹麦物理学家奥斯特通过实验发现：载流导线附近的小磁针受力而产生偏转(见图 9-5)，表明**电流可以产生磁场，磁场对电流有力的作用**(见图 9-6)，这便是**电流的磁效应**。

奥斯特的发现，揭示了电流和磁场的内在联系。实验表明：一个通电螺线管外部的磁性相当于一个条形磁铁（见图 9-7）。从外部看，两端磁性最强，中部磁性最弱。

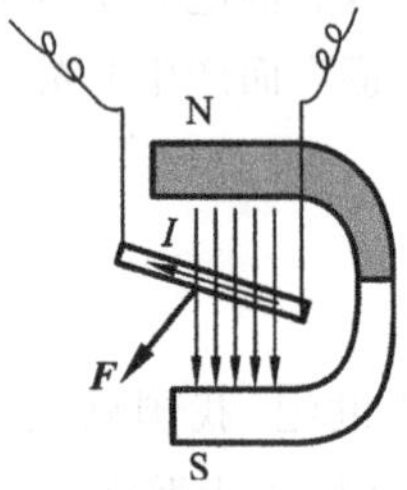

图 9-6　通电导线受磁力作用

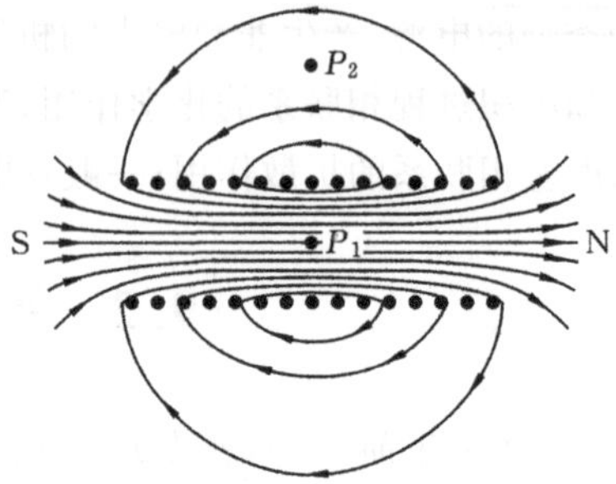

图 9-7　通电螺线管的磁性

9.2.4　安培的分子电流假说

奥斯特发现了电流的磁效应，即电流可以产生磁场。磁铁的磁性又源于什么呢？物质为什么会被磁化？为了解释这些现象，安培提出了**分子电流假说**：任何物质的分子中都存在圆形电流，称为**分子电流**。有些物质没有磁性，是因为其内部的分子电流是杂乱无章的排列，而磁铁内部的分子电流是定向规则的排列，从而显现出磁性。

随着物理学的发展，我们现在知道：原子中的电子既有绕原子核的轨道运动，又有自旋，分子中电子的这些运动形成了等效的分子电流。

安培的分子电流假说，揭示了**磁现象的根本原因：一切磁现象均源于电流，即电荷的运动**！

9.3　磁场　磁感应强度

9.3.1　磁场

我们知道，电荷之间的作用力是通过电场来传递的，而电流或磁铁之间的磁力作用同样是通过场来传递的，这种场称为**磁场**，即电流或磁铁在自己周围的空间产生磁场，处在磁场中的电流或磁铁会受到磁力的作用，可以概括如图 9-8 所示。

图 9-8　电流与磁场的关系

9.3.2　磁感应强度

描述磁场强弱、分布的物理量称为**磁感应强度**，通常用 $\boldsymbol{B}$ 矢量表示。$\boldsymbol{B}$ 可以通过运动电荷受到的磁力来定义。

首先，我们将一个小磁针放入磁场中，小磁针的 N 极指向即为该点磁感应强度 $\boldsymbol{B}$ 的方向。

然后我们将一个以速度 $\boldsymbol{v}$ 运动的点电荷 q 放入磁场中。通过实验，我们可以发现：当 $\boldsymbol{v}\perp\boldsymbol{B}$ 时，q 受到的磁力最大，力的方向为 $\boldsymbol{v}\times\boldsymbol{B}$ 的方向，设 $\boldsymbol{v}$ 沿垂直于 $\boldsymbol{B}$ 方向的分量为 $v_{\perp}$，定义 $\boldsymbol{B}$ 的大小为

$$B=\frac{F}{qv_{\perp}}$$

磁感应强度的单位：特斯拉(T)。

9.3.3 磁感应线

如同电场线可以描述空间电场分布一样，磁感应线同样可以描述空间的磁场分布：

(1) 磁感应线上任一点的切线方向表示该点磁感应强度 $\boldsymbol{B}$ 的方向；

(2) 通过垂直于 $\boldsymbol{B}$ 方向的单位面积内磁感应线的条数等于该点 $\boldsymbol{B}$ 的大小。

磁感应线的性质：① 无头无尾的闭合曲线；② 与电流回路互相铰链。

图 9-9 为直导线和条形磁铁的磁感应线示意图。

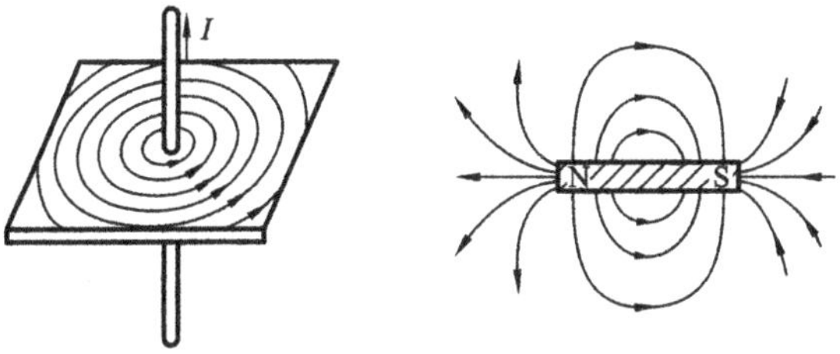

(a) 直导线　　(b) 条形磁铁

图 9-9　直导线和条形磁铁的磁感应线

9.3.4 运动电荷受到的磁场力

设点电荷电量 q，以速度 $\boldsymbol{v}$ 进入磁场中，它受到的磁场力称为**洛仑兹力**，用 $\boldsymbol{F}$ 表示，它等于

$$\boldsymbol{F}=q\boldsymbol{v}\times\boldsymbol{B}$$

显然，洛仑兹力 $\boldsymbol{F}$ 总是与速度 $\boldsymbol{v}$ 垂直的，所以**洛仑兹力总是不做功的**。

9.4 毕奥-萨伐尔定律

9.4.1 毕奥-萨伐尔定律

自从奥斯特发现了电流的磁效应，法国物理学家毕奥和萨伐尔首先开始了对电

流产生磁场规律的精确研究。他们通过实验发现，载流直导线在空间某点产生的磁感应强度 $\boldsymbol{B}$ 的大小与电流 I 成正比，与该点到载流直线的垂直距离 r 成反比，即

$$B \propto \frac{I}{r} \tag{9-6}$$

$\boldsymbol{B}$ 的方向垂直于导线与垂线 r 组成的平面。法国数学家拉普拉斯进一步从数学上证明了毕奥、萨伐尔的结论，从而得到了电流元产生磁场的规律，这就是著名的**毕奥-萨伐尔定律**，表述如下：

如图 9-10 所示，在任意形状的载流导线上取一个电流元 $I\mathrm{d}\boldsymbol{l}$，该电流元在空间某点 P 产生的磁感应强度为

$$\mathrm{d}\boldsymbol{B} = \frac{\mu_0 I\mathrm{d}\boldsymbol{l} \times \boldsymbol{e}_r}{4\pi r^2} \tag{9-7}$$

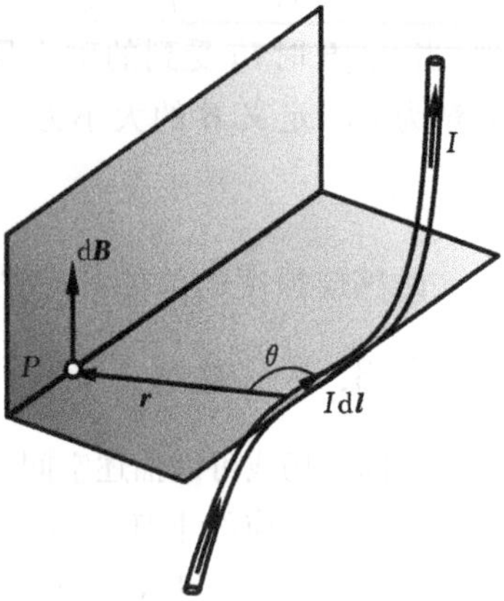

图 9-10　电流元的磁场

其中，$\mathrm{d}\boldsymbol{l}$ 大小为电流线元的长度，方向指向电流方向；r 为电流元到 P 点的连线距离，$\boldsymbol{e}_r$ 为从 $I\mathrm{d}\boldsymbol{l}$ 指向 P 点的单位矢量，$\mu_0 = 4\pi \times 10^{-7}\ \mathrm{N \cdot m^2}$，称为真空的磁导率。

显然，$\mathrm{d}\boldsymbol{B}$ 的大小等于

$$\mathrm{d}B = \frac{\mu_0 I\mathrm{d}l\sin\theta}{4\pi r^2} \tag{9-8}$$

$\mathrm{d}\boldsymbol{B}$ 的方向垂直于 $I\mathrm{d}\boldsymbol{l}$ 和 $\boldsymbol{r}$ 组成的平面，指向由 $I\mathrm{d}\boldsymbol{l}$ 经小于 180°的 θ 角转到 $\boldsymbol{r}$ 时右手螺旋方向。

对任意形状的载流导线，可将导线分成无限多个电流元，整个导线产生的磁感应强度等于所有电流元产生的磁感应强度的矢量和：

$$\boldsymbol{B} = \int_L \frac{\mu_0 I\mathrm{d}\boldsymbol{l} \times \boldsymbol{e}_r}{4\pi r^2} \tag{9-9}$$

上述积分遍及所有电流元，也称为**磁感应强度的叠加原理**。

有了毕奥-萨伐尔定律，只要知道电流的分布，理论上都可以计算出空间任一点的磁感应强度。

9.4.2　毕奥-萨伐尔定律的应用

用毕奥-萨伐尔定律可以计算电流产生的磁场，解题思路如下：

(1) 选取电流元 $I\mathrm{d}\boldsymbol{l}$；

(2) 按毕奥-萨伐尔定律分析出 $I\mathrm{d}\boldsymbol{l}$ 产生的磁场 $\mathrm{d}\boldsymbol{B}$ 的大小和方向；

(3) 分析 $\mathrm{d}\boldsymbol{B}$ 的方向：若所有 $I\mathrm{d}\boldsymbol{l}$ 产生的磁场 $\mathrm{d}\boldsymbol{B}$ 方向均相同，则可直接对 $\mathrm{d}\boldsymbol{B}$ 的大小积分计算，即 $B = \int \mathrm{d}B$；若各电流元 $I\mathrm{d}\boldsymbol{l}$ 产生的磁场 $\mathrm{d}\boldsymbol{B}$ 的方向不同，则需将 $\mathrm{d}\boldsymbol{B}$ 按

方向进行分解，如 $d\boldsymbol{B} = dB_x\boldsymbol{i} + dB_y\boldsymbol{j} + dB_z\boldsymbol{k}$，再对各分量进行积分，即 $B_i = \int dB_i (i = x, y, z)$。

下面通过例题来熟悉以上计算方法。

例 9-1 一载流直导线通有电流 I，求距导线为 a 的某点 P 处的磁感应强度 $\boldsymbol{B}$。

解 (1) 如图 9-11 所示，选取电流元 $Id\boldsymbol{l}$，$Id\boldsymbol{l}$ 距 P 点到直导线的垂足为 l；

(2) 电流元 $Id\boldsymbol{l}$ 产生的磁场 $dB=\dfrac{\mu_0 Idl\sin\theta}{4\pi r^2}$，由右手定则可知：$d\boldsymbol{B}$ 的方向垂直纸面向里；

(3) 电流元 $Id\boldsymbol{l}$ 处在不同位置时，所有 $d\boldsymbol{B}$ 的方向均相同，所以可以直接积分求磁感应强度的大小

$$B = \int \frac{\mu_0 Idl\sin\theta}{4\pi r^2}$$

上式中 l、r 均与 θ 相关，可通过几何关系统一用 θ 表示：$r=\dfrac{a}{\sin(\pi-\theta)} = \dfrac{a}{\sin\theta}$，$l = a\cot(\pi - \theta) = -a\cot\theta$，$dl = \dfrac{ad\theta}{\sin^2\theta}$，将这些关系式代入上式得

$$B = \int_{\theta_1}^{\theta_2} \frac{\mu_0 I}{4\pi a}\sin\theta d\theta = \frac{\mu_0 I}{4\pi a}(\cos\theta_1 - \cos\theta_2) \quad (9\text{-}10)$$

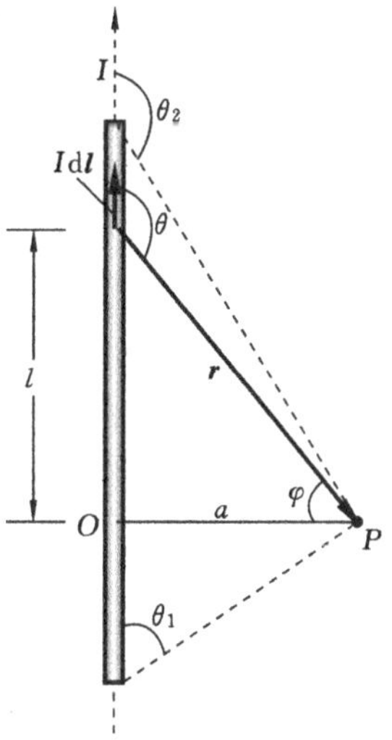

图 9-11 例 9-1 图

式中，θ_1，θ_2 分别是直线电流的起点和终点处 $Id\boldsymbol{l}$ 与 $\boldsymbol{r}$ 的夹角；$\boldsymbol{B}$ 的方向垂直纸面向里。

下面讨论两种特殊情形：

① 直导线为无限长：$\theta_1 = 0$，$\theta_2 = \pi$，有

$$B=\frac{\mu_0 I}{2\pi a} \quad (9\text{-}11)$$

直导线在空间产生的磁场具有旋转对称性，所以在与直导线垂直的平面内，磁感应线是一系列的同心圆，其绕行方向与直线电流的方向成右手螺旋关系，如图 9-12 所示。

② 直导线延长线上一点：$Id\boldsymbol{l}$ 与 $\boldsymbol{r}$ 平行或反平行，$Id\boldsymbol{l}\times\boldsymbol{e}_r=\boldsymbol{0}$，所以

$$B=0 \quad (9\text{-}12)$$

注意：式(9-10)、(9-11)、(9-12)均可作为结论使用。

例 9-2 一半径为 R 的圆环形电流 I，求圆环轴线上一点的磁场。

解 (1) 如图 9-13 所示，在圆环上取一电流元 $Id\boldsymbol{l}$；

(2) $Id\boldsymbol{l}$ 在轴线上 P 点产生的磁场大小 $dB=\dfrac{\mu_0 Idl\sin 90^\circ}{4\pi r^2}$，方向垂直于连线 r 斜向上；

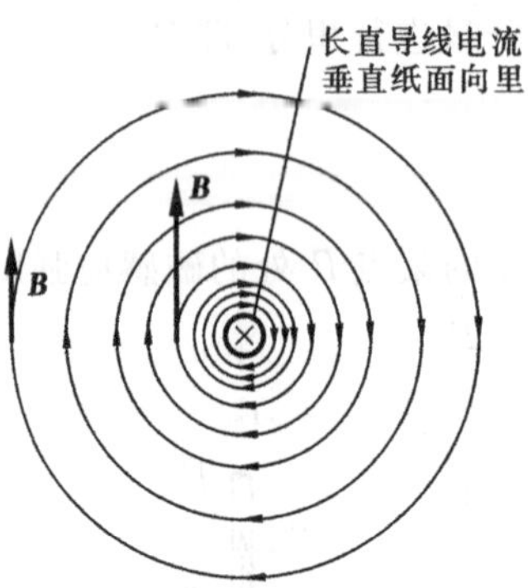

图 9-12　直线电流的磁感应线

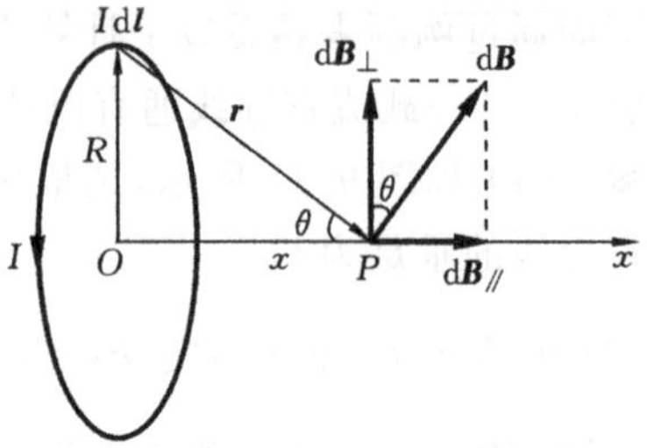

图 9-13　圆电流轴线上的磁场

(3) 不同位置处的 $Id\boldsymbol{l}$ 产生的磁场方向不同,不能直接积分。将 $d\boldsymbol{B}$ 分解为平行于 x 轴方向的分量 $d\boldsymbol{B}_{/\!/}$ 和垂直于 x 轴方向的分量 $d\boldsymbol{B}_{\perp}$。由于圆环电流具有关于轴线 x 的旋转对称性,所有的 $d\boldsymbol{B}_{\perp}$ 叠加为零,所以 P 点的磁场方向沿 x 轴正方向,即

$$B = B_x = \int dB_{/\!/} = \int \frac{\mu_0 I dl \sin\theta}{4\pi r^2}$$

其中,$r=\sqrt{R^2+x^2}$,$\sin\theta=\dfrac{R}{\sqrt{R^2+x^2}}$。所以

$$B = \frac{\mu_0 IR}{4\pi(R^2+x^2)^{\frac{3}{2}}}\int_0^{2\pi R} dl$$

即

$$B=\frac{\mu_0 IR^2}{2(R^2+x^2)^{\frac{3}{2}}} \tag{9-13}$$

$\boldsymbol{B}$ 的方向沿 x 轴正方向,与电流方向成右手螺旋关系。

讨论:① 在圆心处,$x=0$,则

$$B=\frac{\mu_0 I}{2R} \tag{9-14}$$

② 圆弧电流在圆心处产生的磁场:由毕奥-萨伐尔定律可知,圆弧上所有电流元产生的磁场方向均相同,所以圆弧电流在圆心 O 点产生的磁场等于整个圆电流产生的磁场乘以弧长占周长的比例,即

$$B=\frac{\mu_0 I}{2R}\cdot\frac{l}{2\pi R} \tag{9-15}$$

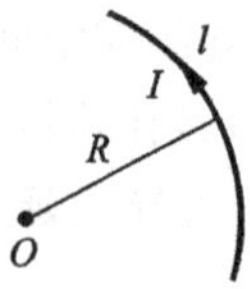

图 9-14　圆弧电流在圆心处的磁场

$\boldsymbol{B}$ 的方向仍与电流成右手螺旋关系。如图 9-14 所示,圆心 O 点的 $\boldsymbol{B}$ 垂直纸面向外。

注意:式(9-13)、(9-14)、(9-15)同样可以当作结论使用。

例 9-3　一无限长直导线 $abcde$ 弯成图 9-15 形状,并通有电流 I,求原点 O 处的

磁感应强度。

解 O 点磁感应强度等于$\overline{ab}$、$\widehat{bcd}$、$\overline{de}$三段导线产生的磁感应强度的矢量和。由式(9-10)可知

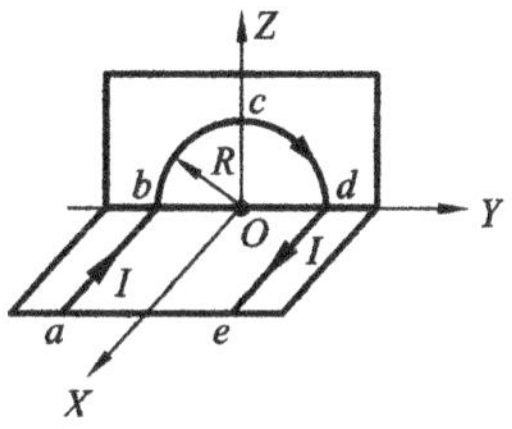

图 9-15 例 9-3 图

$$\boldsymbol{B}_{ab}=\frac{\mu_0 I}{4\pi R}\left(\cos 0-\cos\frac{\pi}{2}\right)(-\boldsymbol{k})=-\frac{\mu_0 I}{4\pi R}\boldsymbol{k}$$

$$\boldsymbol{B}_{de}=\frac{\mu_0 I}{4\pi R}\left(\cos\frac{\pi}{2}-\cos\pi\right)(-\boldsymbol{k})=-\frac{\mu_0 I}{4\pi R}\boldsymbol{k}$$

由式(9-15)可知

$$\boldsymbol{B}_{\widehat{bcd}}=\frac{\mu_0 I}{2R}\cdot\frac{1}{2}(-\boldsymbol{i})=-\frac{\mu_0 I}{4R}\boldsymbol{i}$$

所以
$$\boldsymbol{B}=\boldsymbol{B}_{ab}+\boldsymbol{B}_{de}+\boldsymbol{B}_{\widehat{bcd}}=-\frac{\mu_0 I}{4R}\boldsymbol{i}-\frac{\mu_0 I}{2\pi R}\boldsymbol{k}$$

例 9-4 有一密绕直螺线管，截面半径为 R，通有电流 I，沿轴向单位长度绕有 n 匝导线，求螺线管内轴线上一点的磁感应强度。

解 如图 9-16 所示，以轴线为 x 轴，轴上某点取为原点，向右为正方向。轴线上某点 P 的磁感应强度等于所有圆电流产生磁场的矢量和，所有圆电流在 P 点产生的磁场均沿 x 轴正方向，直接将它们的磁场大小叠加即可。

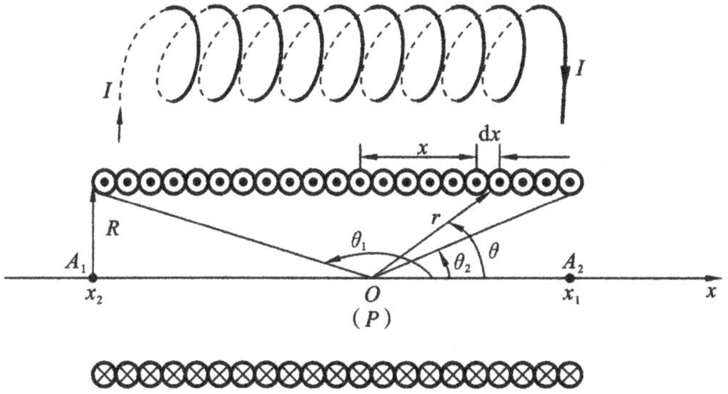

图 9-16 直螺线管内的磁感应强度

为简单起见，不妨设 P 点即坐标 O 点，沿轴向右为 x 轴正方向。

如图 9-16 所示，沿轴向在距 P 点为 x 处取一线元 $\mathrm{d}x$，$\mathrm{d}x$ 内绕有导线的匝数为 $n\mathrm{d}x$，可看作电流强度为 $nI\mathrm{d}x$ 的圆电流，在 O 点产生的磁感应强度 $\mathrm{d}B$，由式(9-13)得

$$\mathrm{d}B=\frac{\mu_0 nIR^2\mathrm{d}x}{2(R^2+x^2)^{\frac{3}{2}}}$$

由图 9-16 可知，$R=r\sin\theta$，$x=R\cot\theta$，$\mathrm{d}x=-\frac{R\mathrm{d}\theta}{\sin\theta}$，代入上式，可得

$$dB=-\frac{\mu_0 nI}{2}\sin\theta d\theta$$

则

$$B=\int dB=-\int_{\theta_1}^{\theta_2}\frac{\mu_0 nI}{2}\sin\theta d\theta=\frac{\mu_0 nI}{2}(\cos\theta_2-\cos\theta_1) \quad (9\text{-}16)$$

$\boldsymbol{B}$ 的方向沿 x 轴正方向，与电流方向成右手螺旋关系。

讨论：① 若为无限长直螺线管，$\theta_1=\pi,\theta_2=0$，则

$$B=\mu_0 nI \quad (9\text{-}17)$$

可见无限长直螺线管轴线上一点的磁场是均匀的。

② 一端为无限长，另一端端口处：$\theta_1=\frac{\pi}{2},\theta_2=0\left(或者\ \theta_1=\pi,\theta_2=\frac{\pi}{2}\right)$，则

$$B=\frac{1}{2}\mu_0 nI$$

即端口处磁感应强度的大小为管内的一半。

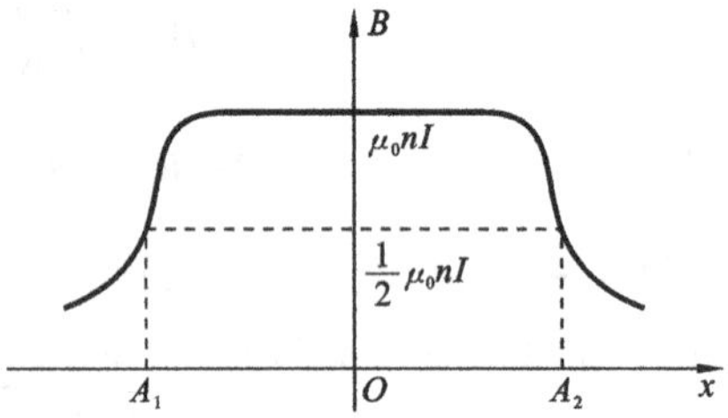

图 9-17　螺线管轴线上一点的磁场

可用图 9-17 来表示螺线管轴线上一点的磁场分布。

9.4.3　运动电荷产生的磁场

电流是电荷定向运动形成的，我们可以通过毕奥-萨伐尔定律推导出运动电荷产生的磁场。

设导体单位体积内有 n 个带电粒子，每个带电粒子的电量为 q，运动速度为 $\boldsymbol{v}$，导线横截面积为 S，则电流元 $I d\boldsymbol{l}=nqS\boldsymbol{v}dl=nq\boldsymbol{v}dV$，$dV$ 为电流元的体积，ndV 即电流元内载流子数目 dN，那么单个粒子产生的磁感应强度为

$$\boldsymbol{B}=\frac{d\boldsymbol{B}}{dN}=\frac{\mu_0 I d\boldsymbol{l}\times\boldsymbol{e}_r}{4\pi r^2}\cdot\frac{1}{ndV}$$

将 $I d\boldsymbol{l}=nq\boldsymbol{v}dV$ 代入上式，可得

$$\boldsymbol{B}=\frac{\mu_0 q\boldsymbol{v}\times\boldsymbol{e}_r}{4\pi r^2} \quad (9\text{-}18)$$

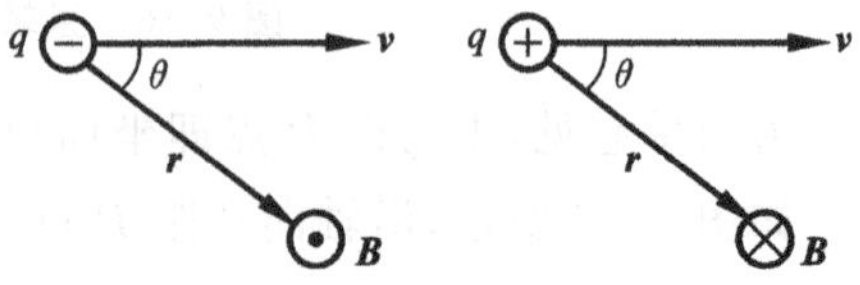

图 9-18　运动电荷的磁场（q 为代数量）

上式中各矢量的方向关系如图 9-18 所示。该式成立的条件是电荷的速度大小 $v\ll c$。

我们知道，运动是相对的。假如在某参照系 S 中看，**电荷是静止的，那么只有电场而没有磁场**。在另一个参照系 S' 中看，**电荷就是运动的，既有电场，又有磁场存在。**

9.5 磁场的性质

9.5.1 磁场的高斯定理

与电场中的电通量的概念一样，磁通量等于通过任一曲面 S 上的磁感应线的条数，用 Φ 表示，即

$$\Phi = \int_S \boldsymbol{B} \cdot \mathrm{d}\boldsymbol{S} \tag{9-19}$$

磁通量的单位：韦伯(Wb)。

对于一个闭合曲面 S，与电通量一样，S 上某个面积元 $\mathrm{d}\boldsymbol{S}$ 的方向为由面内指向面外的法线方向。因此，磁感应线穿出时对应正通量，穿入时对应负通量。根据磁感应线闭合的特点，对闭合曲面 S，穿出的磁感应线与穿入的磁感应线条数相等，所以**通过任一闭合曲面的磁感应强度通量的代数和为零**，即

$$\oint_S \boldsymbol{B} \cdot \mathrm{d}\boldsymbol{S} = 0 \tag{9-20}$$

上式即**磁场的高斯定理**。

高斯定理的意义：表明磁场是无源场，即磁感应线没有源头，不同于电场线起于正电荷止于负电荷。

9.5.2 安培环路定理

我们知道，静电场沿一闭合回路的线积分等于零，即 $\oint_L \boldsymbol{E} \cdot \mathrm{d}\boldsymbol{l} = 0$。这表明静电场是保守力场。那么磁感应强度 $\boldsymbol{B}$ 的环路积分等于什么呢？

由于磁感应线是闭合的，如果取某一条磁感应线作为积分回路，在回路上任一线元处，$\boldsymbol{B}$ 与 $\mathrm{d}\boldsymbol{l}$ 的方向均相同，每一段 $\boldsymbol{B} \cdot \mathrm{d}\boldsymbol{l}$ 均大于零，那么 $\oint_L \boldsymbol{B} \cdot \mathrm{d}\boldsymbol{l} > 0$。这说明磁场是非保守力场。表示磁场这一性质的定理叫做**安培环路定理**，表述如下：

在恒定电流的磁场中，磁感应强度 $\boldsymbol{B}$ 沿一闭合回路的环路积分，等于该闭合回路所包围的电流强度的代数和的 μ_0 倍。即

$$\oint_L \boldsymbol{B} \cdot \mathrm{d}\boldsymbol{l} = \mu_0 \sum I_i \tag{9-21}$$

利用毕奥-萨伐尔定理可对安培环路定理做出严格证明，但是比较复杂。在此，我们以无限长直线电流产生的磁场为例，对安培环路定理做出如下说明：

(1) 积分回路包围直线电流

如图 9-19(a)所示，无限长直线电流 I 垂直纸面向外，在纸面内任取一包围直线

电流的积分回路 L,设其绕向为逆时针方向。在回路上任一点 P 处取一线元 $\mathrm{d}\boldsymbol{l}$,由式(9-11)可知,$B=\frac{\mu_0 I}{2\pi r}$,方向与 $\boldsymbol{r}$ 垂直,有

$$\oint_L \boldsymbol{B}\cdot\mathrm{d}\boldsymbol{l}=\oint_L B\cos\theta\mathrm{d}l=\oint\frac{\mu_0 I}{2\pi r}r\mathrm{d}\varphi$$

$$=\frac{\mu_0 I}{2\pi}\oint\mathrm{d}\varphi=\mu_0 I$$

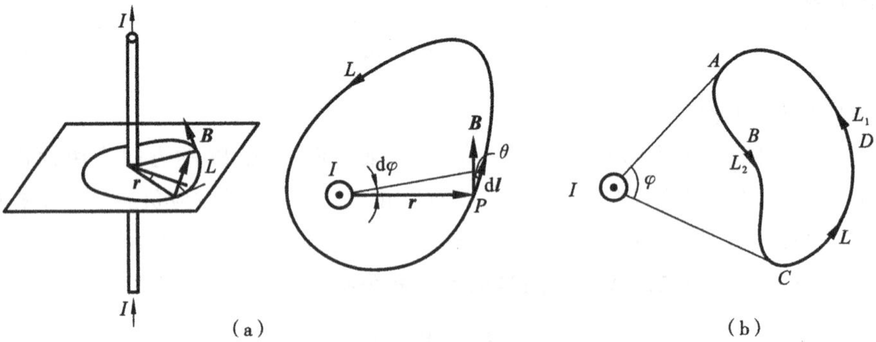

图 9-19 对安培环路定理的说明

图 9-19(a)中,**回路绕线方向与电流方向成右手螺旋关系,积分结果为正**。如果设积分回路绕行方向为顺时针方向,那么,$\boldsymbol{B}\cdot\mathrm{d}\boldsymbol{l}=B\mathrm{d}l\cos(\pi-\theta)=-B\cos\theta\mathrm{d}l$,则 $\oint\boldsymbol{B}\cdot\mathrm{d}\boldsymbol{l}=-\mu_0 I$。

(2) 积分回路不包围直线电流

如图 9-19(b)所示,积分回路不包围直线电流 I,从 I 做闭合回路的切线,切点分别为 A,C,则

$$\oint_L \boldsymbol{B}\cdot\mathrm{d}\boldsymbol{l}=\int_{ABC}\boldsymbol{B}\cdot\mathrm{d}\boldsymbol{l}+\int_{CDA}\boldsymbol{B}\cdot\mathrm{d}\boldsymbol{l}$$

$$=\frac{\mu_0 I}{2\pi}\left(\int_0^{\varphi}\mathrm{d}\varphi+\int_{\varphi}^{0}\mathrm{d}\varphi\right)=0$$

即积分回路不包围电流时,$\oint\boldsymbol{B}\cdot\mathrm{d}\boldsymbol{l}=0$。

关于安培环路定理,有以下两点说明:

(1) 定理中的 $\sum I_i$ 为积分回路所包围的电流强度的代数和:只有电流回路与积分回路相互铰链,才算是被包围的电流;电流在积分回路内的穿行方向与积分回路成右手螺旋关系时,电流取正,反之取负。如图 9-20 所示,L 包围的电流 $\sum I_i=I_2-I_1$。

(2) 定理中的 $\boldsymbol{B}$ 为空间全部电流产生的磁感应强度的矢量和。图 9-20 中,尽管

环路积分$\oint_L \boldsymbol{B}\cdot \mathrm{d}\boldsymbol{l}$与电流$I_3$、$I_4$无关，但$\boldsymbol{B}$是全部电流产生的磁场，包括$I_3$、$I_4$产生的。

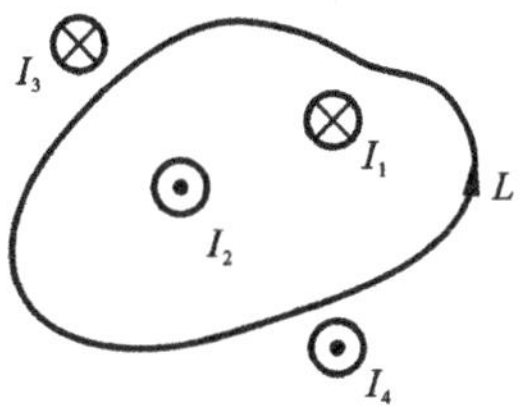

图 9-20　回路 L 包围的电流

安培环路定理反映出：磁场是非保守力场，也称有旋场。磁感应线闭合正是这一性质的反映。

当电流分布具有某种对称性时，可以利用安培环路定理求解磁场分布，思路如下：

(1) 分析磁场分布的对称性；

(2) 根据磁场分布的对称性，选取便于计算环路积分的闭合回路；

(3) 利用安培环路定理，求出磁场分布。

例 9-5　如图 9-21 所示，一截面半径为 R 的无限长圆柱形导体，沿轴向均匀流有电流 I，求磁感应强度的分布。

解　(1) 分析磁场分布的对称性：由毕奥-萨伐尔定律可知，空间某点 P 的磁场$\boldsymbol{B}$的方向在垂直于轴线的平面内，又因为电流分布的旋转对称性，$\boldsymbol{B}$沿垂直于截半径 r 的切线方向，且$\boldsymbol{B}$的大小在圆周上各点处处相等。

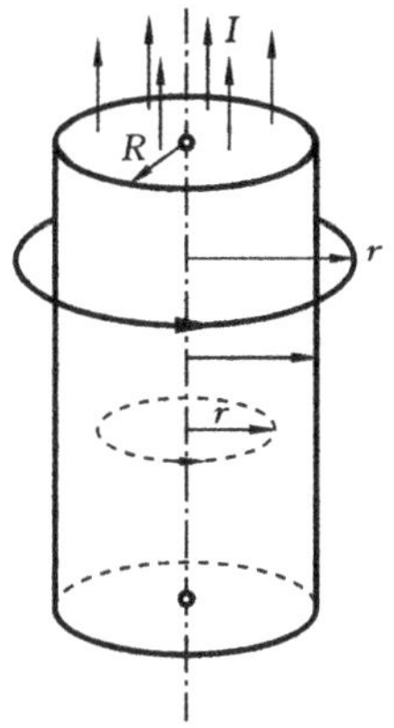

图 9-21　圆柱电流的磁场

(2) 选取合适的积分回路：基于上述磁场分布的对称性，取图中半径为 r 的圆周作为积分回路，绕向为逆时针方向。

(3) 利用安培环路定理计算磁场$\boldsymbol{B}$：

$$\oint \boldsymbol{B}\cdot \mathrm{d}\boldsymbol{l} = B\cdot 2\pi r = \begin{cases} \mu_0 \dfrac{I}{\pi R^2}\cdot \pi r^2 & (r<R) \\ \mu_0 I & (r>R) \end{cases}$$

所以

$$B=\begin{cases} \dfrac{\mu_0 I r}{2\pi R^2} & (r<R) \\ \dfrac{\mu_0 I}{2\pi r} & (r>R) \end{cases}$$

$\boldsymbol{B}$的方向：圆周的切线方向，与电流 I 成右手螺旋关系。

例 9-6　如图 9-22 所示，无限长载流长直螺线管截面半径为 R，沿轴向单位长度导线的匝数为 n，每匝导线电流为 I，求螺线管内的磁场分布，以及螺线管外紧贴螺线管处的磁感应强度。

解　在例 9-4 中，我们利用毕奥-萨伐尔定理求解出了轴线上一点的磁场$B_{\text{轴}}=\mu_0 nI$，方向沿轴向，与电流绕向成右手螺旋关系。对非轴线上的点呢？

(1) 分析磁场的对称性：任一点的磁场均沿轴线方向向右，且距轴线距离 r 相同的点磁感应强度的大小相等。

(2) 选取合适的积分回路：求内部某点磁场时取 $abcda$ 作为积分回路，求外部磁场时取 $abefa$ 作为积分回路。

(3) 利用安培环路定理求解磁场 **B**:

对 $abcda$ 回路,

$$\oint_L \boldsymbol{B}\cdot \mathrm{d}\boldsymbol{l} = B_{轴}\cdot \overline{ab} - B_{内}\overline{cd} = 0$$

所以 $$B_{内} = B_{轴} = \mu_0 nI \tag{9-22}$$

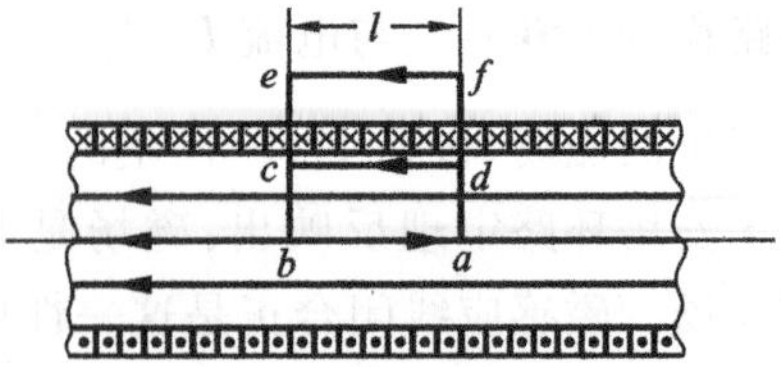

图 9-22 螺线管的磁场求解

对 $abefa$ 回路,

$$\oint_L \boldsymbol{B}\cdot \mathrm{d}\boldsymbol{l} = B_{轴}\cdot \overline{ab} - B_{外}\cdot \overline{cd} = \mu_0 n\overline{ab}I,$$

$$\overline{ab} = \overline{cd},$$

所以 $$B_{外} = B_{轴} - \mu_0 nI = 0$$

可见,无限长直螺线管内部为均匀场,$B_{内} = \mu_0 nI$,方向沿轴向;外部紧贴螺线管的磁场为零。

例 9-7 如图 9-23 所示,一无限大均匀载流平面,电流面密度为 i,求面外某点的磁感应强度。(电流面密度即通过垂直于电流方向的单位长度内的电流强度。)

解 (1) 电流对称性分析:从面外某点 P 做垂直于载流平面的垂线,在垂足 O 左右两边各取一个宽度相等的线元 $\mathrm{d}\boldsymbol{l}_1$、$\mathrm{d}\boldsymbol{l}_2$,它们可以看作是垂直纸面向外的无限长直线电流,在 P 点产生的磁场 $\mathrm{d}\boldsymbol{B}_1$ 与 $\mathrm{d}\boldsymbol{B}_2$,叠加的结果为 $\mathrm{d}\boldsymbol{B}$,方向平行载流平面向左,在与 P 对称的下方 Q 点产生的 $\mathrm{d}\boldsymbol{B}$ 方向向右。在 O 点左边和右边的电流均可以这样两两叠加,所以 P 点 **B** 向左,Q 点 **B** 向右,它们大小相等。

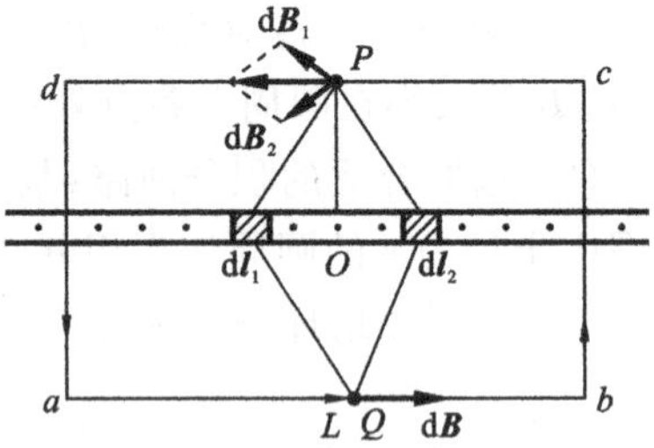

图 9-23 平面电流的磁场

(2) 选取合适的积分回路:基于以上分析的磁场分布规律,取 $abcda$ 作为积分回路。

(3) 利用安培环路定理计算磁场:

$$\oint_L \boldsymbol{B}\cdot \mathrm{d}\boldsymbol{l} = B\cdot \overline{ab} + B\cdot \overline{cd} = \mu_0 i\cdot \overline{ab}$$

所以 $$B = \frac{\mu_0 i}{2} \tag{9-23}$$

平面上方 **B** 向左,平面下方 **B** 向右,都为均匀场。

9.6 磁　　力

本节要讨论的是磁场对运动电荷、载流导线的作用力,以及运动电荷、载流导线在磁场中的运动规律及其技术应用。

9.6.1 运动电荷受到的洛仑兹力

前面介绍过，一个带电量为 q、运动速度为 $\boldsymbol{v}$ 的点电荷，在磁场中受到的洛仑兹力为

$$\boldsymbol{F}=q\boldsymbol{v}\times\boldsymbol{B}$$

下面我们讨论电荷在磁场中的运动。

1. 电荷 q 的运动速度 $\boldsymbol{v}$ 与磁场 $\boldsymbol{B}$ 的方向平行

如图 9-24 所示，电荷 q 受的洛仑兹力 $\boldsymbol{F}=q\boldsymbol{v}\times\boldsymbol{B}=\boldsymbol{0}$，所以电荷 q 将在磁场中作匀速直线运动。

2. 电荷 q 的运动速度 $\boldsymbol{v}$ 与磁场 $\boldsymbol{B}$ 的方向垂直

如图 9-25 所示，电荷 q 受到的洛仑兹力 $\boldsymbol{F}$ 既垂直于 $\boldsymbol{B}$ 又垂直于 $\boldsymbol{v}$，粒子将作匀速圆周运动，设圆周运动的半径为 R，则

$$F=qvB=m\frac{v^2}{R}$$

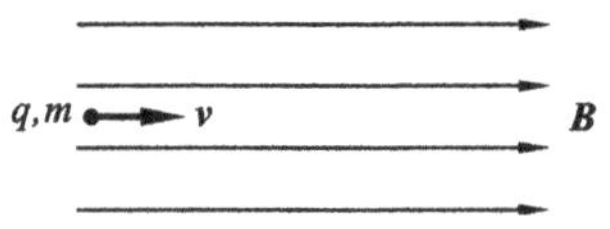

图 9-24 粒子速度 $\boldsymbol{v}/\!/\boldsymbol{B}$

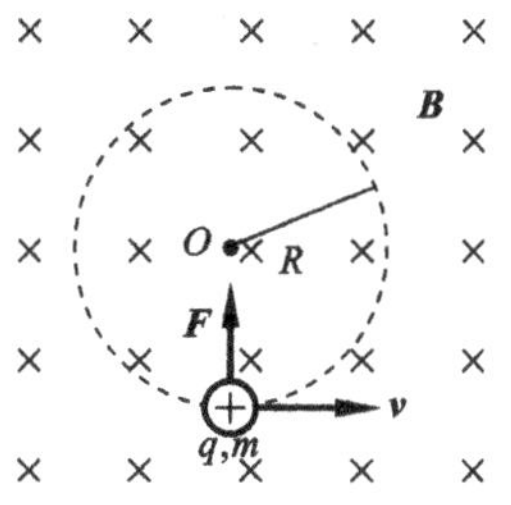

图 9-25 粒子速度 $\boldsymbol{v}\perp\boldsymbol{B}$

可求得电荷 q 作圆周运动的半径 R 为

$$R=\frac{mv}{qB} \tag{9-24}$$

圆周运动的周期

$$T=\frac{2\pi R}{v}=\frac{2\pi m}{qB} \tag{9-25}$$

周期 T 与速度无关，取决于磁场 $\boldsymbol{B}$ 及粒子的荷质比。

3. 电荷 q 的运动速度 $\boldsymbol{v}$ 与磁场 $\boldsymbol{B}$ 的方向成 θ 角

可将 $\boldsymbol{v}$ 分解为平行于磁场 $\boldsymbol{B}$ 方向的分量 $v_{/\!/}$ 和垂直于磁场方向的分量 $v_{\perp}$，即

$$v_{/\!/}=v\cos\theta,\quad v_{\perp}=v\sin\theta$$

由 $v_{/\!/}$ 导致的是匀速直线运动，由 $v_{\perp}$ 导致的是匀速圆周运动，粒子的运动将是这两种运动的合成——螺旋线运动，如图 9-26 所示。

螺旋线的半径

$$R=\frac{mv_{\perp}}{qB}=\frac{mv\sin\theta}{qB}$$

螺旋运动的周期

$$T=\frac{2\pi R}{v_{\perp}}=\frac{2\pi m}{qB}$$

螺距

$$h=v_{/\!/}\cdot T=\frac{2\pi mv\cos\theta}{qB}$$

4. 应用实例

(1) 磁聚焦

如图 9-27 所示,一束发散角不太大的带电粒子束,从均匀磁场中的 A 点射入,这些粒子沿平行于磁场方向的速度分量 $v_{/\!/}$ 几乎相同,所以各粒子作螺旋线运动的螺距都相同,经过一个周期后,所有粒子将重新会聚到另一点 A'。这种发散粒子束重新会聚的现象称为**磁聚焦**,被广泛应用于电子仪器中(如电子显微镜)。图 9-27 中的均匀磁场通常用长直螺线管来实现。

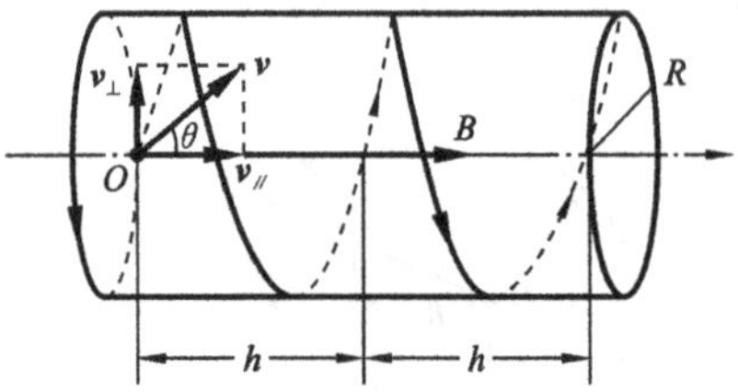

图 9-26 带电粒子的螺旋线运动

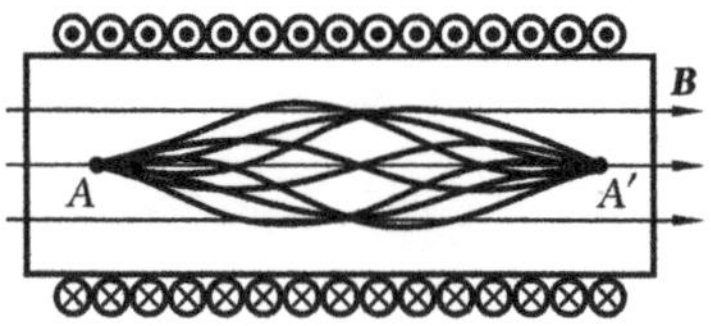

图 9-27 磁聚焦

(2) 磁镜、磁瓶

如图 9-28 所示,磁场沿着向右的方向逐渐增强。带电粒子在图中 A 点受到的洛仑兹力 $\boldsymbol{F}$ 有向左(磁场减弱方向)的分量,它阻碍带电粒子向磁场增强的方向前进,最终可能使粒子的速度减小到零,并沿反方向运动,就像镜面反射一样,所以把这种磁场称为**磁镜**。

如果用两个相互"平行"的磁镜,就可以使带电粒子在两个磁镜之间来回往返运动而无法逃脱。如图 9-29 所示,用两个电流方向相同的线圈来产生中间弱两端强的磁场,就相当于两个平行磁镜,可以使带电粒子被约束在其中,这种装置被形象地称为"磁瓶"。

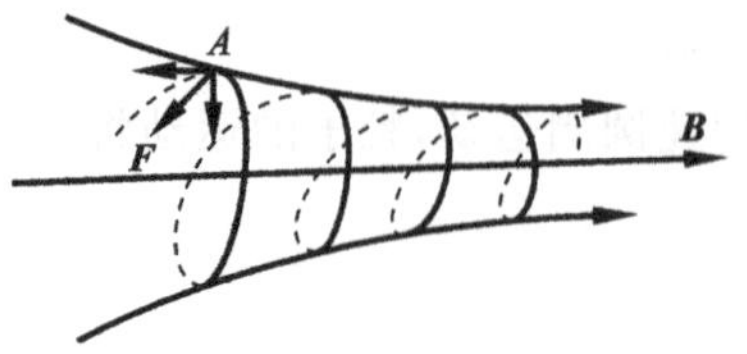

图 9-28 磁镜

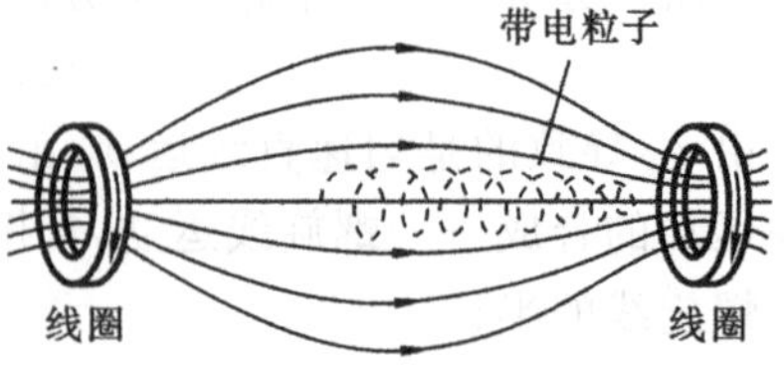

图 9-29 磁瓶

9.6.2 霍耳效应

如图 9-30 所示，将通有电流 I 的导体板，垂直放入均匀磁场 $\boldsymbol{B}$ 中，就会在导体板上、下板面间出现侧向电压。这种现象是美国物理学家霍耳在 1879 年发现的，称为**霍耳效应**。侧向电压 U_H 称为**霍耳电压**。

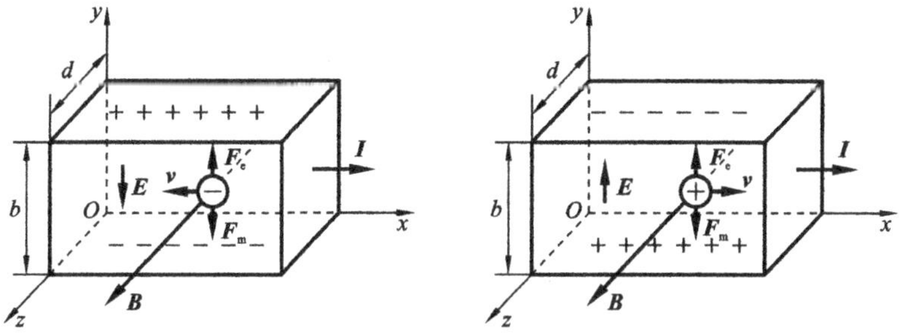

（a）负电荷导电　　（b）正电荷导电

图 9-30　霍耳效应

霍耳效应可用载流子在磁场中受到的洛仑兹力来解释。

（1）若截流子为负电荷，如图 9-30(a)所示，则 q 速度 $\boldsymbol{v}$ 向左，由 $\boldsymbol{F}=q\boldsymbol{v}\times\boldsymbol{B}$ 可知，洛仑兹力将使 q 向下偏转，导体板上表面积累了正电荷，下表面积累了负电荷，形成向下的电场。当电场力与磁场力达到平衡时，上、下表面间形成稳定的电场，从而形成上表面为正极的侧向霍耳电压 U_H。由电场力与磁场力平衡，有

$$qE=qvB$$

由 $I=nqSv=nqvbd$ 得

$$v=\frac{I}{nqbd}$$

所以，霍耳电压 $U_H=Eb=vBd$，将 v 代入，有

$$U_H=\frac{IB}{nqd} \tag{9-26}$$

（2）若载流子为正电荷，如图 9-30(b)所示，则其速度 $\boldsymbol{v}$ 向右，$\boldsymbol{F}=q\boldsymbol{v}\times\boldsymbol{B}$ 向下，从而使上表面成为霍耳电压的负极。

有趣的是：有些金属导体会表现出反常的霍耳效应。实际上霍耳效应只能用量子理论才能正确解释。1980 年，德国物理学家克里钦发现低温下或加强磁场时霍耳电压与磁场的关系不是线性的，而表现出量子性，称为**量子霍耳效应**，克里钦因此获得 1985 年的诺贝尔物理学奖。不久后美籍华裔物理学家崔琦等人又发现在更强的磁场下的**分数量子霍耳效应**，并获得了 1998 年的诺贝尔物理学奖。

霍耳效应的应用：① 根据霍耳电压的极性，判断半导体的导电类型（电子型、空穴型）；② 通过测量载流子浓度 n，用于半导体的结构分析；③ 通过测量 U_H 来精确

测量磁场 $\boldsymbol{B}$。

9.6.3 载流导体受到的磁场力——安培力

载流导体受到的磁力是导体中大量定向移动的载流子受到的洛仑兹力的整体表现。我们讨论一段电流元受的磁力，如图 9-31 所示。$I\mathrm{d}\boldsymbol{l}$ 中有 $\mathrm{d}N=nS\mathrm{d}l$ 个载流子(自由电子)，所以该电流元受的磁力为

$$\mathrm{d}\boldsymbol{F}=q\boldsymbol{v}\times\boldsymbol{B}\cdot\mathrm{d}N=-e\boldsymbol{v}\times\boldsymbol{B}\cdot nS\mathrm{d}l$$

由于 $I=neSv$，$-\boldsymbol{v}$ 与 $\mathrm{d}\boldsymbol{l}$ 方向相同，所以上式变为

$$\mathrm{d}\boldsymbol{F}=I\mathrm{d}\boldsymbol{l}\times\boldsymbol{B} \tag{9-27}$$

式(9-27)即电流元 $I\mathrm{d}\boldsymbol{l}$ 受到的磁力——**安培力**。

任意形状的载流导体受到的磁力，等于导体上所有电流元受到的磁力的矢量和，即

$$\boldsymbol{F}=\int_L I\mathrm{d}\boldsymbol{l}\times\boldsymbol{B} \tag{9-28}$$

上式为矢量积分，其计算方法与求解电荷产生的电场 $\boldsymbol{E}=\int\frac{\mathrm{d}q}{4\pi\varepsilon_0 r^2}\boldsymbol{e}_r$ 及求解电流产生的磁场 $\boldsymbol{B}=\int\frac{\mu_0 I\mathrm{d}\boldsymbol{l}\times\boldsymbol{e}_r}{4\pi r^2}$ 的方法相同。

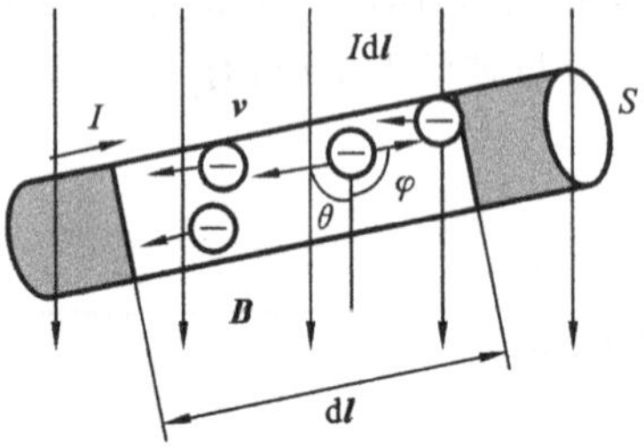

图 9-31 电流元受到的安培力

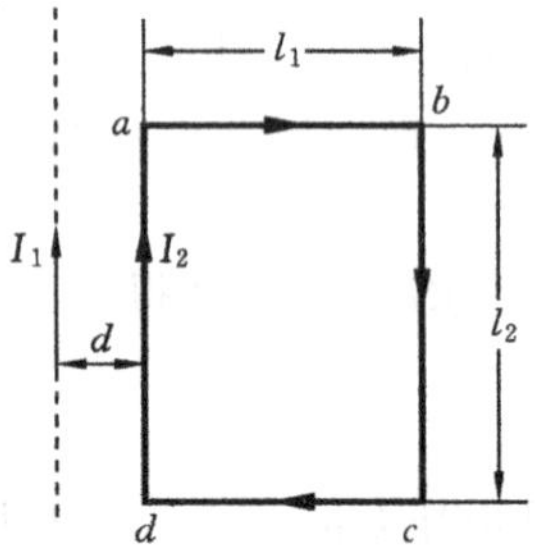

图 9-32 求矩形线圈各边受的力

例 9-8 如图 9-32 所示，长直导线与矩形线圈共面，两者分别通有电流 I_1、I_2，ad、bc 边与长直导线平行，各部分尺寸如图所示。求 $abcda$ 各边受到直线电流 I_1 的作用力。

解 直线电流产生的磁场 $B=\frac{\mu_0 I_1}{2\pi r}$，方向垂直纸面向里。由安培力公式，可依次求解各边受的磁力：

$$F_{ad}=B_{ad}I_2 l_2=\frac{\mu_0 I_1 I_2 l_2}{2\pi d},\quad 方向向左；$$

$$F_{bc}=B_{bc}I_2 l_2=\frac{\mu_0 I_1 I_2 l_2}{2\pi(d+l_1)},\quad 方向向右；$$

$$F_{ab}=\int_d^{d+l_1}\frac{\mu_0 I_1}{2\pi r}I_2\,\mathrm{d}r=\frac{\mu_0 I_1 I_2}{2\pi}\ln\frac{d+l_1}{d},\quad \text{方向竖直向上；}$$

$$F_{cd}=\frac{\mu_0 I_1 I_2}{2\pi}\ln\frac{d+l_1}{d},\quad \text{方向竖直向下。}$$

例 9-9 有一通有电流 I 的半圆形导线，处在垂直于均匀磁场 $\boldsymbol{B}$ 的平面内（见图 9-33），求半圆形导线受到的磁场力。

解 在半圆形导线上取一电流元 $I\mathrm{d}\boldsymbol{l}$，由安培力公式：

$$\mathrm{d}F=BI\mathrm{d}l=BIR\mathrm{d}\theta,\quad \text{方向沿半径向外}$$

半圆形导线受的合力等于各电流元受力的矢量和，显然合力沿 y 轴正方向，其大小为

$$F=\int \mathrm{d}F_y=\int \mathrm{d}F\sin\theta=\int_0^{\pi}BIR\sin\theta\mathrm{d}\theta=2BIR$$

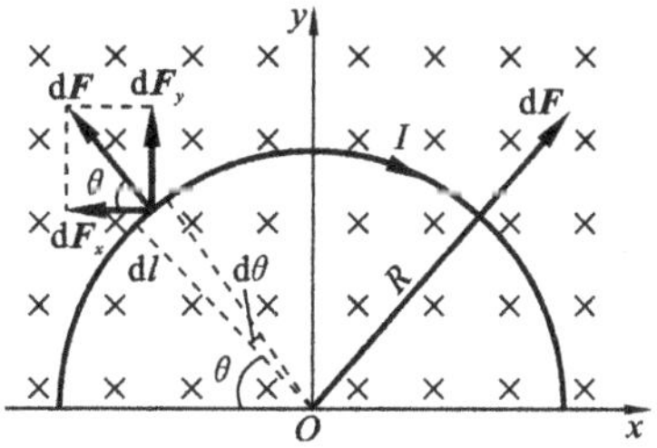

图 9-33 半圆导线受的磁力

显然，半圆形导线受到的磁力等于其直径受到的磁力，其实，这一结果与导线是不是半圆没有关系。由此可以得到以下两点推论：

推论一：处在均匀磁场 $\boldsymbol{B}$ 中任意形状的通电导线 $\overset{\frown}{ab}$ 所受的磁力，等于 $\overline{ab}$ 直导线所受的磁力，即 $\boldsymbol{F}=\int_a^b I\mathrm{d}\boldsymbol{l}\times\boldsymbol{B}=I\,\overrightarrow{ab}\times\boldsymbol{B}$。

推论二：处在均匀磁场中的闭合通电导线所受的磁力为零：$\oint I\mathrm{d}\boldsymbol{l}\times\boldsymbol{B}=\boldsymbol{0}$。

9.6.4 闭合载流线圈在均匀磁场中受到的磁力矩

如图 9-34(a)所示，一通有电流 I 的矩形线圈，长、宽分别为 l_1、l_2，处在均匀磁场 $\boldsymbol{B}$ 中，线圈的法线方向与磁场 $\boldsymbol{B}$ 的夹角为 θ。则 ab 边受力 $\boldsymbol{F}_1$ 与 cd 边受力 $\boldsymbol{F}_3$ 大小相等，方向相反，其大小均为

$$F_1=F_3=BIl_1\sin\left(\frac{\pi}{2}-\theta\right)=BIl_1\cos\theta$$

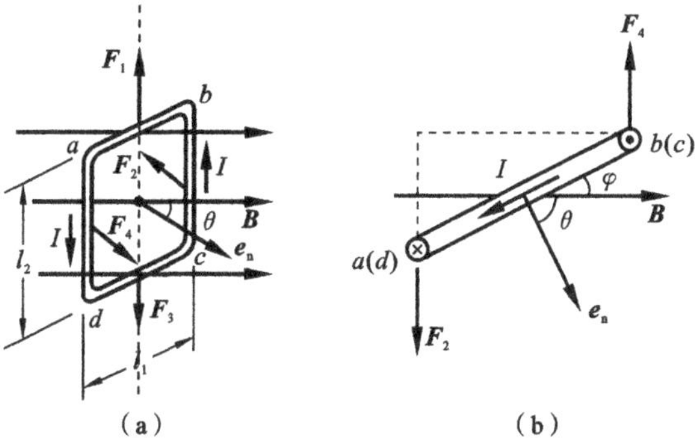

图 9-34 载流线圈受到的磁力矩

而 bc 边受力 $\boldsymbol{F}_2$ 与 da 边受力 $\boldsymbol{F}_4$ 大小相等方向相反，大小为

$$F_2=F_4=BIl_2=BIl_2$$

$\boldsymbol{F}_1$ 与 $\boldsymbol{F}_3$ 作用在同一直线上，相互抵消；$\boldsymbol{F}_2$ 与 $\boldsymbol{F}_4$ 不在同一直线上，产生的力矩大小

$$M=2F_2\cdot\frac{l_1}{2}\sin\theta=BIl_1l_2\sin\theta=BIS\sin\theta$$

其中，$S=l_1l_2$ 为线圈面积，力矩的方向为图 9-34(b)中垂直纸面向外。结合大小、方向，可写成矢量式

$$\boldsymbol{M}=IS\boldsymbol{e}_{\mathrm{n}}\times\boldsymbol{B}$$

在此，定义平面载流线圈的**磁矩 $\boldsymbol{m}$**

$$\boldsymbol{m}=IS\boldsymbol{e}_{\mathrm{n}} \tag{9-29}$$

则闭合载流线圈在均匀磁场中受到的力矩为

$$\boldsymbol{M}=\boldsymbol{m}\times\boldsymbol{B} \tag{9-30}$$

例 9-10 一半径为 R 的均匀带电薄圆盘，所带电量为 $q(q>0)$，以角速度 ω 绕过圆心且垂直于盘面的轴作匀速转动，求：(1) 圆盘转动形成的磁矩；(2) 若沿平行于盘面方向施加均匀外磁场 $\boldsymbol{B}$，求圆盘受到的磁力矩。

解 (1) 圆盘某一半径 r 上的电荷旋转形成圆电流，取一宽度为 $\mathrm{d}r$ 的圆环，其电量为 $\mathrm{d}q=\dfrac{q}{\pi R^2}\cdot 2\pi r\mathrm{d}r$ 形成圆电流

$$\mathrm{d}I=\frac{\mathrm{d}q}{T}=\frac{\omega}{2\pi}\cdot\frac{q}{\pi R^2}\cdot 2\pi r\mathrm{d}r=\frac{q}{\pi R^2}\omega r\mathrm{d}r$$

形成的磁矩为

$$\mathrm{d}m=\pi r^2\mathrm{d}I=\frac{q}{R^2}\omega r^3\mathrm{d}r$$

所以整个圆盘旋转形成的磁矩

$$m=\int\mathrm{d}m=\int_0^R\frac{q}{R^2}\omega r^3\mathrm{d}r=\frac{1}{4}q\omega R^2$$

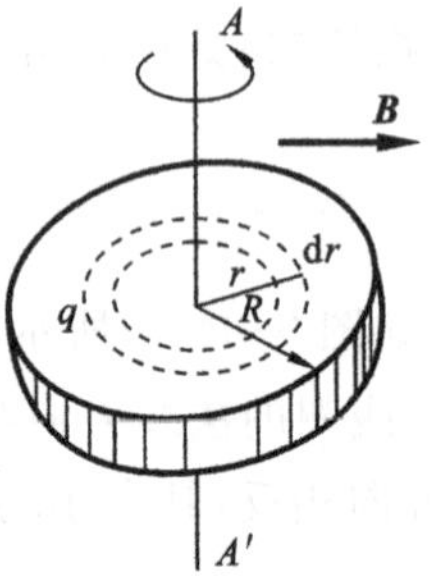

图 9-35 圆盘旋转形成的磁矩

$\boldsymbol{m}$ 的方向：$q>0$ 时，$\boldsymbol{m}$ 沿轴线向上(见图 9-35)。

(2) 由 $\boldsymbol{M}=\boldsymbol{m}\times\boldsymbol{B}$，得

$$M=mB=\frac{1}{4}q\omega R^2B$$

可知 $\boldsymbol{M}$ 的方向垂直纸面向里。

思 考 题

9-1 同一条磁场线上的任意两点处的磁感应强度一定相等吗？为什么？

9-2 在磁场中某点放一个很小的载流线圈,可否确定该点的磁感应强度?怎样确定?

9-3 在电子仪器中,为了减弱与电源相联的两条导线的磁场,通常总是把它们扭在一起,为什么?

9-4 从粒子加速器中射出一束高速质子流,该质子流是否在周围产生电场和磁场?

9-5 一导线弯成圆形,载流电流为 I,请问在导线平面内各点的磁感应强度是否均匀?请定性解释。

9-6 请证明:某空间区域无电流分布,如果磁场线是一系列平行直线,那么该区域的磁场一定是均匀场。

9-7 宇宙射线是高速粒子流(主要是质子),为什么穿入地磁场时,接近两极比其他地方更容易?

9-8 相互垂直的电场 $\boldsymbol{E}$ 和磁场 $\boldsymbol{B}$ 可作为一个带电粒子的速度选择器,试解释其中的道理。

9-9 半导体材料中的载流子种类不同是否影响它在磁场中所受的安培力?霍耳电压的极性与载流子的种类有无关系?

9-10 一带正电粒子平行于长直载流导线射入,试定性说明它在磁场力的作用下将怎样运动?轨迹如何?

习 题

9-1 真空中,一无限长直导线 $abcde$ 弯成图 9-36 所示的形状,并通有电流 I。bc 直线在 Oxy 平面内,cd 是半径为 R 的 1/4 圆弧,ab,de 分别在 x 轴和 z 轴上;$ob=oc=od=R$。求 O 点的磁感应强度 $\boldsymbol{B}$。

9-2 如图 9-37 所示,一宽度为 a 的长铜片,厚度不计,沿长度方向均匀流有电流 I,求与铜片共面且距铜片右边缘为 b 处的 P 点的磁感应强度。

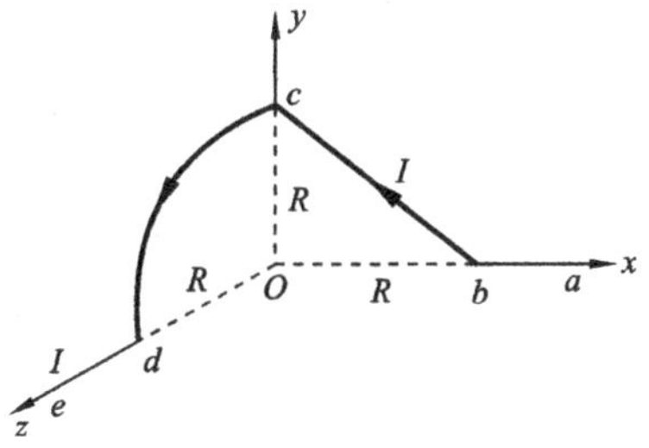

图 9-36　习题 9-1 图

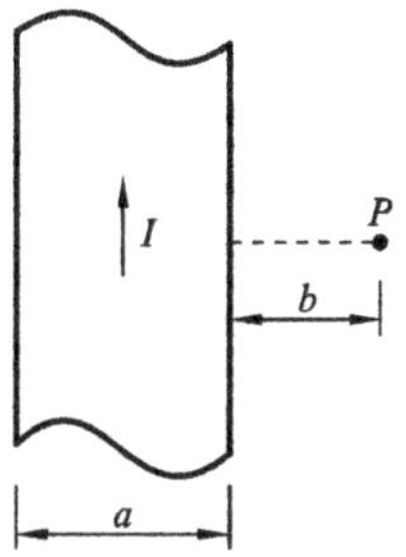

图 9-37　习题 9-2 图

9-3 如图 9-38 所示,一载流导线由三部分组成,AB 部分为$\frac{1}{4}$圆,半径为 R,圆心为 O,另两部分为直线,且相互垂直并伸向无限远,求 O 点的磁感应强度 $\boldsymbol{B}$。

9-4 载流导线形状如图 9-39 所示(直线部分为无限长),分别求原点 O 的磁感应强度。

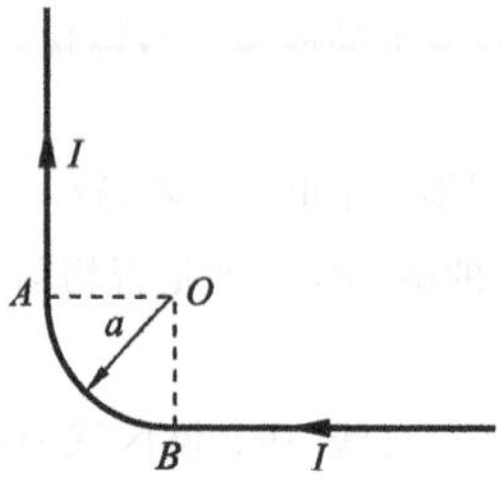

图 9-38　习题 9-3 图

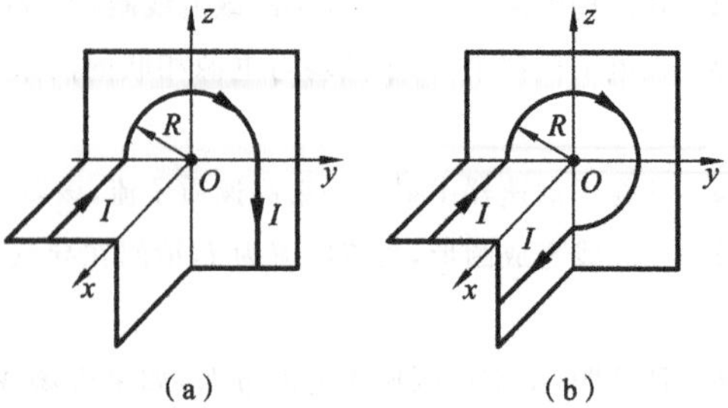

图 9-39　习题 9-4 图

9-5　如图 9-40 所示，一无限长同轴电缆，由一导体圆柱（半径为 R_1）和一同轴导体圆筒（内、外半径分别为 R_2、R_3）构成。电流 I 沿轴向从导体圆柱流去，从导体圆筒流回，设电流在导体截面上均匀分布，求空间磁感应强度分布。

9-6　如图 9-41 所示，一根很长的铜导线载有电流 I，在其内部作一平面 S，沿轴向长为 l，宽即半径 R，请计算通过 S 面的磁通量。

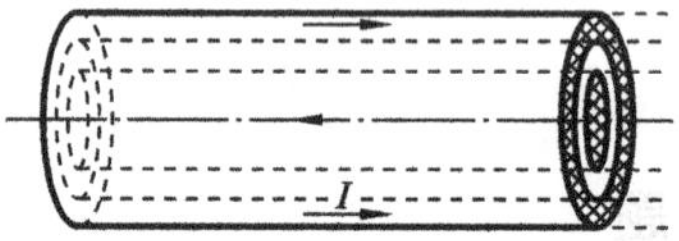

图 9-40　习题 9-5 图

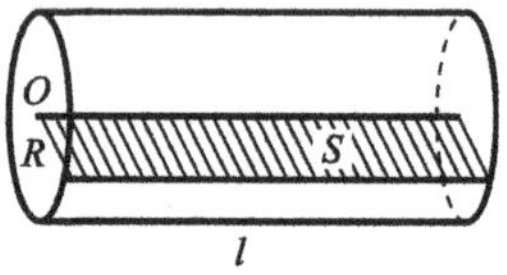

图 9-41　习题 9-6 图

9-7　如图 9-42 所示，一长直导线通有电流 I，求与之共面的三角形回路 ABC 内的磁通量。矩形回路 $ABCD$ 内的磁通量是三角形回路内的两倍吗？

9-8　如图 9-43 所示，一螺绕环的截面为矩形，其内、外直径分别为 D_1、D_2，高为 h，螺绕环绕有 N 匝导线，当通有电流 I 时，求：(1) 环内磁感应强度的分布；(2) 求螺绕环截面的磁通量。

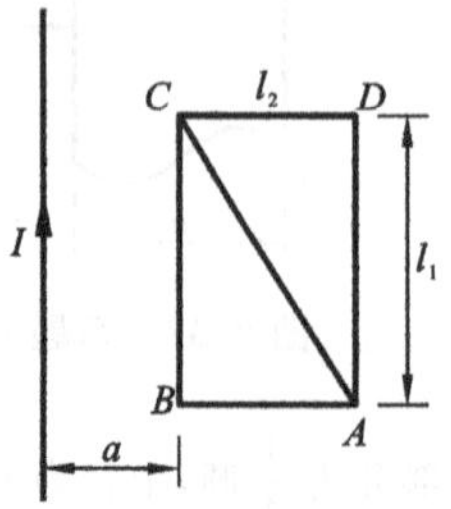

图 9-42　习题 9-7 图

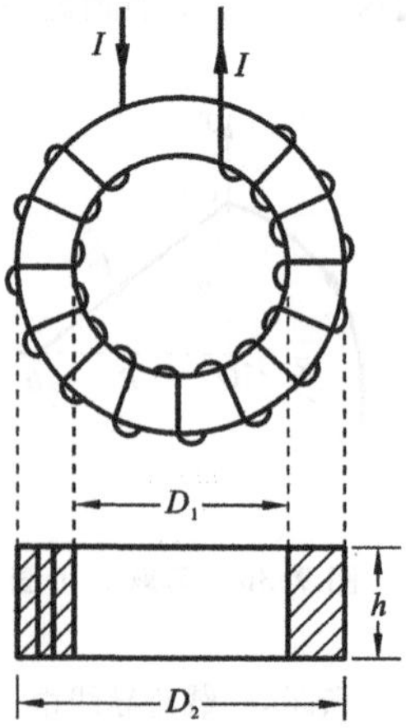

图 9-43　习题 9-8 图

9-9　有两个无限大导体薄板平行放置，电流面密度分别为 i_1，i_2，试求两种情况下两板间区域的磁感应强度分布:(1) 两电流相互平行;(2) 两电流方向相反。

9-10 一半径为 R、电荷面密度为 σ 的均匀带电圆盘,以角速度 ω 绕过盘心且与盘面垂直的轴线匀速转动。将该圆盘置于磁感应强度为 $\boldsymbol{B}$ 的均匀外磁场中,$\boldsymbol{B}$ 的方向垂直于轴线。求:(1) 圆盘旋转时的磁矩大小;(2) 圆盘所受的磁力矩。

9-11 如图 9-44 所示,载有电流 I_1 的长直导线,与之共面的矩形线圈内通有电流 I_2,CD、EF 与导线平行。求矩形线圈各边受长直导线的作用力。

9-12 如图 9-45 所示,均匀磁场 $\boldsymbol{B}$ 中放置的任意形状的导线 $\overset{\frown}{AB}$,导线上载有电流 I,证明 $\overset{\frown}{AB}$ 受到的磁场力等于载有相同电流的直导线 $\overline{AB}$ 受到的磁场力。

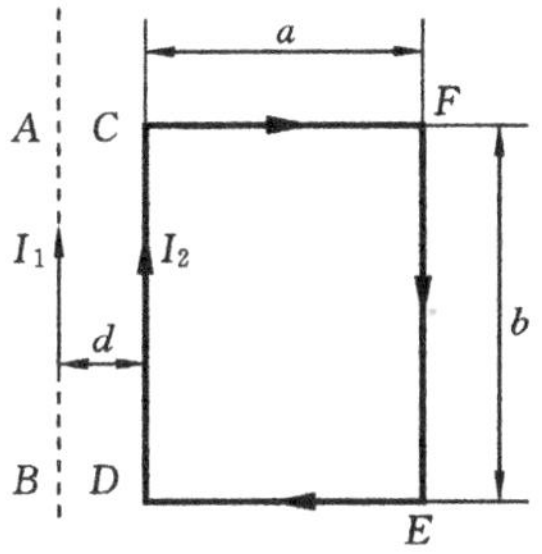

图 9-44 习题 9-11 图

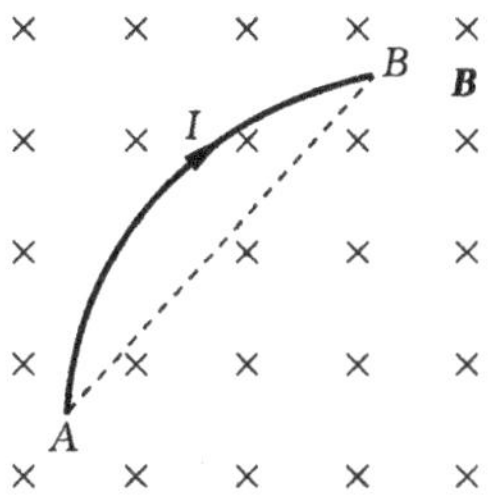

图 9-45 习题 9-12 图

9-13 如图 9-46 所示为一半径为 R 的无限长半圆柱面导体,其上电流与其轴线上的长直导线的电流均为 I,方向相反,电流在圆柱面上均匀分布。求长直导线单位长度所受的磁场力。

9-14 如图 9-47 所示,霍耳片的尺寸为 $a\times b\times c$,沿 x 正方向通有电流 I,处在沿 z 轴正方向的均匀磁场 $\boldsymbol{B}$ 中,求:(1) 霍耳片 A、A' 间出现的霍耳电压 U_H;(2) 若 A 侧为正极,霍耳片是什么类型的半导体?

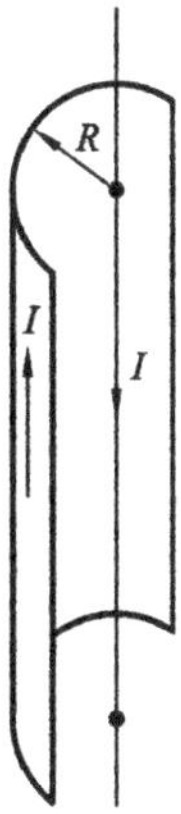

图 9-46 习题 9-13 图

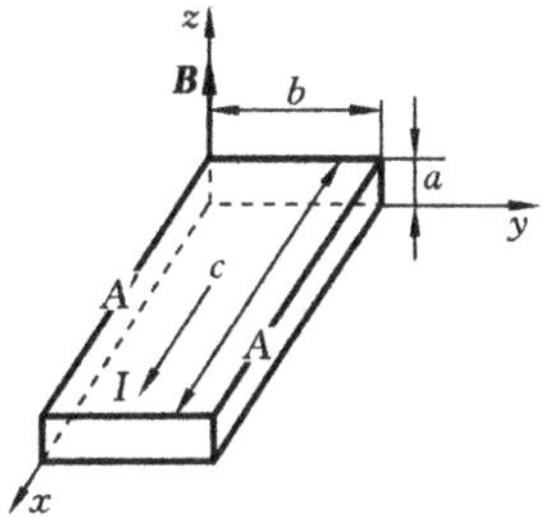

图 9-47 习题 9-14 图

第 10 章　有磁介质存在时的磁场

如同电介质被极化会产生附加电场一样，磁场中的物质也会被磁化，也会产生附加磁场。能够被磁化的物质称为**磁介质**。有磁介质存在时，空间某点的磁场将是原磁场与磁介质产生的附加磁场的叠加。

10.1　磁介质的磁化

10.1.1　磁介质的种类

实验表明，不同的磁介质对原磁场的影响不同。设没有磁介质时空间某点的磁感应强度为 $\boldsymbol{B}_0$，放入磁介质后，磁介质在该点产生的附加磁场为 $\boldsymbol{B}'$，则该点的磁场为

$$\boldsymbol{B}=\boldsymbol{B}_0+\boldsymbol{B}'$$

定义 $\boldsymbol{B}$ 与 $\boldsymbol{B}_0$ 的大小之比为磁介质的**相对磁导率** μ_r，即

$$\mu_r=\frac{B}{B_0} \tag{10-1}$$

不同类型的介质，μ_r 的取值不同。磁介质分为三类：

(1) 顺磁质：$\mu_r>1$，即 $B>B_0$。表明顺磁质产生的附加磁场 $\boldsymbol{B}'$ 与 $\boldsymbol{B}_0$ 同向，使磁场变强。

(2) 抗磁质：$\mu_r<1$，即 $B<B_0$。表明抗磁质产生的附加磁场 $\boldsymbol{B}'$ 与 $\boldsymbol{B}_0$ 反向，使磁场变弱。

(3) 铁磁质：$\mu_r\gg1$，即 $B\gg B_0$。表明铁磁质产生的附加磁场 $\boldsymbol{B}'\gg\boldsymbol{B}_0$，以至于 $\boldsymbol{B}_0$ 可以忽略不计。

需要指出的是：顺磁质和抗磁质的相对磁导率 μ_r 与 1 相差很小，一般在 10^{-5} 量级，所以可以把顺磁质和抗磁质统称为**弱磁性物质**。而铁磁质的 μ_r 一般在几百至几万，特殊情况下会更大。

10.1.2　磁介质的磁化

1. 顺磁质的磁化

分子或原子中电子的轨道运动和自旋可以等效为分子圆电流，其磁矩称为**分子**

固有磁矩。顺磁质的分子固有磁矩 $\boldsymbol{m}\neq\boldsymbol{0}$。没有外磁场作用时，因为分子热运动，各分子的固有磁矩的取向是杂乱无章的，所以宏观上不显磁性。

处在外磁场中的顺磁质，每个分子固有磁矩均受到磁力矩作用，使固有磁矩向外场方向偏转，形成整齐排列，从而产生附加磁场，且附加磁场与外磁场方向一致，使磁场增强。

2. 抗磁质的磁化

抗磁质的每个分子磁矩 $\boldsymbol{m}=\boldsymbol{0}$。加外磁场时，由于分子内部电子的运动受外磁场力的作用，从而产生附加磁矩 $\Delta\boldsymbol{m}$，且附加磁矩 $\Delta\boldsymbol{m}$ 与外磁场反向，它们产生的附加磁场与外磁场反向，从而使磁场减弱。

关于抗磁质分子的附加磁矩是如何产生的，我们以图 10-1 作简单说明。

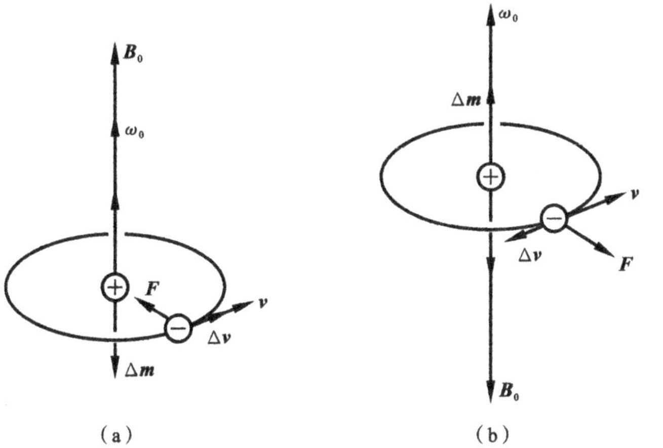

图 10-1 抗磁质分子的附加磁矩

如图 10-1(a)所示，假设某个电子轨道运动在垂直于外磁场 $\boldsymbol{B}_0$ 的平面内的分运动是逆时针方向的匀速圆周运动。外加 $\boldsymbol{B}_0$ 后，电子受力 $\boldsymbol{F}=-e\boldsymbol{v}\times\boldsymbol{B}$，$\boldsymbol{F}$ 指向圆心，使向心力增加，因而 $\boldsymbol{v}$ 增加 $\Delta\boldsymbol{v}$，外场 $\boldsymbol{B}_0$ 作用相当于叠加了一个顺时针方向的圆周运动，产生的附加磁矩 $\Delta\boldsymbol{m}$ 同样与 $\boldsymbol{B}_0$ 反向。

如果 $\boldsymbol{B}_0$ 方向反过来，如图 10-1(b)所示，则电子受力 $\boldsymbol{F}$ 沿半径向外，使向心力减小，则附加磁矩 $\Delta\boldsymbol{m}$ 向上，同样与 $\boldsymbol{B}_0$ 反向。

10.1.3 磁化强度

描述磁介质磁化程度的物理量叫**磁化强度**，用 $\boldsymbol{M}$ 表示。磁化强度的定义是，磁介质中单位体积内分子磁矩的矢量和，即

$$\boldsymbol{M}=\lim_{\Delta V\to 0}\frac{\sum \boldsymbol{m}_i}{\Delta V} \tag{10-2}$$

其中，$\sum m_i$ 为体积元 ΔV 内所有分子磁矩的矢量和。显然，顺磁质的磁化强度 $\boldsymbol{M}$ 与外磁场 $\boldsymbol{B}_0$ 同向，而对于抗磁质，$\boldsymbol{M}$ 与 $\boldsymbol{B}_0$ 反向。

10.1.4 磁化电流

磁介质磁化的总体结果是产生**磁化电流**，磁化电流产生附加磁场，从而影响磁场的分布。磁化电流是分子圆电流定向排列形成的，因而也叫**束缚电流**，它不存在带电粒子的宏观定向运动。有时我们把电荷定向运动形成的传导电流称为**自由电流**。

下面我们介绍磁化强度 $\boldsymbol{M}$ 的环路积分与磁化电流的关系。如图 10-2 所示，在磁介质内部取一闭合回路 L，在 L 上取一线元 $\mathrm{d}\boldsymbol{l}$，$\boldsymbol{M}$ 的方向即分子圆电流的法线方向。设分子电流的面积为 S，只有分子中心在图中斜柱体内的分子电流才被 $\mathrm{d}\boldsymbol{l}$ 穿过，

$$\boldsymbol{M}\cdot\mathrm{d}\boldsymbol{l}=n\boldsymbol{m}\cdot\mathrm{d}\boldsymbol{l}=niS\cos\theta\mathrm{d}l=ni\mathrm{d}V=i\mathrm{d}N$$

其中，i 为每个分子电流的电流强度，

$$i\mathrm{d}N=\mathrm{d}I'$$

所以

$$\oint_L\boldsymbol{M}\cdot\mathrm{d}\boldsymbol{l}=\int_S\mathrm{d}I'=\sum I' \qquad (10\text{-}3)$$

即磁化强度 $\boldsymbol{M}$ 的环路积分等于该回路所包围的磁化电流的代数和。

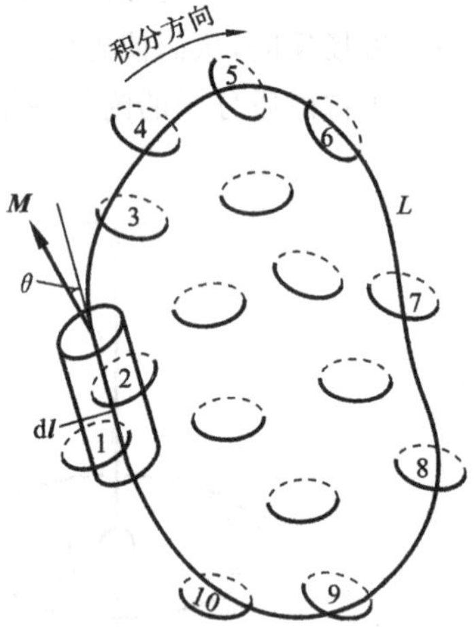

图 10-2 磁化强度的环路积分

可以证明，在磁介质表面的磁化电流面密度为

$$\boldsymbol{i}'=\boldsymbol{M}\times\boldsymbol{e}_n \qquad (10\text{-}4)$$

其中，$\boldsymbol{e}_n$ 为磁介质表面外法线方向单位矢量。

我们以长直螺线管内磁介质为例，来更清晰地理解磁化电流的形成与分布。如图 10-3 所示，由电流流向可知，管内磁场 $\boldsymbol{B}$ 方向向右。如果管内有顺磁介质，则所有分子磁矩的方向均向右。从截面图看，磁介质内部任一点均没有磁化电流，因为相

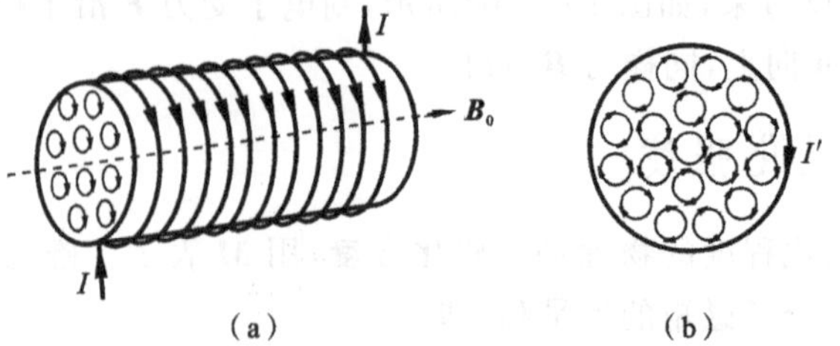

图 10-3 螺线管内的顺磁质

邻两个分子圆电流接触部分正好方向相反，彼此抵消了，只有表面处分子电流没有抵消。对顺磁介质而言，表面磁化电流与传导电流方向相同(如同等效图)；如果是抗磁质，则表面磁化电流与传导电流方向相反。

10.2 磁介质中的安培环路定理

10.2.1 磁介质中的安培环路定理

磁介质磁化后会产生磁化电流，磁化电流与传导电流一样，也会产生磁场。因此，安培环路定理应为

$$\oint_L \boldsymbol{B} \cdot \mathrm{d}\boldsymbol{l} = \mu_0 \sum (I_0 + I') \tag{10-5}$$

其中，I_0 表示传导电流，I'表示磁化电流。但是，I'与 I_0 是相互关联的。我们将式(10-3)代入上式，有

$$\oint_L \boldsymbol{B} \cdot \mathrm{d}\boldsymbol{l} = \mu_0 \sum I_0 + \mu_0 \oint \boldsymbol{M} \cdot \mathrm{d}\boldsymbol{l}$$

整理可得

$$\oint_L \left(\frac{\boldsymbol{B}}{\mu_0} - \boldsymbol{M}\right) \cdot \mathrm{d}\boldsymbol{l} = \sum I_0 \tag{10-6}$$

即$\left(\frac{\boldsymbol{B}}{\mu_0} - \boldsymbol{M}\right)$的环路积分只与传导电流有关，与磁化电流无关，于是可定义一个新的物理量——**磁场强度矢量**，用 $\boldsymbol{H}$ 表示，即

$$\boldsymbol{H} = \frac{\boldsymbol{B}}{\mu_0} - \boldsymbol{M} \tag{10-7}$$

于是式(10-6)变为

$$\oint_L \boldsymbol{H} \cdot \mathrm{d}\boldsymbol{l} = \sum I_0 \tag{10-8}$$

此式即**磁介质中的安培环路定理**：磁场强度沿任一闭合路径的环路积分，等于该闭合回路所包围的传导电流的代数和。

其实，$\boldsymbol{H}$ 在磁场中的地位和作用，与同电位移矢量 $\boldsymbol{D}$ 在电场中一样，是个辅助量。

10.2.2 $\boldsymbol{H}$、$\boldsymbol{B}$、$\boldsymbol{M}$ 三者的关系

实验表明，在各向同性的非铁磁质中，磁化强度 $\boldsymbol{M}$ 与磁感应强度 $\boldsymbol{B}$ 的关系为

$$\boldsymbol{M} = \frac{\mu_r - 1}{\mu_0 \mu_r} \boldsymbol{B} \tag{10-9}$$

将上式代入磁场强度 $\boldsymbol{H}$ 的定义式中，可得

$$H=\frac{B}{\mu_0}-M=\frac{B}{\mu_0}-\frac{\mu_r-1}{\mu_0\mu_r}B=\frac{B}{\mu_0\mu_r}$$

或者写成

$$B=\mu_0\mu_r H=\mu H \tag{10-10}$$

式中 $\mu=\mu_0\mu_r$ 称为磁介质的磁导率。

10.2.3 有磁介质存在时的磁场求解

有磁介质存在时，我们一般先由 $\oint H\cdot dl=\sum I_0$ 求出磁场强度 H 的分布，再根据 $B=\mu_0\mu_r H$ 求出磁感应强度 B 的分布。进一步由 $M=\frac{\mu_r-1}{\mu_0\mu_r}B$ 求出磁化强度 M，再根据 $\oint M\cdot dl=\sum I'$ 求出磁化电流的分布。

例 10-1 无限长直螺线管内充满相对磁导率为 μ_r 的磁介质，螺线管单位长度的匝数为 n，每匝导线通有电流 I，求螺线管内磁感应强度的分布及磁化电流的分布。

解 螺线管外部磁场为零，内部为沿轴向分布的均匀磁场，可取如图 10-4 所示的 $abcda$ 矩形回路进行环路积分，回路内包围有 $n\overline{ab}$ 匝导线：

$$\oint_L H\cdot dl=H_{内}\cdot\overline{ab}=n\overline{ab}I$$

所以 $H_{内}=nI$

由 $B=\mu_0\mu_r H$ 得

$$B_{内}=\mu_0\mu_r nI$$

管内 B、H 方向均水平向右。

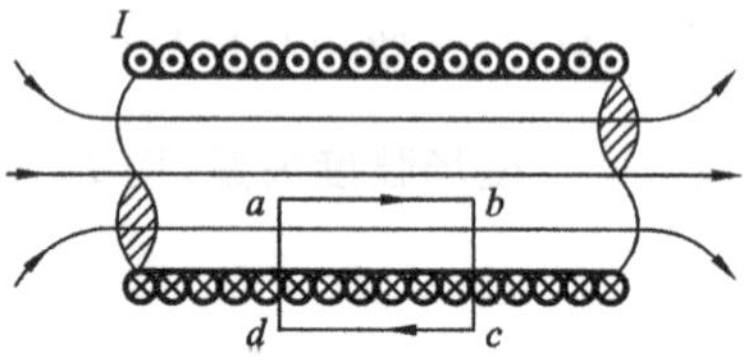

图 10-4 充满磁介质的螺线管

根据 $M=\frac{\mu_r-1}{\mu_0\mu_r}B$ 可得

$$M=(\mu_r-1)nI$$

磁化电流分布在磁介质表面，根据 $\oint_L M\cdot dl=\sum I'$ 得

$$\sum I'=\oint_L M\cdot dl=M\cdot\overline{ab}=(\mu_r-1)nI\cdot\overline{ab}$$

可以用磁化面电流密度表示磁化电流的分布：

$$i'=\frac{\sum I'}{\overline{ab}}=(\mu_r-1)nI$$

对顺磁质，$\mu_r-1>0$，i' 与导线上的电流同向；对抗磁质，$\mu_r-1<0$，i' 与导线上的电流反向。

例 10-2 如图 10-5 所示，一截面半径为 R_1 的无限长圆柱形导线，沿轴向均匀

通有电流强度 I，导线外紧包一层相对磁导率为 μ_r 的磁介质，其外半径为 R_2，不考虑导线自身的磁化，试求磁场强度和磁感应强度的分布，并画出 H-r、B-r 分布曲线。

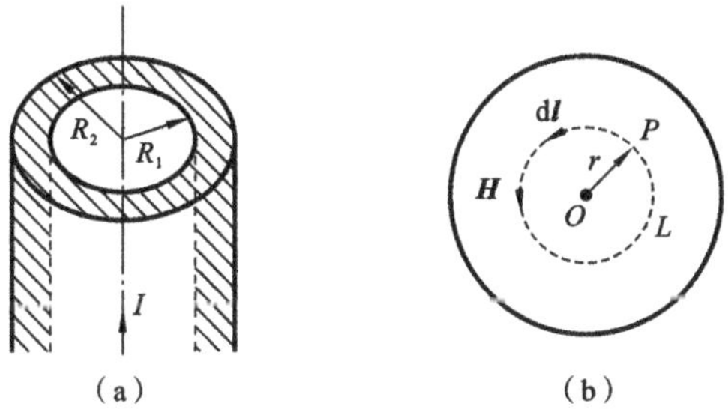

图 10-5　外包磁介质的导体圆柱

解　显然磁场具有柱对称分布，取垂直于轴线的截面上半径为 r 的同心圆作为积分回路。

(1) $r<R_1$：即导线内，不考虑导线的磁化，磁导率为 μ_0，所以

$$\oint_L \boldsymbol{H}\cdot \mathrm{d}\boldsymbol{l} = H_1 \cdot 2\pi r = \frac{I}{\pi R_1^2}\cdot \pi r^2$$

所以

$$H_1 = \frac{Ir}{2\pi R_1^2}$$

$$B_1 = \mu_0 H_1 = \frac{\mu_0 I r}{2\pi R_1^2}$$

(2) $R_1<r<R_2$：即磁介质内，

$$\oint_L \boldsymbol{H}\cdot \mathrm{d}\boldsymbol{l} = H_2 \cdot 2\pi r = I$$

所以

$$H_2 = \frac{I}{2\pi r}$$

$$B_2 = \mu_0\mu_r H_2 = \frac{\mu_0\mu_r I}{2\pi r}$$

(3) $r>R_2$：即磁介质外的空气中，

$$\oint_L \boldsymbol{H}\cdot \mathrm{d}\boldsymbol{l} = H_3 \cdot 2\pi r = I$$

所以

$$H_3 = \frac{I}{2\pi r}$$

$$B_3 = \frac{\mu_0 I}{2\pi r}$$

各区域的 $\boldsymbol{B}$、$\boldsymbol{H}$ 的方向均为圆的切线方向，与电流 I 成右手螺旋关系。

B-r、H-r 曲线如图 10-6 所示。

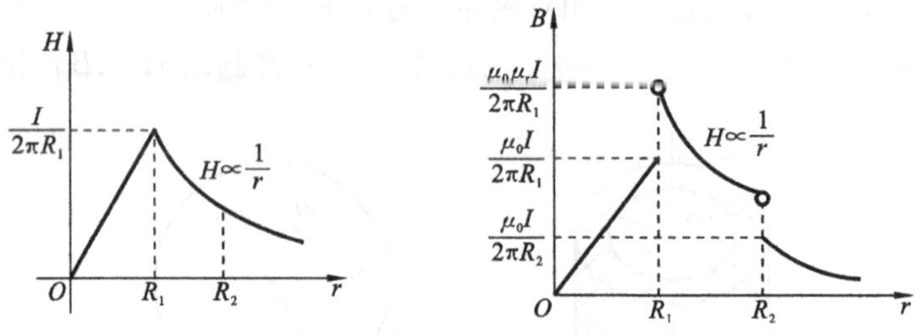

图 10-6 B-r、H-r **曲线**

10.3 铁磁质的磁化

铁磁质不同于一般磁介质，它性能特异，用途广泛。铁、钴、镍及其合金以及含铁的氧化物（铁氧体）都属于铁磁质。铁磁质之所以不同于一般磁介质，是因为铁磁质内存在许多自发磁化的小区域，称为**磁畴**。每个磁畴的体积约 $10^{-8}\ \mathrm{cm}^3$，磁畴内电子自旋磁矩自发取向一致，形成磁畴的固有磁矩。

铁磁质有三大特点：① 非线性；② 高 μ 值；③ 磁滞特性。

铁磁质的特性可通过实验来加以说明。

图 10-7 为测量铁磁质磁化曲线的示意图。将铁磁质样品制成环状，以螺绕环式励磁电流对铁磁质进行磁化，环中磁场强度正比于电流 I，即 $H=nI$。

磁感应强度 $\boldsymbol{B}$ 可利用副线圈连接冲击电流计而测得。

图 10-8 为**起始磁化曲线**，记录的是铁磁质从完全没有磁化开始，逐渐增大电流 I 时 B、μ_r 随 H 的变化曲线。由图 10-8 可见，B 随 H 增大而非线性增大，最后 B 几乎不再增大，这时铁磁材料达到了**磁饱和状态**。而 μ_r 也是随 H 增大而非线性变化。

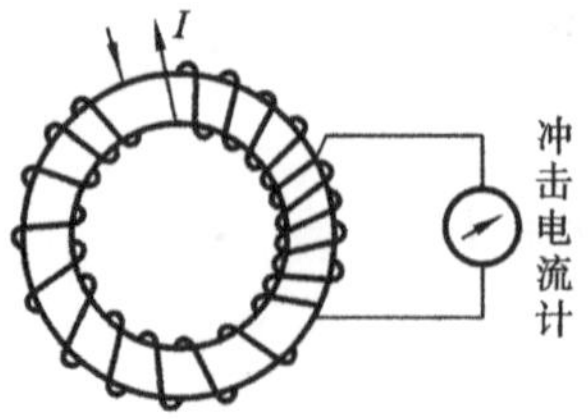

图 10-7 铁磁质的磁化装置

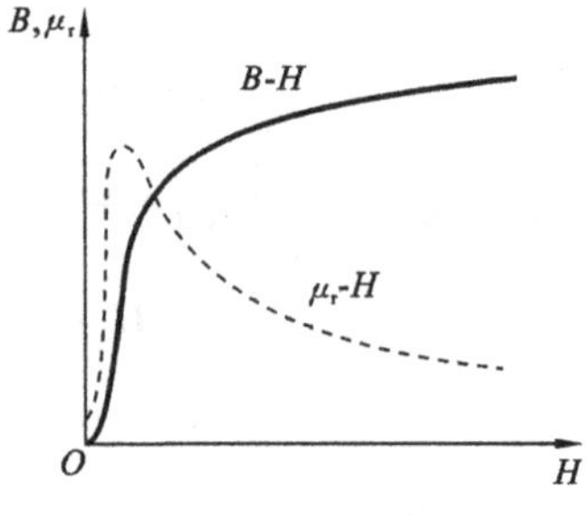

图 10-8 起始磁化曲线

铁磁质的磁化过程是不可逆的，达到磁饱和状态后，再减小电流 I，可以发现 B 的变化比 H 的变化要滞后一些，称为**磁滞现象**，最终得到的磁化曲线如图 10-9 所示，称为**磁滞回线**。图中 B_r 为 H 减小到零时的磁感应强度值，称为**剩磁**。H_c 为磁

感应强度 B 减小到零时所施加的反向磁场强度，称为**矫顽力**。可以看到，相同的 H 值得到的 B 是非单值的，B 的取值取决于此前的磁化历史，这一特点使铁磁材料具有"记忆"功能。

有些铁磁材料的磁滞回线的回路面积较小，如图 10-10(a)所示，相对比较瘦，称为**软磁材料**，常用作变压器和电磁铁的铁芯。纯铁、硅钢、坡莫合金(含铁、镍)等均为软磁材料。而有些铁磁材料的磁滞回线面积较大，相对胖一些，称为**硬磁材料**，常用来制作永久磁铁、记录磁带、计算机的记忆元件等。碳钢、钨钢、铝镍钴合金材料均为硬磁材料。

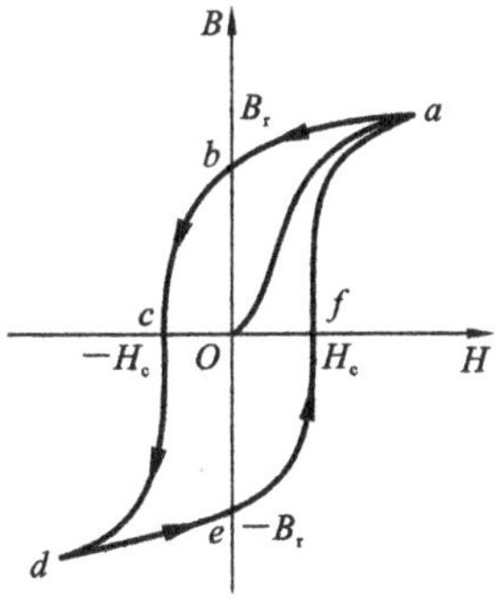

图 10-9　磁滞回线

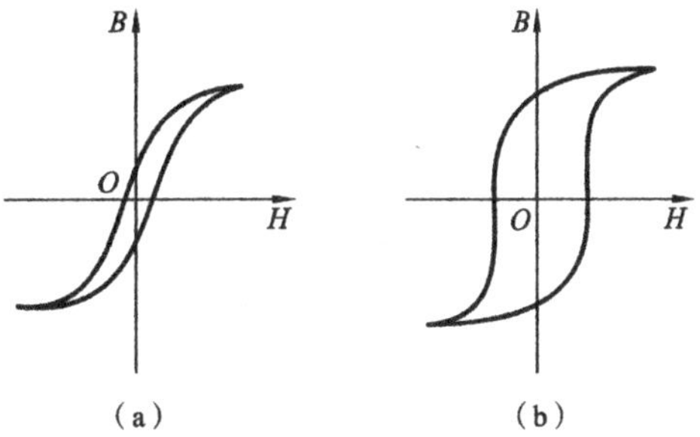

图 10-10　软磁材料与硬磁材料

高温和强烈振动可使铁磁材料的铁磁性消失，变为一般顺磁质。铁磁质的临界转变温度 T_c 称为**居里点**。例如，铁的 $T_c=1040$ K，钴的 $T_c=1390$ K，镍的 $T_c=630$ K，等等。当温度 $T>T_c$ 时，铁磁质变为一般顺磁质。

思　考　题

10-1　磁介质磁化后形成的磁化面电流会产生焦耳热吗？为什么？

10-2　下列说法是否正确？请说明理由。

(1) 磁场强度 $\boldsymbol{H}$ 仅与传导电流有关；

(2) 不论顺磁质还是抗磁质，$\boldsymbol{B}$ 与 $\boldsymbol{H}$ 总是同向；

(3) 以回路 L 为边界的任意曲面的磁通量均相等；

(4) 无论顺磁质还是抗磁质，磁化强度 $\boldsymbol{M}$ 与 $\boldsymbol{B}$ 均同向。

10-3　一块磁铁掉到地板上就可能失去部分磁性，为什么？

10-4　为什么磁铁能吸引没有磁性的铁块？

10-5　磁场强度的环路积分为零，回路上各点的磁场强度是否一定为零？

10-6　式子 $\boldsymbol{M}=\dfrac{\mu_r-1}{\mu_0\mu_r}\boldsymbol{B}$ 的适用条件是什么？$\boldsymbol{B}=\mu\boldsymbol{H}$ 是无条件成立的吗？

10-7　请说明软磁材料和硬磁材料的用途。

习　题

10-1　如图 10-11 所示，一个半径为 R 的介质球均匀磁化，磁化强度为 $\boldsymbol{M}$，求：(1) 介质球表面的磁化电流面密度；(2) 介质球的磁矩。

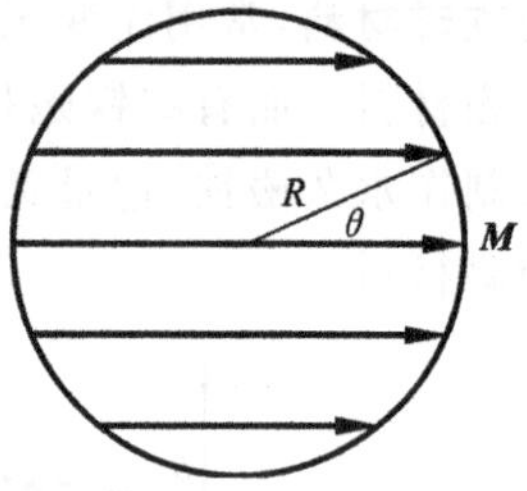

图 10-11　习题 11-1 图

10-2　螺绕环中心周长 $l=10\ \mathrm{cm}$，环上线圈匝数 $N=200$，线圈中通有电流 $I=100\ \mathrm{mA}$。求：(1) 管内的磁感应强度 $\boldsymbol{B}_0$ 和磁场强度 $\boldsymbol{H}_0$；(2) 若管内充满相对磁导率为 $\mu_r=4200$ 的磁介质，则管内的 $\boldsymbol{B}$ 和 $\boldsymbol{H}$ 是多少？

10-3　无限长直圆柱导体外包一层相对磁导率为 μ_r 的磁介质，设导体半径为 R_1，磁介质外半径为 R_2，导体沿轴向均匀流有电流 I，求空间的磁场强度和磁感应强度分布，并画出 H-r 和 B-r 曲线。

10-4　同轴电缆线由半径为 R_1 的导体圆柱和内、外半径分别为 R_2、R_3 的导体圆筒同轴组成，两导体间充满相对磁导率为 μ_r 的磁介质，当两导体通有等值反向的电流 I 时，求：(1) 磁介质中的磁场强度和磁场强度的分布；(2) 磁介质内、外表面的磁化电流面密度。

10-5　一均匀磁化的介质棒，半径为 R，长为 l，整个棒的总磁矩为 $\boldsymbol{m}$，求棒中的磁化强度。

第 11 章　电磁感应

前面分别介绍了静电场和稳恒电流的磁场的性质，本章开始说明电场和磁场之间的联系。

1820 年丹麦的奥斯特通过实验发现了电流的磁效应。由此人们自然想到，能否利用磁效应产生电流呢？从 1822 年起，法拉第经过 10 年的实验研究，终于在 1831 年发现了电磁感应现象，即利用磁场产生电流的现象。从实用的角度看，这一发现使电工技术有了长足发展，从理论上说，这一发现更全面地揭示了电和磁的联系，使得在这一年出生的麦克斯韦后来有可能建立一套完整的电磁场理论。

本章先讲解电磁感应现象的基本规律——法拉第电磁感应定律，产生感应电动势的两种情况——动生和感生电动势。然后介绍在电工技术中常遇到的互感和自感两种现象的规律，最后推导磁场能量的表达式。

11.1　法拉第电磁感应定律

11.1.1　电磁感应现象

法拉第的电磁感应实验大体上可归结为两类，第一类如图 11-1(a)所示，当磁铁与线圈有相对运动时，电流计 G 的指针将发生偏转，说明线圈中有电流通过；第二类是当一个线圈中电流发生变化时，如图 11-1(b)所示，当开关 S 闭合或断开时，电流计指针发生偏转，说明在它附近的其它线圈中也产生了电流。法拉第将这些现象与静电感应类比，把它们称作“电磁感应”现象。

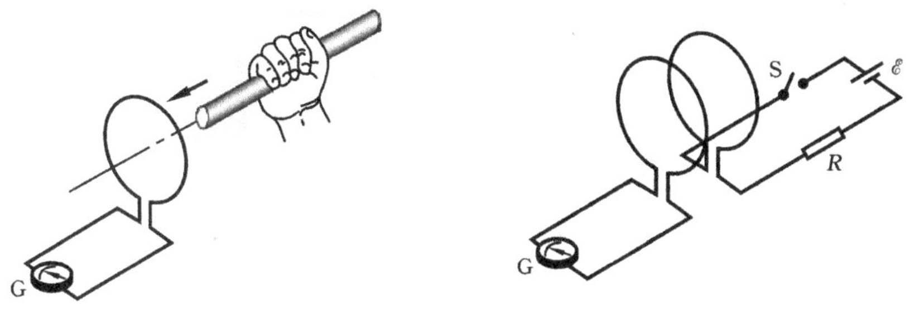

(a) 磁铁相对于线圈运动时产生感应电流　　(b) 开关 S 闭合或断开时产生感应电流

图 11-1　电磁感应实验

11.1.2 电磁感应定律

对电磁感应实验研究表明：不论是什么原因，只要使得闭合导线回路内的磁通量发生变化，闭合回路内都会“感应”出电流。法拉第把这种现象与感应电荷作类比，形象地把这种电流称为“感应电流”。感应电流的出现，说明回路中有电动势存在，这种电动势称为感应电动势。

实验表明，感应电动势的大小和通过导体回路的磁通量对时间的变化率成正比，感应电动势的方向依赖于磁场的方向和它的变化。以 Φ 表示通过闭合导体回路的磁通量，以 $\mathscr{E}$ 表示磁通量发生变化时在导体回路中产生的感应电动势，

$$\mathscr{E}=-\frac{\mathrm{d}\Phi}{\mathrm{d}t} \tag{11-1}$$

这一公式是法拉第电磁感应定律的一般表达式。

式(11-1)中的负号反映感应电动势的方向与磁通量变化的关系。在判定感应电动势的方向时，应先规定导体回路 L 的绕行正方向，电动势与 L 绕向相同时为正。如图 11-2 所示，当回路中磁感线的方向和所规定的回路的绕行正方向有右手螺旋关系时，磁通量 Φ 是正值。这时，如果穿过回路的磁通量增大，$\frac{\mathrm{d}\Phi}{\mathrm{d}t}>0$，则 $\mathscr{E}<0$，这表明此时感应电动势的方向和 L 的绕行正方向相反(见图 11-2(a))。如果穿过回路的磁通量减小，即$\frac{\mathrm{d}\Phi}{\mathrm{d}t}<0$，则 $\mathscr{E}>0$，这表示此时感应电动势的方向和 L 的绕行正方向相同(见图 11-2(b))。

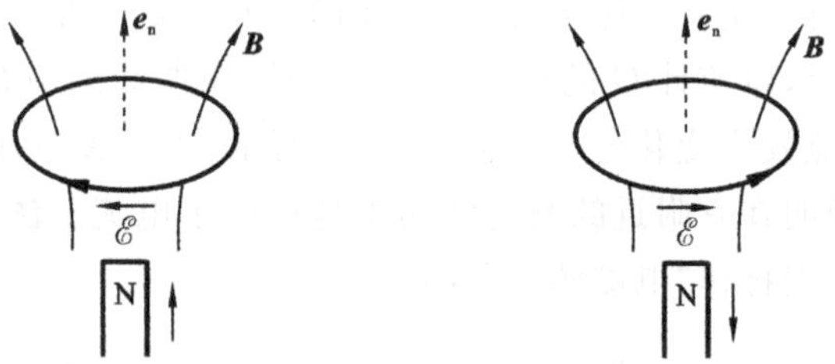

图 11-2 $\mathscr{E}$ 的方向和 Φ 的变化的关系

以上讨论的都是单匝线圈的情况，如果不是一匝，而是由 N 匝线圈构成，并且通过每一匝线圈的磁通量均相等，则总感应电动势为

$$\mathscr{E}_{\mathrm{i}}=-N\frac{\mathrm{d}\Phi}{\mathrm{d}t}=-\frac{\mathrm{d}(N\Phi)}{\mathrm{d}t}=-\frac{\mathrm{d}\Psi}{\mathrm{d}t} \tag{11-2}$$

其中，$\Psi=N\Phi$ 称为磁链。

如果闭合回路的电阻为 R，则回路中的总感应电流为

$$I_i=\frac{\mathscr{E}_i}{R}=-\frac{N\mathrm{d}\Phi}{R\mathrm{d}t}=-\frac{1}{R}\frac{\mathrm{d}\Psi}{\mathrm{d}t} \tag{11-3}$$

利用 $I=\frac{\mathrm{d}q}{\mathrm{d}t}$,在 t_1 至 t_2 时间内通过导线上任一横截面的感应电荷量为

$$q=\int_{t_1}^{t_2}I_i\mathrm{d}t=-\frac{1}{R}\int_{\Psi_1}^{\Psi_2}\mathrm{d}\Psi=\frac{1}{R}(\Psi_1-\Psi_2)=\frac{N}{R}(\Phi_1-\Phi_2) \tag{11-4}$$

其中,Φ_1、Φ_2 分别是 t_1、t_2 时刻通过导线回路所围面积的磁通量。

11.1.3 楞次定律

楞次定律是用来判断感应电流方向的定律,它是俄国科学家楞次在 1834 年提出的。楞次定律的表述如下:**闭合回路中感应电流的方向,总是使得感应电流所激发的磁场阻碍引起感应电流的磁通量的变化。**

下面,我们通过一个实例来说明如何用楞次定律判断感应电流的方向。

图 11-3(a)表示线圈 A 中的感应电流是由于永久磁铁的移动而产生的。当永久磁铁的 N 极向线圈移动时,通过线圈 A 的磁通量增加,由楞次定律知,感应电流所产生的磁场方向(图中用虚线表示)应当和永久磁铁所产生的磁场方向(图中实线表示)相反,从而反抗线圈中因永久磁铁运动产生的磁通量增加,根据右手螺旋定则,感应电流的方向如图 11-3(a)所示。如果永久磁铁离开线圈,则感应电流的方向如图 11-3(b)所示。

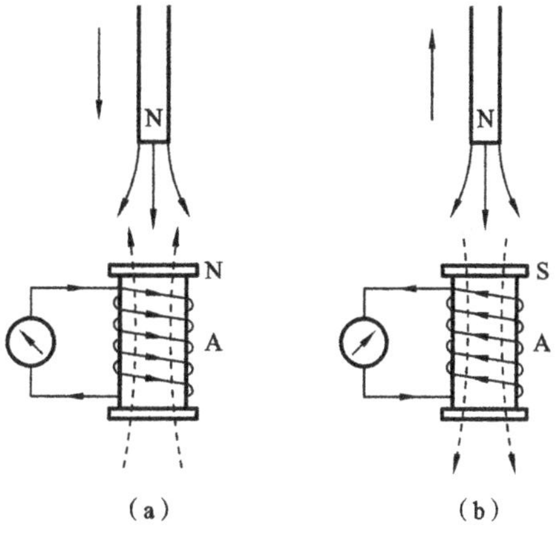

图 11-3 楞次定律应用

从图 11-3 中可见,当永久磁铁的 N 极向线圈 A 移动时,线圈 A 中产生感应电流,此时该线圈就相当于一个条形磁铁,它的 N 极与永久磁铁的 N 极相对。这样,两个 N 极要相互排斥。

从本质上来讲,楞次定律是系统能量守恒在电磁感应中的具体体现。从图 11-3(a)中可以看到,当永久磁铁的 N 极向着线圈 A 运动时,线圈 A 中感应电流产生的磁场相当于在向着磁铁的一侧出现了 N 极,它将阻碍磁铁向它运动。反之亦然,当永久磁铁的 N 极背离线圈 A 而去时,如图 11-3(b)所示,感应电流产生的磁场相当于在向着磁铁的一侧出现了 S 极,它将吸引磁铁阻碍它离去。因此磁铁在运动时,外力要克服磁场阻力而做功,根据能量守恒定律,此功转化为线圈中的感应电流产生的焦耳热。

例 11-1 一根长直导线中通有交变电流 $I=I_0\sin(\omega t)$,I_0 和 ω 都是常量,在长

直导线旁平行放置一长为 a，宽为 b 的矩形线圈，线圈平面与直导线共面，线圈靠近直导线的一边到直导线的距离为 d，如图 11-4 所示。求线圈中的感应电动势。

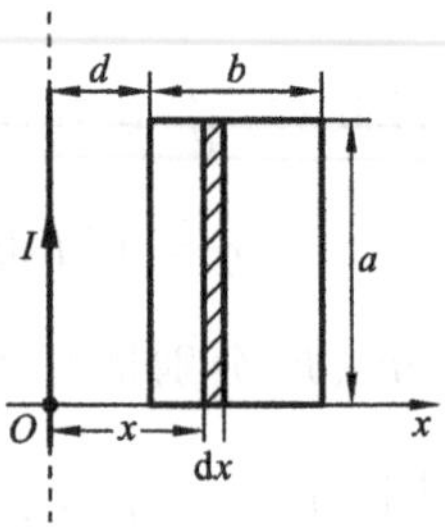

图 11-4　例 11-1 图

解　欲求电动势，必须先求得通过回路的磁通量。

设回路的绕行正方向为顺时针方向。在距导线距离为 x 处，磁感应强度的大小为

$$B=\frac{\mu_0 I}{2\pi x}$$

取面积元 $dS=a dx$，t 时刻通过小面积元的磁通量为 $d\Phi=\boldsymbol{B}\cdot d\boldsymbol{S}$，通过整个矩形线圈的磁通量为

$$\Phi=\iint_S \boldsymbol{B}\cdot d\boldsymbol{S}=\iint_S B dS=\int_d^{d+b}\frac{\mu_0 aI}{2\pi x}dx=\frac{\mu_0 aI_0\sin\omega t}{2\pi}\ln\frac{d+b}{d}$$

线圈回路中的感应电动势为

$$\mathscr{E}=-\frac{d\Phi}{dt}=-\frac{\mu_0 aI_0\omega}{2\pi}\cos\omega t\ln\frac{d+b}{d}$$

上式说明线圈中的感应电动势随时间按余弦规律变化。当 $\cos\omega t>0$ 时，$\mathscr{E}<0$，电动势的方向与矩形线圈的绕行正方向相反，即为逆时针方向；当 $\cos\omega t<0$ 时，$\mathscr{E}>0$，电动势的方向与矩形线圈的绕行正方向相同，即为顺时针方向。

例 11-2　如图 11-5 所示，如果导线中电流 I 恒定不变，总匝数为 N 的矩形线圈 $ABCD$ 沿垂直于直导线方向以速度 $\boldsymbol{v}$ 向右匀速运动，设初始时刻 AB 边与长直导线的距离为 d。试求：任意时刻 t 线圈内的感应电动势。

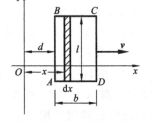

图 11-5　例 11-2 图

解　电流 I 在线圈内产生的磁感应强度的大小为

$$B=\frac{\mu_0 I}{2\pi x}$$

方向垂直纸面向内。

取顺时针方向为线圈的绕行正方向，则通过图中长条形面元 $dS=l dx$ 的磁通量为

$$d\Phi=\boldsymbol{B}\cdot d\boldsymbol{S}=\frac{\mu_0 I}{2\pi x}l\,dx$$

在 t 时刻，AB 边距离直导线的距离为 $d+vt$，所以 t 时刻通过线圈回路的磁通量为

$$\Phi=\int d\Phi=\int_{d+vt}^{d+b+vt}\frac{\mu_0 I}{2\pi x}l\,dx=\frac{\mu_0 Il}{2\pi}[\ln(d+b+vt)-\ln(d+vt)]$$

根据法拉第电磁感应定律，可得感应电动势为

$$\mathscr{E}=-N\frac{d\Phi}{dt}=N\frac{\mu_0 Ilv}{2\pi}\left(\frac{1}{d+vt}-\frac{1}{d+b+vt}\right)$$

不难看出 $\mathscr{E}>0$，所以感应电动势的方向与回路的绕行方向一致，即沿顺时针

方向。

小结：对比例 11-1 和例 11-2，我们发现，尽管在线圈回路内都产生了电磁感应现象，但两例中使磁通量发生变化的原因不相同。前者是由磁场的变化所引起的，后者是由线圈相对于磁场作相对运动引起的。为了简单起见，我们将在恒定磁场中，由于导体回路或一段导线相对于磁场运动时产生的感应电动势称为**动生电动势**，而将导体回路固定不动时，仅由于磁场的变化产生的感应电动势称为**感生电动势**。

下面我们将讨论动生电动势、感生电动势产生的原因，以及感应电动势的另一种计算方法。

11.2 动生电动势

动生电动势是指，在恒定磁场中，导体回路或一段导线相对于磁场运动时产生的感应电动势。

下面以一个具体例子来讨论动生电动势。如图 11-6 所示，一矩形导体回路，可动边是一根长为 l 的导体棒 ab，它以恒定速度 $\boldsymbol{v}$ 在垂直于磁场 $\boldsymbol{B}$ 的平面内，沿垂直于它自身的方向向右平移，其余边不动。

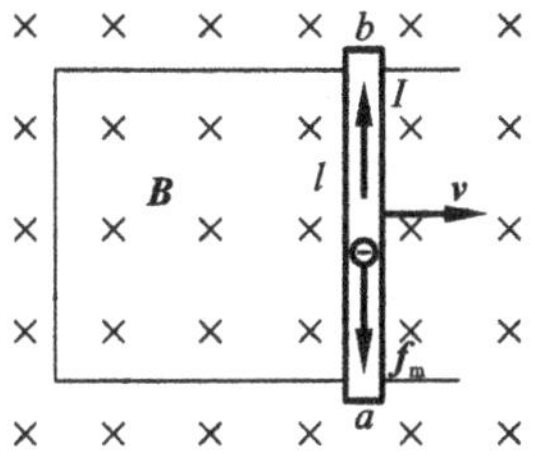

图 11-6 动生电动势

在 dt 时间内，闭合回路的面积增量为 $lv dt$，磁通量的增量 $d\Phi = Blv dt$，由法拉第电磁感应定律知，动生电动势的大小

$$|\mathscr{E}| = \left|\frac{d\Phi}{dt}\right| = Blv \tag{11-5}$$

电动势的方向：

由楞次定律判定为逆时针方向。由于其他边未动，所以动生电动势应归之于 ab 棒的运动，因而只在棒内产生。回路中动生电动势的逆时针方向说明在 ab 棒中的电动势方向应由 a 到 b 的方向。也可以用高中物理中学习过的右手定则判断该电动势的方向：伸平右手掌并使拇指与四指垂直，让磁力线从掌心穿入，当拇指指着导体运动方向时，四指就指着导体中产生的动生电动势的方向。

由于感应电动势集中于回路的 ab 棒上，这一段可视为整个回路中的电源部分。由于在电源内电动势的方向是由低电势处指向高电势处，所以在棒 ab 上，b 点电势高于 a 点电势。

我们知道，电动势是非静电力作用的表现。当棒 ab 向右以速度 v 运动时，棒内的自由电子被带着以同一速度 v 向右运动，因而每个电子都受向下的洛仑兹力 $\boldsymbol{f}_m$ 的作用，如图 11-6 所示。由洛仑兹力公式有

$$\boldsymbol{f}_m = (-e)\boldsymbol{v} \times \boldsymbol{B} \tag{11-6}$$

其中，$-e$ 是电子所带电量，故磁场对自由电子的作用力 $\boldsymbol{f}_m$ 的方向由 b 指向 a，于是

自由电子将移向 a 端，a 端出现负电荷积聚，而 b 端将出现正电荷积聚，而洛仑兹力恰好是电源内将正负电荷分离的非静电力。把这个作用力看成一种等效的“非静电场”的作用，则这一非静电场的强度应为

$$\boldsymbol{E}_{\mathrm{ne}}=\frac{\boldsymbol{f}_{\mathrm{m}}}{-e}=\boldsymbol{v}\times\boldsymbol{B} \tag{11-7}$$

故导体 ab 中所产生的电动势为

$$\mathscr{E}_{ab}=\int_a^b\boldsymbol{E}_{\mathrm{ne}}\cdot\mathrm{d}\boldsymbol{l}=\int_a^b(\boldsymbol{v}\times\boldsymbol{B})\cdot\mathrm{d}\boldsymbol{l} \tag{11-8}$$

在 $\boldsymbol{v}$,$\boldsymbol{B}$ 和 $\mathrm{d}\boldsymbol{l}$ 相互垂直时，导体中的动生电动势写为

$$\mathscr{E}_{ab}=Blv \tag{11-9}$$

以上讨论的是直导体棒在匀强磁场中运动产生动生电动势的情况。如果磁场在空间的分布是非均匀的，导体也不是直棒，而是任意形状的一段导线，设其两端点依然是 a,b，如图 11-7 所示，在非均匀情况下，通常采取分段计算与求和的方法来解决问题。首先，在这一段运动的导线上取一段线元 $\mathrm{d}\boldsymbol{l}$，由于 $\mathrm{d}\boldsymbol{l}$ 很小，可认为它们所在处的磁场是均匀的，即为 $\boldsymbol{B}$，若 $\mathrm{d}\boldsymbol{l}$ 的速度为 $\boldsymbol{v}$，则同样在 $\mathrm{d}\boldsymbol{l}$ 两端出现的电动势 $\mathrm{d}\mathscr{E}=(\boldsymbol{v}\times\boldsymbol{B})\cdot\mathrm{d}\boldsymbol{l}$，因此任意形状的导线 ab 上产生的总电动势为

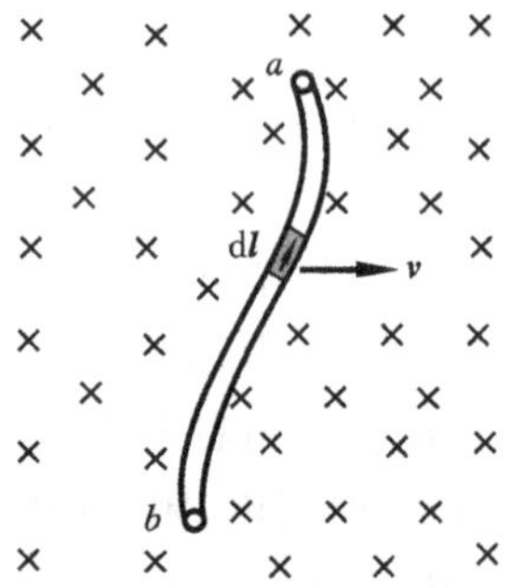

图 11-7　任意形状导线的动生电动势

$$\mathscr{E}=\int\mathrm{d}\mathscr{E}=\int_a^b(\boldsymbol{v}\times\boldsymbol{B})\cdot\mathrm{d}\boldsymbol{l} \tag{11-10}$$

这与式(11-8)没有区别，可见式(11-8)是动生电动势的一般表达式。

如果在恒定磁场中运动导线是闭合的，则闭合回路 L 中的动生电动势应该是回路上全部 $\mathrm{d}\boldsymbol{l}$ 产生元电动势的叠加，即

$$\mathscr{E}=\oint_L\mathrm{d}\mathscr{E}=\oint_L(\boldsymbol{v}\times\boldsymbol{B})\cdot\mathrm{d}\boldsymbol{l} \tag{11-11}$$

例 11-3　法拉第曾利用图 11-8 的实验来演示感应电动势的产生。铜盘在磁场中转动时能在连接电流计的回路中产生感应电流。为了计算方便，我们设想一半径为 R 的铜盘在均匀磁场 $\boldsymbol{B}$ 中转动，角速度为 ω(见图 11-9)。求盘上沿半径方向产生的感应电动势。

解　盘上沿半径方向产生的感应电动势可以认为是沿任意半径的一导体杆在磁场中运动的结果。由动生电动势公式(11-8)，求得在半径上长为 $\mathrm{d}l$ 的一段杆上产生的感应电动势

$$\mathrm{d}\mathscr{E}=(\boldsymbol{v}\times\boldsymbol{B})\cdot\mathrm{d}\boldsymbol{l}=Bv\mathrm{d}l=B\omega l\mathrm{d}l$$

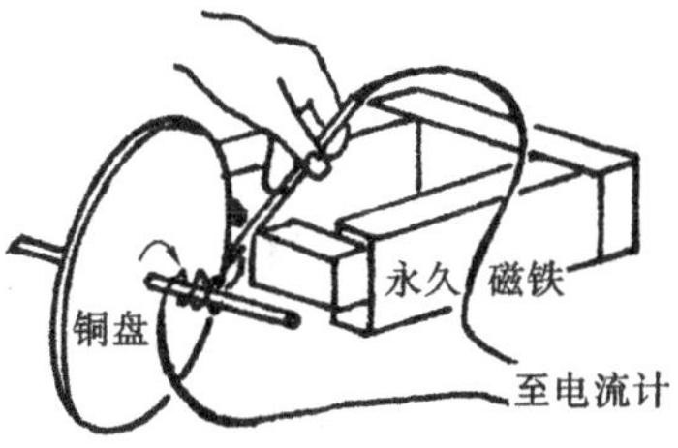

图 11-8　法拉第电机

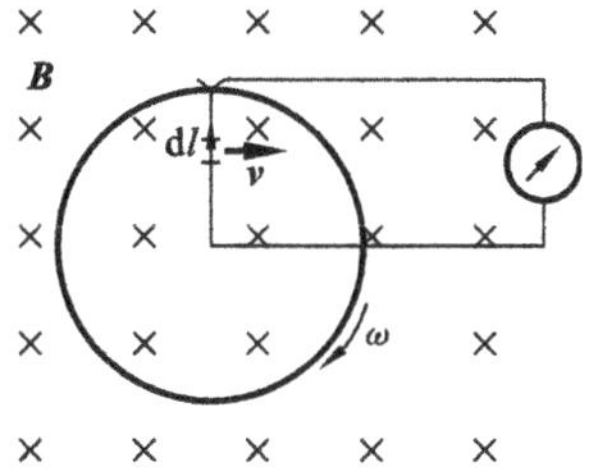

图 11-9　铜盘在均匀磁场中转动

式中，l 为 $\mathrm{d}\boldsymbol{l}$ 段与盘心 O 的距离，$\boldsymbol{v}$ 为 $\mathrm{d}\boldsymbol{l}$ 段的线速度。整个杆上产生的电动势为

$$\mathscr{E}=\int \mathrm{d}\mathscr{E}=\int_0^R B\omega l\,\mathrm{d}l=\frac{1}{2}B\omega R^2$$

方向：沿半径由盘心 O 指向盘边 a，即盘心 O 电势低(负极)(楞次定律判断方向)盘边电势高(正极)。

例 11-4　如图 11-10 所示，在磁感应强度为 $\boldsymbol{B}$ 的均匀磁场中，一根长为 L 的导体棒 Oa 在与磁场垂直的平面内绕其端点 O 以角速度 ω 匀速旋转。试求棒两端的动生电动势的大小，并判断 O、a 两端点哪端电势高。

解　在导体棒上距离 O 点 l 处取一个棒元 $\mathrm{d}\boldsymbol{l}$，其速度大小为 $v=\omega l$，方向如图 11-10 所示，则该棒元上的动生电动势为

$$\mathrm{d}\mathscr{E}=(\boldsymbol{v}\times\boldsymbol{B})\cdot\mathrm{d}\boldsymbol{l}=vB\sin90^\circ\cdot\mathrm{d}l\cdot\cos180^\circ=-\omega lB\mathrm{d}l$$

所以总动生电动势大小为

$$\mathscr{E}=\int \mathrm{d}\mathscr{E}=\int_0^L -\omega lB\,\mathrm{d}l=-\frac{1}{2}\omega BL^2$$

式中的负号表示动生电动势的方向从 a 指向 O，Oa 棒相当于电源，电源内部，O 点电势高(相当于电源的正极)。

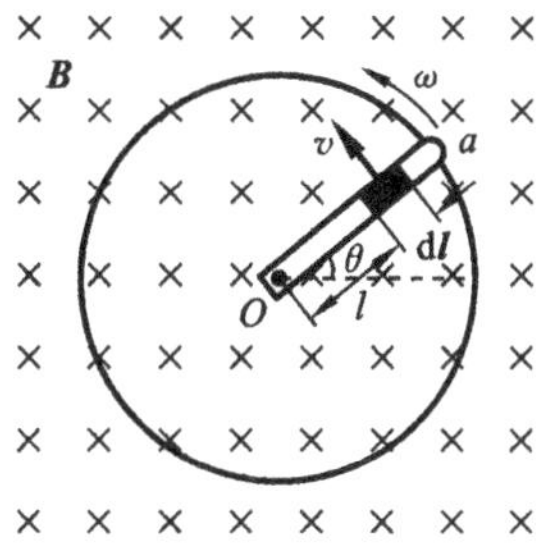

图 11-10　**例** 11-4 **图**

小结：通过例 11-3 和例 11-4 的分析，动生电动势的方向也可以从 $\mathscr{E}$ 的正负判断，例 11-3 中，$\mathscr{E}>0$，表示电动势与积分下限至上限方向一致，例 11-4 中，$\mathscr{E}<0$，表示电动势与积分下限至上限方向相反，即从 $a\rightarrow O$。

例 11-5　一长度为 l 的金属细棒与一根长直电流 I 处于同一平面，且相互垂直。当它以速度 $\boldsymbol{v}$ 沿长直电流方向运动时，此棒的感应电动势为多少？棒中哪一端电势高？

解　在真空中“无限长”载流直导线周围的磁感应强度

$$B=\frac{\mu_0 I}{2\pi r}$$

在细棒 ab 处，$\boldsymbol{B}$ 的方向垂直纸面向里，在细棒上各点磁感应强度 $\boldsymbol{B}$ 的方向相同，然而各点距长直导线的距离 r 不同，因此细棒是在非均匀磁场中运动。

如图 11-11 所示，在细棒上取一线元 d$\boldsymbol{r}$，它在磁场中以速度 $\boldsymbol{v}$ 运动时产生的动生电动势为

$$\mathrm{d}\mathscr{E}=(\boldsymbol{v}\times\boldsymbol{B})\cdot\mathrm{d}\boldsymbol{r}$$

由于 $\boldsymbol{v}$ 垂直于 $\boldsymbol{B}$，而 $\boldsymbol{v}\times\boldsymbol{B}$ 与 d$\boldsymbol{r}$ 方向相反，则 d$\boldsymbol{r}$ 中的动生电动势为

$$\mathrm{d}\mathscr{E}=-Bv\mathrm{d}r=-\frac{\mu_0 Iv}{2\pi}\frac{\mathrm{d}r}{r}$$

将上式积分，可得细棒 ab 中的动生电动势

$$\mathscr{E}=-\int_d^{d+l}\frac{\mu_0 Iv}{2\pi}\frac{\mathrm{d}r}{r}=-\frac{\mu_0 Iv}{2\pi}\ln\left(1+\frac{l}{d}\right)$$

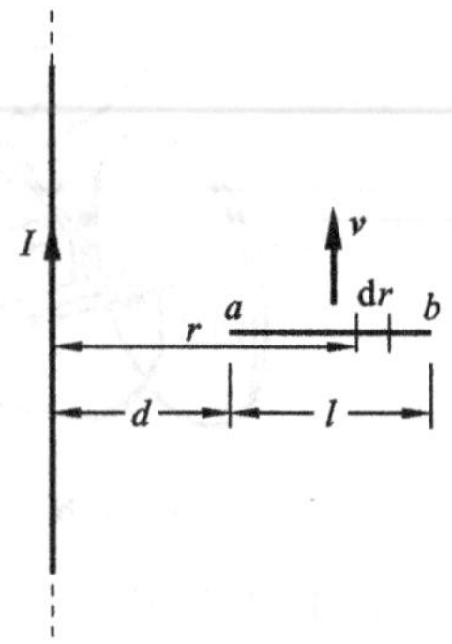

图 11-11　例 11-5 图

由于 $\mathscr{E}<0$，说明电动势方向与积分下限至上限（$d\rightarrow d+l$）即 $a\rightarrow b$ 方向相反，也就是说电动势方向由 b 指向 a，即 a 端电势高于 b 端电势。

也可以用洛仑兹力判断动生电动势方向，洛仑兹力（正电荷）$\boldsymbol{F}=e\boldsymbol{v}\times\boldsymbol{B}$ 向左，把棒中的正电荷由 b 端移向 a 端，所以 a 端的电势高于 b 端的电势，即动生电动势的方向由 b 指向 a。

11.3　感生电动势　感生(涡旋)电场

上节讨论了磁场不变，导体回路相对磁场运动产生动生电动势的情况。现在来讨论当导体回路静止不动时，仅仅因为磁场的变化所产生的感应电动势，这样的感应电动势称为感生电动势。假设在一个半径为 R 的圆柱形空间中有一个随时间变化的磁场 $\boldsymbol{B}=\boldsymbol{B}(t)$，导体回路 L 相对于磁场静止不动，如图 11-12 所示。

实验发现，只要磁感应强度 $\boldsymbol{B}$ 随时间变化，通过导体回路磁通量也会变化，导致导体回路 L 中有感生电动势。由于导体回路相对于磁场没有运动，所以产生感生电动势的非静电力不是洛仑兹力。那么，它是什么力呢？

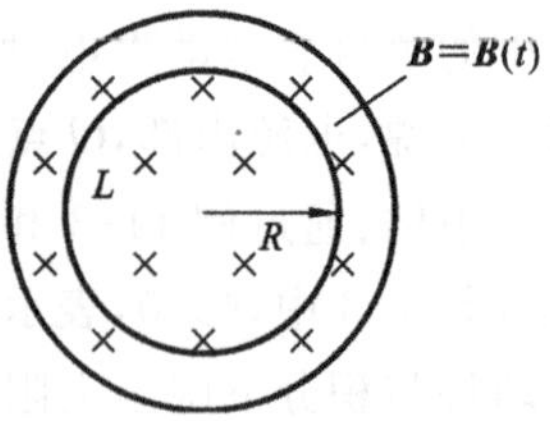

图 11-12　随时间变化的磁场中的导体回路

为此，麦克斯韦在分析研究后于 1861 年提出了感生电场假设：随时间变化的磁场在其周围空间要激发一种电场，这种电场称为**感生电场**，或称**涡旋电场**。

麦克斯韦利用感生电场假设，圆满地解释了产生感生电动势的原因。他认为：无论是否存在导体或导体回路，变化的磁场总要在其周围空间激发感生电场。如果在此空间内有导体存在，则导体中的自由电荷就会在感生电场力的作用下作定向运动，从而在导体内产生感生电动势，当导体形成闭合回路时就会产生感应电流。所以产生感生电动势的非静电力就是感生电场力。

若用符号 $\boldsymbol{E}_{感}$ 表示变化的磁场所激发的感生电场的电场强度。当变化的磁场中

存在导体回路时，如图 11-12 所示，回路中感生电动势就是由感应电场作用于导体回路中的自由电子所产生的。按照电动势的定义，感生电动势等于单位正电荷绕回路 L 一周感应电场力所作的功，而

$$\mathscr{E}=\oint_L \boldsymbol{E}_{感}\cdot \mathrm{d}\boldsymbol{l} \tag{11-12}$$

将式(11-12)代入法拉第电磁感应定律，有

$$\mathscr{E}=\oint_L \boldsymbol{E}_{感}\cdot \mathrm{d}\boldsymbol{l}=-\frac{\mathrm{d}\Phi}{\mathrm{d}t} \tag{11-13}$$

用 $\boldsymbol{B}$ 表示磁感应强度，式(11-13)可写成

$$\mathscr{E}=\oint_L \boldsymbol{E}_{感}\cdot \mathrm{d}\boldsymbol{l}=-\frac{\mathrm{d}}{\mathrm{d}t}\left[\int_S \boldsymbol{B}\cdot \mathrm{d}\boldsymbol{S}\right]=-\int_S \frac{\partial \boldsymbol{B}}{\partial t}\cdot \mathrm{d}\boldsymbol{S} \tag{11-14}$$

其中，S 是以闭合回路 L 为边界的任意曲面，曲面 S 的法线正方向与回路 L 的绕行方向成右手螺旋关系。式(11-14)给出了感生电场与磁感应强度对时间的变化率 $\frac{\partial \boldsymbol{B}}{\partial t}$ 之间的积分关系。此式也说明了感生电场的一个重要性质：感生电场是非保守力场。式(11-14)是磁场理论的基本方程之一。

那么，感生电场是一种什么性质的场呢？它和静电场有何异同？我们知道，静电场是由静止电荷产生的，静电场的性质由静电场的环路定理和高斯定理给出，即

$$\oint_L \boldsymbol{E}_{静}\cdot \mathrm{d}\boldsymbol{l}=0,\quad \oint_S \boldsymbol{E}_{静}\cdot \mathrm{d}\boldsymbol{S}=\frac{\sum q}{\varepsilon_0}$$

所以静电场是有源的保守力场，静电场的电场线一般始于正电荷、终于负电荷，不可能形成闭合曲线。

感生电场是由变化的磁场激发的，与静止电荷无关，它的性质由式(11-14)和下式给出

$$\oint_S \boldsymbol{E}_{感}\cdot \mathrm{d}\boldsymbol{S}=0 \tag{11-15}$$

即感生电场是无源的非保守力场，所以感生电场的电场线都是闭合曲线，正因为如此，感生电场又称为**涡旋电场**。

感生电场与静电场唯一的相同点就是对电荷的作用规律相同，即电荷受到的两种电场力均可以用定义 $\boldsymbol{F}=q\boldsymbol{E}$ 表示。

下面举例说明感生电场和感生电动势的计算。

例 11-6 一半径为 R 的无限长直螺线管，其横截面如图 11-13 所示，磁感应强度为 $\boldsymbol{B}$ 的磁场均匀分布在螺线管内，方向平行管轴向里，当磁场随时间增强时，求空间各处感应电场强度 $\boldsymbol{E}_{感}$。

解 一般情况下，计算感生电场的空间分布规律是很难的。本题是大学物理课程中为数不多的可以计算感生电场分布规律的实例之一。

由于螺线管内的磁场分布具有轴对称性，感生电场具有涡旋性，所以变化的磁场所激发的感生电场的电场线在管内、外均是与螺线管共轴的同心圆，且 $\boldsymbol{E}_{感}$ 的方向沿圆周切线方向，在同一电场线上 $\boldsymbol{E}_{感}$ 的大小处处相等。因此，以螺线管中心轴上的 O 点为圆心，r 为半径作一圆形积分回路 L，并取顺时针方向为回路的绕行正方向，如图 11-13 所示，则由式(11-14)，有

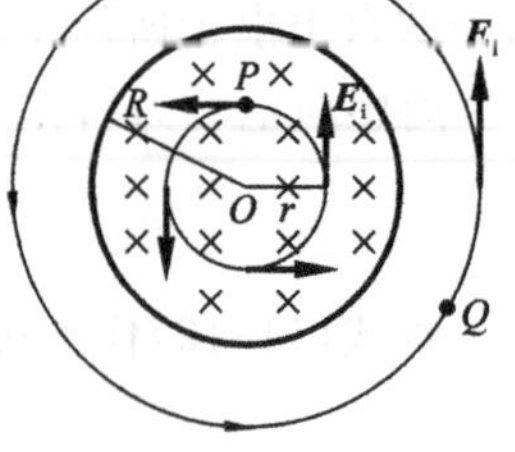

图 11-13　例 11-6 图

$$\oint_L \boldsymbol{E}_{感} \cdot \mathrm{d}\boldsymbol{l} = 2\pi r E_{感} = -\int_S \frac{\partial \boldsymbol{B}}{\partial t} \cdot \mathrm{d}\boldsymbol{S}$$

即

$$E_{感} = -\frac{1}{2\pi r}\int_S \frac{\partial \boldsymbol{B}}{\partial t} \cdot \mathrm{d}\boldsymbol{S}$$

其中，S 是回路 L 所围的曲面。

当 $r \leqslant R$ 时，场点 P 在管内，回路所围面上各点的 $\frac{\mathrm{d}\boldsymbol{B}}{\mathrm{d}t}$ 相同，且和面法线方向平行，故

$$\int_S \frac{\partial \boldsymbol{B}}{\partial t} \cdot \boldsymbol{S} = \pi r^2 \cdot \frac{\mathrm{d}B}{\mathrm{d}t}$$

所以螺线管内感生电场的大小为

$$E_{感} = -\frac{r}{2}\frac{\mathrm{d}B}{\mathrm{d}t}$$

当 $r \geqslant R$ 时，场点 Q 在管外，考虑到螺线管外的磁场为零，通过 L 所围面积的磁通量就等于通过螺线管横截面的磁通量，即

$$\int_S \frac{\partial \boldsymbol{B}}{\partial t} \cdot \mathrm{d}\boldsymbol{S} = \pi R^2 \cdot \frac{\mathrm{d}B}{\mathrm{d}t}$$

所以螺线管外感生电场的大小为

$$E_{感} = -\frac{R^2}{2r} \cdot \frac{\mathrm{d}B}{\mathrm{d}t}$$

$\boldsymbol{E}_{感}$ 的大小与 r 的关系曲线如图 11-14 所示。

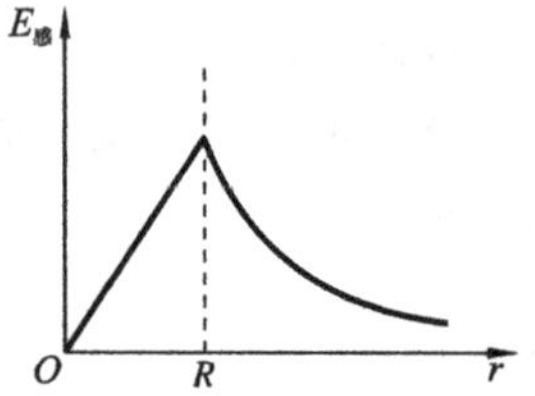

图 11-14　$E_{感}$-r 关系曲线

由于题中 $\frac{\mathrm{d}B}{\mathrm{d}t} > 0$，则 $E_{感} < 0$，表明 $\boldsymbol{E}_{感}$ 的方向就是与绕行正方向相反的切线方向；如果 $\frac{\mathrm{d}B}{\mathrm{d}t} < 0$，则 $E_{感} > 0$，$\boldsymbol{E}_{感}$ 的方向就是与绕行正方向相同的切线方向。不难发现：若 L 为闭合导体回路，根据楞次定律，$\frac{\mathrm{d}B}{\mathrm{d}t} > 0$ 时，回路上应存在逆时针旋转的感应电流，即存在逆时针方向的感应电场，亦即回路内感应电流的方向与感生电场线的方向一致。

例 11-7　如图 11-15 所示，半径为 R 的圆柱形空间内有一均匀磁场，磁感应强

度 $\boldsymbol{B}$ 的方向与圆柱的轴线平行。将一长为 L 的导体棒 ab 置于磁场中，圆心到棒的垂直距离为 h。试求：当 $\frac{dB}{dt}>0$ 时，棒中的感生电动势。

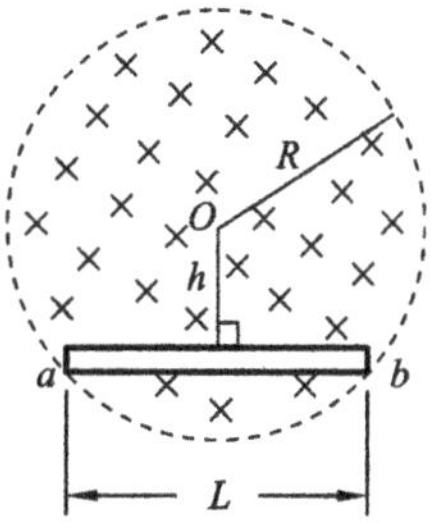

图 11-15　例 11-7 图

解　假想用导线连接 Oa、Ob，构成一个三角形导体回路 Oab，则通过此回路的磁通量为

$$\Phi=BS=\frac{1}{2}hLB$$

由法拉第电磁感应定律，回路中感应电动势的大小为

$$\mathscr{E}=\left|\frac{d\Phi}{dt}\right|=\frac{1}{2}hL\frac{dB}{dt}$$

又

$$\mathscr{E}=\mathscr{E}_{Oa}+\mathscr{E}_{ab}+\mathscr{E}_{bO}$$

注意：Oa、Ob 沿半径方向放置，由例 11-6 结果知，圆柱形空间内由于磁场变化产生的感生电场是与圆柱共轴的同心圆，且 $\boldsymbol{E}_{感}$ 的方向沿圆周切线方向，故 Oa、Ob 与感生电场方向垂直，即

$$\mathscr{E}_{半径方向}=\int_L \boldsymbol{E}_{感}\cdot d\boldsymbol{l}=0$$

所以

$$\mathscr{E}_{Oa}=\mathscr{E}_{bO}=0$$

由此得棒 ab 上的感生电动势为

$$\mathscr{E}_{ab}=\frac{1}{2}hL\frac{dB}{dt}$$

由楞次定律知回路中感生电动势的方向为逆时针方向，即由 $a\to b$。

小结：本例相当有技巧性，利用添加辅助线及半径方向感应电动势为零，得出导体棒 ab 中感生电动势即为$\triangle Oab$ 回路中感应电动势。

11.4　自　感　应

当导体回路中通有电流时，该电流产生的磁场将穿过其回路自身所围曲面形成一定的磁通量，当回路中的电流发生变化时，穿过该曲面的磁通量将发生变化，从而在回路中产生感应电动势。这种由于回路中电流产生的磁通量发生变化，而在自身回路中产生感应电动势的现象，称为自感现象，相应的电动势称为自感电动势。

自感电动势的方向可由楞次定律确定。如图 11-16(a)所示，当合上开关 K 后，A 灯比 B 灯先亮，因为在开关 K 合上瞬间，电路中，电流增加，通过线圈中的磁通量也增加，为了阻碍磁通量的增加，自感电动势的方向与电流的方向相反，因而 B 灯所在回路电流增长较慢。而在图 11-16(b)的实验中，在断开开关 K 时，灯泡突然强烈地闪亮一下再熄灭，是因为开关K断开瞬间，回路中电流减小，通过线圈的磁通量也减小，为了阻碍磁通量减小，自感电动势的方向与电流方向一致。可见，自感电动势总是阻止回路中电流的变化。

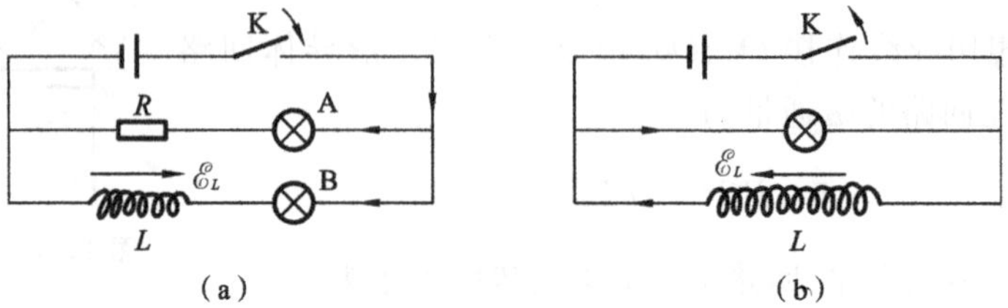

图 11-16　自感现象演示

考虑一个由 N 匝线圈组成的闭合回路，设其中电流为 I，由毕奥-萨伐尔定律可知，该电流在空间任意一点产生的磁感应强度 $\boldsymbol{B}$ 的大小都与 I 成正比，因此穿过回路自身所围面积的磁通量 Φ 和磁链 Ψ 也与 I 成正比，即

$$\Psi=LI \tag{11-16}$$

其中，L 为比例系数，称为自感系数，简称自感（注意：在电工、电子技术中，常把线圈的自感称为电感）。上式还可写为

$$L=\frac{\Psi}{I} \tag{11-17}$$

它表明，线圈的自感（或电感）在数值上等于线圈中的电流为1个单位时，该电流产生的磁场穿过自身线圈的磁链。

根据法拉第电磁感应定律，线圈中的自感电动势为

$$\mathscr{E}_L=-\frac{\mathrm{d}\Psi}{\mathrm{d}t}=-L\frac{\mathrm{d}I}{\mathrm{d}t}-I\frac{\mathrm{d}L}{\mathrm{d}t}$$

如果回路的形状、大小、匝数和线圈内介质的磁导率均不随时间变化，则 L 为一常量，$\frac{\mathrm{d}L}{\mathrm{d}t}=0$，因而

$$\mathscr{E}_L=-L\frac{\mathrm{d}I}{\mathrm{d}t} \tag{11-18}$$

式(11-18)中的负号也是楞次定律的数学表示，它表示自感电动势总要反抗线圈中电流的变化。当线圈中电流增大时，自感电动势的方向与原电流方向相反；当线圈中电流减小时，自感电动势的方向与原电流方向相同。

在国际单位制中，自感 L 的单位是亨利，符号为 H，常用的自感单位有毫亨(mH)和微亨(μH)。

自感现象在电工、电子技术中有重要应用。例如，在无线电设备中常用自感线圈和电容器构成谐振电路或滤波电路等；传统日光灯中的镇流器就是利用自感现象的典型例子。镇流器是一个带铁芯的线圈，其自感很大。在接通电源后，利用启辉器的

断路作用而产生一个很大的自感电动势，并加到日光灯管上，使得管内的汞蒸气电离，电离后的汞离子通过热运动打在灯管的荧光粉上，从而把日光灯管点亮。

在有些情况下，自感现象非常有害。一般的家用电器内部都有线圈，当电路被断开或接通时，由于电流的突变，会产生较高的自感电动势，在开关处形成电弧。这就是在插、拔插头时，插头处会冒出电火花的原因。这在某些场合可能会引起爆炸等灾难性事故，例如加油站、煤气站、煤矿、粉尘车间等，在那些地方，所有的电器开关必须使用特制的灭弧装置，才能保证安全生产。

一般来说，线圈的自感与线圈的形状、大小、匝数以及线圈内介质的磁导率有关，当上述参量给定后，线圈的自感也就随之确定了，与线圈是否通电无关。通常，线圈自感的大小由实验测出，只是在某些简单情况下，才可以通过其定义进行估算。

例 11-8 如图 11-17 所示，有一空心细长直单层密绕直螺线管，长为 l，横截面积为 S，总匝数为 N，管内充满相对磁导率为 μ_r 的均匀磁介质。求该线圈的自感。

解 我们知道无限长直螺线管内部的磁场是均匀分布的，磁场的方向平行于螺线管的轴线，磁感应强度的大小为

$$B=\mu_0\mu_r nI$$

其中，n 是轴线方向单位长度内线圈的匝数。

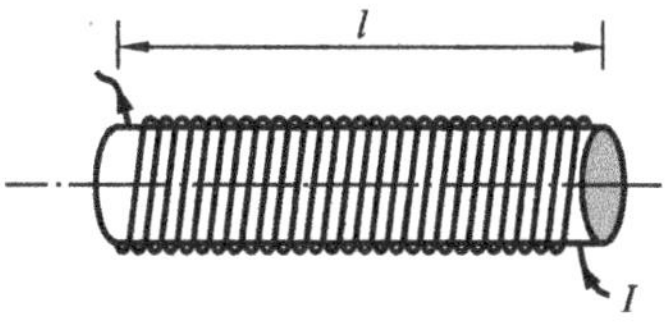

图 11-17 例 11-8 图

本题中，$l\gg\sqrt{S}$，管内磁场可近似看成是均匀分布的。通过螺线管任一横截面的磁通量为 $\Phi\approx BS=\mu_0\mu_r nIS$。通过整个线圈的磁链为

$$\Psi=N\Phi=N\mu_0\mu_r nIS=N\mu_0\mu_r\frac{N}{l}\cdot IS=\mu_0\mu_r n^2VI$$

其中，$V=lS$ 为螺线管的体积。由自感定义式 $L=\dfrac{\Psi}{I}$ 得螺线管的自感为

$$L=\frac{\Psi}{I}=\mu_0\mu_r n^2V$$

由此可见，长直螺线管的自感系数 L 与它的体积 V、单位长度上线圈匝数 n 和管内介质的相对磁导率 μ_r 成正比。为了得到自感系数较大的螺线管，通常可以采用较细的导线制成绕组，以增加单位长度上线圈的匝数；当然最好的办法就是将线圈绕在相对磁导率很大的铁磁质上。

例 11-9 如图 11-18 所示，有一根"无限长"同轴电缆，在其两圆筒间充满磁导率为 μ 的介质，两导体圆筒的内、外半径分别为 R_1 和 R_2，两圆柱面上通过的电流 I 大小相等，方向相反，求电缆单位长度的自感系数。

解 由安培环路定理，可计算磁场的分布，磁场只局限在两圆柱面之间的范围内，在介质以外的空间中磁感应强度为零。

在内、外柱面之间，距轴线为 r 处的磁感应强度为

$$B=\frac{\mu I}{2\pi r}$$

考虑长度为 l 的部分电缆，通过阴影部分(见图 11-18)的磁通量为

$$\Phi=\int \boldsymbol{B}\cdot \mathrm{d}\boldsymbol{S}=\int_{R_1}^{R_2}\frac{\mu I}{2\pi r}\cdot l\mathrm{d}r=\frac{\mu I l}{2\pi}\ln\frac{R_2}{R_1}$$

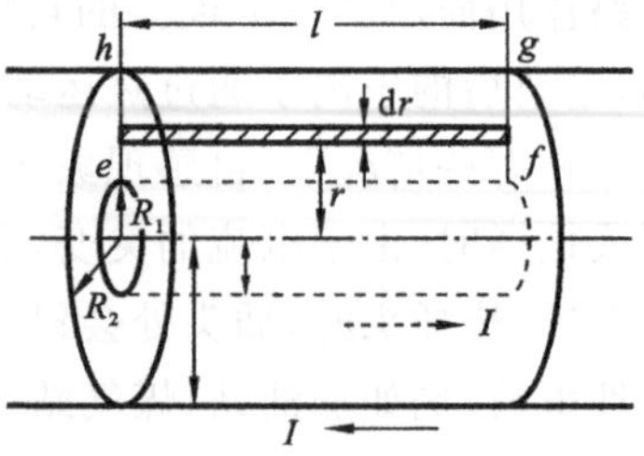

图 11-18　例 11-9 图

由自感定义式(11-17)，有

$$L_l=\frac{\Phi}{I}=\frac{\mu l}{2\pi}\ln\frac{R_2}{R_1}$$

则单位长度的自感系数为

$$L=\frac{L_l}{l}=\frac{\mu}{2\pi}\ln\frac{R_2}{R_1}$$

11.5　互　感　应

在实际电路中，磁场的变化常常是由于电流的变化引起的，因此，把感生电动势直接和电流的变化联系起来是有重要实际意义的。互感和自感现象的研究就是要找出这方面的规律。

一闭合导体回路，当其中的电流随时间变化时，它周围的磁场也随时间变化，在它附近的导体回路中就会产生感生电动势。这种电动势叫互感电动势。如图 11-19 所示。

有两个固定的闭合回路 L_1 和 L_2。闭合回路 L_2 中的互感电动势是由于回路 L_1 中的电流 i_1 随时间的变化引起的，以 $\mathscr{E}_{21}$ 表示此电动势。下面说明 $\mathscr{E}_{21}$ 与 i_1 的关系。

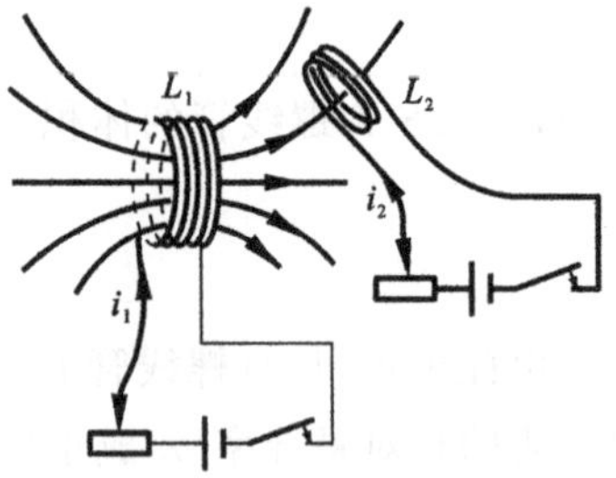

图 11-19　互感现象

由毕奥-萨伐尔定律可知，电流 i_1 产生的磁场正比于 i_1，因而通过 L_2 所围面积的、由 i_1 所产生的全磁通，即磁链 Ψ_{21} 也应该和 i_1 成正比，即

$$\Psi_{21}=M_{21}i_1 \tag{11-19}$$

其中，比例系数 M_{21} 叫做回路 L_1 对回路 L_2 的互感系数，它取决于两个回路的几何形状、相对位置，它们各自的匝数以及它们周围磁介质的分布。对两个固定的回路 L_1 和 L_2 来说互感系数是一个常数。在 M_{21} 一定的条件下由法拉第电磁感应定律给出

$$\mathscr{E}_{21}=-\frac{\mathrm{d}\Psi_{21}}{\mathrm{d}t}=-M_{21}\frac{\mathrm{d}i_1}{\mathrm{d}t} \tag{11-20}$$

如果图 11-19 回路 L_2 中的电路 i_2 随时间变化，则在回路 L_1 中也会产生感应电动势 $\mathscr{E}_{12}$。同理，可以得出通过 L_1 所围面积的由 i_2 所产生的磁链 Ψ_{12} 应该与 i_2 成正比，即

$$\Psi_{12}=M_{12}i_2 \tag{11-21}$$

而且

$$\mathscr{E}_{12}=-\frac{\mathrm{d}\Psi_{12}}{\mathrm{d}t}=-M_{12}\frac{\mathrm{d}i_2}{\mathrm{d}t} \tag{11-22}$$

上两式中的 M_{12} 叫 L_2 对 L_1 的互感系数。

可以证明，对给定的一对导体回路，有

$$M_{12}=M_{21}=M$$

M 就叫做这两个导体回路的互感系数，简称互感。

在国际单位制 SI 中，互感系数的单位是亨利，符号为 H。

互感现象在现代工农业生产和电工电子技术中有广泛的应用。变压器是一个重要的例子。在传输电能时，通过升压变压器提升电压，来降低输电线路的损耗，提高输电效率。而在用户端或电子设备中，需要通过降压变压器来获得所需的工作电压。但互感现象也有不利甚至有害的一面，例如有线电话有时因两条线路之间的互感产生串音干扰，或使信号在传播过程中容易泄密，等等。

例 11-10 如图 11-20 所示，长直导线与矩形线圈处于同一平面内，求它们之间的互感系数（设矩形线圈的 AB 离长直导线的距离为 d，线圈宽为 a，高为 l）。

解 长直导线中电流为 I，它在与直导线距离为 x 处的磁感应强度大小为

$$B=\frac{\mu_0 I}{2\pi x}$$

$\boldsymbol{B}$ 的方向垂直纸面向内，通过如图阴影面元 $l\mathrm{d}x$ 的磁通量为

$$\mathrm{d}\Phi=\boldsymbol{B}\cdot\mathrm{d}\boldsymbol{S}=\frac{\mu_0 Il}{2\pi}\frac{\mathrm{d}x}{x}$$

所以，通过整个矩形线圈的磁通量为

$$\Phi=\int\boldsymbol{B}\cdot\mathrm{d}\boldsymbol{S}=\frac{\mu_0 Il}{2\pi}\int_d^{d+a}\frac{\mathrm{d}x}{x}=\frac{\mu_0 Il}{2\pi}\ln\frac{d+a}{d}$$

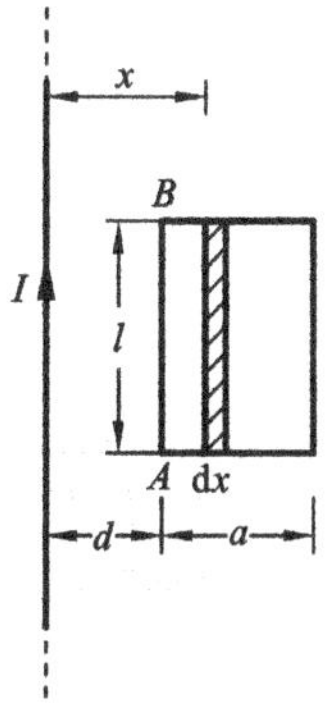

图 11-20 例 11-10 图

由互感系数的定义，得直导线与矩形线圈的互感系数为

$$M=\frac{\Phi}{I}=\frac{\mu_0 l}{2\pi}\ln\frac{a+d}{d}$$

例 11-11 如图 11-21 所示，半径分别为 R 和 r，匝数分别为 N_1 和 N_2 的两个共轴圆线圈，相距为 d，两线圈平面相互平行，且 $R\gg r$。试求：(1) 两线圈的互感系数；(2) 当大线圈通以电流 $I=I_0\sin(\omega t+\varphi)$ 时，小线圈中的互感电动势，式中 I_0、ω、φ 均

是大于零的常量。

解 (1) 设大线圈中通电流 I_1,它在小线圈圆心 O' 点的磁感应强度的大小为

$$B_{21}=N_1\frac{\mu_0 I_1 R^2}{2(R^2+d^2)^{3/2}}$$

由于 $R\gg r$,可认为小线圈中的磁场基本上是均匀的,则通过小线圈的磁链为

$$\Psi_{21}=N_1\Phi_{21}=N_2B_{21}\pi r^2=\frac{\pi\mu_0 N_1N_2I_1r^2R^2}{2(R^2+d^2)^{\frac{3}{2}}}$$

所以两线圈之间的互感为

$$M=\frac{\Psi_{21}}{I_1}=\frac{\pi\mu_0 N_1N_2r^2R^2}{2(R^2+d^2)^{\frac{3}{2}}}$$

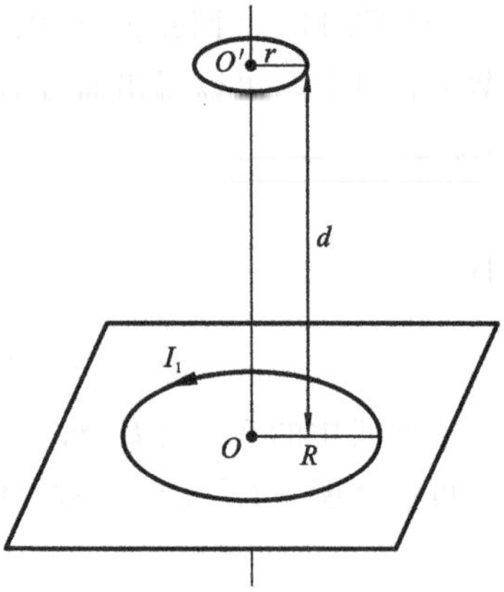

图 11-21 例 11-11 图

(2) 由题意知,大线圈中的电流为 $I_1=I=I_0\sin(\omega t+\varphi)$,根据法拉第电磁感应定律,可得小线圈中的感应电动势为

$$\mathscr{E}_2=-\frac{d\Psi_{21}}{dt}=-M\frac{dI_1}{dt}=-\frac{\pi\mu_0 N_1N_2r^2R^2}{2(R^2+d^2)^{\frac{3}{2}}}I_0\omega\cos(\omega t+\varphi)$$

11.6 磁场的能量

如图 11-22 所示,当开关 K 断开后,电源已不再向灯炮供给能量了,它突然强烈地闪亮一下所消耗的能量是哪里来的呢?由于使灯泡闪亮的电流是线圈中的自感电动势产生的电流,而这电流随着线圈中的磁场的消失而逐渐消失,所以可以认为使灯泡闪亮的能量是原来储存在通有电流的线圈中的,或者说储存在线圈内的磁场中的。因此,这种能量叫做**磁能**。

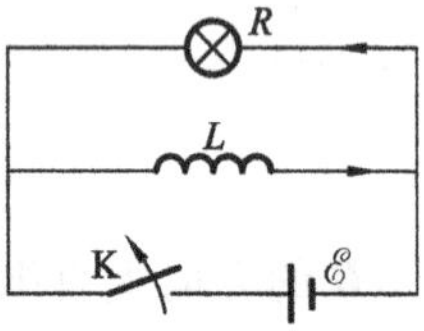

图 11-22 自感现象

自感为 L 的线圈中通有电流 I 时所储存的磁能应该等于这电流消失时自感电动势所做的功。这个功可如下计算。以 $i\mathrm{d}t$ 表示在短路后某一时间 $\mathrm{d}t$ 内通过灯泡的电量,则在这段时间内自感电动势做的功为

$$dA=\mathscr{E}_L i\,dt=-L\frac{di}{dt}i\,dt=-Li\,di$$

电流由起始值减小到零时,自感电动势所做的总功就是

$$A=\int dA=\int_I^0 -Li\,di=\frac{1}{2}LI^2$$

因此,具有自感为 L 的线圈通有电流 I 时所具有的磁能就是

$$W_m=\frac{1}{2}LI^2 \tag{11-23}$$

式(11-23)称为线圈的自感磁能公式。从形式上看，它与电容器的储能公式 $W_e=\frac{1}{2}CU^2$ 相似。

我们知道，磁场的性质是用磁感应强度 $\boldsymbol{B}$ 来描述的。既然如此，通电线圈中所储存的磁场能量必与其中的磁感应强度 $\boldsymbol{B}$ 的大小密切相关。为简单起见，我们以长直螺线管为例，来讨论磁场能量。

当长直螺线管通以电流 I 时，螺线管中磁场的磁感应强度为 $B=\mu nI$，由 11.5 节自感应中例 11-8 知螺线管的自感系数 $L=\mu n^2V$，把这些关系代入式(11-23)，有

$$W_m=\frac{1}{2}LI^2=\frac{1}{2}\mu n^2V\left(\frac{B}{\mu n}\right)^2=\frac{B^2}{2\mu}V$$

其中，V 为长直螺线管的体积。由于长直螺线管内部的磁场为均匀磁场，管外的磁场可以忽略不计，由此可得，单位体积内磁场的能量称为磁场能量密度，即

$$w_m=\frac{W_m}{V}=\frac{1}{2}\frac{B^2}{\mu} \tag{11-24}$$

对于各向同性的磁介质，由于 $B=\mu H=\mu_0\mu_r H$，故

$$w_m=\frac{B^2}{2\mu}=\frac{1}{2}\mu H^2=\frac{1}{2}HB \tag{11-25}$$

这一关系虽然是从特例导出的，但可以证明，它对任意磁场都适用。

在非均匀磁场中，可以将磁场存在的空间划分为无穷多个微小的体积元 $\mathrm{d}V$，于是体积元内的磁场能量为

$$\mathrm{d}W_m=w_m\mathrm{d}V \tag{11-26}$$

在一个给定体积 V 内的磁场能量为

$$W_m=\int\mathrm{d}W_m=\int_V w_m\mathrm{d}V=\int_V\frac{1}{2}HB\,\mathrm{d}V \tag{11-27}$$

式中积分遍及整个磁场分布空间。

例 11-12 一长直同轴电缆，其芯线是半径为 R_1 的实心导线，包线是半径为 R_2 的薄圆筒形导线，如图 11-23 所示，在芯线与包线之间充满了相对磁导率为 μ_r 的绝缘材料。恒定电流 I 由芯线流入，包线流出，并且在导线截面上均匀分布。试求：(1) 同轴电缆内、外磁感应强度的分布；(2) 沿电缆轴线方向，每单位长度内磁场的能量。

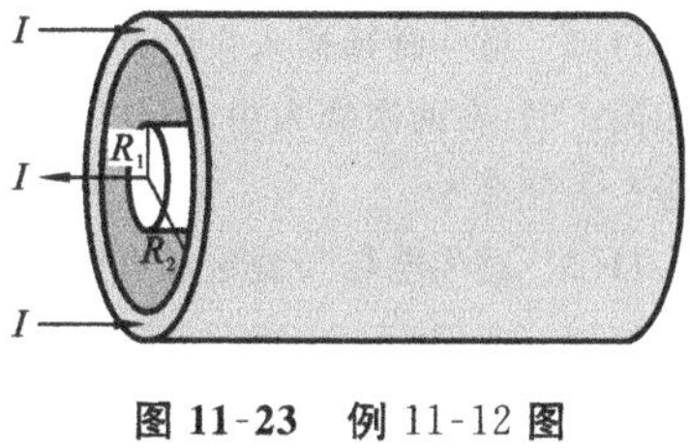

图 11-23　例 11-12 图

解　(1) 由于电流及其产生的磁场具有“无限长”的轴对称分布，在与轴线垂直的平面内，任取一个半径为 r 的闭合回路，由安培环路定理可得

$$\oint_L \boldsymbol{H}\cdot\mathrm{d}\boldsymbol{l}=2\pi rH=\sum I$$

当 $r<R_1$ 时，$\sum I = \dfrac{I\pi r^2}{\pi R_1^2}$，所以 $H_1 = \dfrac{I}{2\pi R_1^2}r$，$B_1 = \mu_1 H_1 = \dfrac{\mu_0 I}{2\pi R_1^2}r$。

当 $R_1 < r < R_2$ 时，$\sum I = I$，所以 $H_2 = \dfrac{I}{2\pi r}$，$B_2 = \mu_2 H_2 = \dfrac{\mu_0 \mu_r I}{2\pi r}$。

当 $r > R_2$ 时，$\sum I = 0$，所以 $H_3 = 0$，$B_3 = \mu_3 H_3 = 0$。

(2) 由(1)可得，在芯线内部和芯线与包线之间的磁场能量密度分别为

$$w_{m1}=\frac{1}{2}B_1 H_1=\frac{\mu_0 I^2}{8\pi^2 R_1^4}r^2 \quad (r<R_1)$$

$$w_{m2}=\frac{1}{2}B_2 H_2=\frac{\mu_0\mu_r I^2}{8\pi^2 r^2} \quad (R_1<r<R_2)$$

在电缆上任取一个半径分别为 r、厚度为 $\mathrm{d}r$，长为 1 的薄圆筒形“体积元”，其体积 $\mathrm{d}V=2\pi r\mathrm{d}r$。则该“体积元”内储存的磁能为

$$\mathrm{d}W_m = w_m \mathrm{d}V$$

所以该同轴电缆上，沿轴线单位长度上磁场的能量为

$$\begin{aligned} W_m &= \int \mathrm{d}W_m = \int w_m \mathrm{d}V = \int_0^{R_1} w_{m1}\mathrm{d}V + \int_{R_1}^{R_2} w_{m2}\mathrm{d}V \\ &= \int_0^{R_1} \frac{\mu_0 I^2 r^2}{8\pi^2 R_1^4}2\pi r\mathrm{d}r + \int_{R_1}^{R_2} \frac{\mu_0\mu_r I^2}{8\pi^2 r^2}2\pi r\mathrm{d}r \\ &= \frac{\mu_0 I^2}{16\pi} + \frac{\mu_0\mu_r I^2}{4\pi}\ln\frac{R_2}{R_1} \end{aligned}$$

思　考　题

11-1　在法拉第电磁感应定律 $\mathscr{E}=-\dfrac{\mathrm{d}\Phi}{\mathrm{d}t}$ 中，负号的意义是什么？如何直接利用法拉第电磁感应定律来判断感应电动势的方向？

11-2　将一磁棒插入一闭合导体回路中，一次迅速插入，一次缓慢插入，但两次插入的始末位置相同。问：在两次插入中，回路中的感应电动势是否相等？通过导线横截面的感应电荷量是否相等？为什么？

11-3　感生电场与静电场有哪些不同？它们唯一相同之处是什么？

11-4　如图 11-24 所示，在圆柱形空间内有一磁感应强度为 $\boldsymbol{B}$ 的均匀磁场，其变化率为 $\dfrac{\mathrm{d}\boldsymbol{B}}{\mathrm{d}t}$。若在图中 a、b 两点间放置一直导线 ab，$oa=ob=ab$，试计算导线中感生电动势大小，并判断感生电动势的方向。若将直导线放在圆柱形磁场空间的外部或沿径向放置，导线中还会有感生电动势吗？

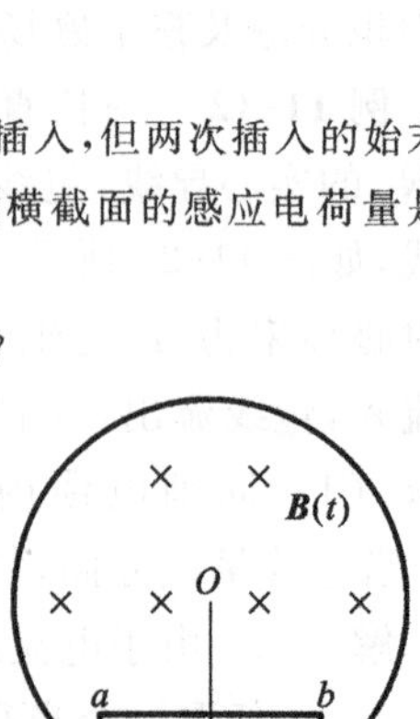

图 11-24　思考题 11-4 图

11-5　试从磁场变化的一个周期内解释电子感应加速器是如何加速电子以及维持电子的圆周运动的。

11-6 如何绕制一个自感为零的线圈？是否需要密绕，试说明理由。

11-7 在涡旋电场中，是否还可以引入电势和电势差的概念？为什么？

11-8 线圈自感的定义是 $L=\Psi/I$，这是否表明自感的大小与线圈中电流的大小成反比？如果要设计一个自感较大的螺线管线圈，应该从哪些方面去考虑？

11-9 有两个相距很近的螺线管线圈，长度相同，半径稍有差别。要使两者的互感最大，应如何放置？要使互感最小，又该怎样放置？

习　　题

11-1 一根长直导线中通有电流 $I=I_0\sin\omega t$，式中 I_0、ω 均是常量，一个直角三角形线圈 ABC 与长直导线共面，线圈的总匝数为 N，其中 AB 边与长直导线垂直，线圈的各部分尺寸如图 11-25 所示。假定线圈闭合后回路的总电阻为 R。试求：任一时刻线圈内的感应电动势及感应电流。

11-2 一长圆柱形磁场，磁场方向沿轴线并垂直指向纸内，$\boldsymbol{B}$ 的大小随距离轴线的远近 r 成正比变化，又随时间 t 作正弦变化，即 $B=B_0 r\sin\omega t$，式中，B_0、ω 均为常数。若在磁场内放一半径为 a 的金属环，环心在磁场的轴线上，如图 11-26 所示，求金属环中的感应电动势 $\mathscr{E}_i$。

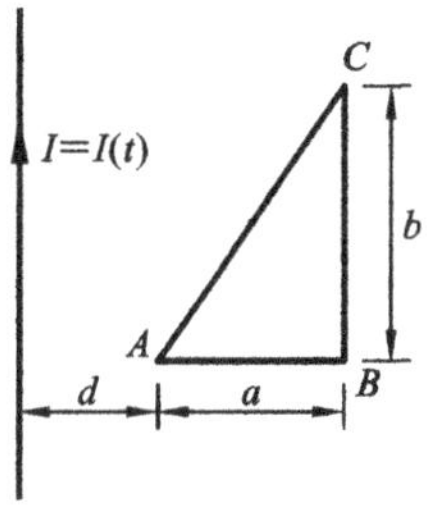

图 11-25　习题 11-1 图

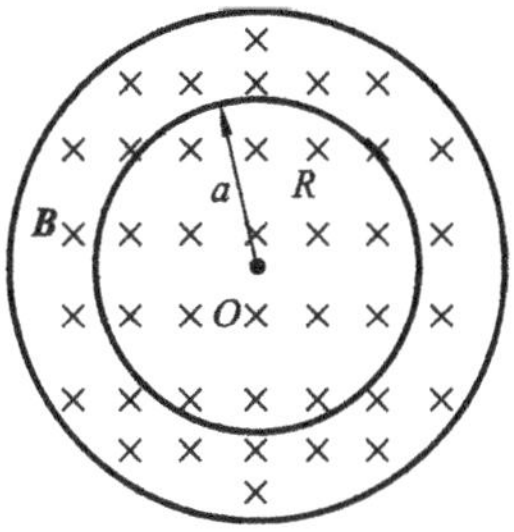

图 11-26　习题 11-2 图

11-3 两根平行无限长直导线相距为 d，如图 11-27 所示，载有大小相等、方向相反的电流 I，电流变化率 $\dfrac{\mathrm{d}I}{\mathrm{d}t}=\alpha>0$，一个边长为 d 的正方形线圈位于导线平面内与一根导线相距 d，求线圈中的感应电动势 $\mathscr{E}$，并说明线圈中的感应电流方向。

11-4 如图 11-28 所示，直角三角形金属框 DEF 放在匀强磁场中，$\boldsymbol{B}$ 平行于 DF，当框绕 DF 边以 ω 转动时，设 $FE=a$，$DF=l$。求回路中动生电动势及各边的动生电动势。

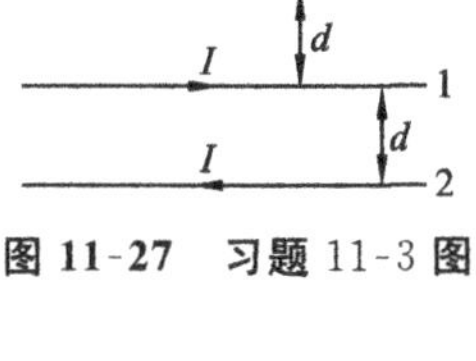

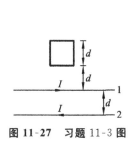

图 11-27　习题 11-3 图

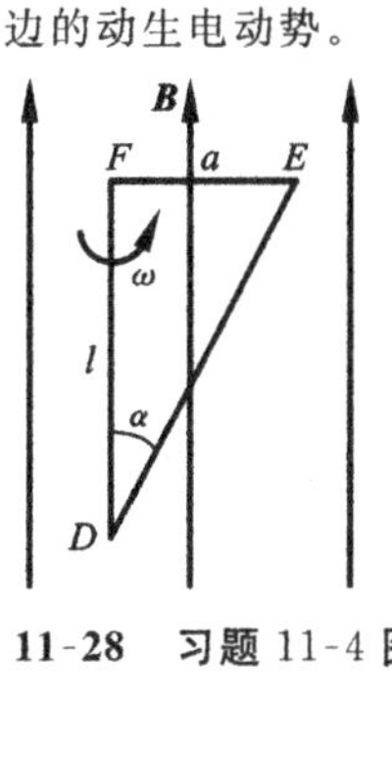

图 11-28　习题 11-4 图

11-5 在一根长直导线旁有一根与之共面的、长为 L 的导体棒 ab,直导线中通有恒定电流 I。开始时,导体棒与长直导线的位置关系如图 11-29 所示。当直导线以速度 v 向右作匀速直线运动时,试求:运动开始后的任一 t 时刻棒上的动生电动势。

11-6 如图 11-30 所示,一根与长直导线垂直共面的金属杆 AB,以匀速 $v=2.0\ \mathrm{m\cdot s^{-1}}$ 平行于一长直导线移动,长直导线通有电流 $I=40$ A,图中 $a=0.1$ m,$b=1.0$ m。试求:金属杆 AB 中的感应电动势,并判断杆的哪一端电势较高?

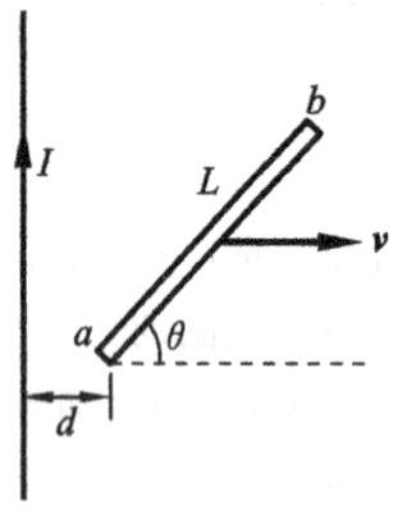

图 11-29　习题 11-5 图

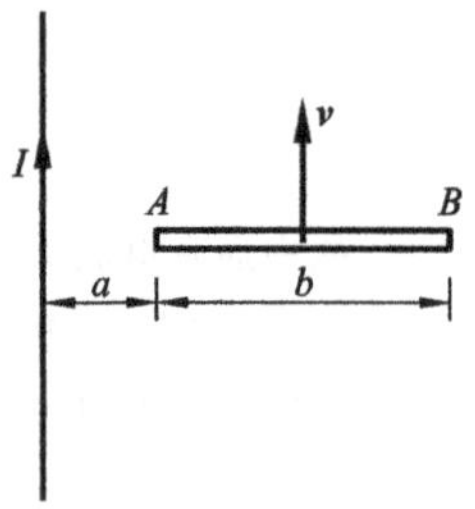

图 11-30　习题 11-6 图

11-7 如图 11-31 所示,在一根通有电流 I 的长直导线旁,有一根半径为 R 的半圆形导线与之共面,其两端连线与长直导线垂直,圆心 C 到直导线的距离为 $d(d>R)$。令半圆形导线以匀速 v 平行于直导线向上运动,试求半圆形导线中的动生电动势,并判断 a、b 两端哪端电势高。

11-8 如图 11-32 所示,均匀磁场 B 被限制在半径为 R 的无限长圆柱形空间,磁场按 $\frac{\mathrm{d}B}{\mathrm{d}t}$ 匀变率增加,现垂直于磁场放置长为 l 的金属棒,求金属棒的感应电动势。

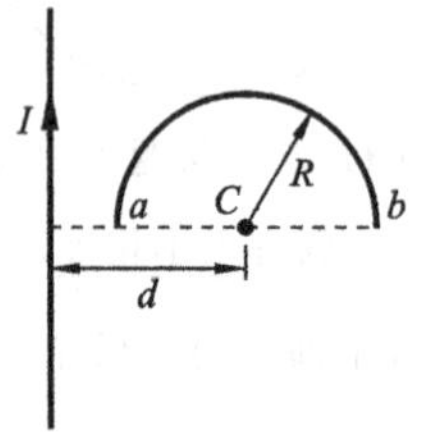

图 11-31　习题 11-7 图

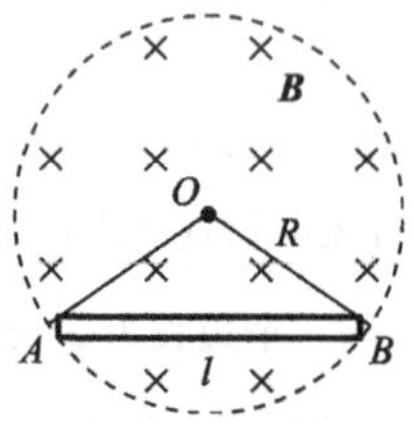

图 11-32　习题 11-8 图

11-9 电子感应加速器。电子感应加速器是利用感生电场来加速电子的一种设备,它的柱形电磁铁在两极间产生磁场(见图 11-33),在磁场中安置一个环形真空管道作为电子运行的轨道。当磁场发生变化时,就会沿管道方向产生感生电场,射入其中的电子就受到该感生电场的持续作用而被不断加速。设环形真空管的轴线半径为 a,求磁场变化时沿环形真空管轴线的感生电场。

11-10 半径为 $R=2.0$ cm 的“无限长”载流密绕直螺线管,管内磁场可视为均匀磁场,管外磁场可近似看作零。若通电电流均匀变化,使得磁感应强度 $\boldsymbol{B}$ 随时间的变化率 $\mathrm{d}B/\mathrm{d}t$ 为常量,且为正值,试求:(1) 管内外由变化的磁场激发的感生电场的分布;(2) 若 $\mathrm{d}B/\mathrm{d}t=0.010\ \mathrm{T\cdot s^{-1}}$,求距离螺线管中心轴 $r=5.0$ cm 处感生电场的大小和方向。

11-11 如图 11-34 所示,在半径为 R 的圆柱形空间中有一个随时间变化的均匀磁场,假设磁场的正方向垂直纸面向外,且 $B=B_0\cos\omega t$,式中 B_0、ω 均为常量。(1) 求圆柱体内外感生电场的分布；(2) 假设有一根直导体棒 ac 垂直于圆柱的轴线放置，其中 ab 段在磁场内部、bc 段在磁场外部，且 $ab=bc=R$，求导体棒 ac 上的感生电动势。

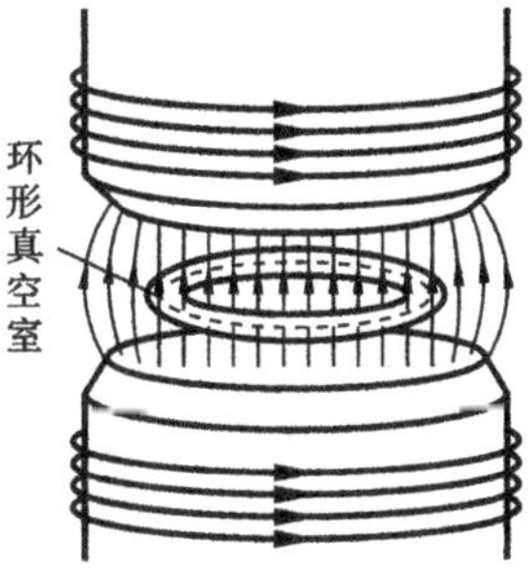

图 11-33　习题 11-9 图

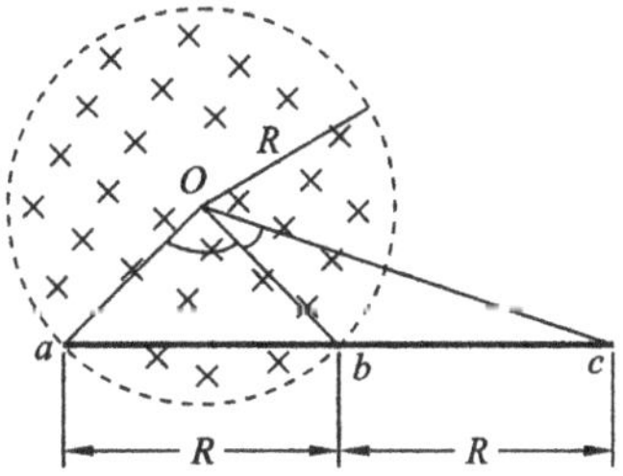

图 11-34　习题 11-11 图

11-12　截面为矩形的密绕螺线环线圈共有 N 匝，其尺寸如图 11-35 所示，环内介质的相对磁导率为 u_r。试求：(1) 该螺绕环的自感；(2) 当线圈通有电流 $i=I_0\cos\omega t$ 时，线圈上的自感电动势。

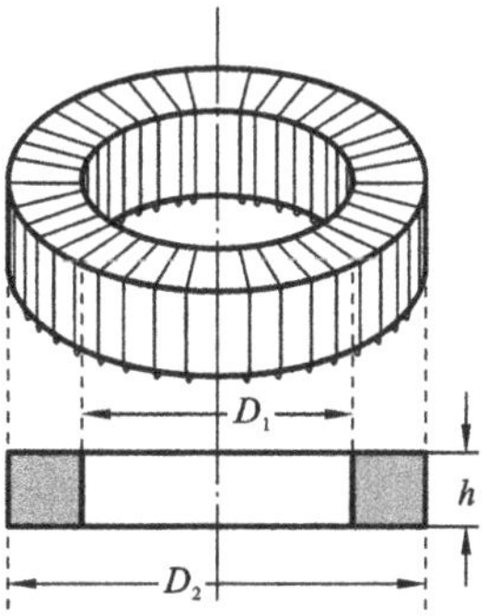

图 11-35　习题 11-12 图

11-13　两个长度均为 l、同轴密绕的螺线管线圈 1 和线圈 2，如图 11-36 所示，两个线圈的匝数分别为 N_1、N_2，半径分别为 R_1、R_2，并假定 $l \gg R_2 > R_1$。试求两线圈之间的互感。

11-14　如图 11-37 所示，一面积为 2.0 cm^2、共 50 匝小圆线圈 A 放在半径为 20 cm、共 100 匝的大圆线圈 B 的中央，两圆线圈同心共面。试求：(1) 两线圈的互感；(2) 当小线圈 A 中通有电流 $i=10\sin(100\pi t)$(A)，大线圈 B 中的互感电动势。

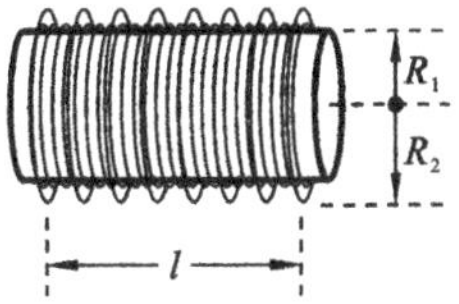

图 11-36　习题 11-13 图

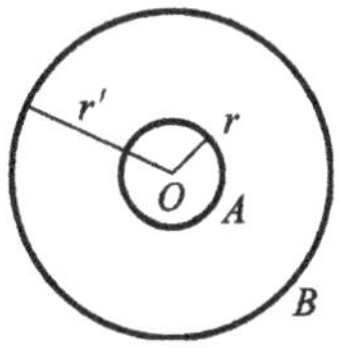

图 11-37　习题 11-14 图

11-15　一个总匝数 $N=250$、长 $l=10$ cm、直径 $d=10$ mm 的载流密绕螺线管线圈（可视为长直螺线管），线圈中均匀充满了相对磁导率 $u_r=500$ 的铁磁质。试求：当通有电流 $I=2.0$ A 时，线圈中储存的磁场能量。

11-16　一根长直载流铜导线，其电流为 I，在导线的横截面上电流密度是均匀的，求此导线内部单位长度的磁场能量。

11-17　一根无限长载流直圆柱形导线，电流 I 沿导线的截面均匀分布。试证明：单位长度的导线内部所储存的磁场能量为 $\frac{\mu I^2}{16\pi}$，式中 μ 为导线的磁导率。

第 12 章　麦克斯韦方程组

在电磁感应中，我们已经知道，麦克斯韦为了解释产生感生电动势的原因，提出了感生电场的概念，即变化的磁场可以激发感生电场。随后麦克斯韦又大胆地提出了位移电流假设，指出变化的电场也可以激发磁场。这样感生电场和位移电流完整地揭示了电场和磁场具有内在联系的两个侧面，表明电场和磁场是一个具有内在联系的统一体，麦克斯韦将它称为电磁场，并归纳总结出了电磁场的基本方程组，称为麦克斯韦方程组。

本章将首先学习麦克斯韦提出的位移电流概念，以及全电流安培环路定理。然后介绍麦克斯韦的关于电磁场运动的基本方程组——麦克斯韦方程组。

12.1　位移电流　全电流安培环路定理

12.1.1　位移电流

在磁场与介质的相互作用一章中，我们讨论了恒定电流产生磁场的安培环路定理：磁场强度对于任意闭合回路的环流等于此回路所包围的（也就是穿过以此回路为周界的任意一个曲面的）传导电流的代数和，即

$$\oint_L \boldsymbol{H} \cdot \mathrm{d}\boldsymbol{L} = \sum_i I_i$$

在恒定电流条件下，上式总是成立的。那么，在非恒定条件下，这个定理是否仍然成立呢？下面我们以平行板电容器的充电过程作为典型例子来讨论这一情况。

如图 12-1 所示，电容器在充电过程中，电路中的电流 i 不是恒定的，而是随时间变化的。由于传导电流 i 只能在导线上流动，并中断于电容器的两个极板上，因此，在电容器的两个极板之间无传导电流。假定曲面 S_1、S_2 具有公共边界 L，其中 S_1 与导线相交，S_2 在两极板之间，则曲面 S_1 上有传导电流 i 穿过，但曲面 S_2 上无传导电流。由恒定电流产生磁场的安培环路定理可知，对于同一个闭合回路 L，对曲面 S_1 来说，有

$$\oint_L \boldsymbol{H} \cdot \mathrm{d}\boldsymbol{L} = i$$

对曲面 S_2 来说，有

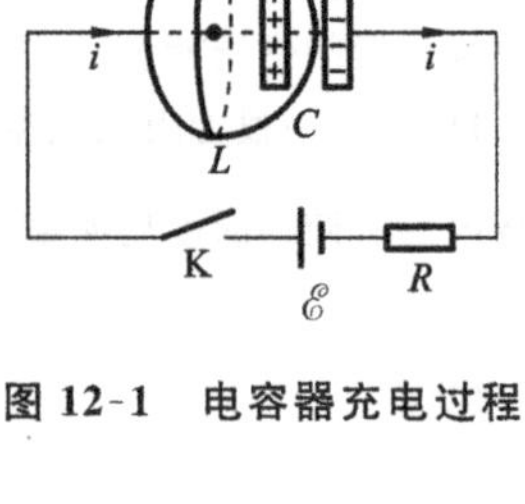

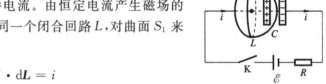

图 12-1　电容器充电过程

$$\oint_L \boldsymbol{H} \cdot \mathrm{d}\boldsymbol{L} = 0$$

显然上述两个结果是相互矛盾的。这是因为空间的磁场分布是唯一的，因此磁场强度 $\boldsymbol{H}$ 对闭合回路 L 的环流也一定具有唯一确定的值。这只能说明恒定电流的安培环路定理不适用于非恒定电流的情况，必须寻求新的规律。

在科学的发展史上，解决这类矛盾的方法有两种途径。一种是提出新的概念，建立一套与实验事实相符合的新的理论来代替原来的理论。例如在解决高速运动物体的力学问题时，爱因斯坦用相对论力学发展了牛顿的经典力学。另一种方法是在原来理论的基础上通过合理的假设与推广，使之既适用于原来的基本理论框架，又能适用于新的实验事实。麦克斯韦采用的是后一种方法。

在上述充电过程中，我们不难发现，通过曲面 S_1 的电荷量都堆积在电容器的极板上，即 $\mathrm{d}t$ 时间内通过 S_1 的电荷量 $\mathrm{d}q$ 等于极板上电荷量的增量。假设极板的面积为 S，在充电过程的某一时刻，极板上的电荷量为 q，同时忽略电容器中电场的边缘效应，则由电场的高斯定理，可得两极板间电位移矢量的大小为

$$D=\sigma=q/S \tag{12-1a}$$

其方向与电流的方向相同。式中 σ 是电容器极板上的电荷面密度。于是，通过曲面 S_2 的电位移矢量的通量为

$$\Phi_D = \int_{S_2} \boldsymbol{D} \cdot \mathrm{d}\boldsymbol{S} = D \cdot S = q \tag{12-1b}$$

由式(12-1a)和式(12-1b)两式可得

$$\frac{\mathrm{d}\Phi_D}{\mathrm{d}t}=\frac{\mathrm{d}q}{\mathrm{d}t}=\frac{\mathrm{d}\sigma}{\mathrm{d}t} \cdot S \tag{12-2a}$$

$$\frac{\mathrm{d}D}{\mathrm{d}t}=\frac{\mathrm{d}\sigma}{\mathrm{d}t} \tag{12-2b}$$

此外，在电容器的极板上(导体内部)的传导电流可以看作是均匀分布的，如图12-2 所示。于是，在电容器极板上的传导电流和传导电流密度分别为

$$I_C=\frac{\mathrm{d}q}{\mathrm{d}t} \tag{12-3a}$$

$$j_C=\frac{I_C}{S}=\frac{\mathrm{d}q}{\mathrm{d}t \cdot S}=\frac{\mathrm{d}\sigma}{\mathrm{d}t} \tag{12-3b}$$

比较式(12-2)和式(12-3)可以看出，在两极板之间被中断的传导电流和传导电流密度，在数值上分别等于两极板之间电位移矢量的通量对时间的变化率 $\frac{\mathrm{d}\Phi_D}{\mathrm{d}t}$ 和电位移矢量对时间的变化率 $\frac{\mathrm{d}\boldsymbol{D}}{\mathrm{d}t}$。

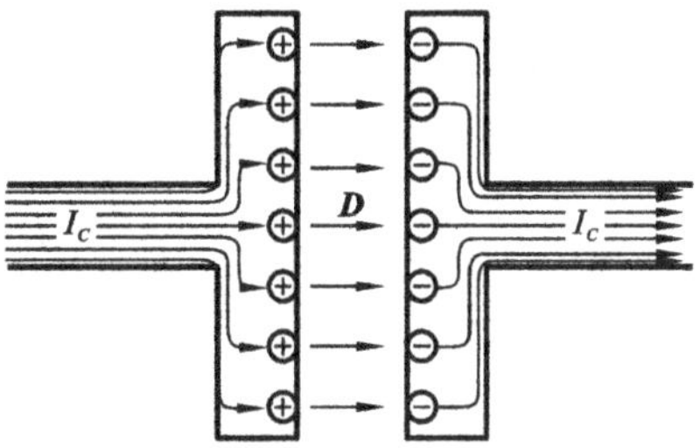

图 12-2 电容器极板上的传导电流

因此，可以设想，如果将$\frac{d\Phi_D}{dt}$和$\frac{dD}{dt}$想象为某种电流和电流密度，那么就可以代替在两极板之间被中断了的传导电流和传导电流密度。

为此，麦克斯韦提出了位移电流概念。他把电位移矢量的通量对时间的变化率称为位移电流，用 I_D 表示；把电位移矢量对时间的变化率称为位移电流密度，用 $\boldsymbol{j}_D$ 表示。于是，位移电流密度和位移电流的定义式分别为：

位移电流密度

$$\boldsymbol{j}_D=\frac{\partial \boldsymbol{D}}{\partial t} \tag{12-4a}$$

位移电流

$$I_D = \frac{d\Phi_D}{dt} = \int_S \frac{\partial \boldsymbol{D}}{\partial t}\cdot d\boldsymbol{S} \tag{12-4b}$$

在上面两式中，我们将$\frac{d\boldsymbol{D}}{dt}$改成$\frac{\partial \boldsymbol{D}}{\partial t}$，这是因为 $\boldsymbol{D}=\boldsymbol{D}(r,t)$。

不难看出，位移电流和传导电流不仅在大小上是完全相同的，而且在方向上两者也完全相同。由图 12-2 可知，在电容器充电时，传导电流和传导电流密度的方向从左向右。此时极板上的电荷 q 在增加，极板间的电位移矢量 $\boldsymbol{D}$ 的方向也从左到右，大小也在增加，所以极板间的位移电流的方向与导线上传导电流方向一致。同理可得，电容器放电时，它们的方向也相同。所以当引入位移电流以后，在电容极板表面中断的传导电流在大小和方向上都被极板间的位移电流所接替，两者一起构成了电流的连续性。

12.1.2 全电流安培环路定理

麦克斯韦认为：在非恒定电流的电路中，存在着两种电流，一种是由电荷的定向移动形成的传导电流，另一种是由电位移通量的变化引起的位移电流，两种电流的总和称为全电流，并用 I_S 表示，即

$$I_S = I_C + I_D = \int_S \boldsymbol{j}_C \cdot d\boldsymbol{S} + \int_S \frac{\partial \boldsymbol{D}}{\partial t}\cdot d\boldsymbol{S} \tag{12-5}$$

在非恒定电流情况下，电路中的传导电流虽然不连续，但是全电流总是连续的。

在考虑了全电流概念以后，麦克斯韦将磁场的安培环路定理推广为

$$\oint_L \boldsymbol{H}\cdot d\boldsymbol{L} = I_S = I_C + I_D = \int_S \boldsymbol{j}_C \cdot d\boldsymbol{S} + \int_S \frac{\partial \boldsymbol{D}}{\partial t}\cdot d\boldsymbol{S} \tag{12-6}$$

式(12-6)称为全电流安培环路定理。该定理表明，磁场强度对于任意闭合回路的环流等于该闭合回路所包围的（也就是穿过以该回路为周界的任意曲面的）全电流。式(12-6)中的 $\boldsymbol{H}$ 是空间所有电流（闭合回路内、外的所有传导电流和位移电流所共同产生的）。该定理的意义在于指出了传导电流和位移电流都会激发感生磁场，

并以完全相同的方式激发磁场。由于位移电流本质上就是变化的电场，因此麦克斯韦关于位移电流假设的本质是认为变化的电场也能激发涡旋磁场。

不难看出，利用全电流的观点，本节开头所提出的矛盾便可以迎刃而解了。在曲面 S_1 上只有传导电流，所以

$$\oint_L \boldsymbol{H} \cdot \mathrm{d}\boldsymbol{L} = I_C + 0 = i$$

在曲面 S_2 上，只有位移电流

$$\oint_L \boldsymbol{H} \cdot \mathrm{d}\boldsymbol{L} = 0 + I_D = \frac{\mathrm{d}\Phi_D}{\mathrm{d}t} = \frac{\mathrm{d}q}{\mathrm{d}t} = i$$

两种结果完全一致。

应当注意：传导电流和位移电流尽管在激发涡旋磁场的规律上是相同的，但它们是两个完全不同的概念。

首先，传导电流是由导体中电荷的定向漂移运动产生的，它在导体中流动时会产生焦耳热；而位移电流是由变化的电场激发的。根据电位移矢量的定义式，有

$$\boldsymbol{D}=\varepsilon_0\boldsymbol{E}+\boldsymbol{P}$$

位移电流通常由两部分组成，即

$$I_D = \int_S \frac{\partial \boldsymbol{D}}{\partial t} \cdot \mathrm{d}\boldsymbol{S} = \int_S \varepsilon_0 \frac{\partial \boldsymbol{E}}{\partial t} \cdot \mathrm{d}\boldsymbol{S} + \int_S \frac{\partial \boldsymbol{P}}{\partial t} \cdot \mathrm{d}\boldsymbol{S}$$

式中第一项 $\int_S \varepsilon_0 \frac{\partial \boldsymbol{E}}{\partial t} \cdot \mathrm{d}\boldsymbol{S}$ 本质上是变化的电场，是位移电流的主要部分，与电荷的运动无关；第二项 $\int_S \frac{\partial \boldsymbol{P}}{\partial t} \cdot \mathrm{d}\boldsymbol{S}$ 只有在有电介质时存在，它是变化的电场引起电介质极化程度的变化所产生的极化电流。电介质在交变电场中被反复极化时也会产生热量（这是微波炉加热的工作原理），与焦耳热的发热规律完全不同。

其次，传导电流只能在导体中传播；而位移电流既可以沿导体传播，也可以脱离导体在真空中或介质中传播。即凡是有电场的地方，当电场发生变化时，就一定有位移电流。

例 12-1 如图 12-3 所示，一半径为 R 的圆形平行板电容器，内部均匀充满了相对电容率为 ε_r 的电介质。在充电过程中的某一时刻，极板内电场强度的变化率 $\frac{\mathrm{d}E}{\mathrm{d}t}>0$。假设极板内的场强均匀分布，且不计电场的边缘效应。试求：

（1）线路中充电电流的大小；

（2）两极板间离中心轴线距离为 r 的 P 点处的磁场强度的大小和方向。

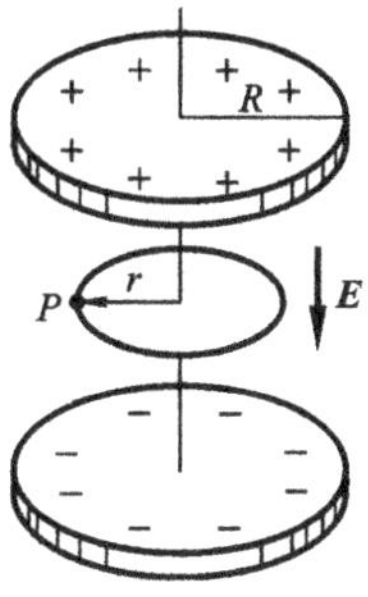

图 12-3 例 12-1 图

解 （1）由 $\boldsymbol{D}=\varepsilon_0\varepsilon_r\boldsymbol{E}$ 得

$$\boldsymbol{j}_D=\frac{\mathrm{d}\boldsymbol{D}}{\mathrm{d}t}=\varepsilon_0\varepsilon_r\frac{\mathrm{d}\boldsymbol{E}}{\mathrm{d}t}$$

极板间总位移电流的大小为

$$I_D=j_D\cdot\pi R^2=\pi R^2\varepsilon_0\varepsilon_r\frac{\mathrm{d}E}{\mathrm{d}t}$$

由全电流的连续性,可得电路中的充电电流的大小为

$$I_C=I_D=\pi R^2\varepsilon_0\varepsilon_r\frac{\mathrm{d}E}{\mathrm{d}t}$$

(2) 在两极板之间,以轴线为圆心,取一个半径为 r 的圆周为闭合回路 L,如图 12-3 所示。由于磁场的分布具有轴对称性,所以在圆周 L 上,各点的磁场强度的大小都相等,方向与电流成右手螺旋关系。由全电流安培环路定理得

$$\oint_L\boldsymbol{H}\cdot\mathrm{d}\boldsymbol{L}=H\cdot 2\pi r=I_D=\pi r^2\varepsilon_0\varepsilon_r\frac{\mathrm{d}E}{\mathrm{d}t}$$

所以磁场强度的大小为

$$H=\frac{r}{2}\varepsilon_0\varepsilon_r\frac{\mathrm{d}E}{\mathrm{d}t}$$

其方向为圆周上 P 点的切线方向,而且与 I_D 成右手螺旋关系。

例 12-2 在一个交流电路中有一平行板电容器,其电容为 C,两极板之间充满了相对电容率为 ε_r 的均匀电介质,极板间距为 d,极板上的电压按 $U=U_m\sin(\omega t+\varphi)$ 变化,不计电容器中电场的边缘效应,试求:

(1) 两极板间的位移电流密度;

(2) 电容器内两极板之间的总位移电流和电路中的传导电流。

解 (1) 由于不计电容器中电场的边缘效应,电容器中的电场可以视为均匀电场,所以电容器中的电场强度为

$$E=\frac{U}{d}=\frac{U_m}{d}\sin(\omega t+\varphi)$$

极板间的位移电流密度为

$$j_D=\frac{\mathrm{d}D}{\mathrm{d}t}=\frac{\mathrm{d}}{\mathrm{d}t}(\varepsilon_0\varepsilon_r E)=\frac{U_m}{d}\varepsilon_0\varepsilon_r\omega\cos(\omega t+\varphi)$$

(2) 由位移电流的定义式 $I_D=\frac{\mathrm{d}\Phi_D}{\mathrm{d}t}$ 来求解。因为

$$\Phi_D=\int_S\boldsymbol{D}\cdot\mathrm{d}\boldsymbol{S}=\varepsilon_0\varepsilon_r E\cdot S=\varepsilon_0\varepsilon_r S\frac{U_m}{d}\sin(\omega t+\varphi)=CU_m\sin(\omega t+\varphi)$$

所以

$$I_D=\frac{\mathrm{d}\Phi_D}{\mathrm{d}t}=\omega CU_m\cos(\omega t+\varphi)$$

根据全电流的连续性,线路中的传导电流等于两极板之间的位移电流,即

$$I_C=I_D=\omega CU_m\cos(\omega t+\varphi)$$

12.2 麦克斯韦方程组

麦克斯韦在提出感生电场和位移电流概念后，对静电场和恒定电流的磁场所遵守的基本规律(高斯定理和环路定理)进行了修正和推广，使之适用于电磁场，从而导出了关于电磁场的基本方程组——**麦克斯韦方程组**。

1. 电场的性质及其规律

电场可由电荷产生，也可由变化的磁场产生。

(1) 静止电荷产生的电场 $\boldsymbol{E}_{静}$

静止电荷产生的静电场 $\boldsymbol{E}_{静}$ 是一个无旋场，其电力线不闭合，在此电场中，通过任意闭合曲面的电通量与曲面中包含的电荷有关，即

$$\oint_S \boldsymbol{E}_{静} \cdot \mathrm{d}\boldsymbol{S} = \frac{1}{\varepsilon_0}\sum q \tag{12-7}$$

这就是静电场的高斯定理。另外由于这种场是保守力场，静电场强度 $\boldsymbol{E}_{静}$ 沿任意闭合路径积分等于零，即

$$\oint_L \boldsymbol{E}_{静} \cdot \mathrm{d}\boldsymbol{l} = 0 \tag{12-8}$$

这是静电场的环路定理。

(2) 变化的磁场产生的电场 $\boldsymbol{E}_{感}$

由变化的磁场产生的感应电场 $\boldsymbol{E}_{感}$ 是一个涡旋场(有旋场)，其电力线是闭合线的，在此电场中，穿过任意闭合曲面的电通量为零，即

$$\oint_S \boldsymbol{E}_{感} \cdot \mathrm{d}\boldsymbol{S} = 0 \tag{12-9}$$

另一方面，由电磁感应定律，感应电场强度 $\boldsymbol{E}_{感}$ 沿任意闭合路径的积分为

$$\oint_L \boldsymbol{E}_{感} \cdot \mathrm{d}\boldsymbol{l} = -\frac{\mathrm{d}\Phi}{\mathrm{d}t} = -\frac{\mathrm{d}}{\mathrm{d}t}\left(\int_S \boldsymbol{B} \cdot \mathrm{d}\boldsymbol{S}\right) = -\int_S \frac{\partial \boldsymbol{B}}{\partial t} \cdot \mathrm{d}\boldsymbol{S} \tag{12-10}$$

可见，感应电场沿任意闭合路径的积分不等于零，它不是保守力场。

在一般情况下，空间的总电场是上述两种场的叠加，即

$$\boldsymbol{E} = \boldsymbol{E}_{静} + \boldsymbol{E}_{感}$$

则由式(12-8)和(12-10)有

$$\begin{aligned}\oint_L \boldsymbol{E} \cdot \mathrm{d}\boldsymbol{l} &= \oint_L (\boldsymbol{E}_{静} + \boldsymbol{E}_{感}) \cdot \mathrm{d}\boldsymbol{l} = \oint_L \boldsymbol{E}_{静} \cdot \mathrm{d}\boldsymbol{l} + \oint_L \boldsymbol{E}_{感} \cdot \mathrm{d}\boldsymbol{l} \\ &= 0 + \left(-\frac{\mathrm{d}\Phi}{\mathrm{d}t}\right) = -\int_S \frac{\partial \boldsymbol{B}}{\partial t} \cdot \mathrm{d}\boldsymbol{S}\end{aligned}$$

即

$$\oint_L \boldsymbol{E} \cdot \mathrm{d}\boldsymbol{l} = -\int_S \frac{\partial \boldsymbol{B}}{\partial t} \cdot \mathrm{d}\boldsymbol{S} \tag{12-11}$$

同理，总电位移矢量 $\boldsymbol{D}$ 为

$$\boldsymbol{D}=\boldsymbol{D}_{静}+\boldsymbol{D}_{感}$$

位移矢量 $\boldsymbol{D}$ 对任意闭合曲面的通量为

$$\oint_S \boldsymbol{D}\cdot \mathrm{d}\boldsymbol{S}=\oint_S \boldsymbol{D}_{静}\cdot \mathrm{d}\boldsymbol{S}+\oint_S \boldsymbol{D}_{感}\cdot \mathrm{d}\boldsymbol{S}=\sum q+0$$

即

$$\oint_S \boldsymbol{D}\cdot \mathrm{d}\boldsymbol{S}=\int_V \rho \mathrm{d}V \tag{12-12}$$

式中的积分体积 V 是闭合曲面 S 所包围的体积。

2. 磁场的性质及其规律

对于磁场，麦克斯韦同样认为，在一般情况下，空间的磁场是由恒定电流和位移电流共同产生的，磁场的环路定理应服从全电流安培环路定理，即

$$\oint_L \boldsymbol{H}\cdot \mathrm{d}\boldsymbol{l}=\int_S \boldsymbol{j}_C\cdot \mathrm{d}\boldsymbol{S}+\int_S \frac{\partial \boldsymbol{D}}{\partial t}\cdot \mathrm{d}\boldsymbol{S} \tag{12-13}$$

由于恒定电流和位移电流的磁场都是无源的涡旋场，所以，磁场的高斯定理的形式不变，即

$$\oint_S \boldsymbol{B}\cdot \mathrm{d}\boldsymbol{S}=0 \tag{12-14}$$

由方程(12-11)、(12-12)、(12-13)、(12-14)所构成的方程组

$$\begin{cases}\oint_S \boldsymbol{D}\cdot \mathrm{d}\boldsymbol{S}=\int_V \rho \mathrm{d}V\\ \oint_L \boldsymbol{E}\cdot \mathrm{d}\boldsymbol{l}=-\int_S \frac{\partial \boldsymbol{B}}{\partial t}\cdot \mathrm{d}\boldsymbol{S}\\ \oint_S \boldsymbol{B}\cdot \mathrm{d}\boldsymbol{S}=0\\ \oint_L \boldsymbol{H}\cdot \mathrm{d}\boldsymbol{l}=\int_S \boldsymbol{j}_C\cdot \mathrm{d}\boldsymbol{S}+\int_S \frac{\partial \boldsymbol{D}}{\partial t}\cdot \mathrm{d}\boldsymbol{S}=\sum I_C+\sum \frac{\mathrm{d}\Phi_D}{\mathrm{d}t}\end{cases}$$

就是著名的**麦克斯韦方程组**(积分形式)。

麦克斯韦方程组高度概括了电场和磁场的基本性质和普遍规律，并把电场和磁场作为一个整体——电磁场，用统一的观点阐述了电场和磁场之间的联系，指出了变化的电场可以激发磁场，反过来变化的磁场也可以产生电场。麦克斯韦方程组是对电磁场的基本规律所作的完美的总结性的描述。麦克斯韦电磁理论的建立是 19 世纪物理学发展史上的一个重要里程碑。正如爱因斯坦说："这是自牛顿以来，物理学所经历的最深刻和最富有成果的工作。"

思 考 题

12-1 什么是位移电流？它与传导电流有何区别？

12-2 微波炉的加热原理是什么？

12-3 简述全电流安培环路定理$\oint_L \boldsymbol{H}\cdot \mathrm{d}\boldsymbol{l} = \sum I_i + \int_S \frac{\partial \boldsymbol{D}}{\partial t}\cdot \mathrm{d}\boldsymbol{S}$中各项的物理意义。

12-4 麦克斯韦方程组中的某个式子是否能由其余三个式子推导出来?

习　题

12-1 半径为$R=0.2$ m的两块圆形导体板,构成平行板电容器,对电容器两板以匀速充电,电场变化率为$\frac{\mathrm{d}E}{\mathrm{d}t}=10^4(\mathrm{V\cdot m^{-1}\cdot s^{-1}})$,求:

(1) 电容器两板间的位移电流;

(2) 分别计算电容器内距离两板中心连结为$r(r<R)$和$r=R$处的磁感应强度。

12-2 试证明平行板电容器充电时,极板间的位移电流

$$I_D = C\frac{\mathrm{d}u}{\mathrm{d}t}$$

式中C为平行板电容器的电容,u为两极板间的电压。

12-3 一平行板电容器,其两个极板是半径为R的圆形金属板,极板间为空气,将此电容器接在高频信号源上。假设极板上电荷量随时间的变化规律为$q=q_0\sin\omega t$,式中ω为常量,忽略电场的边缘效应,试求:

(1) 电容器两极板间的位移电流及位移电流密度;

(2) 两极板之间距离中心轴线为$r(r<R)$处磁场强度$\boldsymbol{H}$的大小。

12-4 半径为R的两块圆板,构成平行板电容器放在空气中,现对电容器匀速充电,使两板间电场的变化率为$\mathrm{d}E/\mathrm{d}t=a$,$P$点是两极板之间到对称轴距离为$r$的任意一点,求$P$点处的磁感应强度。

12-5 麦克斯韦方程组中,各方程所表达的物理意义是什么?

附录Ⅰ　国际单位制

1. 基本单位

物理量	单位	单位符号	定　　义
长度	米	m	1 m 等于光在真空中$\frac{1}{299\ 792\ 458}$ s 的时间间隔内传播的长度
质量	千克	kg	千克是质量单位，1 kg 等于国际千克原器的质量
时间	秒	s	秒是铯-133 原子基态的两个超精细能级之间跃迁所对应的辐射的 9 192 631 770 个周期的持续时间
电流	安(培)	A	在真空中，截面积可忽略的两根相距 1 m 的无限长平行直导线内通有等量的恒定电流时，若两导线之间的相互作用力在每 1 m 上等于 2×10^{-7} N，则每根导线上的电流为 1 A
热力学温度	开(尔文)	K	1 K 是水的三相点热力学温度的$\frac{1}{273.16}$
物质的量	摩(尔)	mol	摩尔是一个系统的物质的量，该系统中所包含的基本单位元素与 0.012 kg 碳-12 的原子数相等。在使用摩尔时，基本单元应予明确，可以是原子、分子、离子、电子及其他粒子，或是这些粒子的特定组合
发光强度	坎(德拉)	cd	坎德拉是一个光源在给定方向上的发光强度，该光源发出频率为 540×10^{12} Hz 的单色辐射，且在此方向上的辐射强度为$\frac{1}{683}$ W · sr^{-1}

2. 包括 SI 辅助单位在内的具有专门名称的 SI 导出单位

量的名称	SI 导出单位		
	名称	符号	用 SI 基本单位和 SI 导出单位表示
[平面]角	弧度	rad	1 rad=1 m/m=1
立体角	球面度	sr	1 sr=1 m^2/m^2=1
频率	赫[兹]	Hz	1 Hz=1 s^{-1}
力	牛[顿]	N	1 N=1 kg·m/s^2
压力,压强,应力	帕[斯卡]	Pa	1 Pa=1 N/m^2
能[量],功,热量	焦[耳]	J	1 J=1 N·m
功率,辐[射能]通量	瓦[特]	W	1 W=1 J/s
电荷[量]	库[仑]	C	1 C=1 A·s
电压,电动势,电位,(电势)	伏[特]	V	1 V=1 W/A
电容	法[拉]	F	1 F=1 C/V
电阻	欧[姆]	Ω	1 Ω=1 V/A
电导	西[门子]	S	1 S=1 Ω^{-1}
磁通[量]	韦[伯]	Wb	1 Wb=1 V·s
磁通[量]密度,磁感应强度	特[斯拉]	T	1 T=1 Wb/m^2
电感	亨[利]	H	1 H=1 Wb/A
摄氏温度	摄氏度①	℃	1 ℃=1 K
光通量	流[明]	lm	1 lm=1 cd·sr
[光]照度	勒[克斯]	lx	1 lx=1 lm/m^2

① 摄氏度是用来表示摄氏温度值时单位开尔文的专门名称(参阅 GB 3102.4 中 4-1.a 和 4-2.a)

附录Ⅱ　常用物理常量表

物理量	符号	数值	单位	相对标准不确定度
光速	c	299 792 458	$m \cdot s^{-1}$	精确
真空磁导率	μ_0	$4\pi \times 10^{-7}$	$N \cdot A^{-2}$	精确
真空电容率	ε_0	$8.854\ 187\ 817 \cdots \times 10^{-12}$	$F \cdot m^{-1}$	精确
引力常量	G	$6.674\ 08(31) \times 10^{-11}$	$m^3 \cdot kg^{-1} \cdot s^{-2}$	4.7×10^{-5}
普朗克常量	h	$6.626\ 070\ 040(81) \times 10^{-34}$	$J \cdot s$	1.2×10^{-8}
约化普朗克常量	$h/2\pi$	$1.054\ 571\ 800(13) \times 10^{-34}$	$J \cdot s$	1.2×10^{-8}
元电荷	e	$1.602\ 176\ 620\ 8(98) \times 10^{-19}$	C	6.1×10^{-9}
电子质量	m_e	$9.109\ 383\ 56(11) \times 10^{-31}$	kg	1.2×10^{-8}
质子质量	m_p	$1.672\ 621\ 898(21) \times 10^{-27}$	kg	1.2×10^{-8}
中子质量	m_n	$1.674\ 927\ 471(21) \times 10^{-27}$	kg	1.2×10^{-8}
电子比荷	$-e/m_e$	$-1.758\ 820\ 024(11) \times 10^{11}$	$C \cdot kg^{-1}$	6.2×10^{-9}
精细结构常数	α	$7.297\ 352\ 566\ 4(17) \times 10^{-3}$		2.3×10^{-10}
精细结构常数的倒数	α^{-1}	$137.035\ 999\ 139(31)$		2.3×10^{-10}
里德伯常量	R_∞	$10\ 973\ 731.568\ 508(65)$	m^{-1}	5.9×10^{-12}
阿伏伽德罗常量	N_A	$6.022\ 140\ 857(74) \times 10^{23}$	mol^{-1}	1.2×10^{-8}
摩尔气体常量	R	$8.314\ 459\ 8(48)$	$J \cdot mol^{-1} \cdot K^{-1}$	5.7×10^{-7}
玻耳兹曼常量	k	$1.380\ 648\ 52(79) \times 10^{-23}$	$J \cdot K^{-1}$	5.7×10^{-7}
斯特藩-玻耳兹曼常量	σ	$5.670\ 367(13) \times 10^{-8}$	$W \cdot m^{-2} \cdot K^{-4}$	2.3×10^{-6}
维恩位移定律常量	b	$2.897\ 772\ 9(17) \times 10^{-3}$	$m \cdot K$	5.7×10^{-7}
原子质量常量	m_u	$1.660\ 539\ 040(20) \times 10^{-27}$	kg	1.2×10^{-8}
理想气体的摩尔体积(标准状态)	V_m	$22.413\ 962(13) \times 10^{-3}$	$m^3 \cdot mol^{-1}$	5.7×10^{-7}
玻尔磁子	μ_B	$927.400\ 999\ 4(57) \times 10^{-26}$	$J \cdot T^{-1}$	6.2×10^{-9}
核磁子	μ_N	$5.050\ 783\ 699(31) \times 10^{-27}$	$J \cdot T^{-1}$	6.2×10^{-9}
玻尔半径	a_0	$0.529\ 177\ 210\ 67(12) \times 10^{-10}$	m	2.3×10^{-10}
经典电子半径	r_e	$2.817\ 940\ 322\ 7(19) \times 10^{-15}$	m	6.8×10^{-10}

注:表中的数据为国际科学联合会理事会科学技术数据委员会(CODATA)2014 年的国际推荐值。

参 考 文 献

[1] 漆安慎，杜婵英. 力学[M]. 北京：高等教育出版社，2005.

[2] 李复. 力学教程(上下册)[M]. 北京：清华大学出版社，2011.

[3] 张汉壮，王文全. 力学(第三版)[M]. 北京：高等教育出版社，2015.

[4] 赵凯华，陈熙谋. 新概念物理教程·电磁学[M]. 北京：高等教育出版社，2006.

[5] 梁灿彬，等. 电磁学[M]. 2 版. 北京：高等教育出版社，2010.

[6] 张三慧. 大学物理学(第 7 版)(上下册)[M]. 北京：清华大学出版社，2015.

[7] 钟韶. 大学物理学教程(上下册)[M]. 北京：高等教育出版社，2005.

[8] 上海交通大学物理教研室. 大学物理教程[M]. 2 版. 上海：上海交通大学出版社，2014.

[9] 阿瑟·贝塞. 现代物理概念[M]. 何瑁，译. 上海：上海科学技术出版社，1984.

[10] 黄淑清，聂宜如，申先甲. 热学教程[M]. 北京：高等教育出版社，1994.

[11] 褚圣麟. 原子物理学[M]. 北京：高等教育出版社，1979.

[12] 沈黄晋. 大学物理学(上下册)[M]. 北京：高等教育出版社，2017.

[13] 郭奕玲，沈慧君. 物理学史[M]. 北京：清华大学出版社，2005.

[14] 朱鋐雄. 物理学思想概论[M]. 北京：清华大学出版社，2009.

[15] 朱鋐雄. 物理学方法概论[M]. 北京：清华大学出版社，2009.

[16] 谢东，王祖源. 人文物理[M]. 北京：清华大学出版社，2006.

[17] 张汉壮，倪牟翠. 物理学导论[M]. 北京：高等教育出版社，2016.

[18] 郭龙，罗中杰，魏有峰. 大学物理学习指导与题解[M]. 北京：清华大学出版社，2015.

[19] 程永进，龙光芝. 大学物理教程(上册)[M]. 北京：科学出版社，2017.

[20] 龙光芝，程永进. 大学物理教程(下册)[M]. 北京：科学出版社，2017.

[21] [美]W. Thomas Griffith，Juliet W. Brosing. 物理学与生活[M]. 秦克诚，译. 北京：电子工业出版社，2016.

[22] Richard Feynman，Robert B. Leighton，Matthew L. Sands，The Feynman lectures on physics vol. 1(影印版)[M]. 北京：世界图书出版公司，1965.

[23] Richard Feynman，Robert B. Leighton，Matthew L. Sands，The Feynman lectures on physics vol. 2(影印版)[M]. 北京：世界图书出版公司，1965.

[24] Richard Feynman，Robert B. Leighton，Matthew L. Sands，The Feynman lectures on physics vol. 3(影印版)[M]. 北京：世界图书出版公司，1965.

[1] [illegible][M]. 北京：高等教育出版社，2008.
[2] [illegible][M]. 北京：[illegible]大学出版社，2011.
[3] [illegible][M]. 北京：高等教育出版社，2015.
[4] [illegible]. 新概念物理教程·[illegible][M]. 北京：高等教育出版社，20[illegible].
[5] [illegible][M]. [illegible]出版社，20[illegible].
[6] [illegible]. 北京：清华大学出版社，20[illegible].
[7] [illegible][M]. 北京：高等教育出版社，2005.
[8] [illegible]
[9] [illegible]
[10] [illegible]
[11] [illegible]
[12] [illegible][M]. 北京：高等教育出版社，20[illegible].
[13] [illegible][M]. [illegible]出版社，2005.
[14] [illegible]
[15] [illegible]
[16] [illegible]
[17] [illegible]
[18] [illegible]
[19] [illegible][M]. 北京：[illegible]出版社，2015.
[20] [illegible]下册[M]. 北京：[illegible]出版社，2015.
[21] [美] W. Thomas Griffith, Juliet W. Brosing. [illegible][M]. [illegible]出版社，2016.
[22] Richard P. Feynman, Robert B. Leighton, Matthew L. Sands. The Feynman Lectures on Physics vol. I(英文版)[M]. 北京：世界图书出版公司，[illegible].
[23] Richard P. Feynman, Robert B. Leighton, Matthew L. Sands. The Feynman Lectures on Physics vol. II(英文版)[M]. 北京：世界图书出版公司，[illegible].
[24] Richard P. Feynman, Robert B. Leighton, Matthew L. Sands. The Feynman Lectures on Physics vol. III[illegible][M]. [illegible]世界图书出版公司，[illegible].